Prell-Leopoldseder

•

Grundlagen der Kostenrechnung

Grundlagen der Kostenrechnung

Lehrbuch zur Einführung in die Theorie und Praxis der Kostenrechnung

von

Sonja Prell-Leopoldseder

Linde

Bibliografische Information Der Deutschen Bibliothek
Die Deutsche Bibliothek verzeichnet diese Publikation in der Deutschen Nationalbibliografie; detaillierte bibliografische Daten sind im Internet über http://www.d-nb.de abrufbar.

ISBN 978-3-7073-1613-1

Es wird darauf verwiesen, dass alle Angaben in diesem Fachbuch trotz sorgfältiger Bearbeitung ohne Gewähr erfolgen und eine Haftung der Autorin oder des Verlages ausgeschlossen ist.

1210 Wien, Scheydgasse 24, Tel.: 01 / 24 630
www.lindeverlag.at

Druck: Hans Jentzsch & Co. GmbH, 1210 Wien, Scheydgasse 31

Vorwort

Das vorliegende Lehrbuch gibt eine Einführung in die Theorie und Praxis der Kostenrechnung von Erzeugungsbetrieben und richtet sich an Studierende von Bachelorstudiengängen der Sozial- und Wirtschaftswissenschaften.

Ziel dieses Werkes ist es, Studierenden (mit Grundkenntnissen aus der Buchhaltung) eine geeignete Lernunterlage zur Vermittlung der Grundlagen der Kostenrechnung zur Verfügung zu stellen, die gleichzeitig als Basis für darauf aufbauende Lehrveranstaltungen dient. Bei der Abhandlung der einzelnen Stoffgebiete wurde neben der verbalen und grafischen Darstellung auch darauf geachtet, die vermittelte Theorie durch eine Vielzahl von Beispielen mit Lösungen zu veranschaulichen.

Dieses Buch ist in vier Kapitel untergliedert. Im Zentrum des ersten Kapitels stehen grundsätzliche Abgrenzungsaufgaben und terminologische Klärungen. Im Anschluss daran werden die unterschiedlichen Kostenrechnungssysteme kurz vorgestellt und der grundlegende Aufbau einer Kosten- und Leistungsrechnung erklärt.

Im zweiten Kapitel wird die traditionelle Vollkostenrechnung als Istkostenrechnung anhand von Erzeugungsbetrieben beschrieben. Dabei geht es um Darstellung der Kostenarten-, Kostenstellen-, Kostenträgerstück- und Kostenträgerzeitrechnung nach dem Vollkostenprinzip. Neben der Vermittlung von theoretischem Wissen sollen in diesem Abschnitt die erworbenen Kenntnisse auch anhand eines durchgehenden Fallbeispiels angewendet und der Gesamtzusammenhang zwischen den aufeinander aufbauenden Stufen der Kostenrechnung aufgezeigt werden.

Analog zur Vorgehensweise im Rahmen der Vollkostenrechnung wird im dritten Kapitel die Teilkostenrechnung in Erzeugungsbetrieben abgehandelt. Teilkostenrechnungssysteme bilden die Grundlage für kurzfristige Entscheidungen. Dementsprechend liegt hier der Schwerpunkt auch bei den unterschiedlichen Anwendungsbereichen der Deckungsbeitragsrechnung, wie Optimierung von Produktionsprogrammen, Gewinnschwellenanalyse, Annahme bzw. Ablehnung von Zusatzaufträgen, Ermittlung von Preisuntergrenzen sowie Entscheidungen bezüglich Eigenfertigung oder Fremdbezug.

Aufgrund der einfachen, leicht verständlichen Sprache, in der das Buch geschrieben wurde, sowie des didaktischen Aufbaus eignet sich dieses Lehrbuch auch als Grundlage zum Selbststudium. Jedes Kapitel bzw. jeder Abschnitt ist so aufgebaut, dass im Anschluss an die Lernzielformulierung zunächst das entsprechende Basiswissen vermittelt wird. Zur Überprüfung des sich angeeigneten Wissens werden am Ende eines jeden Abschnitts Wiederholungsfragen und Lehrzielkontrollen formuliert. Übungsaufgaben sollen den Studierenden helfen, das erworbene Wissen anzuwenden und zu vertiefen. Die entsprechenden Lösungen zu den Lehrzielkontrollen und den Übungsaufgaben sind in einem eigenen Kapitel (Kapitel IV) zusammengefasst.

Mein Dank gilt insbesondere Frau Univ. Prof. Dr. Dorothea Greiling für die wertvollen inhaltlichen Hinweise, Frau Dr. Susanne Geirhofer für die Durchsicht des Manuskripts und die Korrekturen sowie Frau Mag. Sandra Mühlböck für die Hilfestellung bei der Formatierung der vorliegenden Arbeit.

Linz, November 2009 *Sonja Prell-Leopoldseder*

Inhaltsverzeichnis

Abbildungsverzeichnis

Abkürzungs- und Symbolverzeichnis

Abb.	Abbildung
AfA	Absetzung für Abnutzung (Abschreibung)
AG	Aktiengesellschaft
ARA	Aktive Rechnungsabgrenzung
Aufl.	Auflage
AV	Anlagevermögen
AW	Anschaffungswert
ÄZ	Äquivalenzziffer
BAB	Betriebsabrechnungsbogen
BEP	Break-Even-Point
BNK	Betriebsnotwendiges Kapital
BNV	Betriebsnotwendiges Vermögen
BS	Buchungssatz
BÜB	Betriebsüberleitungsbogen
bzw.	beziehungsweise
DB	Gesamtdeckungsbeitrag
db	Stückdeckungsbeitrag
d. h.	das heißt
DL	Dienstleistungen
€	Euro
E	Gesamterlös
EE	Engpasseinheit
EH	Einheit
EK	Eigenkapital
ESt	Einkommensteuer
EStG	Einkommensteuergesetz
EV	Eigenverbrauch
exkl.	exklusive
FEK	Fertigungseinzelkosten
FGK	Fertigungsgemeinkosten
FIBU	Finanzbuchhaltung
FK	Fremdkapital
FL	Fertigungslöhne
FM	Fertigungsmaterial
G	Gewinn
GK	Gemeinkosten
GKV	Gesamtkostenverfahren
GmbH	Gesellschaft mit beschränkter Haftung
GoB	Grundsätze ordnungsgemäßer Buchführung und Bilanzierung
GWG	Geringwertige Wirtschaftsgüter
G&V	Gewinn- und Verlustrechnung
h	Stunde
HK	Herstellkosten
hl	Hektoliter
i. H.	in Hundert

i. H. v.	in Höhe von
inkl.	inklusive
K	Kosten gesamt
KER	Kurzfristige Erfolgsrechnung
Kf	Fixkosten gesamt
KG	Kommanditgesellschaft
KLR	Kosten- und Leistungsrechnung
KORE	Kostenrechnung
Kv	Variable Kosten gesamt
kv	Variable Stückkosten
kWh	Kilowattstunde
LNK	Lohnnebenkosten
LV	Lieferverbindlichkeiten
LZ	Leistungszeit
MEK	Materialeinzelkosten
MGK	Materialgemeinkosten
Mh	Maschinenstunde
MWh	Megawattstunde
ND	Nutzungsdauer
NLG	Nichtleistungsgehälter
NLL	Nichtleistungslöhne
NLZ	Nichtleistungszeiten
OG	Offene Gesellschaft
p. a.	per annum (jährlich)
POG	Preisobergrenze
PRA	Passive Rechnungsabgrenzung
PUG	Preisuntergrenze
%	Prozent
RE	Recheneinheit
Rst	Rückstellungen
Σ	Summe
Std.	Stunde
Stk.	Stück
t	Tonne
TEUR	Tausend Euro
UB	Urlaubsbeihilfe
UGB	Unternehmensgesetzbuch
UKV	Umsatzkostenverfahren
USt	Umsatzsteuer
usw.	und so weiter
UV	Umlaufvermögen
V	Variator
vgl.	vergleiche
v. H.	von Hundert
V&V	Verwaltung und Vertrieb
WBW	Wiederbeschaffungswert
WR	Weihnachtsremuneration
z. B.	zum Beispiel
ZK	Zuschlagskalkulation

Kapitel 1: Grundlagen der Kostenrechnung

Nach dem Durcharbeiten des ersten Kapitels sollen Sie

- mit den inhaltlichen Grundlagen des betrieblichen Rechnungswesens vertraut sein,
- die wesentlichen Unterschiede zwischen interner und externer Unternehmensrechnung kennen,
- wissen, welche Aufgaben die Kostenrechnung im betrieblichen Geschehen zu erfüllen hat,
- die Stromgrößen des Rechnungswesens sinngemäß definieren und differenzieren können,
- wissen, welche Kostenrechnungssysteme man unterscheidet,
- den grundsätzlichen Aufbau der Kosten- und Leistungsrechnung kurz erklären können,
- wissen, wie sich die Kosten- und Leistungsrechnung in das System des betrieblichen Rechnungswesens einordnet.

1. Teilgebiete des betrieblichen Rechnungswesens

Das **betriebliche Rechnungswesen** (auch Unternehmensrechnung genannt) umfasst sämtliche Rechenmethoden zur Erfassung, Aufbereitung, Dokumentation, Analyse, Steuerung und Überwachung der im Unternehmen anfallenden Zahlungs- und Leistungsströme.

Das betriebliche „Rechnungswesen" ist ein spezielles Informationssystem zur Abbildung der gesamten betriebswirtschaftlich relevanten quantitativen (mengen- und wertmäßigen) Daten innerhalb eines Unternehmens. Der Begriff „Unternehmensrechnung" ist etwas weitläufiger und stellt somit ein umfassenderes Informationsinstrument dar. Nachdem sich nicht alle unternehmerischen Ziele als monetäre Größe abbilden lassen, bezieht die „Unternehmensrechnung" auch zusätzliche Informationen im Rahmen von sach-, sozial- und strategiebezogenen Rechnungen mit ein.

Als zentrales Informationssystem des Unternehmens hat das betriebliche Rechnungswesen unter anderem folgende **Aufgaben** zu erfüllen:

- Erfassung der gesamten leistungswirtschaftlichen und finanzwirtschaftlichen Vorgänge und Beziehungen, die sich beim Betriebsprozess des Unternehmens abspielen,
- mengen- und wertmäßige Abbildung des Unternehmensprozesses,
- Gewinnung und Aufbereitung adäquater Daten für die betriebswirtschaftlich orientierte Steuerung des Unternehmens (z. B. Programmpolitik, Investitionsentscheidungen usw.),
- Bereitstellung von Informationen für die Planung,
- Bereitstellung von Unterlagen zur Überwachung und Kontrolle der Zahlungsfähigkeit (Liquidität), der Wirtschaftlichkeit (Effizienz) und der Rentabilität,
- Dokumentation, d. h. Erfassung sämtlicher Geschäftsfälle aufgrund von Belegen,
- Rechenschaftslegung gegenüber Eigentümern, Gläubigern, Staat usw. durch Aufstellung des Jahresabschlusses (Bilanz sowie Gewinn- und Verlustrechnung),
- Bemessungsgrundlage zur Berechnung von Einkommens- und Ertragssteuern.

Diese unterschiedlichen Aufgaben können allerdings nicht mittels einer einzigen Rechnung erfüllt werden, sondern erfordern eine tiefer gehende funktionelle Untergliederung. Demzufolge differenziert man in der Praxis die Unternehmensrechnung nach abrechnungstechnisch-organisatorischen Aspekten in vier unterschiedliche Teilbereiche, die in enger Beziehung zueinander stehen. Aus diesen Teilgebieten kann man auch strukturelle Konsequenzen für die Zuordnung von Aufgaben zu Verantwortungsbereichen ableiten.

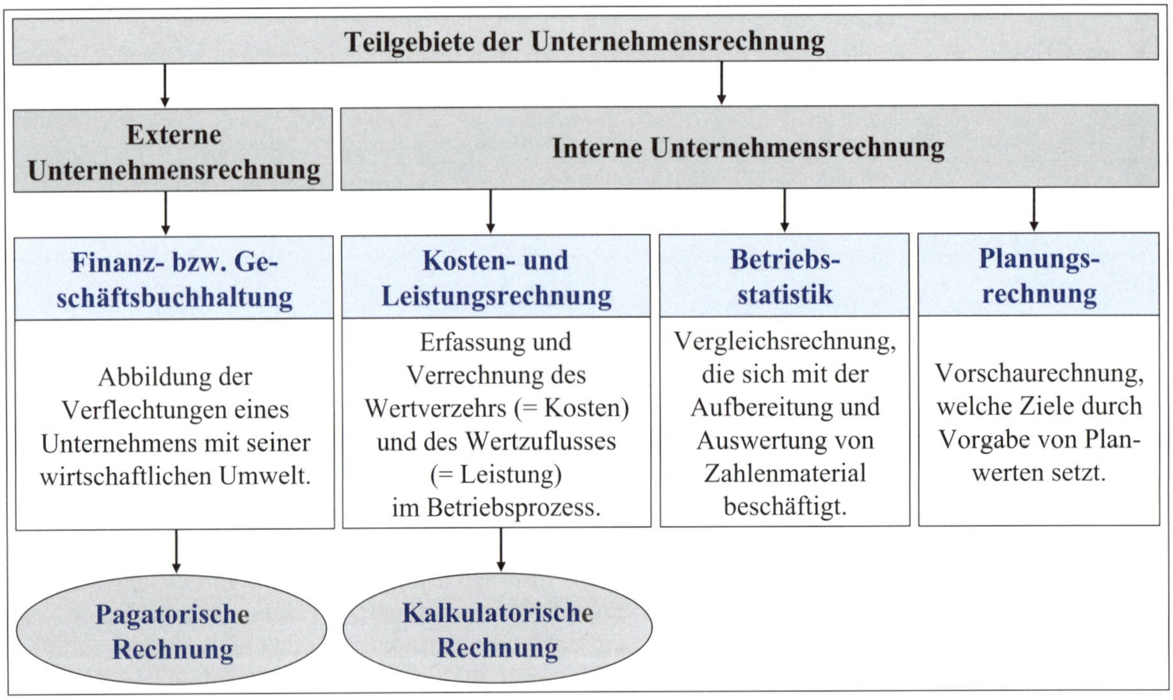

Abb. 1: Teilgebiete der Unternehmensrechnung

Die Informationen aus der Unternehmensrechnung sind sowohl für externe Informationsempfänger als auch zur internen Steuerung des Unternehmensprozesses bestimmt. Im Hinblick auf den Informationsempfänger und den Informationsgegenstand unterscheidet man somit zwischen **externer und interner Unternehmensrechnung**. Während die Finanz- bzw. Geschäftsbuchhaltung dem externen Rechnungswesen zuzurechnen ist, zählen Kostenrechnung, Betriebsstatistik und Planungsrechnung zum internen Rechnungswesen.

1.1. Finanz- bzw. Geschäftsbuchhaltung

Die **Finanz- bzw. Geschäftsbuchhaltung** erfasst schwerpunktmäßig die geschäftlichen Außenbeziehungen eines Unternehmens und bildet den Wertverkehr einer Unternehmung aus den Geschäftsbeziehungen mit seiner Umwelt (Kunden, Lieferanten, Gläubiger usw.) ab.

Sie stellt die Grundlage des gesamten betrieblichen Rechnungswesens dar und liefert das Zahlenmaterial zur Erstellung des Jahresabschlusses (Bilanz sowie Gewinn- und Verlustrechnung), aus dem die Vermögens-, Finanz- und Ertragslage eines Betriebes abgelesen werden kann. Konkret hat die Finanzbuchhaltung (kurz auch FIBU genannt) folgende **Aufgaben** zu erfüllen:

- Erfassung und Dokumentation sämtlicher Geschäftsfälle, die zu einer Veränderung des Vermögens und/oder Kapitals führen bzw. mit Aufwendungen und Erträgen (vgl. Kap. I.4.3) verbunden sind.
- Darstellung des Vermögens und des Kapitals in der Bilanz:
  Die Bilanz zeigt auf der Aktivseite das Vermögen (Anlage- und Umlaufvermögen) und auf der Passivseite das Kapital (Eigen- und Fremdkapital) eines Unternehmens zu einem bestimmten Bilanzstichtag.
- Berechnung des Gewinnes bzw. Verlustes einer Periode (= Wirtschaftsjahr):
  Dies erfolgt in der Gewinn- und Verlustrechnung, wo die gesamten in einer Abrechnungsperiode angefallenen Aufwendungen und Erträge einander gegenübergestellt werden. Sind die Erträge größer als die Aufwendungen, erwirtschaftet das Unternehmen einen Gewinn. Überwiegen allerdings die Aufwendungen, dann ergibt sich ein Verlust.
- Ermittlung von Werten zur Berechnung der Steuern des Unternehmens.
- Bereitstellung von Zahlenmaterial zur Erstellung von Statistiken, aber auch für die Unternehmensplanung und die Kostenrechnung.
- Rechenschaftslegung gegenüber Kapitalgebern und der Öffentlichkeit.

Bei der FIBU handelt es sich um eine **pagatorische Rechnung**, die sich mit den Geldströmen zwischen Unternehmen und Umwelt befasst und primär an Zahlungsvorgänge anknüpft.

1.2. Kosten- und Leistungsrechnung

Die **Kosten- und Leistungsrechnung**, auch als **Betriebsbuchhaltung** bezeichnet, ist das Kernstück des internen Rechnungswesens. Sie erfasst den mengen- und wertmäßigen Verbrauch von Produktionsfaktoren und die damit verbundene Hervorbringung und Verwertung von Leistungen (Produkten).

Die Kosten- und Leistungsrechnung ist ein Instrument zur Planung, Steuerung und Kontrolle des Betriebsprozesses. Mit ihrer Hilfe werden betriebliche Abläufe und Strukturen transparent gemacht und dadurch Daten für die unternehmerische Entscheidungsfindung geliefert. Zu den wichtigsten **Aufgaben** der Kosten- und Leistungsrechnung (KLR) zählen unter anderem (nähere Ausführungen dazu in Kap. I.3):

- Ermittlung der periodenbezogenen Leistungen und der dafür verursachten Kosten:
  In diesem Zusammenhang geht es primär darum, die Entstehung der betrieblichen Leistung und den dabei getätigten Einsatz an Produktionsfaktoren (wie menschliche Arbeit, Material, Hilfsstoffe usw.) in Geld ausgedrückt zu erfassen und zu dokumentieren.
- Durchführung der kurzfristigen Erfolgsrechnung zur Ermittlung des Betriebsergebnisses:
  Der Betriebserfolg wird als Saldo von Leistungen (positive Wertgröße) und Kosten (negative Wertgröße) ermittelt. Auf diese Weise kann das Betriebsergebnis sowohl für eine Abrechnungsperiode (Monat, Quartal oder Jahr) als auch für einen Kostenträger (Produkt oder Auftrag) berechnet werden.
- Laufende Überwachung und Kontrolle der Wirtschaftlichkeit des Betriebsprozesses um Schwachstellen rechtzeitig zu erkennen.

- Bereitstellung von Zahlenmaterial für die Finanzbuchhaltung zur Berechnung der Herstellungskosten für die Bewertung von Halb- und Fertigerzeugnissen sowie von aktivierten Eigenleistungen im Rahmen der Jahresabschlussarbeiten.
- Ermittlung von Deckungsbeiträgen für Produkte, Produktgruppen oder Bereiche.
- Bereitstellung von Unterlagen für die Planung, die Statistik und die Preisbildung.

Bei der Kosten- und Leistungsrechnung handelt es sich um eine **kalkulatorische Rechnung**, die primär an betriebliche Verbrauchsvorgänge anknüpft und zunächst völlig unabhängig von Zahlungsvorgängen ist.

1.3. Betriebsstatistik

Dieser Bereich beschäftigt sich mit der Aufbereitung und Auswertung des Zahlenmaterials, welches von der FIBU und der KLR, aber auch vom Beschaffungs-, Produktions-, Personal- und Absatzbereich zur Verfügung gestellt wird. Die Betriebsstatistik ist eine **Vergleichsrechnung**, deren Ergebnisse in Form von Kennzahlen, Tabellen und Grafiken dargestellt werden, mit dem Ziel, dem Management Informationen für unternehmerische Entscheidungen zur Verfügung zu stellen. Vergleichsrechnungen arbeiten vorwiegend mit Zahlen aus der Vergangenheit und kommen in der Praxis vor als:

- **Zeitvergleich:** Hier wird beispielsweise die Entwicklung ausgewählter Kostenarten (z. B. die Personalkostenentwicklung) über mehrere Jahre verfolgt.
- **Betriebsvergleich:** In diesem Zusammenhang erfolgt ein Kennzahlenvergleich des eigenen Betriebes mit ähnlich strukturierten Betrieben.
- **Branchenvergleich:** Um die Stellung eines Unternehmens im Vergleich zu seiner Konkurrenz aufzuzeigen, werden die Kennzahlen des eigenen Betriebes mit Durchschnittswerten anderer Unternehmen der gleichen Branche verglichen.
- **Soll-Ist-Vergleich:** Dabei werden vorgegebene Planwerte mit den tatsächlich in einer Abrechnungsperiode angefallenen Istwerten verglichen.

1.4. Planungsrechnung

Planungsrechnungen werden auf Grundlage des Zahlenmaterials aus der FIBU, der KLR sowie der Betriebsstatistik erstellt. Sie sind **zukunftsbezogen** und versuchen die Tätigkeit eines Unternehmens mit dem „Blick nach vorn" zu steuern.

Dementsprechend stellt die Planungsrechnung die zahlenmäßigen Auswirkungen der geplanten Maßnahmen in einem Unternehmen mit Hilfe von Planungsinstrumenten dar. Konkret geht es dabei einerseits um die Erstellung von Teilplänen (z. B. Absatzplan, Umsatzplan, Fertigungsplan, Investitionsplan, Beschaffungsplan, Kostenplan, Liquiditätsplan und Finanzplan), andererseits um die Festlegung von Budgets (z. B. Leistungsbudget), Planerfolgsrechnungen und Planbilanzen.

2. Abgrenzung externe und interne Unternehmensrechnung

Die Bereiche externe und interne Unternehmensrechnung unterscheiden sich durch eine Vielzahl von Punkten. Die wichtigsten Unterscheidungsmerkmale sind in nachfolgender Übersicht zusammengefasst:

	Externe Unternehmensrechnung	**Interne Unternehmensrechnung**
Zielsetzung	Vergangenheitsorientierte Dokumentation und Rechenschaftslegung	Planung, Steuerung und Kontrolle des Unternehmensprozesses
Erfassungsobjekt	Gesamtes Unternehmen	Einzelne Unternehmensbereiche, Profit Centers, Produkte
Gegenstand der Rechnung	Erfassung der Vermögens-, Finanz- und Ertragslage	Erfassung und Verrechnung der Kosten und Leistungen
Ergebnis der Rechnung	• Bilanz, Gewinn- und Verlustrechnung • Lagebericht	• Kostenartenrechnung • Kostenstellenrechnung • Kostenträgerrechung
Zeitlicher Bezugsrahmen	Jährliche Erstellung des Jahresabschlusses	Kürzere Abrechnungsperioden (monatlich, quartalsweise, halbjährlich)
Gesetzliche Grundlagen	Unternehmens- und steuerrechtliche Vorschriften (auch GoB)	Keine gesetzlichen Vorschriften (freiwillig), nur für innerbetrieblichen Informationsbedarf
Adressaten	• Eigentümer und Shareholder • Arbeitnehmer und Kunden • Lieferanten und Gläubiger • Konkurrenten und Fiskus • Gesellschaft und Öffentlichkeit	• Management • Bereichsleiter • Kostenstellenverantwortliche • Sonstige unternehmensinterne Adressaten
Rechengröße	Pagatorische Rechnung	Kalkulatorische Rechnung
Orientierung	Vergangenheitsorientiert	Vergangenheits- und zukunftsorientiert

Abb. 2: Abgrenzung externe und interne Unternehmensrechnung

Zielsetzung:

Die ***externe*** Unternehmensrechnung dient in erster Linie der externen Rechnungslegung und der Dokumentation der betrieblichen Außenbeziehungen eines Unternehmens. Bei der ***internen*** Unternehmensrechnung hingegen geht es vor allem um die Bereitstellung von Daten für die Planung, Steuerung und Kontrolle des Unternehmensprozesses, sowie um die zahlenmäßige Darstellung der betrieblichen Wirklichkeit, was auch die Überwachung der Wirtschaftlichkeit des Betriebsprozesses miteinschließt. In der unternehmensinternen Verwendung fungiert sie als Abbildung innerbetrieblicher Werteflüsse und Strukturen.

Erfassungsobjekt:

Während die ***externe*** Unternehmensrechnung das gesamte betriebwirtschaftliche Geschehen eines Unternehmens zahlenmäßig abbildet, ist der sachliche Bezugsrahmen der ***internen*** Unternehmensrechnung eingeschränkter. Erfassungsobjekte können hier neben Teilbetrieben bzw. Unternehmensbereichen auch einzelne Produkte oder Leistungen sein.

Gegenstand der Rechnung:

Gegenstand der ***externen*** Unternehmensrechnung ist insbesondere die Darstellung der Vermögens-, Finanz- und Ertragslage eines Unternehmens. Im Rahmen der ***internen*** Unternehmensrechnung werden der mengen- und wertmäßige Verbrauch von Produktionsfaktoren (menschliche Arbeitsleistung, Rohstoffe usw.) und die damit verbundene Hervorbringung und Verwertung von Leistungen (Produkten) erfasst.

Ergebnis der Rechnung:

Die ***externe*** Unternehmensrechnung, insbesondere die Finanzbuchhaltung, liefert das Zahlenmaterial zur Erstellung des Jahresabschlusses (= Bilanz, Gewinn- und Verlustrechnung und Lagebericht), aus dem sich die Lage und der Gesamterfolg des Unternehmens erkennen lassen. Die ***interne*** Unternehmensrechnung hingegen mündet in der Darstellung der Kostenartenübersicht, der Kostenstellenrechnung sowie der Kostenträgerstück- und der Kostenträgerzeitrechnung.

Zeitlicher Bezugsrahmen:

Im Rahmen der ***externen*** Unternehmensrechnung wird in der Regel einmal jährlich der Jahresabschluss erstellt. Die ***interne*** Unternehmensrechnung hingegen ist eine kurzfristige Rechnung und wird kontinuierlich durchgeführt. Ihre Auswertungen werden unter anderem monatlich, quartalsweise, halbjährlich oder jährlich erstellt.

Gesetzliche Grundlage:

Die ***externe*** Unternehmensrechnung ist obligatorisch und wird von verpflichtend anzuwendenden unternehmensrechtlichen und steuerrechtlichen Vorschriften bestimmt. Für die ***interne*** Unternehmensrechnung hingegen gibt es keine Bindung an Rechtsvorschriften. Sie kann auf freiwilliger Basis, unter Berücksichtigung unternehmensspezifischer Informationsbedürfnisse, erstellt werden.

Adressaten:

Auch hinsichtlich des Adressatenkreises unterscheidet sich die externe von der internen Unternehmensrechnung. Die ***externe*** Unternehmensrechnung dient vor allem der Information unternehmensexterner Adressaten, die mit dem Unternehmen in Beziehung stehen, aber keine anderen Alternativen zum Einblick in die wirtschaftliche Lage eines Unternehmens haben. Dazu zählen insbesondere Shareholder, Arbeitnehmer, Kunden, Lieferanten, Gläubiger, Konkurrenten, Fiskus usw. Die Daten der ***internen*** Unternehmensrechnung hingegen sind jenen unternehmensinternen Personen vorbehalten, die wirtschaftliche Prozesse im Unternehmen planen, steuern und kontrollieren, wie das Management, Kostenstellenverantwortliche, Bereichsleiter und Projektleiter.

Rechengröße:

Während es sich bei der ***externen*** Unternehmensrechnung um eine pagatorische Rechnung handelt, die sich mit den Geldströmen zwischen Unternehmen und Umwelt beschäftigt, verwendet die ***interne*** Unternehmensrechnung primär kalkulatorische Rechengrößen zur Abbildung von Realgüterbewegungen.

Orientierung:

Nachdem die ***externe*** Unternehmensrechnung vorwiegend mit Zahlenmaterial aus der Vergangenheit (z. B. veröffentlichter Jahresabschluss) arbeitet, ist diese eher vergangenheitsorientiert ausgerichtet. Die ***interne*** Unternehmensrechnung hingegen ist sowohl eine Rückschau- als auch eine Vorschaurechnung, d. h. sie ist vergangenheitsorientiert (für Analysezwecke) und zukunftsorientiert (für Planungszwecke).

3. Aufgaben der Kosten- und Leistungsrechnung

Als Instrument des internen Rechnungswesens erfüllt die KLR folgende Aufgaben:

Aufgaben der Kosten- und Leistungsrechnung

Planungsaufgaben Bereitstellung von Daten zur Planung des Unternehmensprozesses	**Kontrollaufgaben** Überwachung und Lenkung der Zielerreichung	**Preisbildung und Preisbeurteilung** Bereitstellung von Informationen für Preiskalkulation	**Entscheidungsaufgaben** Rechnerische Fundierung unternehmenspolitischer Entscheidungen	**Rechenschaftslegung** Abbildung und Dokumentation des Unternehmensprozesses
• Festlegung von Kosten-, Erlös- und Ergebniszielen • Prognoseinformationen über Plankosten, zukünftige Preise, erwartete Absatzmengen und Auslastungsgrade • Grundlage für Entscheidungsfindung und Entscheidungsvollzug	• Wirtschaftlichkeitskontrolle durch Zeitvergleich Betriebsvergleich Soll-/Ist-Vergleich • Erfolgskontrolle bezogen auf Einzelaufträge, Produkte, Produktgruppen, Abteilungen, Unternehmen	• Kalkulation der Selbstkosten • Ermittlung von Angebotspreisen • Bestimmung von Preisuntergrenzen im Verkauf • Festlegung von Preisobergrenzen im Einkauf • Ermittlung von Verrechnungspreisen für interne Leistungen	• Ermittlung optimaler Bestellmengen • Optimierung von Produktionsprogrammen • Kapazitätsplanung von Anlagen • Eigenfertigung bzw. Fremdbezug • Berechnung der Gewinnschwelle • Annahme/Ablehnung von Zusatzaufträgen	• Ermittlung des Betriebserfolges anhand kurzfristiger Erfolgsrechnung • Ermittlung der Herstellungskosten zur Bewertung von Halb- und Fertigprodukten sowie aktivierbarer Eigenleistungen • Schadensberechnung für Versicherung • Selbstkostennachweis für öffentliche Aufträge

Diese verschiedenen Aufgaben erfordern unterschiedliche Kostenrechnungssysteme!

Abb. 3: Aufgaben der Kosten- und Leistungsrechnung

(1) Planungsaufgaben:

In diesem Zusammenhang geht es vor allem darum, mit den Entscheidungsträgern Kosten-, Erlös- und Ergebnisziele verbindlich festzulegen. Als Grundlage für die Entscheidungsfindung dienen Planungsrechnungen, in die vorwiegend Prognoseinformationen, wie künftig zu erwartende Preise, prognostizierte Absatzmengen und Auslastungsgrade, aber auch Plankosten (z. B. voraussichtliche Personalkosten im nächsten Jahr) eingehen. Diese dienen sowohl als Grundlage für die Entscheidungsfindung als auch als Grundlage für den Entscheidungsvollzug.

(2) Kontrollaufgaben:

In Zusammenhang mit den internen Kontrollaufgaben kommt vor allem der **Wirtschaftlichkeitskontrolle** des Leistungsprozesses eines Unternehmens große Bedeutung zu. Die Kennzahl Wirtschaftlichkeit (= Effizienz) drückt das Verhältnis der erbrachten Leistung (Output) zu den dafür verursachten Kosten (Input) aus.

Die Kontrolle der innerbetrieblichen Wirtschaftlichkeit kann erfolgen durch:

- Dokumentation des Kostenanfalls.
- Kontrolle ausgewählter Kostenarten und Kostenstrukturen.
- ***Zeitvergleich:*** Durch den Vergleich verbrauchter Produktionsfaktoren über verschiedene Perioden (Monate, Jahre) können Unwirtschaftlichkeiten festgestellt werden.

- ***Betriebsvergleich:*** Ein zwischenbetrieblicher Vergleich der Kosten mit anderen Unternehmen kann Aufschluss über die Kostenstruktur einer bestimmten Branche geben und somit die Wirtschaftlichkeit des eigenen Betriebes aufzeigen.
- Laufende ***Soll-/Ist-Vergleiche*** der geplanten und tatsächlichen Kosten und Leistungen.

Die der Periodenabrechnung folgende Ermittlung und Analyse von Abweichungen ermöglicht das Auffinden von Abweichungsursachen (z. B. Preis- oder Verbrauchsabweichung) und zeigt den Weg zu den Schaltstellen, von denen aus den Ursachen beizukommen ist.

Die **Erfolgskontrolle** kann mittels der kurzfristigen Erfolgsrechnung (KER) durchgeführt werden. Auch im Rahmen des Jahresabschlusses wird einmal jährlich eine Erfolgsrechnung für das Gesamtunternehmen (Gewinn- und Verlustrechnung) erstellt. Dies reicht aber für die operative Steuerung eines Unternehmens nicht aus, weil die Abrechungsperiode zu lang ist und auch die Gewinnbeiträge einzelner Produkte bzw. Bereiche nicht erkennbar sind.

Kurzfristige Erfolgsrechnungen hingegen sind kurzfristig (monatlich, quartalsweise) erstellbar. Sie erfassen die zur betrieblichen Leistungserstellung erforderlichen Werteinsätze und stellen diese den aus der Leistungsverwertung resultierenden Erlösen gegenüber. Dies erlaubt eine Differenzierung der Erfolgskontrolle:

- nach Kostenträgern (Erfolgsermittlung je Produkt, Produktgruppe oder Einzelauftrag)
- für das Gesamtunternehmen, einzelne Unternehmensbereiche, Sparten und Abteilungen.

Beispiele:
Berechnung des Betriebserfolges für einen Sportgerätehersteller für ein Jahr oder ein Quartal; Erfolgsermittlung für den Bereich Snowboards und für ein Snowboard der Marke „Speed“.

(3) Preisbildung und Preisbeurteilung:

Eine Hauptaufgabe der Kosten- und Leistungsrechnung besteht in der Bereitstellung von Informationen und Methoden für die Preiskalkulation, Preisrechtfertigung und Preiskontrolle. Dabei geht es vor allem um die Mitwirkung

- bei der Kalkulation der Selbstkosten betrieblicher Leistungen,
- bei der Ermittlung von Angebotspreisen bei Kundenanfragen,
- bei der Festlegung von Preisuntergrenzen für den Verkauf, damit ein Unternehmen weiß, welcher Mindestpreis erforderlich ist, um keinen Verlust zu erwirtschaften (z. B. Berechnung des kostendeckenden Einführungspreises für ein neues Produkt),
- bei der Errechnung von Preisobergrenzen der zu beschaffenden Roh-, Hilfs- und Betriebsstoffe, insbesondere dann, wenn der Verkaufspreis bereits vom Markt her vorgegeben ist und das Unternehmen einen geplanten Gewinn erzielen möchte,
- bei der Ermittlung von Verrechnungspreisen für innerbetriebliche Leistungen, die zwischen verschiedenen Abteilungen oder Teilbetrieben eines Unternehmens ausgetauscht werden (z. B. Kosten für Reparaturarbeiten, die von firmeneigener Reparaturwerkstätte durchgeführt werden),
- bei der Rechtfertigung von Preiserhöhungen (z. B. müssen Anträge auf Preiserhöhungen beim Unterausschuss der Paritätischen Kommission mit Kostensteigerungen begründet werden),

- beim Vergleich der im Rahmen einer Angebotskalkulation ermittelten Kosten mit den tatsächlich angefallenen Istkosten.

Beispiel: Kostenrechnung als Grundlage der Preisbildung
Um die Selbstkosten eines Holzfensters zu berechnen, werden zunächst die dem Fenster direkt zurechenbaren Kosten für Material (z. B. Holz, Glas, Beschläge) sowie die im Rahmen der Herstellung anfallenden Arbeitsstunden ermittelt. Darüber hinaus werden weitere, in anderen betrieblichen Teilbereichen für die Herstellung des Fensters angefallene Kosten erfasst (z. B. Lager-, Strom- oder Verwaltungskosten) und dem Fenster anteilig zugerechnet.

(4) Entscheidungsaufgaben:

Da viele unternehmenspolitische Entscheidungen Auswirkungen im Bereich der Kosten haben, gewinnt die Kosten- und Leistungsrechnung als Entscheidungsinstrument der Unternehmensleitung zunehmend an Bedeutung. Die KLR stellt dem Management unter anderem Informationen und Daten für folgende Entscheidungsfindungen zur Verfügung:

- **Beschaffungsbereich:** Die KLR liefert Informationen zur Ermittlung optimaler Bestellmengen und zur Festlegung von Preisobergrenzen für die Produktionsfaktoren im Einkauf.
- **Produktionsbereich:** Hier stellt die Kostenrechnung Daten zur Verfügung, um Entscheidungen bezüglich optimaler Produktionsverfahren, richtiger Los- und Seriengrößen sowie der optimalen Kapazitätsauslastung von Anlagen treffen zu können.
- Durch die Bereitstellung entsprechender Informationen trägt die Kostenrechnung auch zur Lösung folgender **Sachprobleme** bei:
  - Entscheidungen über Eigenfertigung oder Fremdbezug (Make-or-Buy-Entscheidung),
  - Entscheidungen bezüglich der Annahme bzw. Ablehnung von Zusatzaufträgen,
  - Zusammensetzung gewinnoptimaler Produktions- bzw. Absatzprogramme,
  - Durchführung der Gewinnschwellenanalyse (Break-even-Analyse).

(5) Rechenschaftslegung:

- **Ermittlung des Betriebserfolges:**
  In dieser Funktion erfasst die KLR die zur betrieblichen Leistungserstellung erforderlichen Werteinsätze und stellt diese den aus der Leistungsverwertung resultierenden Erlösen gegenüber.
- **Berechnung der Herstellungskosten zur Bewertung von Bestandsveränderungen:**
  Können in einer Abrechnungsperiode nicht alle in derselben Periode hergestellten Produkte verkauft werden, dann kommt es zu einem Lageraufbau und es ergibt sich das Problem der Lagerbestandsbewertung für die Bilanz. Aufgrund von unternehmens- und steuerrechtlichen Vorschriften müssen die zu aktivierenden Bestandsveränderungen von fertigen und unfertigen Erzeugnissen mit ihren Herstellungskosten ausgewiesen werden. Mit Hilfe der Kostenrechnung können die zur Bewertung von Halb- und Fertigfabrikaten erforderlichen Herstellungskosten berechnet werden.

  Beim Begriff ***„Herstellungskosten“*** handelt es sich um einen Begriff der externen Unternehmensrechnung, bei dem nur pagatorische Rechengrößen zum Ansatz kommen. Davon zu unterscheiden ist der kostenrechnerische Begriff der ***„Herstellkosten“***, bei dem auch kalkulatorische Rechengrößen, wie z. B. der kalkulatorische Unternehmerlohn, mit in die Rechnung einbezogen werden.

Beispiel:
Eine Möbeltischlerei produziert in einer Periode 1.000 Buchentische, wofür in Summe Herstellungskosten in Höhe von € 200.000 anfallen. Nachdem in derselben Abrechnungsperiode nur 900 Stück verkauft wurden, gehen 100 Stück auf Lager. Dieser Lageraufbau ist nun mit Herstellungskosten von € 200 je Tisch zu bewerten. Daraus ergibt sich ein Bilanzansatz für Fertigerzeugnisse von insgesamt € 20.000.

- **Berechnung der Herstellungskosten für die Aktivierung von Eigenleistungen:**
  Werden von einem Unternehmen Gegenstände des Anlagevermögens (z. B. Maschine oder Lagerhalle) selbst erstellt und genutzt, dann sind auch diese mit ihren Herstellungskosten in die Bilanz aufzunehmen.

Darüber hinaus spielt die KLR als Rechenschaftslegungsinstrument auch eine Rolle

- beim Nachweis der Selbstkosten für öffentliche Aufträge,
- bei der Erstellung von Unterlagen für Kreditverhandlungen und
- bei der Begründung von Ansprüchen gegenüber Versicherungen. Bei Schadensfällen kann mit Hilfe der Kostenrechnung die Wertbasis für Entschädigungssummen festgelegt werden.

4. Stromgrößen der Unternehmensrechnung

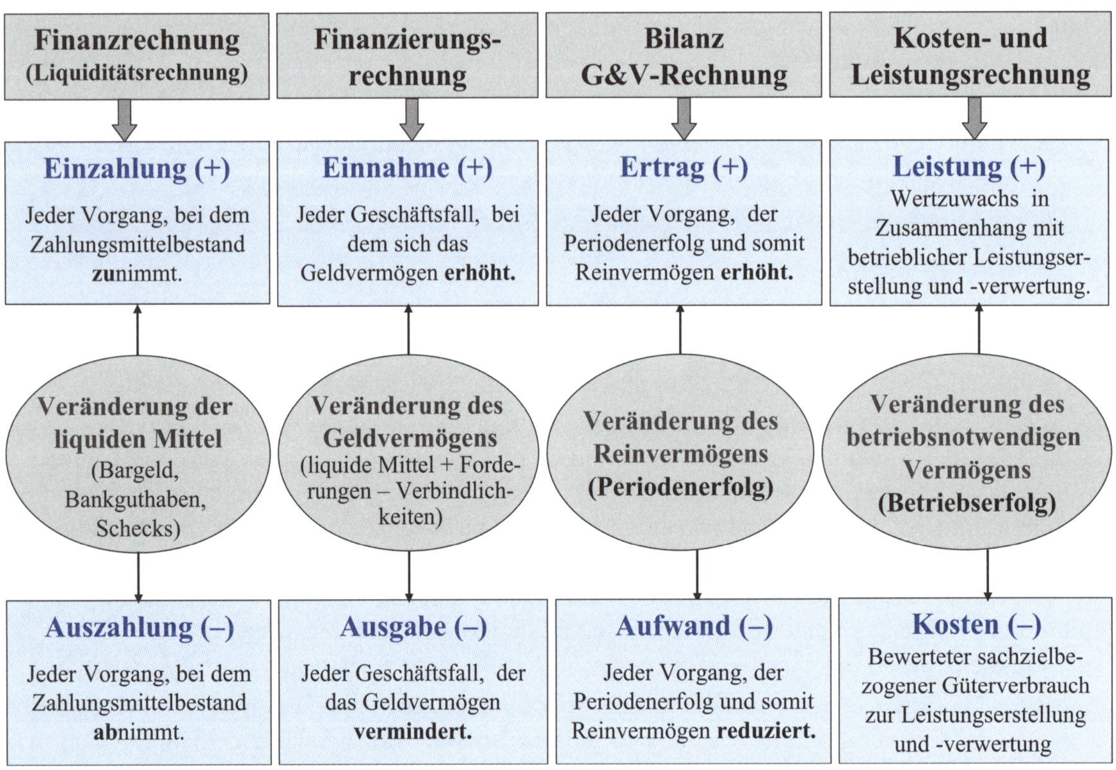

Abb. 4: Überblick zu Stromgrößen der Unternehmensrechnung

Im Rechnungswesen eines Unternehmens werden sowohl Zahlungsvorgänge als auch Leistungsvorgänge erfasst. In den verschiedenen Teilbereichen der Unternehmensrechnung finden unterschiedliche Stromgrößen Verwendung, die sachlich ähnliche, aber nicht identische Vorgänge abbilden. Abbildung 4 zeigt die Abgrenzung der in der Kosten- und Leistungsrechnung verwendeten Begriffe Kosten und Leistung von den in anderen Teilgebieten verwendeten Rechengrößen.

4.1. Einzahlungen und Auszahlungen

Einzahlungen und Auszahlungen bewirken eine **Veränderung des Zahlungsmittelbestandes (= liquide Mittel)**. Dazu zählen Kassenbestand, Schecks, Wertpapiere und Bankguthaben, die jederzeit verfügbar sind.

Einzahlungen führen zu einer Erhöhung des Zahlungsmittelbestandes.
Auszahlungen hingegen vermindern den Zahlungsmittelbestand.

Ein Unternehmen kann nur dann dauerhaft fortbestehen, wenn es jederzeit in der Lage ist, seinen eingegangenen Zahlungsverpflichtungen nachzukommen. Zur Sicherung der kurz-, mittel- und langfristigen Liquidität sowie zur Ermittlung des entsprechenden Kapitalbedarfs brauchen Unternehmen eine **Finanzrechnung**. In dieser werden Ein- und Auszahlungen einander gegenübergestellt. Als Differenz zwischen diesen beiden Größen ergibt sich entweder ein Einzahlungsüberschuss (Einzahlungen > Auszahlungen) oder ein Einzahlungsdefizit (Auszahlungen > Einzahlungen), was letztendlich die Barliquidität eines Unternehmens für eine Periode zum Ausdruck bringt. Die **Bilanz** zeigt den Bestand der liquiden Mittel zum Bilanzstichtag auf der Aktivseite unter dem Umlaufvermögen.

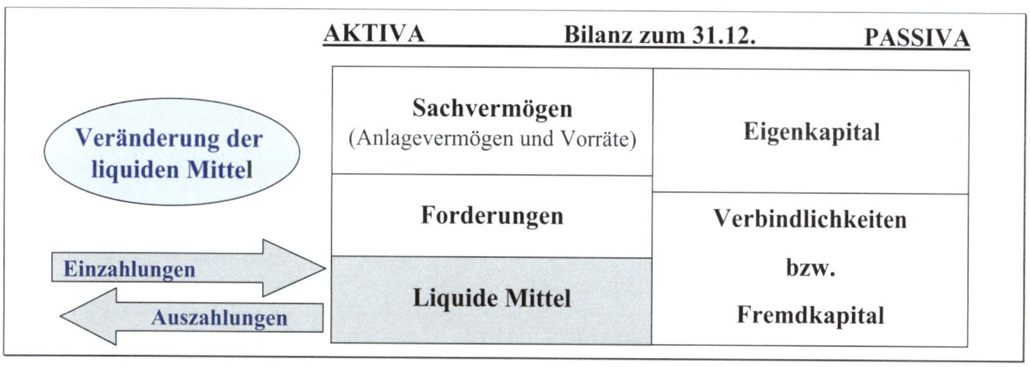

Abb. 5: Einzahlungen und Auszahlungen
(auf Grundlage von: Coenenberg, Kostenrechnung und Kostenanalyse, 5. Aufl., Stuttgart 2003, S. 12)

Beispiele zu Einzahlungen:
Verkauf von Fertigerzeugnissen gegen Barzahlung → Erhöhung des Kassabestandes
Mieter überweist monatlich Miete auf das Bankkonto → Erhöhung des Bankguthabens

Beispiele zu Auszahlungen:
Kauf eines Firmenfahrzeuges gegen Barzahlung → Verringerung des Kassabestandes
Überweisung der Stromrechnung → Verringerung des Bankguthabens

4.2. Einnahmen und Ausgaben

Einnahmen und Ausgaben führen zu einer **Veränderung des Geldvermögens.**

Einnahmen ergeben sich bei jenen Geschäftsfällen, die zu einer Erhöhung des Geldvermögens führen. **Ausgaben** hingegen resultieren aus Geschäftsfällen, die zu einer Verringerung des Geldvermögens führen.

Der Begriff „Geldvermögen" umfasst neben dem Zahlungsmittelbestand auch Forderungen und Verbindlichkeiten, die daraus resultieren, dass ein Unternehmen Zielgeschäfte tätigt. Während Forderungen das Geldvermögen eines Unternehmens erhöhen, vermindern Verbindlichkeiten (z. B. aus Lieferungen und Leistungen, gegenüber dem Finanzamt usw.) das Geldvermögen. Verbindlichkeiten sind dann als Ausgaben zu buchen, wenn entweder die zugehörige Rechnung oder ein Zahlungsbescheid vorliegt.

Geldvermögen = Zahlungsmittelbestand + Forderungen – Verbindlichkeiten

Finanzierungsrechnungen beruhen auf den Größen Einnahmen und Ausgaben, die als Veränderung der liquiden Mittel zuzüglich Forderungen abzüglich Verbindlichkeiten definiert werden. Sind in einer Abrechnungsperiode die Einnahmen größer als die Ausgaben, dann hat das Unternehmen einen Einnahmenüberschuss erwirtschaftet, im umgekehrten Fall ergibt sich ein Einnahmendefizit. Ziel ist es, Einnahmen und Ausgaben so aufeinander abzustimmen, dass die Zahlungsfähigkeit des Unternehmens – unter Berücksichtigung des Rentabilitätsziels – jederzeit gewährleistet ist.

In der **Bilanz** schlagen sich die Einnahmen und Ausgaben auf der Aktivseite bei den liquiden Mitteln sowie den Forderungen und auf der Passivseite bei den Verbindlichkeiten nieder.

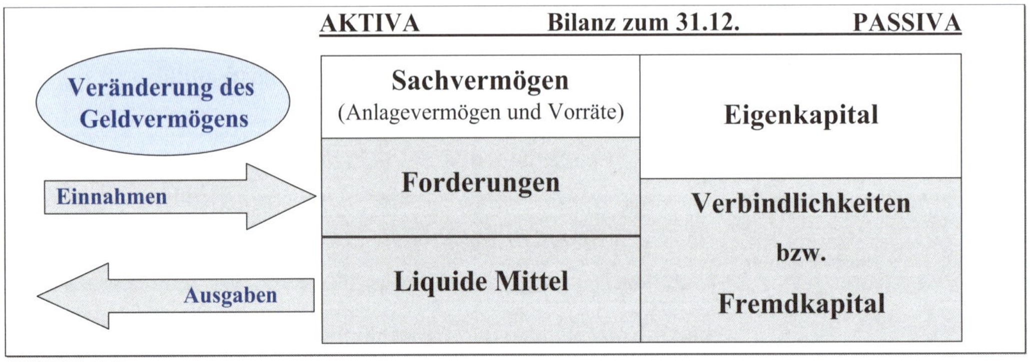

Abb. 6: Einnahmen und Ausgaben
(auf Grundlage von: Coenenberg, Kostenrechnung und Kostenanalyse, 5. Aufl., Stuttgart 2003, S. 12)

Sofern Einzahlungen aus Barverkäufen stammen, auf betrieblicher Leistung beruhen und dem Unternehmen auch im gegebenen Abrechnungszeitraum (z. B. Monat) zugeflossen sind, werden diese Einzahlungen zugleich auch Einnahmen. Durch die Barzahlung erhöht sich der Zahlungsmittelbestand (Forderungen und Verbindlichkeiten bleiben unberührt), was eine Erhöhung des Geldvermögens bewirkt.

Beispiel zu Einzahlung und Einnahme:

Ein Elektrogerätehersteller beliefert Mitte Dezember einen seiner Kunden mit 50 Fernsehern. Der Kunde begleicht die Rechnung über € 25.000 Ende Jänner nächsten Jahres.

Aufgabenstellung: Um welche Art von Rechengrößen handelt es sich?

Lösung:

Forderungen entstehen dann, wenn ein Unternehmen Waren auf Ziel verkauft. Durch die Lieferung der Fernseher entsteht im Dezember eine Lieferforderung. Dies bewirkt eine Erhöhung des Geldvermögens. In diesem Fall liegt zwar eine Einnahme, aber keine Einzahlung vor. Solange die Fernseher nicht bezahlt sind, kommt es zu keiner Erhöhung der liquiden Mittel. Erst Ende Jänner nächsten Jahres, wenn die Rechnung beglichen wird, erfolgt die dazugehörige Einzahlung.

Beispiel zu Auszahlung und Ausgabe:

Eine Großbäckerei hat im Dezember von einem Lieferanten Rohstoffe in Höhe von € 15.000 erworben und auch sofort bezahlt.

Aufgabenstellung: Um welche Art von Rechengrößen handelt es sich?

Lösung:

Der Barkauf der Rohstoffe vermindert im Dezember den Zahlungsmittelbestand um € 15.000 und führt somit zu einer Auszahlung. Darüber hinaus kommt es im Dezember zu einer negativen Änderung des Geldvermögens und folglich zu einer Ausgabe. Aufgrund der Barzahlung kommt es zu keiner Veränderung der Verbindlichkeiten.

4.3. Erträge und Aufwendungen

Erträge und Aufwendungen bewirken eine **Veränderung des Reinvermögens (des Eigenkapitals).**

Unter **Ertrag** versteht man den in einer Periode realisierten Wertzuwachs eines Unternehmens, also jeden Vorgang der das Reinvermögen (das Eigenkapital) erhöht. Unter **Aufwand** versteht man den in einer Periode entstandenen Wertverlust, also jeden Geschäftsfall der das Reinvermögen (das Eigenkapital) reduziert.

Der Begriff Reinvermögen umfasst dabei neben einer Veränderung des Geldvermögens (liquide Mittel, Forderungen und Verbindlichkeiten) auch eine Veränderung des Sachvermögens (Anlagevermögen und Vorräte).

Reinvermögen = Änderung des Geldvermögens + Änderung des Sachvermögens

Die **Erträge** eines Unternehmens setzen sich zusammen aus:

- **allen** in einer Periode entstandenen **betrieblichen Erträgen** aus den an den Markt abgegebenen und im eigenen Betrieb verwendeten Leistungen (wie Umsatzerträge und Erträge aus Bestandserhöhungen) und
- **neutralen Erträgen:** Darunter versteht man betriebsfremde, außerordentliche oder periodenfremde Erträge (wie z. B. Kursgewinne, Zinserträge).

Die **Aufwendungen** eines Betriebes untergliedern sich in:

- **Zweckaufwand:** Das ist jeder Wertverzehr, der für die Erstellung und Verwertung der betrieblichen Leistung entstanden ist (wie z. B. Materialverbrauch, Löhne usw.).
- **Neutraler Aufwand:** Das sind betriebsfremde, außerordentliche oder periodenfremde Aufwendungen (wie z. B. außerordentliche Abschreibung, Kursverluste usw.).

Der Begriff „Aufwand" bezieht sich auf den Verbrauch bzw. Gebrauch von Gütern und Dienstleistungen im gesamten Tätigkeitsbereich eines Unternehmens sowie die Reduktion von Vermögenswerten (z. B. durch die Abschreibung).

Erträge und Aufwendungen werden in der Finanzbuchhaltung erfasst und in der **zeitraumbezogenen Gewinn- und Verlustrechnung** saldiert. Dies ermöglicht die Ermittlung des Gewinns bzw. Verlustes eines Unternehmens für das Wirtschaftsjahr. Während die Aufwände als negatives Erfolgselement in die Erfolgsrechnung eingehen, wirken sich die Erträge positiv auf die Höhe des Betriebserfolges aus. Dabei ist es unbedeutend, ob die Wertzuwächse bzw. Wertverluste Ergebnis der betrieblichen Tätigkeit sind oder nicht.

Der Periodenerfolg eines Unternehmens kann aber auch mit Hilfe der **zeitpunktbezogenen Bilanz** errechnet werden. In der Bilanz werden sämtliche Vermögensgegenstände (Aktiva) und Kapitalbestände (Passiva) zu einem bestimmten Bilanzstichtag erfasst. Durch die Gegenüberstellung des Gesamtvermögens mit dem Fremdkapital erhält man das Eigenkapital des Unternehmens (siehe Abbildung 7). Der Periodenerfolg ergibt sich als Veränderung der Position „Eigenkapital".

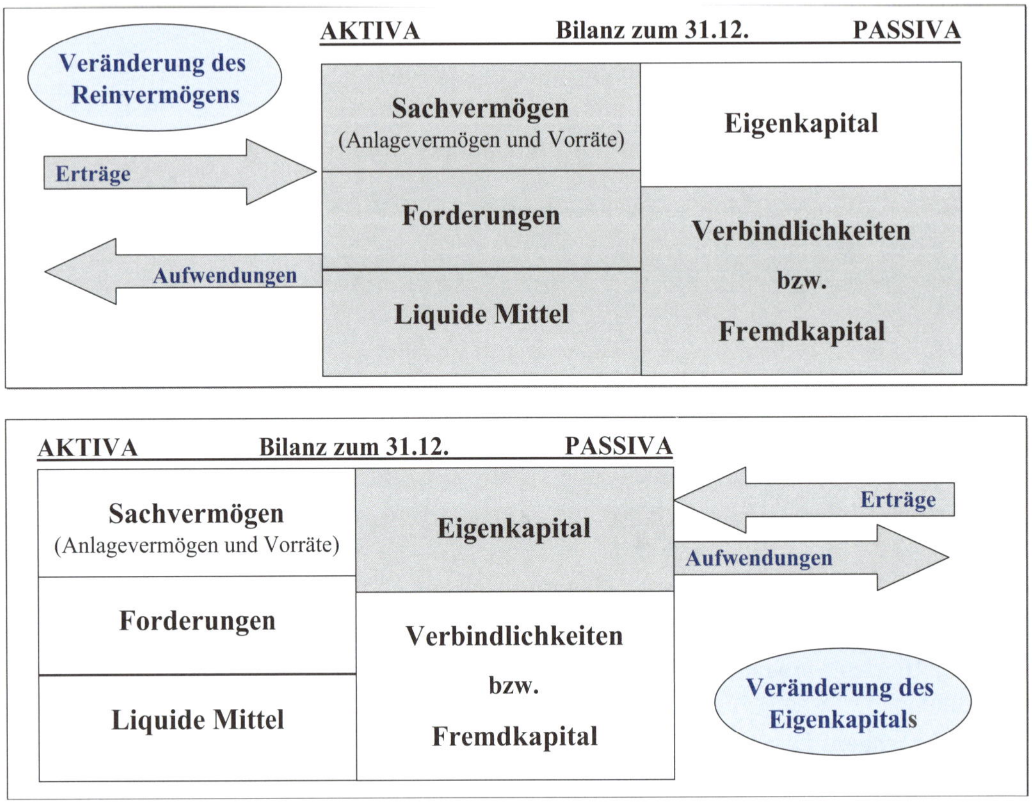

Abb. 7: Erträge und Aufwendungen
(auf Grundlage von: Coenenberg, Kostenrechnung und Kostenanalyse, 5. Aufl., Stuttgart 2003, S. 17)

Obwohl die Erträge und Aufwendungen in engem Verhältnis zu den Einnahmen und Ausgaben stehen, müssen sie nicht immer übereinstimmen.

Beispiel zu Einnahme und Ertrag:

Im Mai erfolgt der Verkauf einer Maschine zu dem in der FIBU ausgewiesenen Buchwert von € 10.000 auf Ziel.

Aufgabenstellung: Welche Stromgrößenkombination liegt im Mai vor?

Lösung:

Dieser Vorgang führt zur Erhöhung des Geldvermögens und somit zu einer Einnahme von € 10.000. Gleichzeitig wird durch den Abgang des Buchwertes der Maschine das Sachvermögen um € 10.000 reduziert. Daraus folgt:

Änderung des Geldvermögens von + 10.000 führt gleichzeitig zu Änderung des Sachvermögens von –10.000.
→ Reinvermögen bleibt unverändert und somit liegt zwar eine Einnahme, aber kein Ertrag vor.

Steht allerdings einer Änderung des Geldvermögens keine gleich hohe Änderung des Sachvermögens gegenüber, dann handelt es sich um Einnahmen und Erträge bzw. um Ausgaben und Aufwendungen (z. B. Verkauf von Vermögensgegenständen entweder über oder unter dem Buchwert). Bei solchen Geschäftsfällen hingegen, die nur zu einer Veränderung des Sachvermögens führen (z. B. Abschreibung von Maschinen), aber keine Veränderung des Geldvermögens bewirken, handelt es sich um Erträge bzw. Aufwendungen, nicht aber um Einnahmen bzw. Ausgaben.

Beispiel zu Einzahlung, Einnahme und Ertrag:

Verkauf eines LKW um € 45.000. Davon werden € 25.000 sofort bezahlt, der Rest wird gestundet. Der Buchwert des Fahrzeuges beträgt € 35.000.

Aufgabenstellung: Welche Rechengrößen liegen hier in welcher Höhe vor?

Lösung:

Erhöhung des Zahlungsmittelbestandes um € 25.000 durch Barzahlung → € 25.000 Einzahlung
Erhöhung des Geldvermögens um € 45.000
(25.000 Barzahlung + 20.000 Forderung) → € 45.000 Einnahme
Änderung des Reinvermögens um € 10.000 (Ertrag 45.000 – Buchwert 35.000) → € 10.000 Ertrag

Beispiel zu Auszahlung, Ausgabe und Aufwand:

Die Abschreibung der Betriebs- und Geschäftsausstattung eines Betriebes beträgt € 25.000.

Aufgabenstellung: Welche Rechengrößen liegen hier in welcher Höhe vor?

Lösung:

Durch die Abschreibung erfolgt kein Abfluss liquider Mittel → keine Auszahlung
Das Geldvermögen (Forderungen und Verbindlichkeiten) bleibt gleich → keine Ausgabe
Die Abschreibung bewirkt eine Verringerung des Sachvermögens und
somit eine Änderung des Reinvermögens um € 25.000 → € 25.000 Aufwand

4.4. Kosten und Leistungen (Erlöse)

Während es sich bei den bisher besprochenen Begriffen um pagatorische Rechengrößen der externen Unternehmensrechnung handelt, sind Kosten und Leistungen kalkulatorische Rechengrößen der Kosten- und Leistungsrechnung.

Unter **Leistung (Erlös)** versteht man die in Geld bewertete Ausbringung von Gütern und Dienstleistungen, die in einer Abrechnungsperiode im Rahmen der ordentlichen betrieblichen Tätigkeiten entstehen. **Kosten** sind der in Geld bewertete sachzielbezogene Einsatz bzw. Verbrauch von Gütern und Dienstleistungen, der in einer Abrechnungsperiode zur Erstellung und zum Absatz betrieblicher Leistungen sowie zur Aufrechterhaltung der Betriebsbereitschaft erforderlich ist.

Im Rahmen der KLR werden nur jene betriebsnotwendigen Kosten und Leistungen erfasst, die unmittelbar aus der Leistungserstellung bzw. -verwertung resultieren. Dies bedeutet eine Beschränkung auf solche Maßnahmen eines Unternehmens, die mit den betrieblichen Sachaufgaben, wie Beschaffungs-, Fertigungs- und Absatzaktivitäten zusammenhängen.

Mit Hilfe der Kosten- und Leistungsrechnung kann auch der Betriebserfolg, der im Rahmen der eigentlichen betrieblichen Tätigkeit entstanden ist, ermittelt werden. Dieser ergibt sich als Differenz zwischen Leistungen und Kosten. Leistungen bzw. Erlöse stellen dabei die positive, Kosten die negative Wertgröße dar.

Die systematischen **Unterschiede** zwischen den Rechengrößen der Gewinn- und Verlustrechnung **(Erträge bzw. Aufwendungen)** und denen der Kosten- und Leistungsrechnung **(Leistungen bzw. Kosten)** ergeben sich insbesondere im Hinblick auf den Umfang und die Bewertung der einzubeziehenden Größen:

- **Umfang:**
  Die **KLR** erfasst ausschließlich betriebsbezogene, periodenbezogene und ordentliche Größen. Leistungen und Kosten beschränken sich somit auf die sachzielbezogene Wertentstehung und den im Rahmen der eigentlichen betrieblichen Tätigkeit entstandenen Wertverzehr. Die **G&V** hingegen erfasst neben den sachzielbezogenen Erträgen und Aufwendungen auch alle betriebsfremden, periodenfremden und außerordentlichen Erfolgskomponenten.
- **Bewertung:**
  Nachdem die **G&V** an gesetzliche Vorschriften gebunden ist, kommt bei der Bewertung der Aufwendungen und Erträge das **Realisations- bzw. Anschaffungswertprinzip** zum Tragen. Aufgrund der fehlenden Bindung der **KLR** an Rechtsvorschriften werden hier auch andere Werte (z. B. Durchschnittspreise, Schätzwerte, Tagespreise, künftige Wiederbeschaffungspreise usw.) zur Bewertung der Produktionsfaktoren herangezogen.

4.4.1. Abgrenzung zwischen Ertrag und Leistung (Erlös)

Während Erträge zur Erhöhung des Reinvermögens führen, bewirken Leistungen eine Erhöhung des betriebsnotwendigen Vermögens. Zu den Erträgen gehören alle in einer Periode entstandenen betrieblichen Erträge (Zweckerträge) und neutralen Erträge. Zu den Leistungen hingegen zählen nur die in Geld bewerteten Güter und Dienstleistungen, die im Produktionsprozess erzeugt wurden. Die Leistungen eines Unternehmens setzen sich zusammen aus Grundleistungen und kalkulatorischen Leistungen.

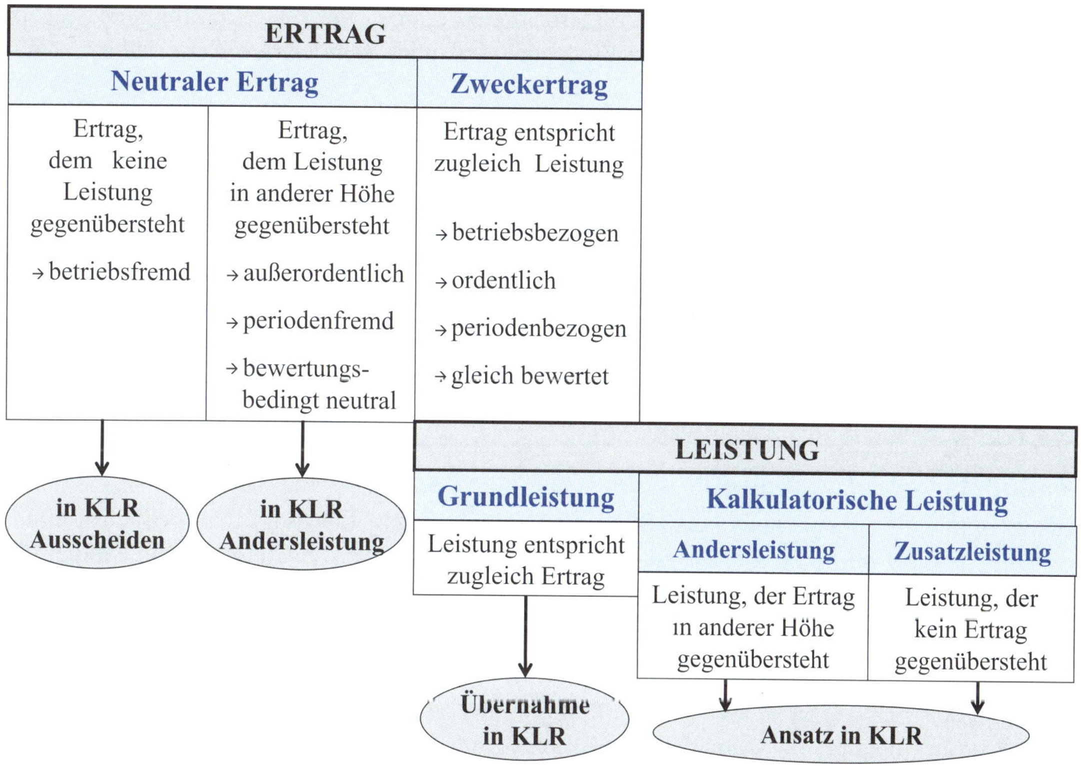

Abb. 8: Abgrenzung zwischen Ertrag und Leistung
(in Anlehnung an: Denk/Feldbauer-Durstmüller/Mitter/Wolfsgruber: Externe Unternehmensrechnung, 3. Aufl., Wien 2007, S. 35)

(1) Neutrale Erträge

Zu den neutralen Erträgen zählen zum einen Erträge, die nicht die betriebliche Leistungserstellung bzw. Leistungsverwertung betreffen, zum anderen solche, die außerordentlich oder periodenfremd sind und bewertungsbedingt in der Leistungsrechnung in anderer Höhe als Andersleistungen angesetzt werden.

- **Betriebsfremde Erträge**
  Darunter versteht man Erträge, die zwar regelmäßig anfallen, aber nicht aus der eigentlichen betrieblichen Geschäftstätigkeit resultieren (z. B. Beteiligungserträge, Zinserträge, Kursgewinne bei Wertpapieren usw.). Erträge, die nicht zugleich eine Leistung darstellen, werden im Rahmen der Betriebsüberleitung ausgeschieden.

- **Außerordentliche Erträge**
  Außerordentliche Erträge sind zwar betriebsbedingt, gehören aber aufgrund ihres unregelmäßigen Entstehens bzw. der außergewöhnlichen Höhe nicht oder in anderer Höhe in die Leistungsrechnung (z. B. Verkauf eines gebrauchten Vermögensgegenstandes über dem Buchwert). Folglich werden sie im Rahmen der Betriebsüberleitung ausgeschieden und dafür in normalisierter Höhe als Andersleistung angesetzt.
- **Periodenfremde Erträge**
  Sie sind zwar betriebsbedingt, stellen aber keine Leistung der laufenden Periode dar. Periodenfremde Erträge gehören entweder in eine bereits abgerechnete Periode (wie z. B. nachträgliche Steuerrückvergütungen) oder in die nächste Periode. Auch sie werden im Rahmen der Betriebsüberleitung ausgeschieden.
- **Bewertungsbedingt neutraler Ertrag**
  Dieser ist zwar seinem Wesen nach, nicht aber der Höhe nach ertragsgleich.

(2) Zweckerträge bzw. Grundleistungen

Alle Erträge, die betriebsbedingt, ordentlich, periodenbezogen und gleich bewertet sind, stellen zugleich auch Leistungen im Sinne der Leistungsrechnung dar. Zweckerträge sind durch den Betriebszweck entstandene Erträge. Von einer Grundleistung spricht man dann, wenn ein Zweckertrag unverändert aus der Finanzbuchhaltung in die Kostenrechnung übernommen wird. Die wichtigsten Zweckerträge bzw. Grundleistungen sind die Umsatzerlöse aus dem Verkauf von Fertigerzeugnissen sowie Bestandserhöhungen von Halb- und Fertigerzeugnissen.

(3) Kalkulatorische Leistungen

Kalkulatorische Leistungen erfassen jene Bestandteile der Leistung, die vom Ertrag der betreffenden Periode abweichen. Sie werden zusätzlich zu den Grundleistungen in der Leistungsrechnung angesetzt und untergliedern sich in:

- **Andersleistungen**
  Als Andersleistung werden jene Erträge ausgewiesen, die für Zwecke der KLR anders bewertet werden als in der FIBU. Dies ist zum einen auf die unterschiedliche Zielsetzung der Kosten- und Leistungsrechnung und der Finanzbuchhaltung zurückzuführen, zum anderen muss sich die KLR nicht an gesetzlich vorgeschriebene Bewertungsprinzipien halten. Andersleistungen spielen beispielsweise bei der Bewertung von Eigenleistungen eine Rolle, da hier bei der Berechnung der Herstellkosten die Materialkosten nicht mit den Anschaffungspreisen der FIBU, sondern mit innerbetrieblichen Verrechnungspreisen angesetzt werden können.
- **Zusatzleistungen**
  Zusatzleistungen werden in der Leistungsrechnung angesetzt, wenn ihnen keine Erträge aus der FIBU gegenüberstehen. Eine Zusatzleistung wird beispielsweise dann ausgewiesen, wenn die Veräußerung betrieblich erstellter Güter zu keinen Einnahmen und damit auch zu keinem Ertrag führt (z. B. Unternehmen verschenkt seine selbst erzeugten Fernseher, Spielsachen usw. an gemeinnützige Organisationen).

  Aufgrund der für die Finanzbuchhaltung geltenden Gesetze kann beispielsweise auch der Fall eintreten, dass gewisse Erträge nicht verbucht werden dürfen, obwohl sie zur Leistungsentstehung beitragen (z. B. selbst erstellte immaterielle Vermögensgegenstände, wie Patente, Software usw.). Derartige Vorkommnisse werden in der Leistungsrechnung ebenfalls als Zusatzleistung berücksichtigt.

Beispiele zur Abgrenzung von Erträgen und Leistungen:

Die Papierfabrik *Paper KG* verkauft in der laufenden Periode an einen Großkunden Kopierpapier im Wert von € 20.000 auf Ziel.

Die Papierfabrik *Paper KG* verkauft Wertpapiere des Anlagevermögens mit einem Buchwert von € 18.000 um € 25.000. Die Transaktion wird über das Bankkonto abgewickelt.

Aufgabenstellung:

Inwieweit liegt ein Ertrag und/oder eine Leistung vor und wie lautet die diesbezügliche Buchung?

Lösung:

a) Durch den Verkauf steigt das Reinvermögen um € 20.000 → € 20.000 Ertrag
Geschäftsfall ist betriebsbedingt, periodenbezogen und ordentlich → € 20.000 Leistung
Buchung: Lieferforderungen ***an*** ***Umsatzerlöse*** ***€ 20.000***

b) Änderung des Sachvermögens – € 18.000
Änderung des Geldvermögens + € 25.000 →Änderung des Reinvermögens → € 7.000 Ertrag
Verkauf von Aktien betrifft nicht die betriebliche Leistungserstellung → keine Leistung
Buchungen: Bank ***an*** ***Erlöse aus Anlagenverkauf*** ***€ 25.000***
Buchwertabgang ***an*** ***Anlagevermögen (Wertpapiere)*** ***€ 18.000***

Die Beurteilung der Frage, ob bei den einzelnen Geschäftsfällen ein Ertrag vorliegt, kann auch buchungstechnisch gelöst werden. Die jeweiligen Buchungssätze zeigen auf, inwieweit ein **Ertrag** verbucht wurde und ob infolgedessen durch den jeweiligen Geschäftsfall im Unternehmen ein Ertrag entstanden ist.

4.4.2. Abgrenzung zwischen Aufwand und Kosten

Während Aufwendungen eine Verringerung des Reinvermögens bewirken, führen Kosten zu einer Reduktion des betriebsnotwendigen Vermögens. Kosten sind der in Geld bewertete Güterverzehr zur Erstellung von Gütern und Dienstleistungen, d. h. die Kosten entstehen nicht durch die Anschaffung von Produktionsfaktoren, sondern erst durch ihren Verbrauch im Rahmen der betrieblichen Leistungserstellung bzw. -verwertung. So führt beispielsweise erst der Gebrauch einer Maschine zur Abschreibung und somit zu Kosten (nicht bereits der Kauf).

Die G&V erfasst neben dem sachzielbezogenen betrieblichen Aufwand (Zweckaufwand) auch betriebsfremde Aufwendungen (sie bleiben in der Kostenrechnung unberücksichtigt) sowie periodenfremde und außerordentliche Aufwendungen. Diese werden wegen der unterschiedlichen Zielsetzung in der Kostenrechnung als Anderskosten mit zeitlich oder mengenmäßig normalisierten Werten angesetzt. Die Kostenrechnung weist somit nur sachzielbezogene Kosten aus, die sich aus Grundkosten und kalkulatorischen Kosten zusammensetzen.

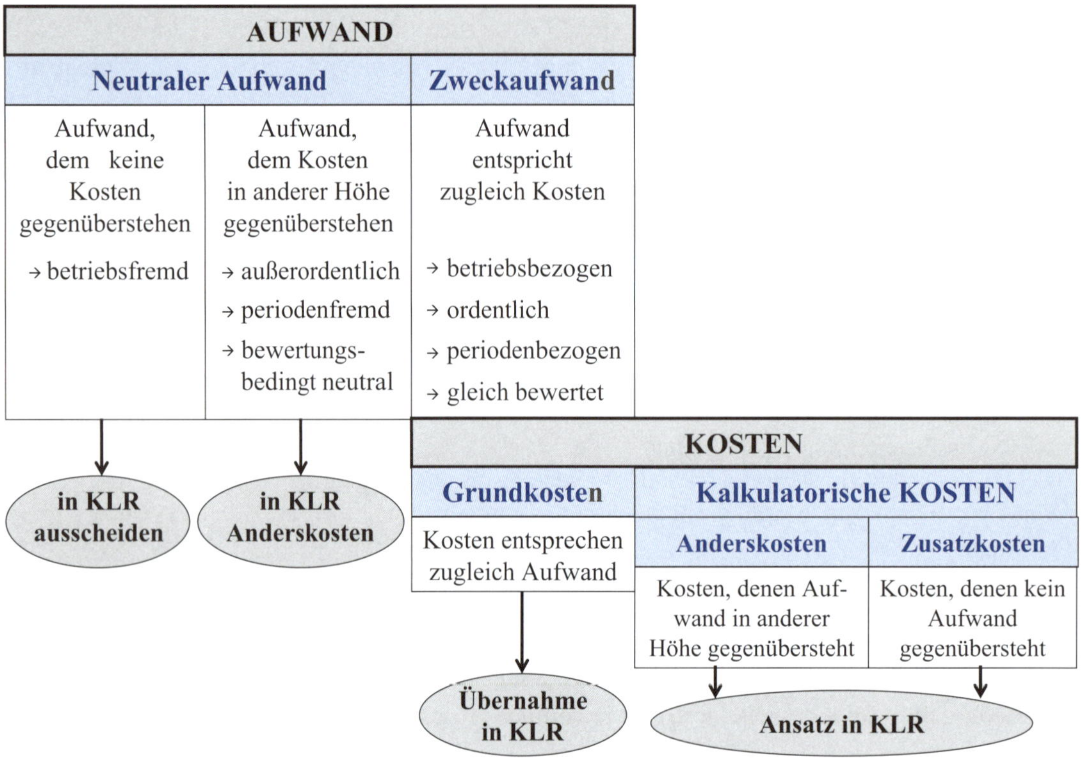

Abb. 9: Abgrenzung zwischen Aufwand und Kosten
(in Anlehnung an: Denk/Feldbauer-Durstmüller/Mitter/Wolfsgruber: Externe Unternehmensrechnung, 3. Aufl., Wien 2007, S. 35)

(1) Neutrale Aufwendungen

Neutrale Aufwendungen sind Aufwendungen, die mit der betrieblichen Leistungserstellung nichts oder nicht unmittelbar zu tun haben. Es handelt sich dabei um jene Aufwandsteile, die zwar in der Finanzbuchhaltung, nicht aber in der Kostenrechnung Berücksichtigung finden.

- **Betriebsfremde Aufwendungen**
  Diese haben keinen Bezug zur betrieblichen Leistungserstellung, weil sie weder durch die Produktions- noch die Absatztätigkeit des Unternehmens verursacht sind. Sie stellen keine Kosten dar und werden folglich auch nicht in der Kostenrechnung erfasst, sondern im Rahmen des Betriebsüberleitungsbogens ausgeschieden (vgl. Kapitel II.2.6.).

  Diesbezügliche **Beispiele** sind: Spenden an karitative Vereinigungen, Kursverluste bei Wertpapieren, Aufwendungen für betrieblich nicht genutzte Gebäude und Anlagen, Aufwendungen für vermietete oder stillgelegte Anlagen, Zuwendungen an Betriebsfremde, Privatentnahmen usw.

- **Außerordentliche Aufwendungen**
  Diese Aufwendungen sind zwar betriebsbedingt, aber nicht ordentlich. Wegen ihres schwankenden Anfalls, ihrer Unvorhersehbarkeit und ihrer außergewöhnlichen Höhe dürfen sie nicht in die Kostenrechnung aufgenommen werden. Dahinter steht die Zielsetzung der KLR, dass nur solche Kosten angesetzt werden dürfen, die dem normalen Geschäftsgebaren entsprechen. Zufallsschwankungen verzerren aber die Kosten und verfälschen somit die Aussagekraft. Die außerordentlichen Aufwen-

dungen werden zunächst im Rahmen des BÜB als neutraler Aufwand ausgeschieden. Nachdem es sich hier aber um Aufwendungen handelt, denen Kosten in anderer Höhe gegenüberstehen, finden diese als Anderskosten Berücksichtigung.

Beispiele für außerordentliche Vorgänge sind: Katastrophenschäden, Schadensfälle bei Anlagen und Beständen (z. B. Schwund, Diebstahl) soweit nicht durch Versicherungen gedeckt und das übliche Ausmaß übersteigend, Gewährleistungsaufwand, Forderungsverluste, außerordentliche Aufwendungen für Stilllegung bzw. Umstrukturierung von Teilbetrieben usw.

- **Periodenfremde Aufwendungen**
  Derartige Aufwendungen sind zwar betriebsbezogen, sie fallen aber in einer anderen Abrechnungsperiode an, als der Verbrauch der entsprechenden Produktionsfaktoren. Periodenfremde Aufwendungen sind keine Kosten derselben Periode. Folglich sind sie im Rahmen der Betriebsüberleitung zeitlich abzugrenzen.

  Als diesbezügliche **Beispiele** können angeführt werden: Steuernachzahlungen für frühere Perioden, Aufwendungen zur Beseitigung früher entstandener Schäden, Lohn- und Gehaltsvorschüsse usw.

- **Bewertungsbedingt neutraler Aufwand**
  Dieser ist zwar seinem Wesen nach, nicht aber der Höhe nach kostengleich. Der Unterschied zwischen Aufwand und Kosten ist oft darauf zurückzuführen, dass in der G&V bei der Bewertung des Aufwandes Bewertungsvorschriften eingehalten werden müssen, die Bewertung der Kosten aber vom Rechnungszweck abhängt. Ein bewertungsbedingt Neutraler Aufwand liegt beispielsweise dann vor, wenn der Rohstoffverbrauch in der G&V mit den Anschaffungskosten bewertet wird, in der Kostenrechnung die Bewertung aber mit dem gesunkenen Tageswert oder dem künftig niedrigeren Wiederbeschaffungswert erfolgt.

(2) Zweckaufwand bzw. Grundkosten

Alle Aufwendungen, die betriebsbedingt, ordentlich, periodenbezogen und gleich bewertet sind, stellen zugleich Kosten im Sinne der Kostenrechnung dar. Ein Zweckaufwand ist der durch den Betriebszweck entstandene Aufwand. Wird der Zweckaufwand unverändert in die Kostenrechnung übernommen, dann spricht man von Grundkosten. Dazu zählen der Wareneinsatz, Gehälter, Akkordlöhne, Energiekosten, Versicherungsaufwand usw.

(3) Kalkulatorische Kosten

Kalkulatorische Kosten spielen in der Kostenrechnung eine sehr wichtige Rolle. Durch ihre Einbeziehung wird sichergestellt, dass sämtliche Kosten, die in Zusammenhang mit der betrieblichen Leistungserstellung bzw. Leistungsverwertung angefallen sind, letztendlich in die Kalkulation von Kosten und Preisen sowie in die kurzfristige Erfolgsrechnung eingehen. Man unterscheidet zwischen Zusatzkosten und Anderskosten.

- **Anderskosten**
  Darunter versteht man kalkulatorische Kosten, denen in der Finanzbuchhaltung ein Aufwand in anderer Höhe gegenübersteht. Folglich werden im Rahmen der Betriebsüberleitung die Kosten mit einem anderen Betrag angesetzt als die entsprechenden Aufwandsgrößen in der FIBU.

  Zu den Anderskosten zählen: kalkulatorische Wagnisse (vgl. Kap. II.2.4.7), kalkulatorische Zinsen (vgl. Kap. II.2.4.6) und kalkulatorische Abschreibung (vgl. Kap. II.2.4.5). So sind beispielsweise Abschreibungen auch in der FIBU als Aufwand enthalten, doch werden sie für kostenrechnerische Zwecke anders ermittelt. Anderskosten sind im Rahmen des BÜB auch dann zu berücksichtigen, wenn

z. B. der Verbrauch eines Produktionsfaktors (Rohstoffe, Fertigungslöhne usw.) in der FIBU mit dem Anschaffungspreis, in der Kostenrechnung aber mit dem gestiegenen Tageswert oder dem künftig höheren Wiederbeschaffungswert bewertet wird.

- **Zusatzkosten**
  Diese werden für solche Werteinsätze erfasst, denen in der Finanzbuchhaltung kein Aufwand gegenübersteht. Sie werden deshalb zusätzlich angesetzt, damit unabhängig von unternehmens- bzw. steuerrechtlichen Vorschriften in der Kostenrechnung der tatsächliche Wertverzehr sämtlicher verbrauchter Produktionsfaktoren Eingang findet.

  Zu den Zusatzkosten zählen: der kalkulatorische Unternehmerlohn (vgl. Kap. II.2.4.2), die kalkulatorischen Eigenkapitalzinsen (vgl. Kap. II.2.4.6) sowie kalkulatorische Mieten für betrieblich genutzte private Räumlichkeiten (vgl. Kap. II.2.4.8).

Beispiele zur Abgrenzung von Aufwendungen und Kosten:

a) Die Papierfabrik *Paper KG* kauft Anfang Jänner eine Druckmaschine mit einem Anschaffungswert von € 12.000 netto in bar. Die Nutzungsdauer lt. Finanzbuchhaltung beträgt vier Jahre, in der Kostenrechnung hingegen nur drei Jahre.

b) Die *Paper KG* verbraucht in der Abrechnungsperiode Hilfsstoffe im Wert von € 7.500 vom Lager.

Aufgabenstellung:

Inwieweit liegt ein Aufwand und/oder Kosten vor und wie lautet jeweils die diesbezügliche Buchung?

Lösung:

a) Das Sachvermögen erhöht sich zunächst durch den Kauf der Maschine um 12.000, wird jedoch in derselben Periode durch die Abschreibung (€ 12.000 / 4 Jahre = € 3.000) reduziert.

Änderung des Reinvermögens: Änderung des Sachvermögens +€ 9.000
– Änderung des Geldvermögens –€ 12.000 → € 3.000 Aufwand

Kauf der Druckmaschine betrifft das Sachziel der *Paper KG*, allerdings stimmt die Nutzungsdauer der FIBU nicht mit der Kostenrechnung überein.

Die kalkulatorische Abschreibung beträgt € 4.000 (€ 12.000 / 3 Jahre). → € 4.000 Kosten

Buchungen:	***Anlagevermögen***	***an***	***Kassa***	***12.000***
	Abschreibung	***an***	***Anlagevermögen***	***3.000***

b) Der Verbrauch von Hilfsstoffen führt zur Verringerung des Sachvermögens und folglich zu einer Abnahme des Reinvermögens. → € 7.500 Aufwand

Der Hilfsstoffverbrauch betrifft die betriebliche Leistungserstellung. → € 7.500 Kosten

Buchung:	***Hilfsstoffverbrauch***	***an***	***Hilfsstoffvorräte***	***7.500***

Die Beurteilung der Frage, ob bei den einzelnen Geschäftsfällen ein Aufwand vorliegt, kann auch buchungstechnisch gelöst werden. Die jeweiligen Buchungssätze zeigen auf, inwieweit ein **Aufwand** verbucht wurde und ob folglich durch den jeweiligen Geschäftsfall im Unternehmen ein Aufwand entstanden ist.

Abschließend zu diesem Kapitel soll noch einmal der Zusammenhang zwischen den Rechengrößen der Unternehmensrechnung anhand eines Beispiels des Möbelerzeugers *Holzwurm KG*, der sich auf die Herstellung von Buchentischen spezialisiert hat, grafisch dargestellt werden:

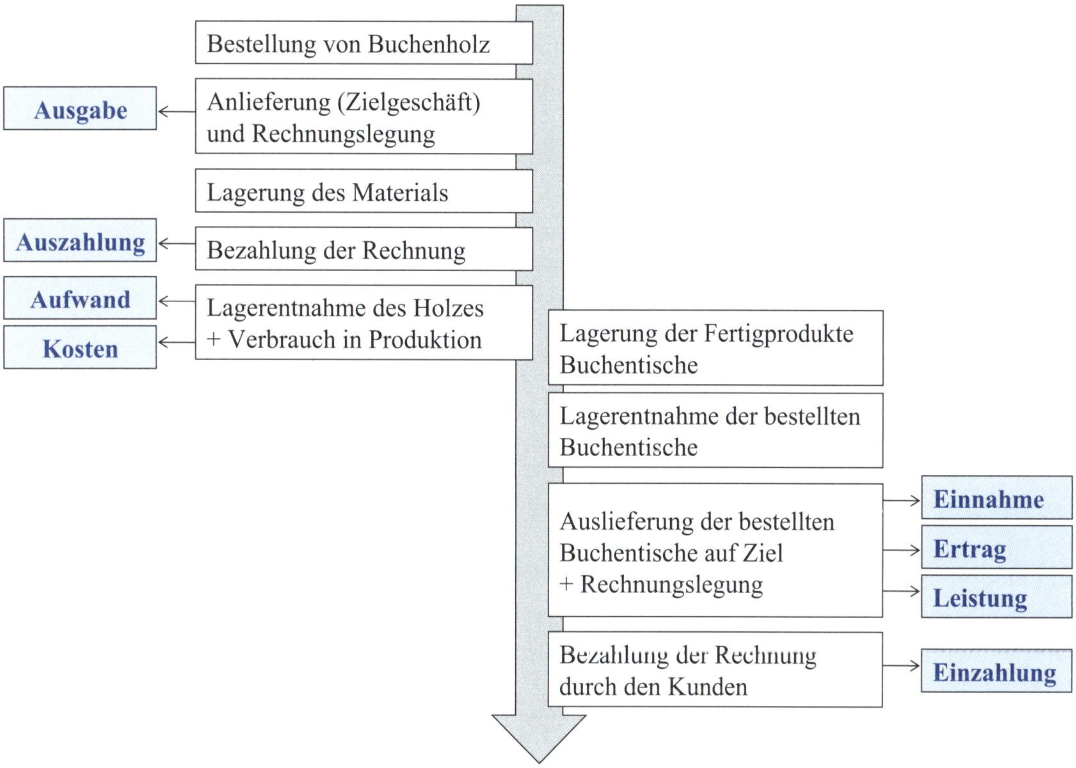

Abb. 10: Zusammenhang zwischen den Rechengrößen der Unternehmensrechnung

4.5. Fallbeispiel zur Charakterisierung von Stromgrößen der „Glas Tech" KG

Geben Sie für nachfolgende Geschäftsfälle des Fenstererzeugers *Glas Tech KG* jeweils an, inwieweit und in welcher Höhe während des **Monats April** durch diese Vorfälle Auszahlungen bzw. Einzahlungen, Ausgaben bzw. Einnahmen, Aufwendungen bzw. Erträge und/oder Kosten bzw. Erlöse (Leistungen) vorliegen. Tragen Sie den/die jeweiligen Betrag/Beträge in die entsprechenden Spalten ein!

Geschäftsfall 1: Die *Glas Tech KG* verbraucht im April vom Lager Glas zur Herstellung von Fenstern. Dieses Glas wurde Mitte März um € 25.000 gekauft und bezahlt.

Geschäftsfall 2: Die *Glas Tech KG* verkauft Ende April Fenster aus der laufenden Produktion für € 15.000 mit einem Zahlungsziel von 30 Tagen.

Geschäftsfall 3: Die *Glas Tech KG* kauft Ende April eine Fräsmaschine um € 4.000, die sie aber erst im Mai in Betrieb nimmt. Die Hälfte davon wird sofort bar bezahlt, der Rest in 60 Tagen.

Geschäftsfall 4: Die *Glas Tech KG* verkauft im April einen in der Buchhaltung nicht mehr benötigten Computer an einen Mitarbeiter um € 500 bar. Zum Zeitpunkt des Verkaufs hat dieser Computer einen Buchwert von € 250.

Geschäftsfall 5: Der Arbeitnehmer Maier zahlt der *Glas Tech KG* Mitte April ein ihm vor drei Monaten gewährtes Privatdarlehen in Höhe von € 7.000 in bar zurück.

Geschäftsfall 6: Der Komplementär der *Glas Tech KG* ist als Geschäftsführer tätig. Für seine Mitarbeit wird monatlich ein kalkulatorischer Unternehmerlohn in Höhe von € 4.000 (inkl. Gehaltsnebenkosten) angesetzt.

Lösung:

Geschäfts-fall	**Aus zahlung**	**Ein zahlung**	**Ausgabe**	**Ein-nahme**	**Auf-wand**	**Ertrag**	**Kosten**	**Erlös / Leistung**
GF 1					25.000		25.000	
GF 2				15.000		15.000		15.000
GF 3	2.000		4.000					
GF 4		500		500		250		0
GF 5		7.000						
GF 6							4.000	

Geschäftsfall 1:

Buchung: ***Rohstoffverbrauch*** ***an*** ***Rohstoffvorrat*** ***25.000***

Keine Veränderung der liquiden Mittel im April, da im März bezahlt → keine Auszahlung
Durch Glasverbrauch auch keine Veränderung des Geldvermögens → keine Ausgabe
Sachvermögen (Vorrat an Glas) verringert sich um € 25.000 → € 25.000 Aufwand
Rohstoffverbrauch betrifft die betriebliche Leistungserstellung → € 25.000 Kosten

Geschäftsfall 2:

Buchungen: ***Lieferforderungen*** ***an*** ***Umsatzerlöse*** ***15.000***

Keine Erhöhung der Zahlungsmittel, da Fenster auf Ziel verkauft → keine Einzahlung
Erhöhung des Geldvermögens durch Zunahme der Forderungen → € 15.000 Einnahme
Das Reinvermögen erhöht sich durch den Verkauf um € 15.000 → € 15.000 Ertrag
Verkauf der Fenster betrifft das Sachziel des Unternehmens → € 15.000 Leistung

Geschäftsfall 3:

Buchungen: ***Sachvermögen (Maschinen)*** ***4.000*** ***an*** ***Kassa*** ***2.000***
an ***Lieferverbindlichkeiten*** ***2.000***

Verringerung der liquiden Mittel, da Hälfte sofort bar bezahlt → € 2.000 Auszahlung
Verringerung des Geldvermögens um insgesamt € 4.000
(2.000 liquide Mittel und 2.000 Verbindlichkeiten) → € 4.000 Ausgabe
Keine Verringerung des Reinvermögens, weil erst ab Mai genutzt → kein Aufwand
Fräsmaschine wird noch nicht zur Leistungserstellung verwendet → keine Kosten

Geschäftsfall 4:

Buchungen: ***Kassa*** ***an*** ***Erlöse aus Anlagenverkauf*** ***500***
Buchwertabgang ***an*** ***Sachvermögen (Computer)*** ***250***

Erhöhung der liquiden Mittel, da Computer sofort bar bezahlt wird → € 500 Einzahlung
Veränderung des Geldvermögens in gleicher Höhe → € 500 Einnahme

Sachvermögen nimmt in Höhe des Buchwertes von € 250 ab,
Geldvermögen nimmt durch den Verkauf in Höhe von € 500 zu → € 250 Ertrag
Dieser Verkauf betrifft nicht die betriebliche Leistungsverwertung → keine Leistung

Geschäftsfall 5:

Buchungen: Kassa an Sonstige Forderungen 7.000

Durch Darlehensrückzahlung fließen Unternehmen liquide Mittel zu → € 7.000 Einzahlung
Durch die Rückzahlung verringern sich auch die Forderungen gegenüber dem Mitarbeiter in gleicher Höhe → Geldvermögen insgesamt bleibt gleich → keine Einnahme
Das Sachvermögen und auch das Reinvermögen bleiben unverändert → kein Ertrag
Dieser Vorgang bewirkt auch keinen betrieblichen Wertzuwachs → keine Leistung

Geschäftsfall 6:

Keine Buchung! Darf als kalkulatorische Größe nur in der Kostenrechnung angesetzt werden.

Keine Veränderung des Zahlungsmittelbestandes → keine Auszahlung
Keine Veränderung des Geldvermögens → keine Ausgabe
Ansatz von kalkulatorischem Unternehmerlohn in FIBU verboten → kein Aufwand
Wird nur in der Kostenrechnung als Zusatzkosten angesetzt → € 4.000 Kosten

5. Systematisierung der Kostenrechnungssysteme

Nach dem **Zeitbezug** der Kostenverrechnung differenziert man zwischen Istkosten-, Normalkosten- und Plankosten-Rechnungssystemen. Nach dem **Sachumfang**, also der Art und dem Ausmaß der Zurechnung der Kosten auf die Kostenträger (Produkte, Leistungen), unterscheidet man zwischen Systemen der Vollkostenrechnung und solchen der Teilkostenrechnung.

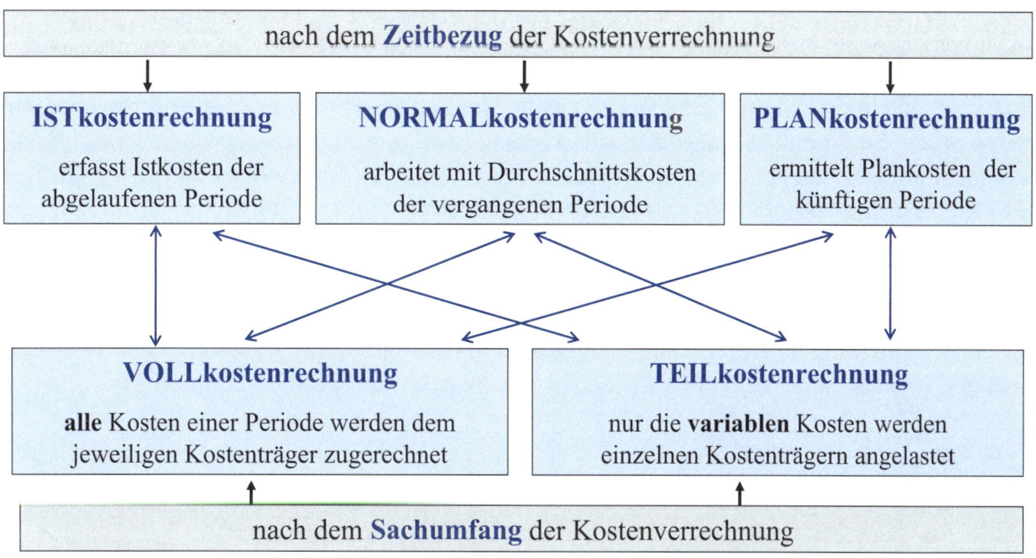

Abb. 11:Kostenrechnungssysteme im Überblick
(in Anlehnung an: Moser, G./Schaur, E.: Kosten- und Leistungsrechnung, 3. Aufl., Linz 2007, S. 18)

Abbildung 11 verdeutlicht den Zusammenhang zwischen diesen beiden Kriterien. Sowohl die Vollkosten- als auch die Teilkostenrechnung können als Istkosten-, als Normalkosten- oder als Plankostenrechnung ausgestaltet sein, je nachdem, ob das Kostenrechnungssystem auf Istkosten, Normalkosten oder Plankosten beruht.

5.1. Differenzierung nach dem Zeitbezug der Kostenverrechnung

Nach dem Zeitbezug der verrechneten Kosten lassen sich folgende Systeme unterscheiden:

5.1.1. Istkosten-Rechnungssysteme (vergangenheitsorientiert)

Die Istkostenrechnung basiert auf vergangenheitsbezogenen Werten und dient der Analyse des vergangenen Betriebsgeschehens. Istkosten-Rechnungssysteme erfassen die tatsächlichen Wertbewegungen im Nachhinein, d. h. hier werden am Ende einer Abrechnungsperiode die tatsächlich angefallenen Istkosten ermittelt.

Istkosten sind die für eine Kostenstelle oder einen Kostenträger in einer Abrechnungsperiode tatsächlich angefallenen Kosten.

Zur Berechnung der Istkosten wird zunächst der tatsächliche Verbrauch an Produktionsfaktoren ermittelt und dann mit den Beschaffungspreisen bewertet. Somit ergibt sich folgende Formel zur Berechnung:

IST-Kosten = Ist-Verbrauchsmenge x tatsächlichem Ist-Preis

Istkosten sind mit allen Einmaligkeiten behaftet, die beim Verbrauch von Produktionsfaktoren und der dazugehörigen Preisbewertung auftreten können (wie z. B. Preisänderungen, Beschäftigungsänderungen, Schwankungen im Arbeitszeitaufwand usw.). Gerade wegen dieser Schwankungen ist es oft sehr problematisch, Istkosten als Grundlage zur Kalkulation heranzuziehen. Daher ist es manchmal sinnvoller, auf Durchschnittswerte zurückzugreifen, bei denen diese Zufälligkeiten ausgeschaltet werden.

Ziel der Istkostenrechnung ist die Verrechnung der tatsächlich angefallenen Kosten einer Abrechnungsperiode. Sie bildet die Grundlage jeder Kostenrechnung (auch der Plankostenrechnung, welche die Istkosten zur Bestimmung und Analyse von Abweichungen benötigt). Nachteilig wirkt sich allerdings aus, dass die Ergebnisse erst vorliegen, wenn diese bereits eingetreten und nicht mehr beeinflussbar sind. Die reine Istkostenrechnung arbeitet folglich in der Kalkulation mit mehr oder weniger veralteten Kalkulationssätzen vergangener Perioden. Aufgrund der von Periode zu Periode schwankenden Istkosten müssen außerdem in jeder Periode für sämtliche Kostenstellen neue Kalkulationssätze gebildet werden, was sich speziell bei monatlichen Abrechnungsintervallen als sehr aufwendig gestaltet. Die Istkostenrechnung dient der Ursachenanalyse und ist für Steuerungszwecke nur bedingt geeignet.

Beispiel:
Ein Tischlereibetrieb hat in einer Periode zur Herstellung von Buchentischen 2.000 m^2 Buchenholz verbraucht. Das Buchenholz wurde zu einem Preis von € 50 je m^2 angeschafft.

Aufgabenstellung: Wie hoch sind die Materialkosten?

Lösung:
Die **Materialkosten** ergeben sich als Produkt: Istmenge 2.000 m² x Istpreis € 50 je m² → **€ 100.000**

5.1.2. Normalkosten-Rechnungssysteme (vergangenheitsorientiert)

Aufgrund der Nachteile der Istkostenrechnung ging man in der Praxis dazu über, durch das Ausschalten von Zufälligkeiten, an Stelle der von Periode zu Periode schwankenden Istkosten, Durchschnittskosten vergangener Perioden anzusetzen, die zu einer Kostennivellierung führen. Normalkosten liegen beispielsweise dann vor, wenn ein Unternehmen anstelle der in einer Periode tatsächlich angefallenen Forderungsausfälle kalkulatorische Wagniskosten (= durchschnittlicher Forderungsverlust der vergangenen Jahre) für das Debitorenwagnis ansetzt (vgl. Kap. II.2.4.7).

Normalkosten sind die um außerordentliche Vorgänge bereinigten Durchschnittwerte aus den Istkosten vergangener Abrechnungsperioden.

Normalkosten dienen zur Ermittlung der Kostengrößen, wie sie unter „normalen" Bedingungen in einem Betrieb entstehen würden. Die Normalisierung kann erfolgen durch:

- den Ansatz von **durchschnittlichen Beschaffungspreisen:**
  Insbesondere bei marktbedingten Schwankungen der Tagespreise von Produktionsfaktoren (z. B. Heizöl, Benzin) empfiehlt es sich anstelle der tatsächlichen Tagespreise durchschnittliche Beschaffungspreise der vergangenen Perioden anzusetzen.
- den Ansatz von **durchschnittlichen Verbrauchsmengen:**
  Ergibt sich bei der Herstellung einer bestimmten Menge eines Produktes im Laufe der Zeit ein unterschiedlich hoher Materialverbrauch, dann soll auch hier nur der Durchschnittsverbrauch an Materialien angesetzt werden. Die Formel zur Berechnung der Normalkosten lautet somit:

NORMAL-Kosten = Normal-Verbrauchsmenge x durchschnittlicher Normal-Preis

Die Normalisierung spielt auch bei den Gemeinkostenzuschlägen eine wichtige Rolle. Nachdem die Istgemeinkostensätze nur für den vergangenen Zeitraum Gültigkeit haben und bei schwankender Beschäftigung steigen oder sinken, verwendet man in der Kostenrechnung gerne **normalisierte Gemeinkostensätze**. Durch ihren Ansatz wird der Einfluss von Beschäftigungsschwankungen ausgeschaltet. Bei ihrer Berechnung geht man von den durchschnittlichen Istgemeinkostenzuschlagssätzen der Vergangenheit aus, berücksichtigt aber auch die Erwartungen der Zukunft. Die Normalkostenrechnung dient insbesondere der Kalkulation von Kosten bzw. Preisen (z. B. Erstellung eines Auftragsangebotes zur Herstellung einer Fertigungsanlage) und zeichnet sich gegenüber der Istkostenrechnung durch ihre Einfachheit und gesteigerte Erkenntniskraft aus.

5.1.3. Plankosten-Rechnungssysteme (zukunftsorientiert)

Die Plankostenrechnung hingegen ist eine Gegenwarts- bzw. Zukunftsrechnung. Sie arbeitet nicht wie die anderen Kostenrechnungssysteme mit den in der Vergangenheit tatsächlich bzw. durchschnittlich angefallenen Kosten, sondern prognostiziert im Voraus, welche Kosten anfallen werden oder sollen.

Plankosten sind die für eine künftige Abrechnungsperiode, für eine Kostenstelle oder für einen Kostenträger ermittelten Vorgabekosten.

Plankosten werden aufgrund von Erfahrungswerten und durch analytisch vorgenommene Zeit- und Mengenverbrauchsstudien ermittelt. Grundlage ist eine Analyse des Produktionsablaufes sowie der Kostenstellen und die Ermittlung des mengen- und wertmäßigen Einsatzes der Produktionsfaktoren in einer Planungsperiode. Bei der Berechnung der Plankosten geht man von einer geplanten Beschäftigung aus und bewertet den bei dieser Planbeschäftigung vorgegebenen Verbrauch an Gütern und Dienstleistungen mit Planpreisen.

PLAN-Kosten = Planmenge x Planpreis

So wird beispielsweise bereits bei der Kalkulation eines Auftrages aufgrund der Planung im Voraus festgelegt, welche Gütermengen für die Herstellung eines Vermögensgegenstandes anfallen dürfen und wie diese zu bewerten sind. Mittels der Plankostenrechnung werden also die Kosten künftiger Abrechnungsperioden vorgegeben und die Einhaltung dieser geplanten Werte kontrolliert. Sie ist ein flexibles Rechensystem, das sich veränderten Verhältnissen (z. B. Beschäftigungsgrad, andere Fertigungsverfahren) anpasst.

Der Plankostenrechnung kommt in der Praxis immer mehr Bedeutung zu. Die zwei wichtigsten **Funktionen,** die sie zu erfüllen hat, sind:

- die Bereitstellung von Daten für unternehmerische Entscheidungen und
- die Kontrolle der Wirtschaftlichkeit des Leistungsprozesses.
  Durch den Vergleich der Plankosten mit den Istkosten am Ende einer Abrechnungsperiode können Abweichungen festgestellt und analysiert werden. Dieser Soll-Ist-Vergleich ermöglicht ein rechtzeitiges Eingreifen bei negativen Entwicklungen und bildet die Grundlage für Rationalisierungsmaßnahmen.

5.2. Differenzierung nach dem Sachumfang der Kostenverrechnung

Je nachdem, ob die gesamten in einer Abrechnungsperiode erfassten Kosten oder nur ein Teil der Kosten dem jeweiligen Kostenträger zugerechnet werden, unterscheidet man zwischen Vollkostenrechnung und Teilkostenrechnung. Nachfolgend wird nur kurz auf die wesentlichen Unterschiede eingegangen. Nähere Ausführungen finden sich in Kapitel II. „Vollkostenrechnung in Erzeugungsbetrieben“ und Kapitel III. „Teilkostenrechnung in Erzeugungsbetrieben“.

5.2.1. Vollkosten-Rechnungssysteme

Die Vollkostenrechnung beruht auf der **Grundidee,** dass sämtliche Kosten, die in einem Betrieb in einer Abrechungsperiode angefallen sind, durch die Umsatzerlöse gedeckt sein müssen. Um dieser Forderung zu entsprechen, werden in der Vollkostenrechnung alle Kosten des Unternehmens auf die erstellten Leistungen verrechnet. Bei diesem traditionellen Kostenrechnungskonzept werden also die **„vollen Kosten“** den jeweiligen Kostenträgern bzw. Kostenstellen angelastet, auch solche, die nicht verursachungsgerecht zugeordnet werden können, wie die fixen Kosten. Nur wenn alle Kosten den Kostenträgern zugerechnet werden und die Preise der Produkte zumindest kostendeckend sind, ist langfristig gesehen die

Existenz des Unternehmens gesichert. Daher kann auch nur die Vollkostenrechnung die Frage nach der **langfristigen Preisuntergrenze** von Aufträgen oder Produkten beantworten.

Was die Vollkostenrechnung allerdings nicht berücksichtigt, ist die Tatsache, dass die in den Gesamtkosten enthaltenen fixen bzw. variablen Kostenbestandteile unterschiedlich auf Beschäftigungsänderungen reagieren. Während die gesamten fixen Kosten einer Periode (wie z. B. Versicherung) unabhängig von der Beschäftigung immer gleich bleiben, steigt bzw. sinkt die Summe der variablen Kosten (z. B. für das Fertigungsmaterial) je nachdem, ob die Beschäftigung zunimmt oder abnimmt. In der Vollkostenrechnung kann es folglich zu **Fixkostenproportionalisierungen** (vgl. Kap. II.6) kommen, die in Zusammenhang mit einer Beschäftigungsänderung zu einer fehlerhaften Kostenanlastung und somit zu falschen Ergebnissen führen.

Vollkosten-Rechnungssysteme eigenen sich zwar zur Kalkulation von Preisen, sind jedoch aufgrund der umfangreichen Schlüsselung fixer Kosten zu schwerfällig, um Unternehmensentscheidungen vorzubereiten, die Veränderungen im Leistungsumfang bzw. bei der Zusammensetzung von Produktions- bzw. Absatzprogrammen betreffen. Daher wird in der Praxis die Vollkostenrechnung zunehmend durch die Teilkostenrechnung ergänzt. In Zusammenhang mit der Vollkostenrechnung kommen vor allem das **Durchschnittsprinzip und das Tragfähigkeitsprinzip** zur Anwendung (vgl. Kap. I.6).

5.2.2. Teilkosten-Rechnungssysteme

Ausgangspunkt der Teilkostenrechnung ist die Zerlegung der Kosten in (vgl. Kap. II.2.3.4):

- **Beschäftigungsunabhängige fixe Kosten:**
  Das ist jener Teil der Gesamtkosten, der von der Leistungserstellung und vom Leistungsumfang unabhängig ist und sich bei Beschäftigungsschwankungen nicht ändert, wie Versicherung, Grundsteuer, Miete, Leasingkosten usw. Fixe Kosten entstehen durch die Aufrechterhaltung der Betriebs- bzw. Leistungsbereitschaft eines Unternehmens.
- **Beschäftigungsabhängige variable Kosten:**
  Das ist jener Teil der Gesamtkosten, der in Abhängigkeit von der Leistungserstellung anfällt und sich somit bei Beschäftigungsschwankungen ändert, wie Materialverbrauch, Fertigungslöhne usw. Variable Kosten verändern sich entsprechend dem Umfang der Leistungserstellung und fallen nur an, wenn Leistungen auch tatsächlich erbracht werden.

Bei diesem System wird den Kostenträgern nur jener Teil der Gesamtkosten zugerechnet, der von den einzelnen Produkten bzw. Aufträgen auch tatsächlich verursacht wurde. Im Rahmen der Teilkostenrechnung werden also die unterschiedlichen Kalkulationsobjekte nur mit den variablen Kosten belastet. Die fixen Kosten hingegen, die einem Kostenträger nicht verursachungsgerecht zugerechnet werden können, finden in der Betriebsergebnisrechnung Berücksichtigung, wo sie aus den Deckungsbeiträgen aller Leistungen abgedeckt werden. Im Gegensatz zur Vollkostenrechnung, die das Verursachungsprinzip verletzt, wird die Teilkostenrechnung dem **Kostenverursachungsprinzip** gerecht (vgl. Kap. I.6).

Egal, welches Kostenrechnungssystem (Vollkosten- oder Teilkostenrechnung) zur Anwendung kommt, letztendlich müssen in den Erlösen alle anfallenden Kosten gedeckt sein, damit ein Unternehmen aus eigener Kraft lebensfähig bleibt.

6. Zurechnungsprinzipien

Bezüglich der Zurechnung von Kosten zu einer Kostenart, einer Kostenstelle oder einem Kostenträger kommen grundsätzlich folgende Zurechnungsprinzipien in Frage:

- **Durchschnittsprinzip**
  Hier werden die Kosten proportional mit Hilfe eines Verteilungsschlüssels (z. B. Stückzahlen, Gewichte, Raummaße, Wertgrößen), der den Güterverbrauch möglichst genau abbilden soll, auf die Bezugsobjekte (z. B. Kostenträger) verteilt. Dies ermöglicht die Ermittlung der Kosten, die durchschnittlich auf ein Kalkulationsobjekt entfallen.

Beispiel zum Durchschnittsprinzip:
In einem Tischlereibetrieb (Einproduktbetrieb), der ausschließlich Buchentische produziert, sind in einer Periode in Zusammenhang mit der Herstellung von 1.000 Buchentischen folgende Gesamtkosten angefallen:

Materialkosten für Buchenholz	€	100.000
Lohnkosten (Fertigungslöhne)	€	50.000
Sonstige Kosten	€	30.000

Aufgabenstellung: Wie hoch sind die durchschnittlichen Herstellkosten für einen Buchentisch?

Lösung:
Dividiert man die Gesamtkosten (€ 180.000) durch die Summe der produzierten Buchentische (1.000 Stück), dann erhält man die anteiligen Kosten des Kostenträgers. In diesem Fall werden einem Buchentisch durchschnittliche Kosten in Höhe von **€ 180** angelastet.

- **Tragfähigkeitsprinzip**
  Dieses Prinzip orientiert sich bei der Kostenzurechnung an der Belastbarkeit der jeweiligen Kostenträger. Hier werden die nicht verursachungsgerecht zurechenbaren Kosten (fixe Kosten) in einem proportionalen Verhältnis zu einer Schlüsselgröße (z. B. Absatzpreis der Produkte oder Deckungsbeiträge), entsprechend ihrer Tragfähigkeit auf die Kostenträger verteilt. Dies bedeutet, dass jene Produkte für die ein Unternehmen einen höheren Preis bzw. einen höheren Deckungsbeitrag erzielt, anteilig auch die höheren fixen Kosten zu tragen haben. Die Anwendung dieses Prinzips führt zu einer mehr oder weniger willkürlichen Aufteilung der Kosten auf die unterschiedlichen Kostenträger.

Beispiel zum Tragfähigkeitsprinzip:
In einem Unternehmen sind für zwei Produkte fixe Kosten in Höhe von € 6.000 angefallen. Diese sollen entsprechend der erzielbaren Verkaufserlöse den beiden Produkten zugerechnet werden. Produkt 1 erwirtschaftet einen Umsatzerlös von € 20.000, Produkt 2 nur € 10.000.

Aufgabenstellung: Mit welchen Fixkosten werden diese beiden Produkte jeweils belastet?

Lösung:
In diesem Fall ergibt sich zwischen diesen beiden Produkten ein Umsatzverhältnis von 2:1. Entsprechend diesem Verhältnis werden die fixen Kosten dem **Produkt 1** mit zwei Drittel **(€ 4.000)** und dem **Produkt 2** mit einem Drittel **(€ 2.000)** zugerechnet.

- **Verursachungsprinzip**
  Dieses Zurechnungsprinzip beruht auf dem Grundgedanken, dass den unterschiedlichen Zurechnungsobjekten nur jene Erlöse und Kosten zugerechnet werden dürfen, die im Rahmen der betrieblichen Leistungserstellung bzw. Leistungsverwertung tatsächlich entstanden sind. Das Kostenverursachungsprinzip fordert daher, dass den Bezugsobjekten (Kostenart, Kostenstelle, Kostenträger oder Periode) nur die Kosten zugerechnet werden, die von diesen auch verursacht wurden und somit für die Kostenentstehung verantwortlich sind.

  Das Verursachungsprinzip gilt grundsätzlich nur für die variablen Einzelkosten und nicht für die Fixkosten. Aus diesem Grunde kollidiert dieses Zurechnungsverfahren oft mit dem Vollkostenprinzip, weil hier die Kostenverrechnung nicht immer verursachungsgerecht erfolgt. Bei der Teilkostenrechnung hingegen ist die Einhaltung des Verursachungsprinzips weitgehend gewährleistet. Eine Verletzung dieses Prinzips kann dazu führen, dass aufgrund fehlerhafter Kostenanlastungen unternehmerische Fehlentscheidungen getroffen werden.

Beispiel zum Verursachungsprinzip:

In Zusammenhang mit der Erzeugung eines Snowboards sind folgende variable Stückkosten angefallen: Fertigungsmaterial: € 95 Fertigungslöhne: € 60

Die gesamten im Unternehmen in der Abrechnungsperiode angefallenen fixen Kosten betragen € 250.000.

Aufgabenstellung:

Welcher Selbstkostenpreis ergibt sich, unter Berücksichtigung des Verursachungsprinzips, für einen Auftrag über 100 Snowboards?

Lösung:

Um den Selbstkostenpreis eines Auftrages zu bestimmen, müssen alle dem Auftrag verursachungsgerecht zuzuordnenden variablen Kosten berücksichtigt werden.

→ Variable Kosten (FM 95 + FL 60) → € 155 x 100 Stück → **Selbstkostenpreis € 15.500**
Die Fixkosten werden nicht nach dem Verursachungsprinzip verrechnet.

7. Aufbau der Kosten- und Leistungsrechnung

Ausgangspunkt für die Kosten- und Leistungsrechnung ist das Zahlenmaterial der Gewinn- und Verlustrechnung. Grundlage für die Kostenrechnung ist die Aufwandsrechnung der G&V-Rechnung, für die Leistungsrechnung hingegen die Ertragsrechnung. Abbildung 12 zeigt den Aufbau der Kosten- und Leistungsrechnung:

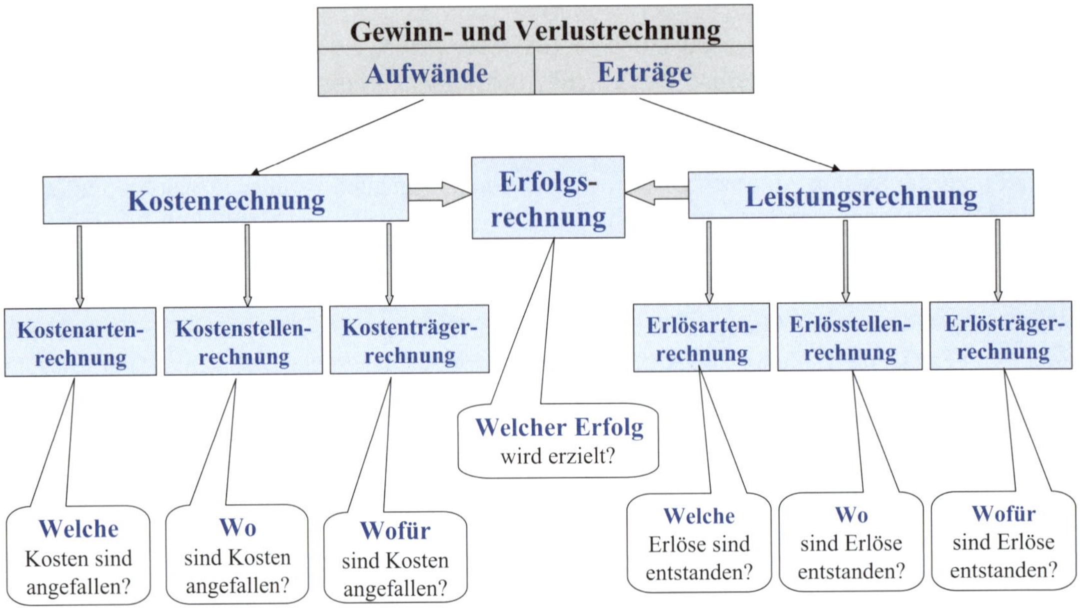

Abb. 12: Aufbau der Kosten- und Leistungsrechnung

(1) Kostenrechnung

Bei der Erfassung, Verteilung und Verrechnung von Kosten unterscheidet man folgende drei Stufen:

1. Stufe: Kostenartenrechnung (Kostenerfassung)

Die Kostenartenrechnung steht am Anfang der Kostenrechnung und dient der Erfassung und Gliederung der in einer Abrechnungsperiode (Monat, Quartal, Jahr) angefallenen Kostenarten. Bei diesem Teilbereich der Kostenrechnung geht es um die Beantwortung der Frage:

Welche Kosten sind insgesamt in welcher Höhe angefallen?

2. Stufe: Kostenstellenrechnung (Kostenverteilung)

Die Kostenstellenrechnung ist zwischen der Kostenarten- und der Kostenträgerrechnung eingebettet. Hier werden die in einer Abrechnungsperiode angefallenen Gemeinkosten den einzelnen Kostenstellen (= betriebliche Teilbereiche) entsprechend ihrer Kostenverursachung zugeordnet. Bei diesem Teilbereich geht es um die Beantwortung der Frage:

Wo sind welche Kosten in welcher Höhe angefallen?

3. Stufe: Kostenträgerrechnung (Kalkulation)

Auf der dritten Stufe erfolgt die Zurechnung der Kosten auf die Kostenträger. Unter **Kostenträger** versteht man betriebliche Leistungen in Form einzelner Produkte, Dienstleistungen, Kundenaufträgen usw., welche die Kosten tragen. Bei diesem Teilbereich der Kostenrechnung geht es um die Beantwortung der Frage:

Wofür (für welche Kostenträger) sind welche Kosten in welcher Höhe angefallen?

(2) Erfolgsrechnung (bzw. Betriebsergebnisrechnung)

Die Erfolgsrechnung dient der kurzfristigen Erfolgsermittlung. Ihre Aufgabe ist es, durch Gegenüberstellung von Kosten und Leistungen den Betriebserfolg (Gewinn oder Verlust) zu ermitteln. Dies kann geschehen auf der Ebene von Abrechnungsperioden, einzelnen Kostenträgern, Kostenträgergruppen, Aufträgen, Unternehmensbereichen, Sparten oder dem Gesamtunternehmen. Die Fragestellung in diesem Zusammenhang lautet:

Welcher Erfolg wurde (bei einem Kostenträger bzw. in einer Periode) erzielt?

Im Rahmen der **Kosten- und Leistungsrechnung** kann das Betriebsergebnis mit Hilfe der kurzfristigen Erfolgsrechnung in viel kürzeren Intervallen (monatlich, quartalsweise) ermittelt werden, als der Unternehmenserfolg der Gewinn- und Verlustrechnung. Der **Betriebserfolg** ergibt sich, indem man von den Nettoumsatzerlösen die Gesamtkosten, die in Zusammenhang mit der betrieblichen Leistungserstellung bzw. Leistungsverwertung in einer Periode angefallen sind, abzieht (vgl. Kap. II. 5).

Betriebserfolg = Nettoumsatzerlöse – Gesamtkosten

In der **Gewinn- und Verlustrechnung** hingegen werden die gesamten in einem Jahr angefallen Erträge (Zweckertrag und Neutraler Ertrag) und Aufwendungen (Zweckaufwand und Neutraler Aufwand) einander gegenüber gestellt. Die Differenz von Aufwendungen und Erträgen ergibt den **Unternehmenserfolg** (= Gesamterfolg des Unternehmens).

Unternehmenserfolg = Erträge – Aufwendungen

(3) Leistungsrechnung (Erlösrechnung)

Genauso wie die Kostenrechnung durchläuft auch die Leistungsrechnung drei Stufen:

1. Stufe: Leistungsarten- bzw. Erlösartenrechnung (Erlöserfassung)

Aufgabe der Erlösartenrechnung ist die Klassifizierung und Erfassung der einzelnen Erlösarten sowie der Erlösschmälerungen bzw. Erlöserhöhungen, die in einem Unternehmen in einer Abrechnungsperiode angefallen sind. Es geht dabei um die Beantwortung der Frage:

Welche Erlöse sind insgesamt in welcher Höhe angefallen?

Die Leistungsartenrechnung stellt die Rechengrundlage für die nachfolgende Erlösstellen- und Erlösträgerrechnung dar.

2. Stufe: Leistungsstellen- bzw. Erlösstellenrechnung

Ausgangspunkt der Leistungsstellenrechnung ist eine zweckmäßige Untergliederung in Erlösstellen. Darunter versteht man Orte der Erlösentstehung, also Stellen in denen Markterlöse erzielt werden. Die Bildung von Erlösstellen kann nach Produktarten bzw. Produktgruppen, Kunden bzw. Kundengruppen, Marktsegmenten bzw. Teilmärkten sowie Absatzwegen erfolgen. Mit der Erlösstellenrechnung soll die Frage beantwortet werden:

Wo sind welche Erlöse in welcher Höhe angefallen?

Durch die Untergliederung des Gesamterlöses können in einem Unternehmen bessere Erkenntnisse über die Struktur des Erlöses gewonnen werden.

3. Stufe: Leistungsträger- bzw. Erlösträgerrechnung

Hauptaufgabe der Erlösträgerrechnung ist die Berechnung des Stückerlöses für jede Produktart (= Erlösträgerstückrechnung). Dabei kann auch eine zusätzliche Spezifizierung nach Märkten oder Kundengruppen vorgenommen werden. Hier geht es also um die Beantwortung der Frage:

Wofür sind welche Erlöse in welcher Höhe angefallen?

Lehrzielkontrolle

1. Nennen Sie die Teilbereiche des betrieblichen Rechnungswesens.
2. Erklären Sie die wesentlichen Unterschiede zwischen der externen und internen Unternehmensrechnung.
3. Welche Aufgaben hat die Kosten- und Leistungsrechnung zu erfüllen?
4. Grenzen Sie Auszahlungen und Ausgaben sowie Einzahlungen und Einnahmen voneinander ab.
5. Erklären Sie den Unterschied zwischen Erträgen und Leistungen sowie Aufwendungen und Kosten.
6. Was versteht man unter neutralen Aufwendungen?
7. Erklären Sie den Unterschied zwischen Zusatzkosten und Anderskosten.
8. Welche Kostenrechnungssysteme unterscheidet man nach dem Zeitbezug der Kostenverrechnung?
9. Welche Zurechnungsprinzipien kennen Sie, um Kosten einer Kostenart, einer Kostenstelle oder einem Kostenträger zuzurechnen?
10. Worin besteht der grundsätzliche Unterschied zwischen der Vollkostenrechnung und der Teilkostenrechnung? Welche Zurechnungsverfahren finden hier jeweils Anwendung?
11. Beschreiben Sie kurz den Aufbau einer Kosten- und Leistungsrechnung.

Multiple-Choice-Fragen

Kreuzen Sie bei nachfolgenden Fragen die jeweils richtige(n) Aussage(n) an!

Frage 1: Für welche der folgenden **Aufgaben** liefert die **Kostenrechnung** Informationen?

	Die Kostenrechnung bildet als Erfolgsrechnung die Änderung des Geldvermögens eines Betriebes ab.
	Sie liefert Informationen zur Bewertung einer selbst erstellten Lagerhalle für die Bilanz.
	Die Kostenrechnung dient zur Findung des gewinnoptimalen Produktions- bzw. Absatzprogramms.
	Mit ihrer Hilfe kann sowohl das Eigenkapital als auch das Fremdkapital eines Unternehmens ermittelt werden.
	Sie liefert Informationen zur Beurteilung der Zahlungsfähigkeit eines Unternehmens.
	Sie wird vor allem zur Planung, Steuerung und Kontrolle der betrieblichen Wirtschaftlichkeit eingesetzt.

Frage 2: Kreuzen Sie an, ob es sich bei folgenden Aufwendungen eines Elektrogeräteherstellers um **betriebsbezogene**, **betriebsfremde**, **außerordentliche** oder **periodenfremde Aufwendungen** handelt.

Aufwendungen	**betriebs-bezogen**	**betriebs-fremd**	**außer-ordentlich**	**perioden-fremd**
Reparaturaufwand für Mitarbeiterwohnung				
Steuernachzahlung für das vergangene Jahr				
Abschreibung des Verwaltungsgebäudes				
Wasserschaden im nicht versicherten Lager				
Leasingkosten für Produktionsanlagen				
Reinigungskosten der Privatvilla des Chefs				
Gehälter, Sozialabgaben der Angestellten				
Gewährleistungsaufwand aus im Vorjahr verkauften Elektrogeräten				

Frage 3: Welche der folgenden Aussagen bezüglich der **Neutralen Aufwände** trifft zu?

	Neutrale Aufwände stehen in Beziehung zur Leistungserstellung und Leistungsverwertung.
	Zu den Neutralen Aufwendungen zählen auch solche Aufwände, die nicht die eigentliche betriebliche Leistungserstellung und Leistungsverwertung betreffen.
	Neutrale Aufwände setzen sich aus Zusatzkosten und Anderskosten zusammen.
	Fällt in einem Unternehmen in einer Periode ein außergewöhnlich hoher betrieblicher Aufwand an, dann liegt ein Neutraler Aufwand vor.

Kreuzen Sie bitte an, ob die folgenden Aussagen richtig oder falsch sind!

Aussage	**richtig**	**falsch**
Zur Darstellung der innerbetrieblichen Wertbewegungen und dem unternehmensinternen Informationsbedarf dient in erster Linie die Finanzbuchhaltung.		
Die Normalkostenrechnung geht von Durchschnittswerten erfasster Istkosten aus.		
Die interne Unternehmensrechnung ermittelt den Betriebserfolg mittels der Gewinn- und Verlustrechnung.		
Ein neutraler Ertrag liegt beispielsweise dann vor, wenn ein gebrauchter Computer über dem Buchwert verkauft wird.		
Kalkulatorische Kosten sind Kosten, denen in der FIBU entweder kein Aufwand oder ein Aufwand in anderer Höhe gegenübersteht.		
Für das externe Rechnungswesen gibt es, im Gegensatz zum internen Rechnungswesen, kaum zwingende gesetzliche Vorschriften.		
Einzahlungen und Auszahlungen bringen die Zahlungswirksamkeit bestimmter Unternehmensvorgänge zum Ausdruck.		
Unter Kosten versteht man alle Werteinsätze, die dem normalen Betriebsgeschehen entspringen und im Rahmen der Leistungserstellung eines Betriebes notwendig sind.		
Unter Einzahlung versteht man jeden Vorgang, bei dem der Zahlungsmittelbestand eines Unternehmens abnimmt.		

In der Vollkostenrechnung, bei der sämtliche Kosten auf die Kostenträger verrechnet werden, finden in der Praxis häufig das Durchschnittsprinzip und das Tragfähigkeitsprinzip Anwendung.		
Die externe Unternehmensrechnung stellt Daten zur Berechnung ertragsabhängiger Steuern zur Verfügung.		
Nach dem Zeitbezug der verrechneten Kosten unterscheidet man zwischen Vollkosten- und Teilkostenrechnungssystemen.		
Als Neutrale Aufwendungen bezeichnet man alle Aufwände, die betriebsbedingt, ordentlich und periodenbezogen sind.		
Die Rechengrößen werden üblicherweise im internen Rechnungswesen genauso definiert wie im externen Rechnungswesen.		
Die Kostenrechnung liefert Informationen zur Festlegung der Preisuntergrenze von Produkten und Dienstleistungen.		
Die Teilkostenrechnung entspricht eher dem Verursachungsprinzip als die Vollkostenrechnung.		
Das interne Rechnungswesen bildet die Verflechtung eines Unternehmens mit seiner wirtschaftlichen Umwelt ab.		

Beispiele zu Grundlagen der Kostenrechnung

Beispiel 1.1: Stromgrößen beim Kauf eines LKW

Das Transportunternehmen *Transgut* bestellt Ende November des **Jahres 01** einen neuen LKW. Der Listenpreis beträgt € 300.000 netto. Bei der Bestellung muss eine Anzahlung in Höhe von 25% des Nettopreises geleistet werden, der Rest ist dann bei Lieferung fällig.

Der LKW wird Mitte Juni des **Jahres 02** geliefert. Zu diesem Zeitpunkt erfolgt auch die Überweisung des noch offenen Rechnungsbetrages. Das Fahrzeug wird allerdings nicht sofort nach der Lieferung in Betrieb genommen, sondern erst Anfang August, nachdem der neue Fahrer seinen Dienst antritt.

Laut AfA-Tabelle kann der neue LKW steuerrechtlich linear auf sechs Jahre abgeschrieben werden. Aufgrund von Erfahrungswerten rechnet man allerdings im Unternehmen mit einer tatsächlichen Nutzungsdauer von zehn Jahren.

Aufgabenstellung:

Tragen Sie in folgendes Schema für die Jahre 01 – 03 ein, in welcher Höhe in den einzelnen Jahren eine **Auszahlung**, ein **Aufwand** bzw. **Kosten** entstanden sind.

	Jahr 01	**Jahr 02**	**Jahr 03**
Auszahlung (€ / Jahr)			
Aufwand (€ / Jahr)			
Kosten (€ / Jahr)			

Beispiel 1.2: Charakterisierung von Stromgrößen

Ordnen Sie die folgenden Geschäftsfälle der *Schrotti GmbH* den Kategorien Einzahlung bzw. Auszahlung, Einnahme bzw. Ausgabe, Ertrag bzw. Aufwand und/oder Leistung bzw. Kosten zu. Tragen Sie die Höhe der einzelnen Rechengrößen in nachfolgendes Klassifikationsschema ein: (Abrechnungsperiode = Wirtschaftsjahr)

(1) Die *Schrotti GmbH* überweist die Jahresmiete für Büroräume in Höhe von € 20.000.

(2) Die Feuerversicherung überweist der *Schrotti GmbH* für einen Brandschaden in der Produktionshalle € 75.000 auf das Bankkonto.

(3) Bezahlung der Abwasser- und Kanalgebühren in Höhe von € 3.500 an die städtische Kläranlage.

(4) Verkauf von Waren im Wert von € 25.000. Der Käufer hat bereits in der vergangenen Abrechnungsperiode eine Anzahlung von € 5.000 geleistet. Der Rest wird nun in bar beglichen.

(5) Überweisung von € 250.000 für Fertigungslöhne. Darin enthalten ist eine Nachzahlung an Fertigungslöhnen für die vergangene Abrechnungsperiode in Höhe von € 20.000.

(6) Die *Schrotti GmbH* erhält Anfang des Jahres eine Steuerrückzahlung (die letzte Abrechnungsperiode betreffend) vom Finanzamt über € 5.000 in bar.

(7) Kauf einer Maschine zu Beginn des Jahres um € 10.000 in bar. Es erfolgt die sofortige Inbetriebnahme. Buchhalterisch wird die Maschine auf fünf Jahre abgeschrieben (lineare Abschreibung). Aufgrund von Erfahrungen rechnet man allerdings in der Kostenrechnung mit einer Nutzungsdauer von zehn Jahren.

(8) Eine Lagerhalle mit einem Buchwert von € 45.000 wird durch eine Explosion völlig zerstört. Der Schaden ist nicht versichert.

(9) Die *Schrotti GmbH* gewährt einem Mitarbeiter ein Privatdarlehen in Höhe von € 15.000. Der Betrag wird auf das Konto des Mitarbeiters überwiesen.

Fall	Ein-zahlung	Ein-nahme	Ertrag	Leistung	Aus-zahlung	Ausgabe	Aufwand	Kosten
(1)								
(2)								
(3)								
(4)								
(5)								
(6)								
(7)								
(8)								
(9)								

Beispiel 1.3: Betrieblicher Erfolg/neutraler Erfolg

Die **Gewinn- und Verlustrechnung** eines Erzeugungsbetriebes der Gartengeräte herstellt, weist für die Abrechnungsperiode folgende **Aufwendungen und Erträge** aus (alle Beträge in €):

Umsatzerlöse für Fertigerzeugnisse	+	250.000
Bestandsveränderungen an Fertigerzeugnissen	+	15.000

Sonstige betriebliche Erträge:		
Mietertrag für vermietetes Grundstück	+	12.000
Erträge aus dem Abgang von Sachvermögen	+	5.000
Zinserträge aus festverzinslichen Wertpapieren	+	3.000
Σ ERTRÄGE	**+**	**285.000**
Materialaufwand	–	70.000
Löhne und Gehälter	–	130.000
Abschreibungen	–	45.000
Sonstige betriebliche Aufwendungen:		
Instandhaltungsaufwand für Fertigungsmaschinen	–	10.000
Büromaterialaufwand	–	5.000
Verlust aus dem Verkauf einer stillgelegten Anlage	–	2.000
Spenden	–	6.000
Außerplanmäßige Abschreibung von Finanzanlagen	–	7.000
Σ AUFWENDUNGEN	**–**	**275.000**
Unternehmensgewinn = + 10.000 (Σ Erträge 285.000 – Σ Aufwendungen 275.000)		

Aufgabenstellung:

a) Ermitteln Sie die **betrieblichen Aufwendungen (Kosten) und Erträge (Leistungen),** die das eigentliche Sachziel des Unternehmens betreffen, d. h. aus der eigentlichen Geschäftstätigkeit des Gartengeräteherstellers resultieren.

b) Wie hoch ist der sich dabei ergebende **Betriebserfolg**?

Literaturhinweise

Bauer, F./Kofler, H./Reisch, P.: Kostenrechnung, 5. Aufl., Linz 1994

Bernhart, G./Haberl, K.: Rechnungswesen III, 3. Aufl., Wien 2000

Coenenberg, A. G.: Kostenrechnung und Kostenanalyse, 5. Aufl., Stuttgart 2003

Denk, C./Feldbauer-Durstmüller, B./Mitter, C./Wolfsgruber, H.: Externe Unternehmensrechnung, 3. Aufl., Wien 2007

Fandel, G./Fey, A./Heuft, B./Pitz, T.: Kostenrechnung, 2. Aufl., Berlin Heidelberg 2004

Geirhofer, S./Hebrank, C.: Grundlagen Buchhaltung und Bilanzmanagement, 2. Aufl., Wien 2008

Götze, U.: Kostenrechnung und Kostenmanagement, 4. Aufl., Berlin 2007

Haberstock, L./Breithecker, V.: Kostenrechnung I, 12. Aufl., Berlin 2005

Hummel, S./Männel, W.: Kostenrechnung 1 – Grundlagen, Aufbau und Anwendung, 4. Aufl., Wiesbaden 1990

Känel, S.: Kosten- und Leistungsrechnung, Lernsoftware Betriebswirtschaft, 2008

Kemmetmüller, W.: Einführung in die Kostenrechnung, 3. Aufl., Wien 1995

Kilger, W.: Einführung in die Kostenrechnung, 3. Aufl., Wiesbaden 1987

Langenbeck, J.: Kosten- und Leistungsrechnung, 1. Aufl., Herne 2008

Lechner, K./Egger, A./Schauer, R.: Einführung in die Allgemeine Betriebswirtschaftslehre, 24. Aufl., Wien 2008

Möller, H./Zimmermann, J./Hüfner, B.: Erlös- und Kostenrechnung, 1. Aufl., München 2005

Moser, G./Schaur, E.: Kosten- und Leistungsrechnung, 3. Aufl., Linz 2007

Mumm, M.: Kosten- und Leistungsrechnung, 1. Aufl., Heidelberg 2008

Ossadnik, W.: Kosten- und Leistungsrechnung, 1. Aufl., Berlin 2008

Wöhe, G.: Einführung in die Allgemeine Betriebswirtschaftslehre, 22. Aufl., München 2005

Kapitel 2: Vollkostenrechnung in Erzeugungsbetrieben

In diesem Kapitel wird die Vollkostenrechnung in Erzeugungsbetrieben als **Istkostenrechnung** dargestellt. Grundsätzlich gelten die nachfolgenden Ausführungen auch für alle anderen Kostenrechnungssysteme.

Nach dem Durcharbeiten dieses Kapitels sollen Sie

- beschreiben können, welche Arbeiten in den unterschiedlichen Stufen der Kostenrechnung durchgeführt werden,
- die Hauptaufgaben der Kostenartenrechnung darstellen können,
- wissen, welche Kostenarten man nach den betrieblichen Funktionsbereichen unterscheidet,
- die wesentlichen Grundsätze der Kostenerfassung kennen,
- die wichtigsten Kostenarten erfassen können,
- in der Lage sein, aus den Aufwendungen einer Gewinn- und Verlustrechnung und entsprechenden Zusatzinformationen eine Betriebsüberleitung durchzuführen,
- den Zusammenhang zwischen Einzel- bzw. Gemeinkosten und variablen bzw. fixen Kosten erklären können.

Im Rahmen der Vollkostenrechnung werden sämtliche Kosten auf die hergestellten Produkte bzw. abgewickelten Aufträge verrechnet, unabhängig davon, ob es sich um Einzel- oder Gemeinkosten bzw. um fixe oder variable Kosten handelt. Dementsprechend ist für die Vollkostenrechnung charakteristisch:

- **Spaltung** der Kosten in **Kostenträgereinzel- und Kostenträgergemeinkosten**.
- **Keine Trennung** der Kosten **in** ihre **fixen und variablen Bestandteile**:
  Nachdem die Vollkostenrechnung fixe und variable Kosten gleich behandelt und auch die fixen Kosten mengenproportional verrechnet, ist sie mit einem geringeren Arbeitsaufwand verbunden.
- **Schlüsselung der Gemeinkosten:** Während die Einzelkosten einem Kostenträger direkt zugerechnet werden, können die Gemeinkosten nur mittels Schlüsselung über Zuschlags- und Verrechnungssätze den Kostenträgern angelastet werden.
- **Vernachlässigung der jeweiligen Beschäftigungslage** durch pauschale Abrechnung der Vollkosten auf Basis der Ist-, Normal- oder Optimalbeschäftigung.

Die Vollkostenrechnung ist in der Praxis bei Erzeugungsbetrieben sehr häufig anzutreffen und dient vor allem der Kalkulation von Herstell- und Selbstkosten. Darüber hinaus erfüllt sie aber auch noch folgende **Rechenzwecke:**

- Ermittlung der **langfristigen Preisuntergrenze**, weil langfristig gesehen für Betriebe eine Vollkostendeckung unbedingt notwendig ist. Damit ein Unternehmen keine Verluste erwirtschaftet, müssen die errechneten vollen Selbstkosten unter dem Marktpreis liegen.
- Sie entspricht zum einen den Kalkulationserfordernissen bei der Ermittlung der vollen Selbstkosten öffentlicher Aufträge, zum anderen dient sie zur Schadensberechnung für Versicherungen und als

Richtwert zur Preisbildung bei privater Auftragsfertigung. **Der Verkaufspreis ist das Ergebnis der eigenen Kalkulation!**

- **Vergleich** von **Vor- und Nachkalkulationen** bei langfristiger Auftragsfertigung. Im Nachhinein kann man feststellen, ob ein Produkt oder Auftrag einen Gewinn erzielt hat.
- **Erfolgsermittlung** (Gewinn bzw. Verlust) für Aufträge, Produkte oder Produktgruppen durch Gegenüberstellung der Nettoerlöse und der Gesamtkosten.
- **Bilanzielle Bewertung** von Halb- und Fertigerzeugnissen sowie von selbst erstellten Anlagen. Da sowohl das Unternehmensrecht als auch das Steuerrecht in seinen Bewertungsbestimmungen nach dem Vollkostenprinzip ausgerichtet ist, erfolgt die Bewertung für die Bilanzierung mit den vollen Herstellkosten.

1. Teilbereiche der Kostenrechnung im Überblick

Die Kostenrechnung wird üblicherweise in folgende Teilbereiche untergliedert:

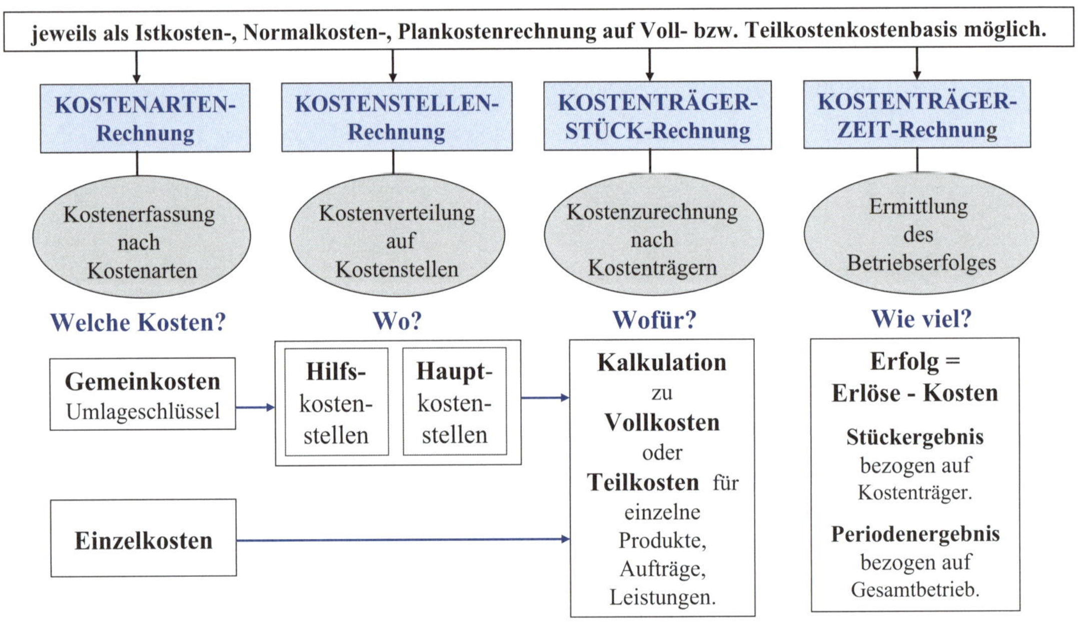

Abb. 13: Grundmodell der Kostenrechnung

Im Folgenden werden diese Teilbereiche nur kurz beschrieben. Weitere und detaillierte Ausführungen finden Sie in den Kapiteln zur Kostenartenrechnung, Kostenstellenrechnung und Kostenträgerrechnung.

1. Teilbereich: Kostenartenrechnung (Kostenerfassung)

Im Rahmen der Kostenartenrechnung wird eine möglichst genaue und vollständige **Erfassung und Bewertung** der im Betrieb angefallenen relevanten **Kosten** (wie z. B. Lohnkosten, Miete, Materialkosten, Instandhaltungskosten usw.) angestrebt. Die Durchführung der Kostenartenrechnung erfolgt formal im **Betriebsüberleitungsbogen (BÜB).**

Im Hinblick auf die nachfolgende Kostenträgerrechnung (Kalkulation) und die unterschiedliche Zurechenbarkeit der Kosten auf die Kostenträger soll die Kostenerfassung bereits so organisiert sein, dass alle Beträge entweder als Einzelkosten oder als Gemeinkosten den Kostenträgern zugerechnet werden können.

- **Einzelkosten:** Darunter versteht man dem Kostenträger (Produkt oder Auftrag) direkt zurechenbare Kostenarten, wie das Fertigungsmaterial und die Fertigungslöhne.
- **Gemeinkosten**: Darunter versteht man den Kostenstellen oder Kostenträgern nur indirekt, durch Zuschlags- bzw. Verrechnungssätze, zurechenbare Kostenarten, wie Raumkosten, Gehälter der Geschäftsführung, Abschreibungen usw.

2. Teilbereich: Kostenstellenrechnung (Kostenverteilung)

Während Einzelkosten einem Kostenträger direkt zugerechnet werden können, lässt sich für die Gemeinkosten nicht so ohne Weiteres feststellen, in welcher Höhe sie durch ein Produkt oder einen Auftrag verursacht wurden. Festgestellt werden kann allerdings, in welchem betrieblichen Teilbereich diese Gemeinkosten angefallen sind. Demzufolge werden in der Kostenstellenrechnung die **Gemeinkosten** mit Hilfe von Umlageschlüssel entsprechend ihrer Verursachung **auf** die **Kostenstellen** (Abteilungen, Betriebsbereiche) **verteilt**, wo sie auch angefallen sind.

Die zentrale Aufgabe der Kostenstellenrechnung besteht in der Vorbereitung der indirekten Weiterverrechnung der Gemeinkosten auf die Kostenträger. Um dieser Aufgabe gerecht zu werden, ermittelt man für die einzelnen Kostenstellen **Zuschlags- bzw. Verrechnungssätze** (= Verhältnis der Gemeinkostensumme einer Kostenstelle zu entsprechender Bezugsgröße), welche die jeweilige Inanspruchnahme einer Kostenstelle für einen Kostenträger zum Ausdruck bringen. Damit schafft man die Grundlage dafür, dass Kostenträger anteilig nur mit den Gemeinkosten derjenigen Kostenstellen belastet werden, die an der Erstellung des jeweiligen Kostenträgers beteiligt waren. Durchgeführt wird die Kostenstellenrechnung mit Hilfe eines **Betriebsabrechnungsbogens (BAB).**

3. Teilbereich: Kostenträgerstückrechnung (Kalkulation)

Die Aufgabe der Kostenträgerstückrechnung besteht darin, mit Hilfe verschiedenster Kalkulationsverfahren die **Herstell- bzw. Selbstkosten** je Einheit eines Kostenträgers (z. B. Endprodukt, Leistung, Auftrag, selbst erstellte Anlage usw.) zu ermitteln. In der Praxis bezeichnet man die Kostenträgerstückrechnung meist als Kalkulation. Dabei werden die **Einzelkosten** aus der Kostenartenrechung übernommen und einem Kostenträger **direkt** zugerechnet. Die **Gemeinkosten** hingegen werden **indirekt** mit den in der Kostenstellenrechnung ermittelten Kalkulationssätzen berücksichtigt.

4. Teilbereich: Kostenträgerzeitrechnung (Betriebsergebnisrechnung)

Die Betriebsergebnisrechnung ist eine kalkulatorische unternehmensinterne Rechnung zur Ermittlung des Betriebserfolges. In diesem Zusammenhang kann der **Periodenerfolg** nach kostenrechnerischen Grundsätzen für einen bestimmten Zeitabschnitt (Monat, Quartal) berechnet werden, indem man die gesamten in einer Abrechnungsperiode angefallenen Kosten den Periodenleistungen gegenüber stellt. Als Instrument zur Berechnung dieses unterjährigen Betriebsergebnisses dient die kurzfristige Erfolgsrechnung. Stellt man jedoch mittels der kalkulatorischen Ergebnisrechnung Nettopreise und Selbstkosten auf der Ebene einzelner Kostenträger (Produkte oder Aufträge) einander gegenüber, dann erhält man als Resultat den **Stückerfolg** eines Kostenträgers.

2. Kostenartenrechnung (Kostenerfassung)

Die Kostenartenrechnung bildet den Ausgangspunkt der Kostenrechnung und somit die Grundlage der nachfolgenden Kostenstellen- und Kostenträgerrechnung. Ihr kommt die Aufgabe zu, die während einer Abrechnungsperiode angefallenen relevanten Istkosten **mengen-** und **wertmäßig** zu erfassen und zu gliedern. Abbildung 14 zeigt überblicksmäßig die Vorgehensweise im Rahmen der Kostenartenrechnung:

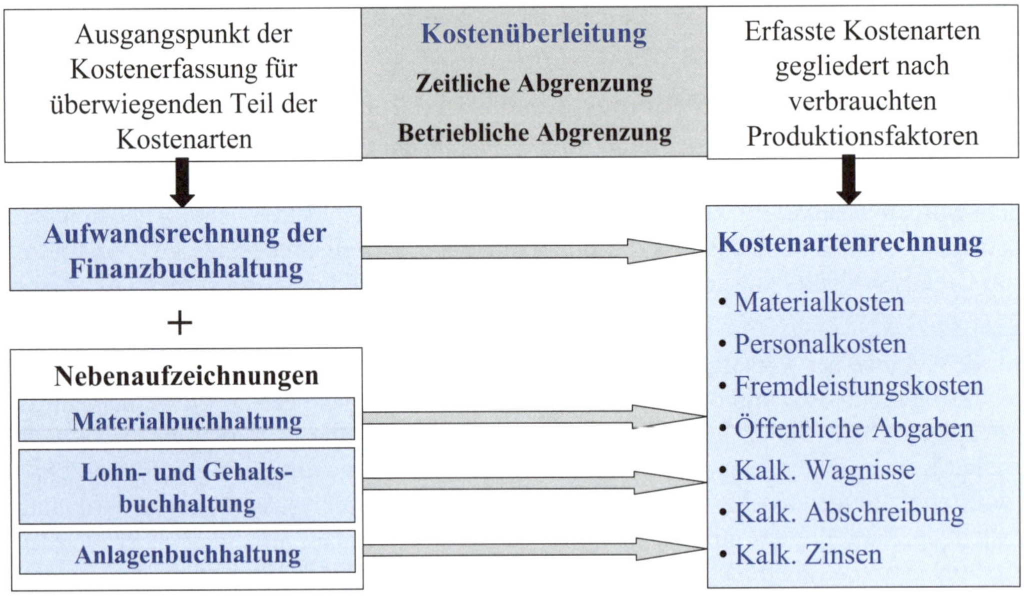

Abb. 14: Vorgehensweise im Rahmen der Kostenartenrechnung

Um die in einer Abrechnungsperiode tatsächlich angefallenen Kosten ermitteln zu können, werden zunächst die Aufwendungen aus der Gewinn- und Verlustrechnung übernommen. Ein Teil der Kostenarten wird allerdings in unterschiedlichen Nebenaufzeichnungen aufbereitet:

- Die **Materialbuchhaltung** erfasst beispielsweise den Verbrauch von Roh-, Hilfs- und Betriebsstoffen.
- Aus der **Lohn- und Gehaltsbuchhaltung** werden die Fertigungslöhne, die Hilfslöhne und die Gehälter übernommen.
- Die **Anlagenbuchhaltung** zeigt die Abschreibungen von Vermögensgegenständen und liefert das Zahlenmaterial zur Berechnung der kalkulatorischen Abschreibungen und der kalkulatorischen Zinsen.

Unter Berücksichtigung der Informationen aus der Material- und Anlagenbuchhaltung sowie der Lohn- und Gehaltsverrechnung erfolgt nun im **Betriebsüberleitungsbogen (BÜB)** die **zeitliche und betriebliche Abgrenzung** und die Aufwendungen der FIBU werden in Kosten der Kostenrechnung übergeleitet. Als Ergebnis erhält man die Summe der nach verschiedenen Gesichtspunkten gegliederten Gesamtkosten, die in einem Unternehmen in einer Periode angefallen sind. In der Kostenartenrechnung ist eine Untergliederung der Kosten nach den verbrauchten Produktionsfaktoren üblich.

2.1. Aufgaben der Kostenartenrechnung

Zu den wichtigsten Aufgaben, welche die Kostenartenrechnung zu erfüllen hat, zählen:

- **Erfassung sämtlicher Kostenarten (Istkosten)**, die in einem Unternehmen in einer Abrechnungsperiode in Zusammenhang mit der Leistungserstellung bzw. Leistungsverwertung angefallen sind. Dies geschieht zum Teil bereits in der Finanzbuchhaltung durch entsprechende Verbuchungen. Die Kostenerfassung erfolgt in Zusammenarbeit mit den organisatorischen Teilbereichen eines Unternehmens.
- **Vorgabe** von **Strukturen, Regeln und Anweisungen** zur Erfassung, Ermittlung und Weiterverrechnung der Kosten. Sie gibt beispielsweise an, wie einzelne Kostenartenbeträge im System der Kostenrechnung weiter zu verrechnen sind.
- **Systematische Gliederung** der Kosten nach verschiedenen Kriterien, wie z. B.
  - nach der Art der verbrauchten Produktionsfaktoren (vgl. Kap. II.2.3.1),
  - nach der Zurechenbarkeit auf Kostenträger (vgl. Kap. II.2.3.2),
  - nach ihrem Verhalten bei Beschäftigungsänderungen (vgl. Kap. II.2.3.4).

  Neben den Erfordernissen einer zweckmäßigen Erfassung soll auch die weitere Verwendung der Kostenarten für unterschiedliche Rechenzwecke bedacht werden.
- **Datenbereitstellung für Kostenstellen-, Kostenträger- und Ergebnisrechnung:**
  Die Kostenartenrechnung soll die Grundlage für eine exakte, vollständige, überschneidungsfreie und eindeutige Zuordnung der Kosten auf Kostenstellen und Kostenträger schaffen.
- **Bewertung der Kostenarten**, da in der Finanzbuchhaltung oft andere Wertansätze gelten:
  Die Unterschiede bei der Bewertung sind insbesondere darauf zurückzuführen, dass der Aufwandsrechnung das Anschaffungswertprinzip zugrunde liegt, die Kostenrechnung aber in der Regel mit Wiederbeschaffungspreisen bzw. Tagespreisen arbeitet.
- **Vornahme der zeitlichen Abgrenzung:** Um periodenreine Kosten zu erhalten, müssen
  - ***Vorauszahlungen,*** die eine andere Abrechnungsperiode betreffen (z. B. verbuchte Mietvorauszahlungen, Lohn- und Gehaltsvorschüsse usw.) ***ausgeschieden*** und
  - ***Rückstände,*** die noch nicht verbucht wurden, aber die laufende Abrechnungsperiode betreffen (z. B. noch nicht verbuchter Verbrauch von Hilfsstoffen), ***hinzugerechnet*** werden.
- **Vornahme der betrieblichen Abgrenzung:** Um jene Kosten zu erhalten, die in einem Unternehmen in Zusammenhang mit der Leistungserstellung bzw. Leistungsverwertung tatsächlich entstehen, ist im Rahmen der betrieblichen Abgrenzung folgende Vorgehensweise erforderlich:
  - Ausscheiden **Neutraler Aufwände**, da sie keine Kosten darstellen.
  - Ansatz von **Anderskosten**, da Kosten in der Finanzbuchhaltung teilweise anders bewertet werden.
  - Ansatz von **Zusatzkosten**, da ihnen in der Aufwandsrechnung keine Aufwendungen gegenüberstehen.
- **Kostenartencontrolling**: In diesem Zusammenhang geht es insbesondere um
  - die Ermittlung des Kostenartenniveaus und der Kostenartenstruktur sowie
  - die Feststellung von Unwirtschaftlichkeiten durch Kostenkontrollen:
    Diese können mittels Soll-Ist-Vergleichen, Zeit- oder Betriebsvergleichen aufgezeigt werden.

Beispiel:
Beträgt der Personalkostenanteil eines Unternehmens 30%, während der Branchendurchschnitt bei 25% liegt, lässt dies die Schlussfolgerung zu, dass der eigene Personalkostenanteil zu hoch ist. Das kann sich unter Umständen negativ auf die Konkurrenz- und Wettbewerbsfähigkeit des Unternehmens auswirken.

2.2. Grundsätze der Kostenerfassung

Bei der Kostenerfassung sind folgende Anforderungen bzw. Grundsätze zu berücksichtigen:

- Der **Grundsatz der Reinheit** besagt, dass für den Inhalt einer Kostenart immer nur ein kostenverursachender Produktionsfaktor bestimmend sein darf. Dadurch entstehen „saubere Kostenarten“, denen die angefallenen Kosten eindeutig zugeordnet werden können. Unsaubere Kosten liegen dann vor, wenn in einem Unternehmen beispielsweise gleichzeitig die Kostenarten „Montagekosten“ und „Lohnkosten“ geführt werden und die Kostenart „Montagelöhne“ zugeordnet werden soll. Es ergibt sich nun das Problem der Zurechnung für die angefallenen Montagelöhne → Lohnkosten oder Montagekosten?
- Um diesem Grundsatz zu entsprechen, sind folgende Anforderungen zu erfüllen:
  - **Eindeutigkeit**: Jede Kostenart erfordert eine eindeutige Bezeichnung und klare Definition des Inhaltes.
  - **Überschneidungsfreiheit**: Es muss die Einmaligkeit der Datenerfassung gewährleistet sein. Doppelerfassungen sollen auf jeden Fall vermieden werden.
- Der **Grundsatz der Vollständigkeit** besagt, dass die Kostenartengliederung keine Lücken aufweisen darf. Sämtliche angefallenen Kosten müssen erfasst werden können. Sind beispielsweise für die Erfassung der Betriebsstoffkosten nur die Kostenarten „Treibstoffkosten“ und „Schmiermittelkosten“ vorgesehen, dann ergibt sich das Problem der Zuordnung für „Brennstoffkosten“. Eine Möglichkeit wäre, sie unter der Restposition „Sonstige Betriebsstoffe“ zu erfassen.
- Der **Grundsatz der Einheitlichkeit** fordert eine gleich bleibende Zuordnung von Kosten zu bestimmten Kostenarten, um im Zeitverlauf eine Vergleichbarkeit zu ermöglichen.
- Der **Grundsatz der Datenaktualität** fordert, dass die erfassten Kosten so aktuell als möglich sein sollen. Da die Erkenntnisse der Kostenrechnung zur laufenden Beobachtung und Steuerung des betrieblichen Geschehens beitragen sollen, ist es notwendig, dass die KORE aktuell und zeitnah erstellt wird. Eine nachhinkende Abbildung ermöglicht kein rechtzeitiges Reagieren auf Entwicklungen und Ereignisse.
- Der **Grundsatz der Wirtschaftlichkeit** der Datenerfassung betrifft insbesondere die Relevanz der Daten, die Genauigkeit und die Ermittlungsverfahren. Je detaillierter ein Kostenartenplan sein soll, desto aufwendiger ist die Kostenerfassung. Als Mittel zum Zweck unterliegt auch die Kostenartenrechnung, wie jede betriebliche Tätigkeit, dem Wirtschaftlichkeitsprinzip – d. h. der Nutzen soll stets größer sein als die dadurch verursachten Kosten.

2.3. Gliederungskriterien für Kostenarten

Kosten können nach verschiedenen Gesichtspunkten untergliedert werden:

- nach der Art der verbrauchten Produktionsfaktoren
- nach der Art der Verrechnung auf die Kostenträger

- nach betrieblichen Funktionsbereichen
- nach dem Verhalten bei Beschäftigungsänderungen
- nach der Herkunft der Einsatzgüter
- nach der Art der Kostenerfassung

Im Folgenden werden diese Kriterien, nach denen die Kosten eines Betriebes jeweils untergliedert werden können, näher erläutert.

2.3.1. Art der verbrauchten Produktionsfaktoren

Diese Unterscheidung spielt vor allem für die Kostenartenrechnung eine wichtige Rolle. In der Praxis ergibt sich bei dieser Einteilung häufig eine Anlehnung an den im jeweiligen Untenehmen verwendeten Kontenrahmen (Kontenklassen 4–7 des österreichischen Einheitskontenrahmens) und dem daraus abgeleiteten Kontenplan. Dies erleichtert die Gewinnung von Daten für die Kostenerfassung, weil diese Daten direkt aus der Buchhaltung übernommen und Kostenarten zugeordnet werden können. Allerdings ist in diesem Zusammenhang zu beachten, dass es sich nicht bei allen Aufwendungen um Grundkosten handelt, sondern einige verrechnungstechnisch anders zu erfassen sind. Weitere diesbezügliche Ausführungen finden sich im Kapitel II.2.4 „Erfassung ausgewählter Kostenarten“.

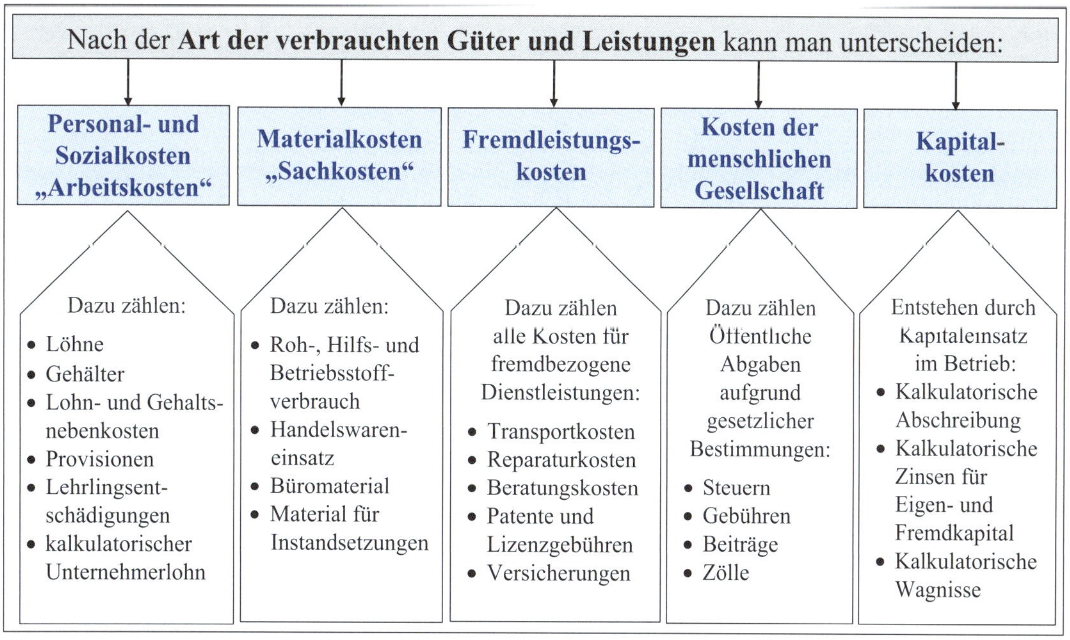

Abb. 15: Kostenarten nach Art des Verbrauchs von Produktionsfaktoren

2.3.2. Art der Verrechnung auf die Kostenträger

Je nachdem, ob die in einem Unternehmen angefallenen Kosten einem Kostenträger direkt zurechenbar sind oder nicht, unterscheidet man zwischen **Einzelkosten und Gemeinkosten**. Diese Einteilung hat vor allem für die Kostenstellenrechnung und die Kostenträgerrechnung zentrale Bedeutung.

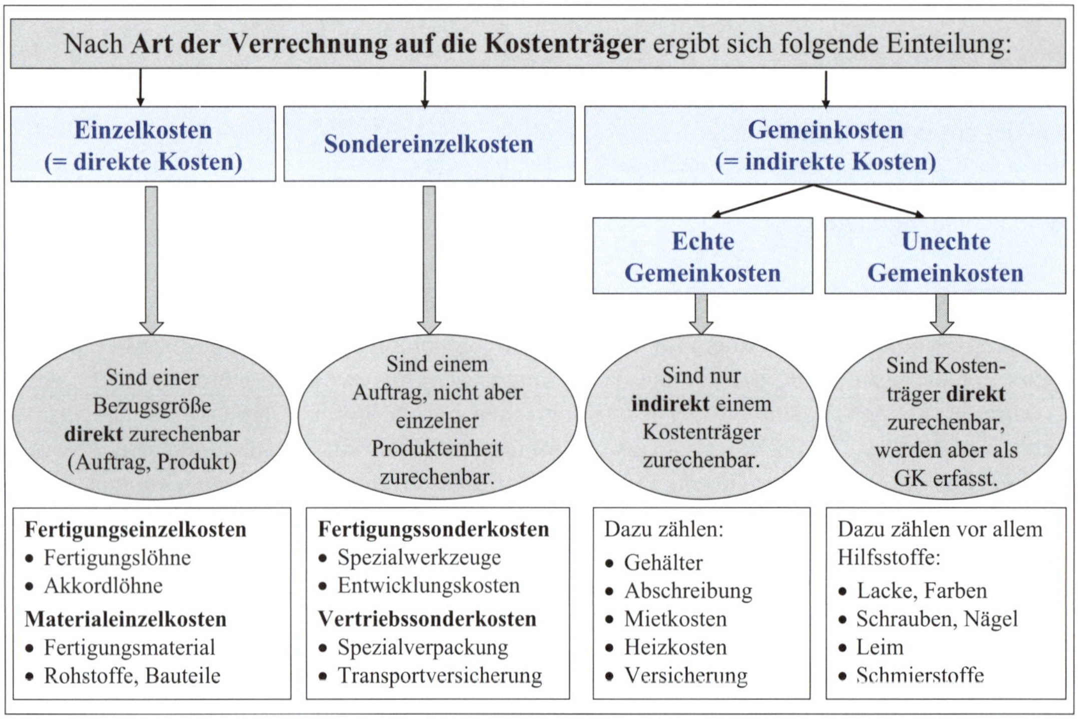

Abb. 16: Kostenarten nach Art der Verrechnung auf Kostenträger

Einzelkosten können aufgrund von Belegen eindeutig einem Kostenträger (Produkt, Auftrag) oder auch einer Kostenstelle direkt zugerechnet werden, da sie weitgehend von dieser Bezugsgröße verursacht wurden. Bei den direkt einem Produkt zurechenbaren Einzelkosten handelt es sich insbesondere um die im Produktionsprozess eingesetzten Produktionsfaktoren „menschliche Arbeitskraft“ und „Material“.

Einzelkosten werden unmittelbar aus der Kostenartenrechnung, ohne vorherige Weiterverrechnung über die Kostenstellen, übernommen und direkt den Kostenträgern zugerechnet. Dazu zählen vor allem der belegmäßig dokumentierte Materialverbrauch für ein bestimmtes Produkt (z. B. Kosten für Buchenholz bei der Herstellung eines Buchentisches), Fremdbauteile, Fertigungslöhne, die unmittelbar für die Fertigung eines Produktes aufgewendet werden oder auch Akkordlöhne.

Sondereinzelkosten sind Kosten, die direkt einem einzelnen Auftrag zugerechnet werden können, nicht aber einer einzelnen Produkteinheit. Folglich handelt sich dabei um Kosten, die auftragsbezogen verrechnet werden, z. B. aufgrund von Kundenwünschen. Bei den Sondereinzelkosten unterscheidet man:

- ***Sondereinzelkosten der Fertigung:*** Sie fallen bei der Erzeugung eines bestimmten Auftrages an. Dazu zählen beispielsweise Kosten für Pläne, Modelle, Patente, Lizenzen, Konstruktionskosten, Montagekosten, Kosten für Spezialwerkzeuge usw.
- ***Sondereinzelkosten des Vertriebs:*** Sie entstehen in Zusammenhang mit der Verkaufsabwicklung eines bestimmten Auftrages. Dazu zählen insbesondere Kosten für Spezialverpackungen, Frachtkosten, Ausfuhrzölle, Transportversicherungen usw.

Gemeinkosten sind Kosten, die einem Kalkulationsobjekt (Kostenstelle oder Kostenträger) nur indirekt zugerechnet werden können, weil sie die gesamte Leistungserstellung des Betriebes betreffen. Bei den Gemeinkosten unterscheidet man:

- ***Echte Gemeinkosten,*** wie Gehälter der Verwaltungsangestellten, Abschreibungen, Versicherungskosten, Mieten, Heizkosten, Telefongebühren usw.; können einzelnen Kostenträgern nur indirekt zugerechnet werden, weil sie für mehrere oder alle Kostenträger entstanden sind. Hier ist eine verursachungsgerechte Zuordnung zum jeweiligen Kalkulationsobjekt nicht möglich. Sie werden stattdessen im Sinne des Durchschnittsprinzips abrechnungstechnisch über die einzelnen Kostenstellen geleitet und indirekt anhand von Zuschlägen weiter verrechnet.
- ***Unechte Gemeinkosten*** betreffen insbesondere Hilfs- und Betriebsstoffe, wie Schrauben, Lacke, Leim, Nägel, Schmierstoffe usw. Sie könnten zwar einem Kostenträger direkt als Einzelkosten zugerechnet werden, aus Wirtschaftlichkeits- und Vereinfachungsgründen verzichtet man allerdings auf eine gesonderte Erfassung, weil sie meistens keine erheblichen Werte darstellen.

Beispiel:
Bei der Erzeugung eines Tisches könnte der Verbrauch an Leim, Nägeln und Schrauben zwar genau bestimmt und somit die Kosten dem Tisch direkt zugerechnet werden, doch ist diese Vorgehensweise sehr aufwendig. Obwohl diese Kosten als Einzelkosten direkt einem Tisch zurechenbar wären, werden sie aus Vereinfachungsgründen wie Gemeinkosten behandelt.

2.3.3. Betriebliche Funktionsbereiche

Die Erfassung der Kostenarten nach dem Ort ihres Entstehens ist insbesondere für die Kostenstellenrechnung von zentraler Bedeutung, da diese Einteilung weitgehend mit der Verteilung der Kosten auf die Kostenstellen übereinstimmt. Die nachfolgende dargestellte Differenzierung der Kostenarten in ihre Entstehungsbereiche spielt vor allem in Erzeugungsbetrieben eine wichtige Rolle.

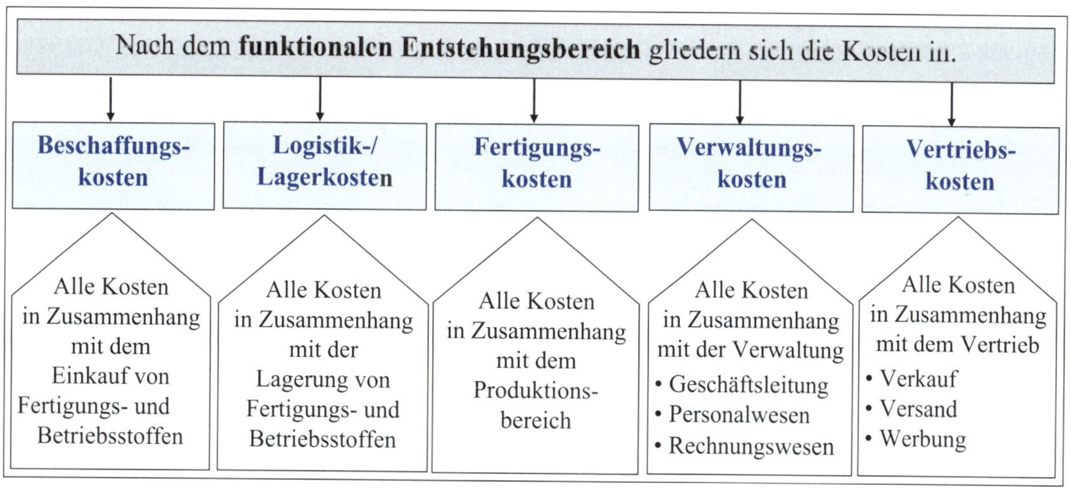

Abb. 17: Kostenarten nach betrieblichen Funktionsbereichen

- **Beschaffungskosten:** Dazu zählen alle Kosten, die in der Einkaufsabteilung anfallen, wie z. B. das Gehalt des Einkaufsleiters, Telefonkosten, Büromaterial, Stromkosten usw.

- **Lagerkosten:** Dazu gehören alle Kosten, die in Zusammenhang mit der Lagerung von Roh-, Hilfs- und Betriebsstoffen anfallen, wie z. B. Kosten für Lagerarbeiter, Miete für das Einkaufslager, Heizkosten usw.
- **Fertigungskosten:** Dazu zählen alle Kosten, die in Zusammenhang mit der eigentlichen Leistungserstellung entstehen, wie z. B. Löhne, Stromverbrauch, Miete für Fertigungshallen, Leasingkosten für Maschinen usw.
- **Verwaltungskosten:** Dazu gehören alle Kosten, die im Verwaltungsbereich anfallen, wie z. B. Miete für Büroräumlichkeiten, Telefonkosten, Gehälter der Geschäftsführung, des Finanzwesens, des Rechnungswesens, des Personalbüros usw.
- **Vertriebskosten:** Dazu zählen alle Kosten, die in Zusammenhang mit dem Absatz von Fertigerzeugnissen entstehen, wie z. B. die Kosten des Fertigwarenlagers, Versandkosten, Werbungskosten, Gehälter für Verkaufsangestellte, Miete für Verkaufsflächen usw.

Je nach Gegebenheit in den jeweiligen Betrieben kann diese Einteilung natürlich weiter differenziert werden. Hat ein Unternehmen beispielsweise eine eigene Forschungsabteilung, dann kann auch für diese betriebliche Funktion eine eigene Kostenart definiert werden.

2.3.4. Verhalten der Kosten bei Beschäftigungsänderungen

Die Höhe der Kosten hängt insbesondere von der Kosteneinflussgröße Beschäftigung ab. Darunter versteht man allerdings nicht die Anzahl der Beschäftigten, sondern die tatsächliche Nutzung der Betriebsmittel. Die Beschäftigung kann an der Ausbringungsmenge bzw. an der Anzahl der erbrachten Güter und Dienstleistungen gemessen werden. Nach ihrem Verhalten bei Beschäftigungsschwankungen unterscheidet man zwischen fixen und variablen Kosten.

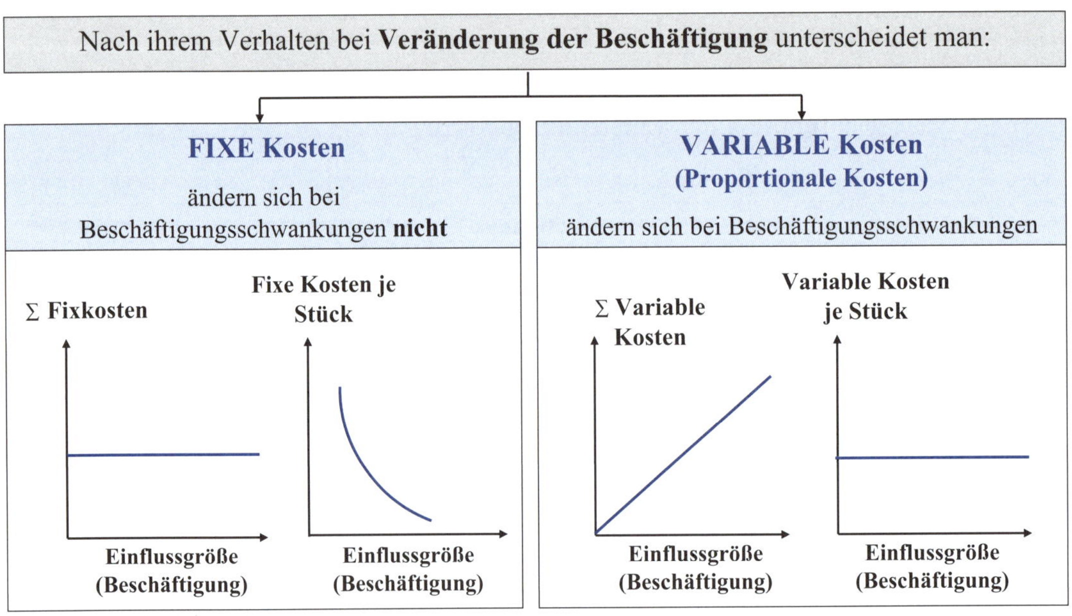

Abb. 18: Kostenarten nach ihrem Verhalten bei Beschäftigungsänderungen

Fixe Kosten entstehen durch die Aufrechterhaltung einer bestimmten Betriebsbereitschaft (Bereitschaftskosten) und betreffen die gesamte Leistungserstellung des Betriebes. Fixkosten entstehen bereits durch die Existenz eines Unternehmens und fallen unabhängig davon, ob ein Betrieb produziert oder nicht und ob vorhandene Betriebsmittel vollständig oder teilweise ausgelastet sind, in konstanter Höhe an (z. B. Zeitabschreibung bei Maschinen, kalkulatorische Zinsen, Grundgebühren für Telefon und Strom, Grundsteuer für Betriebsgrundstück, Gehälter usw.). Sie können einem Produkt bzw. einer Leistung nicht verursachungsgerecht zugerechnet werden.

Die gesamten in einer Abrechnungsperiode anfallenden fixen Kosten (Σ Fixkosten) reagieren nicht auf Beschäftigungsschwankungen, sondern bleiben immer gleich hoch. Auf eine Leistungseinheit bezogen bzw. auf ein Stück umgelegt nimmt allerdings der Anteil der fixen Kosten bei zunehmender Ausbringungsmenge ab. Man spricht in diesem Zusammenhang von **Fixkostendegression.**

Beispiel:
In einer Tischlerei betragen die gesamten fixen Kosten € 10.000. Wird in einer Periode nur ein Tisch erzeugt, dann müssten diesem einen Tisch die gesamten Fixkosten in Höhe von € 10.000 zugerechnet werden. Liegt allerdings die Produktionsmenge bei 10 Tischen, dann verringert sich der Fixkostenanteil je Tisch bereits auf € 1.000 je Stück, bei 100 Tischen auf € 100 je Stück usw. (degressiver Kostenverlauf).

Variable (proportionale) Kosten sind grundsätzlich von der Beschäftigung abhängig und verändern sich entsprechend dem Umfang der Leistungserstellung. Die Veränderungen verlaufen zumeist proportional, d. h. sie erhöhen sich, wenn die Beschäftigung steigt und verringern sich, wenn die Beschäftigung sinkt. Variable Kosten fallen grundsätzlich nur an, wenn Leistungen auch tatsächlich erbracht werden (z. B. Materialkosten, Fertigungslöhne, Energiekosten usw., die je Leistungseinheit direkt erfasst werden). Sie können somit einem Produkt bzw. einer Leistung verursachungsgerecht zugerechnet werden.

Insbesondere Erzeugungsbetriebe sind durch proportionale, d. h. linear von der Beschäftigung abhängige Kostenverläufe, gekennzeichnet. So führt beispielsweise eine Steigerung der Leistungsmenge von 100% dazu, dass sich auch die gesamten variablen Kosten um 100% erhöhen. Sinkt hingegen die Leistungsmenge um 50%, dann verringert sich auch die Summe der variablen Kosten um 50%. Auf eine Leistungseinheit bzw. ein Stück umgelegt bleiben die variablen Kosten stets konstant, da jedes zusätzlich erzeugte Stück immer den gleichen Kostenzuwachs verursacht.

Beispiel:
In einer Tischlerei fallen neben obigen Fixkosten bei der Herstellung eines Holztisches € 100 für Holz und € 50 für Löhne an. Die variablen Kosten je Tisch betragen somit € 150, egal ob ein Tisch oder zehn Tische erzeugt werden. Wird in einer Periode nur ein Tisch erzeugt, dann betragen die Gesamtkosten je Tisch € 10.150 (€ 10.000 fixe und 150 variable Kosten). Bei einer Produktionsmenge von zehn Tischen erhöhen sich allerdings die gesamten variablen Kosten auf € 1.500 und die Gesamtkosten folglich auf € 11.500.

Werden also zehnmal so viele Holztische hergestellt, dann verzehnfachen sich auch die variablen Kosten für das Holz und die Löhne, während die Fixkosten in Summe gleich bleiben.

Abbildung 19 zeigt die Beziehung zwischen fixen und variablen Kosten sowie Einzel- und Gemeinkosten:

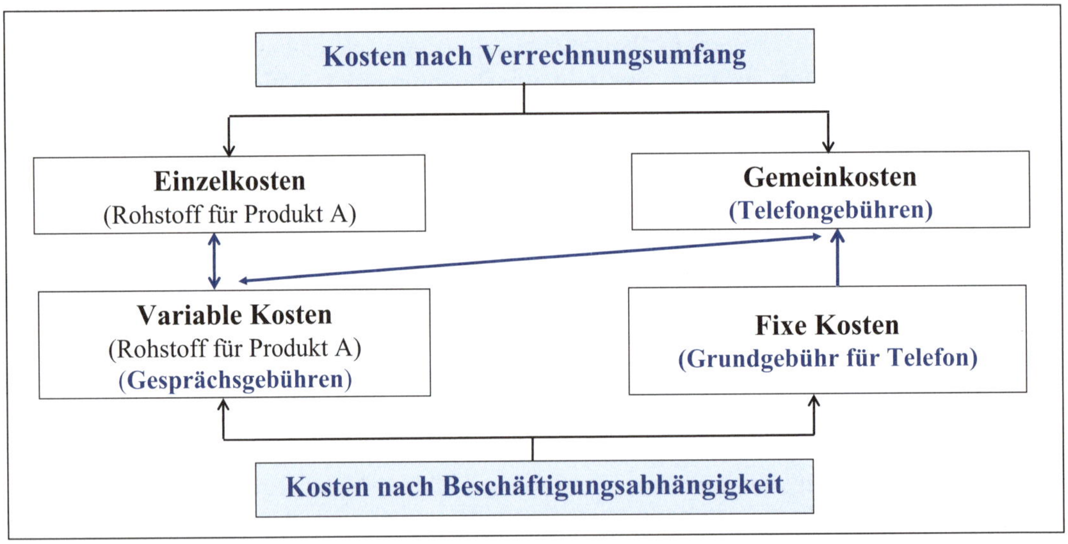

Abb. 19: Beziehung Einzel- und Gemeinkosten sowie fixe und variable Kosten
(auf Grundlage von: Haberstock, L./Breithecker, V.: Kostenrechnung I, 12. Aufl., Berlin 2005, S. 58)

Einzelkosten (z. B. Rohstoffkosten für das Produkt A) sind, da sie durch ein Stück verursacht werden, immer variable Kosten. Umgekehrt müssen aber variable Kosten nicht immer Einzelkosten sein. Kostenträgergemeinkosten (z. B. Telefongebühren) hingegen können als nicht direkt zurechenbare Kosten sowohl fixe (z. B. Grundgebühr für Telefon) als auch variable (z. B. Gesprächsgebühr) Bestandteile enthalten. Umgekehrt sind fixe Kosten immer Gemeinkosten, weil sie nicht durch eine einzelne Leistung verursacht werden.

Fixe Kosten sind immer Gemeinkosten, aber Gemeinkosten nicht immer fixe Kosten!

Die Reaktion der Kosten auf Änderungen der Beschäftigung (Leistungsausbringung) bzw. des Beschäftigungsgrades **(Kostenreagibilität)** ist für ihre unterschiedliche Behandlung in den Konzepten der Voll- und Teilkostenrechnung von besonderer Bedeutung. Näheres dazu im Kapitel III „Teilkostenrechnung in Erzeugungsbetrieben“.

2.3.5. Herkunft der Einsatzgüter

Während die Kostenartenrechnung nur primäre Kosten erfasst, erlangen die sekundären Kosten erst bei der innerbetrieblichen Leistungsverrechnung im Rahmen der Kostenstellenrechnung Bedeutung (siehe Abbildung 20).

Primäre Kosten, auch als ursprüngliche Kosten bezeichnet, werden in der Kostenartenrechnung erfasst. Sie stellen den in Geld bewerteten Verbrauch von Gütern und Dienstleistungen dar, die direkt von den externen Beschaffungsmärkten bezogen wurden, wie z. B. Lohnkosten, Materialkosten, Versicherungsprämien, Telefonkosten, Stromkosten usw.

Sekundäre Kosten, auch als abgeleitete Kosten bezeichnet, entstehen durch den Verbrauch von Gütern und Dienstleistungen, die vom Unternehmen selbst erzeugt wurden. Sie stellen den in Geld ausgedrückten

Wert für den Verbrauch sogenannter innerbetrieblicher Leistungen dar, wie z. B. Kosten für selbst erzeugten Strom, Kosten für selbst ausgeführte Instandhaltungsarbeiten, Kosten für selbst erzeugte Werkzeuge usw. Letztendlich sind aber auch die Sekundärkosten stets auf Primärkosten zurückzuführen.

Nach der **Herkunft der Produktionsfaktoren** gliedern sich die Kosten in:

PRIMÄRE Kosten (= ursprüngliche Kosten)	**SEKUNDÄRE Kosten (= abgeleitete Kosten)**
Entstehen durch den Verbrauch von außen bezogenen Produktionsfaktoren, wie • Lohnkosten • Materialkosten • Kosten für Fremdreparaturen • Versicherungsprämien	Entstehen durch den Verbrauch innerbetrieblicher Leistungen (Produktionsfaktoren), wie • Kosten für selbst erzeugten Strom • Kosten für Werksküche • Kosten für selbst durchgeführte Instandhaltung • Kosten für selbst hergestellte Werkzeuge

Abb. 20: Kostenarten nach Herkunft der Einsatzgüter

Im Gegensatz zu den primären Kosten werden die sekundären Kosten nicht in der Kostenartenrechnung, sondern erst im Rahmen der Kostenstellenrechnung erfasst. Je nachdem, in welchem Ausmaß die einzelnen Kostenstellen innerbetriebliche Leistungen in Anspruch genommen haben, müssen die Kosten für derartige Leistungen auf die jeweiligen Kostenstellen entsprechend verursachungsgerecht umgelegt werden.

2.3.6. Art der Kostenerfassung

Diese Unterteilung lehnt sich an die Abgrenzung des Aufwandes von den Kosten an und wurde bereits im Kapitel I Punkt 4.4.2 ausführlich besprochen. Die Unterscheidung der Kostenarten in aufwandsgleiche Kosten und kalkulatorische Kosten spielt bei der Kostenerfassung im Rahmen der Kostenartenrechnung eine zentrale Rolle.

Nach der **Art der Kostenerfassung** unterteilen sich die Kosten in:

AUFWANDSGLEICHE Kosten (= Kostengleicher Aufwand)	**KALKULATORISCHE Kosten (= Kosten nicht gleich Aufwand)**	
Grundkosten = Zweckaufwand	**Zusatzkosten**	**Anderskosten**
Sie werden aus der FIBU übernommen und machen im Normalfall den größten Teil der Kostenarten aus.	Ihnen steht in der FIBU überhaupt kein Aufwand gegenüber, wie z. B.: • Kalkulatorische Miete • Kalkulatorischer Unternehmerlohn	Ihnen steht in der FIBU ein Aufwand in anderer Höhe gegenüber, wie z. B.: • Kalkulatorische Abschreibung • Kalkulatorische Zinsen • Kalkulatorische Wagnisse

Abb. 21: Kostenarten nach Art der Kostenerfassung

2.4. Erfassung ausgewählter Kostenarten

Kosten sind alle Werteinsätze, die im Rahmen der Leistungserstellung eines Betriebes notwendig sind. In der Kostenrechnung werden üblicherweise nur solche Werteinsätze aufgenommen, die dem normalen Betriebsgeschehen entspringen. Die Problematik der Kostenerfassung ergibt sich vor allem in Zusammenhang mit der zweckmäßigen Gliederung der Kostenarten und der verursachungsgerechten Erfassung des Verbrauchs der Einsatzgüter und deren Bewertung. **Merkmale des wertmäßigen Kostenbegriffs** und somit Grundlage zur Erfassung des Wertverzehrs in der Kostenrechnung sind:

- **Verbrauchsvorgang:**
  Es muss ein mengenmäßiger Verbrauch von Gütern und Dienstleistungen vorliegen. Der Zusammenhang mit Zahlungsvorgängen ist dabei unerheblich. Ein Teil der Kosten leitet sich beispielsweise überhaupt nicht aus Zahlungsvorgängen ab, wie der kalkulatorische Unternehmerlohn. Allein durch die Anschaffung eines Produktionsfaktors entstehen noch keine Kosten, sondern erst durch den Verbrauch oder Gebrauch (z. B. führt erst der Gebrauch einer Maschine zu Kosten, nämlich zur Abschreibung).
- **Leistungsbezogenheit:**
  Der Gütereinsatz muss in Zusammenhang mit der betrieblichen Leistungserstellung und Leistungsverwertung stehen bzw. zur Aufrechterhaltung der Betriebsbereitschaft des Unternehmens erforderlich sein.
- **Kalkulatorische Bewertung:**
  Der zweckbezogene Verbrauch von Produktionsfaktoren muss bewertet werden. Als Wertansätze kommen in der Kostenrechnung neben dem Anschaffungspreis auch Durchschnittspreise, Festpreise, Tagespreise zum Zeitpunkt der Durchführung der Kostenrechnung sowie künftige Wiederbeschaffungspreise in Frage.

2.4.1. Materialkosten (Werkstoffkosten)

In Erzeugungsbetrieben zählen zu den Materialkosten in erster Linie der bewertete Verbrauch an fremdbezogenen Roh-, Hilfs- und Betriebsstoffen. In Handelsbetrieben spricht man in diesem Zusammenhang von Handelswareneinsatz.

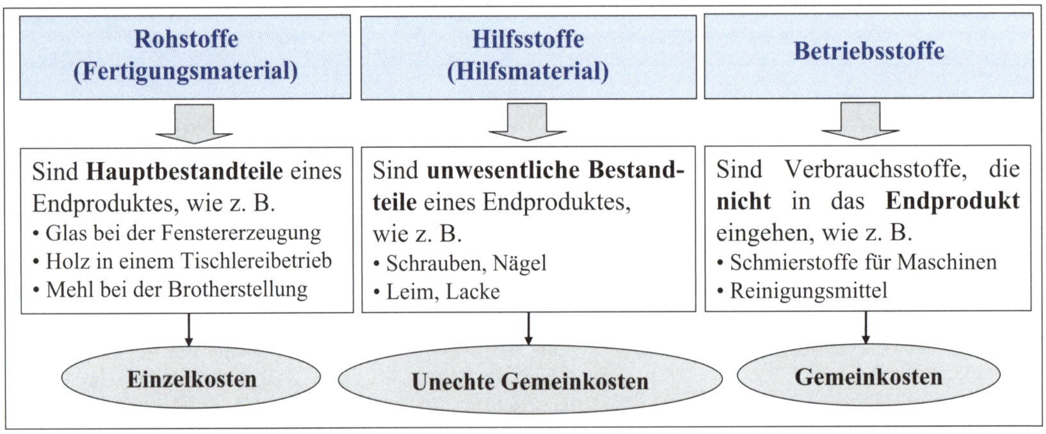

Abb. 22: Gliederung der Materialkosten

- **Rohstoffe** bestimmen grundsätzlich den Charakter eines Produktes. Zu ihnen zählen auch fremdbezogene Halbfertigfabrikate, soweit diese in ein Produkt eingehen. Rohstoffkosten werden im Normalfall als ***Einzelkosten*** erfasst.
- **Hilfsstoffe** sind ebenfalls Bestandteil eines Produktes, spielen aber eine untergeordnete Rolle. Aus Wirtschaftlichkeitsgründen werden sie als ***unechte Gemeinkosten*** erfasst.
- **Betriebsstoffe** sind nicht Bestandteil des Produktes, sondern werden bei der Fertigung verbraucht. Nachdem sie dem gesamten Fertigungsprozess dienen, werden sie als echte ***Gemeinkosten*** erfasst.
- **Energiekosten** zählen streng genommen wegen ihres Betriebsstoffcharakters ebenfalls zu den Materialkosten. Einige Betriebe weisen die Energiekosten jedoch als Fremdleistungskosten aus. Aufgrund der in den vergangenen Jahren drastisch gestiegenen Energiepreise empfiehlt es sich insbesondere bei Erzeugungsbetrieben, die einen hohen Energieverbrauch aufweisen, die Energiekosten als eigene Hauptkostenart anzusetzen. Wegen der enormen Verteuerung der Energieträger gewinnen sie in Kostenanalysen zunehmend an Bedeutung. Energiekosten sind, da sie einem Kostenträger nicht direkt zugerechnet werden können, ebenfalls ***Gemeinkosten.***

Die Materialkosten ergeben sich jeweils aus einer **Mengen- und einer Wertkomponente.**

Materialkosten = mengenmäßiger Verbrauch x Preis

Dementsprechend erfolgt die Ermittlung der Materialkosten in zwei Schritten:

1. Schritt: Ermittlung der Materialverbrauchsmengen

Der mengenmäßige Verbrauch wird mit Hilfe der Materialabrechnung ermittelt. Für die Verbrauchsmengenerfassung stehen einem Unternehmen folgende Berechnungsmethoden zur Verfügung:

- **Inventurmethode (Bestandsdifferenzrechnung)**

  Hier wird sowohl der Anfangsbestand (AB) als auch der Endbestand (EB) einer Periode durch **Inventur** ermittelt. Der Gesamtverbrauch am Ende einer Abrechnungsperiode ergibt sich als Saldo zwischen Anfangsbestand plus Zugänge minus Endbestand. Dieses Verfahren ist nur für leicht erfassbare Werkstoffe zu empfehlen, die nicht der Gefahr einer Bestandsminderung unterliegen.

  Materialverbrauchsmenge (inkl. Schwund) = Anfangsbestand (lt. Inventur)
  + Zugang (lt. Belege)
  – Endbestand (lt. Inventur)

  Die Anwendung dieses Verfahrens beinhaltet folgende **Nachteile:**

  - Bestandsminderungen aufgrund von Schwund, Diebstahl oder Verderb können nicht festgestellt werden, da sie im normalen Verbrauch enthalten sind.
  - Ohne zusätzliche Angaben kann nicht festgestellt werden, welche Mengen von den einzelnen Kostenträgern oder Kostenstellen verbraucht wurden, was eine Wirtschaftlichkeitskontrolle des Materialverbrauchs unmöglich macht.
  - Nachdem die Abrechnung in der Kostenrechnung meist monatlich oder quartalsweise erfolgt und diese Methode die Durchführung einer Inventur voraussetzt, ist sie mit sehr hohem Arbeitsaufwand verbunden.

Beispiel zur Inventurmethode:
In einem Erzeugungsbetrieb liegen im Monat Mai für einen Rohstoff folgende Informationen vor:
Lageranfangsbestand: 5.000 kg Lagerendbestand: 6.700 kg Zukauf: 7.000 kg

Aufgabenstellung: Welche Materialverbrauchsmenge ergibt sich für Mai?

Lösung:
Materialverbrauchsmenge = AB 5.000 kg + Zugang 7.000 kg – EB 6.700 kg → **5.300 kg**

- **Fortschreibungsmethode (Skontrationsmethode)**
  Hier werden nicht nur die Lagerzugänge sondern auch die Lagerabgänge laufend mittels Belege **(Materialentnahmescheine**) erfasst und die Lagerbestände buchmäßig fortgeschrieben. Der Verbrauch einer Periode oder eines Kostenträgers ergibt sich als Summe der auf den Materialentnahmescheinen dokumentierten Mengen.

Materialverbrauchsmenge = Σ aller Entnahmemengen laut Materialentnahmescheine

Dieses Verfahren ist vor allem für mengen- oder wertmäßig wichtige Materialien am besten geeignet, um Aussagen zu den Verbrauchsmengen der Produktionsfaktoren zu treffen. Im Zusammenspiel mit der Inventur können bei Anwendung dieser Methode Bestandsminderungen im Lager durch Schwund, Diebstahl, Verderb usw. ermittelt werden, was auch Aufschlüsse über die Wirtschaftlichkeit der Lagerhaltung erlaubt. Der Schwund bzw. Diebstahl von Roh-, Hilfs- und Betriebsstoffen ergibt sich als Differenz zwischen dem buchmäßigen Endbestand und dem Endbestand laut Inventur. Ist der Lagerbestand laut Inventur geringer als der Lagersollwert (= Anfangsbestand + Zugänge – Abgänge laut Materialentnahmescheine), dann zeigt diese Differenz den Schwund.

Beispiel zur Fortschreibungsmethode:
In einem Erzeugungsbetrieb wurden im Mai zur Herstellung eines Produktes folgende Materialentnahmevorgänge eines Rohstoffes erfasst:
5. Mai: 2.000 kg 12. Mai: 3.000 kg 21. Mai: 2.500 kg

Aufgabenstellung: Welche Materialverbrauchsmenge ergibt sich für Mai?

Lösung:
Materialverbrauchsmenge = Σ der Materialentnahmescheine → Rohstoffverbrauch für Mai **7.500 kg**.

- **Retrograde Methode (Rückrechnung):**
  Hier werden die Verbrauchsmengen (unter Berücksichtigung eines Zuschlags für Abfall und Ausschuss) aus der Anzahl der hergestellten Fertigerzeugnisse abgeleitet. Ausgangspunkt für die Berechnung sind Stücklisten oder Rezepturen, aus denen die Zusammensetzung für ein bestimmtes Produkt abgeleitet wird. Die Verbrauchsmenge eines Werkstoffes ergibt sich durch Multiplikation der Erzeugnismenge mit dem Verbrauch pro Stück, der angibt, wie viel Material für ein bestimmtes Erzeugnis benötigt wird.

Materialverbrauchsmenge = Produzierte Stückzahl x Verbrauchsmenge pro Stück

Schwund und Diebstahl können auch hier nur mittels zusätzlicher Inventur festgestellt werden.

Beispiel zur retrograden Methode:
Produkt 1: Rohstoffverbrauch 5 kg je Stück; Produktionsmenge 500 Stück
Produkt 2: Rohstoffverbrauch 3 kg je Stück; Produktionsmenge 600 Stück

Aufgabenstellung: Welche Materialverbrauchsmenge ergibt sich?

Lösung:

Materialverbrauchsmenge: Produkt 1: Rohstoffverbrauch 5 kg x 500 Stück → 2.500 kg
Produkt 2: Rohstoffverbrauch 3 kg x 600 Stück → 1.800 kg → **4.300 kg**

2. Schritt: Bewertung der Materialverbrauchsmengen

Um die Materialkosten errechnen zu können ist eine Bewertung der Materialverbrauchsmengen erforderlich. Das diesbezüglich erforderliche Zahlenmaterial wird von der Finanzbuchhaltung zur Verfügung gestellt. Zur Bewertung des Materialverbrauchs kommen grundsätzlich folgende Größen in Frage:

- **Anschaffungs- bzw. Einstandspreise zum Zeitpunkt der Beschaffung:**
  Hier erfolgt die Bewertung des Materialverbrauchs mit dem tatsächlichen Anschaffungs- bzw. Einstandspreis zu dem das Material angeschafft wurde **(Istpreis).**

  Anschaffungspreis = Einkaufspreis (= Nettopreis ohne Umsatzsteuer)
  – Preisnachlässe (z. B. Rabatte, Skonti)
  \+ Beschaffungsnebenkosten (z. B. Transportkosten, Zölle)

  Die Bewertung zu Istpreisen wird insbesondere bei Werkstoffen, die sehr schnell verbraucht werden vorgenommen und auch, wenn zwischen dem Kauf und dem Verbrauch der Roh-, Hilfs- und Betriebsstoffe die Preise annähernd gleich geblieben sind.

- Ist eine Bewertung zu Istpreisen nicht möglich, dann kann der Preis auch mit Hilfe einer **Durchschnittsbewertung** ermittelt werden. In diesem Fall wird am Ende einer Abrechnungsperiode für jede Materialart ein Durchschnittspreis gebildet, mit dem die jeweils verbrauchten Mengen der betrachteten Periode bewertet werden.

  $$\textbf{Durchschnittspreis} = \frac{\text{bewerteter Anfangsbestand + mit ihren Preisen bewertete Zugänge}}{\text{Summe ihrer mengenmäßigen Anteile einer Periode}}$$

- **Zukünftige Wiederbeschaffungspreise:**
  Die Bewertung zu Wiederbeschaffungspreisen (= voraussichtliche Anschaffungspreise zu späterem Wiederbeschaffungszeitpunkt) erfolgt dann, wenn die Tagespreise erheblich über den tatsächlichen oder durchschnittlichen Anschaffungspreisen liegen. Damit wird einerseits die Substanzerhaltung des Unternehmens sichergestellt, andererseits gewährleistet, dass in der Kalkulation mit dem Preis gerechnet wird, den man benötigt, um das verbrauchte Material zu einem späteren Zeitpunkt wieder beschaffen zu können.

- **Tagespreise zum Zeitpunkt der Durchführung der Kostenrechnung:**
  Künftige Wiederbeschaffungspreise lassen sich oft schwer bestimmen, weil der Zeitpunkt der Wiederbeschaffung zu weit in der Zukunft liegt und/oder weil rascher technischer Fortschritt die vorhandenen Betriebsmittel vom Markt verdrängt. In diesen Fällen geht man zur Bewertung mit Tagespreisen (zum Zeitpunkt der Lagerentnahme) über.
- **Feste Verrechnungspreise:**
  In diesem Fall wird für eine längere Zeit ein gleich bleibender Verrechnungswert für eine bestimmte Materialart verwendet. Die Bewertung der Verbrauchsmengen mit Festpreisen ermöglicht somit für eine bestimmte Abrechnungsperiode eine konstante Kalkulation, weil Preisschwankungen ausgeschaltet werden.

Beispiel zur Berechnung der Materialkosten:

In einem Tischlereibetrieb liegen 1.000 m² Buchenholz auf Lager, das vor einem Jahr zum Preis von € 20 je m² angeschafft wurde. In der Abrechnungsperiode wurden 100 Buchentische hergestellt. Aufgrund der Stücklisten weiß man, dass für einen Buchentisch 2 m² Buchenholz verwendet wurden. Allerdings ist zwischenzeitlich der Preis für das Buchenholz auf € 50 je m² gestiegen.

Aufgabenstellung: Wie hoch sind die Materialkosten der Abrechnungsperiode?

Lösung:

1. **Verbrauchsmengenermittlung:** 100 Tische x 2 m² → **200 m²** Verbrauch an Buchenholz
2. **Verbrauchsmengenbewertung:** Für kostenrechnerische Zwecke bewertet man den Verbrauch mit dem Tagespreis von € 50 je m², da nur so gewährleistet ist, dass das verbrauchte Material jederzeit wieder beschafft werden kann, ohne die Substanz des Unternehmens zu gefährden
   → Materialkosten = Materialverbrauch 200 m² x Tagespreis **€ 50** → **€ 10.000.**

2.4.2. Personalkosten

Personalkosten entstehen durch den bewerteten Verbrauch des Produktionsfaktors „Arbeit". Dazu zählen alle Kosten, die dem Betrieb durch die Beschäftigung von Arbeitern, Angestellten und Lehrlingen, aber auch durch die Tätigkeit der (Einzel-)Unternehmer sowie deren Familienangehörigen entstehen. Grundlage für die Berechnung ist in erster Linie die Lohn- und Gehaltsabrechnung des Unternehmens. Je nach sozialrechtlicher Stellung der Mitarbeiter unterscheidet man folgende Personalkosten:

- **Löhne** werden für die Tätigkeit von Arbeitern bezahlt. Maßgeblich für die Kostenrechnung sind die für die Mitarbeiter angefallenen Bruttolöhne, welche auch die gesetzlich vorgeschriebenen Arbeitnehmerbeiträge zur Sozialversicherung und die vom Arbeitgeber einzubehaltende Lohnsteuer beinhalten. Im Hinblick auf die produktionstechnische Bedeutung und spätere Weiterverrechnung der Löhne unterscheidet man zwischen Fertigungslöhnen und Hilfslöhnen:
  - ***Fertigungslöhne*** stehen in direktem Zusammenhang mit der Leistungserstellung und werden für unmittelbare Arbeiten an den zu erstellenden Produkten bezahlt. Als ***Einzelkosten*** sind sie den Kostenträgern (Produkte oder Aufträge) ***direkt*** zurechenbar. Im Normalfall gehen sie also direkt in die Kostenträgerrechnung ein.
  - ***Hilfslöhne*** fallen für alle Arbeitsleistungen an, die nur ***indirekt*** an der Herstellung beteiligt sind. Der Begriff Hilfslohn impliziert keine Bewertung der Tätigkeit. Es handelt sich dabei nicht nur um die Entlohnung für Hilfsarbeiten (wie z. B. Löhne für Reinigungsarbeiten, Instandhaltungs-

Gliederung und Verrechnung der Personalkosten

Löhne		**Gehälter**	**Lehrlings-entschädigung**	**Kalkulatorischer Unternehmerlohn**
Unterscheidung nach Betriebsbereich: • **Fertigungslöhne** **(Einzelkosten)** • **Hilfslöhne** **(Gemeinkosten)**	Unterscheidung nach Lohnsystem: • **Zeitlohn** **(Gemeinkosten)** • **Akkordlohn** **(Einzelkosten)**	Arbeitsentgelt für Angestellte **Gemeinkosten**	Arbeitsentgelt für Lehrlinge **Gemeinkosten**	Arbeitsentgelt für Einzelunternehmer oder Gesellschafter von OG oder KG **Gemeinkosten**

Lohn- und Gehaltsnebenkosten (Gemeinkosten)

Gesetzliche Sozialabgaben	**Freiwillige Sozialkosten**	**Sonderzahlungen**	**Löhne und Gehälter für bezahlte Ausfallszeiten**
• Pensionsversicherung • Krankenversicherung • Unfallversicherung • Arbeitslosenversicherung • Abfertigungsbeiträge	• freiwillige Pensionen • Fahrtbeihilfen • Verpflegungszuschüsse • Sekundäre Kosten für Kindergarten, Kantine, Betriebsarzt usw.	• Urlaubsgeld • Weihnachtsremuneration • Bilanzgeld	• Krankheitstage • Urlaubstage • Feiertage • Pflegeurlaub • Arztbesuch, usw.

Abb. 23: Gliederung der Personalkosten

arbeiten usw.) sondern auch um die Löhne für andere wichtige Arbeiter, wie z. B. Vorarbeiter. Nachdem Hilfslöhne nicht für einen einzelnen Kostenträger erbracht werden, stellen sie ***Gemeinkosten*** dar und werden über Bezugs- oder Schlüsselgrößen den jeweiligen Kostenstellen entsprechend ihrer Verursachung angelastet.

Darüber hinaus können Löhne, je nach verwendetem Lohnsystem, als Zeitlohn oder als Akkordlohn bezahlt werden:

- ***Zeitlöhne*** werden in Abhängigkeit von der tatsächlichen Arbeits- bzw. Anwesenheitszeit im Betrieb bezahlt. In den meisten Fällen handelt es sich dabei um ***Gemeinkosten,*** weil das Verursachungsprinzip nicht anwendbar ist.
- ***Akkordlöhne*** hingegen werden in Abhängigkeit von der erbrachten Leistungsmenge eines Mitarbeiters vergütet (= leistungsorientiertes Entgeltsystem). Bei Akkordlöhnen handelt es sich stets um ***Einzelkosten***, weil sich der Lohn grundsätzlich proportional zur hergestellten Menge verhält.

- **Gehälter** werden den Angestellten für bestimmte Zeitabschnitte (z. B. Monat) bezahlt. Genauso wie bei den Löhnen, beinhalten auch die Bruttogehälter die gesetzlich vorgeschriebenen Arbeitnehmerbeiträge zur Sozialversicherung sowie die vom Arbeitgeber einzubehaltende Lohnsteuer. Gehälter sind in der Regel ***Gemeinkosten,*** d. h. sie werden auf die Kostenstellen umgelegt, wo sie auch angefallen sind. Nur in Ausnahmefällen können sie einem Kostenträger auch direkt zugerechnet werden (z. B. Gehalt eines Konstrukteurs für eine Spezialanfertigung → Sondereinzelkosten)
- **Lehrlingsentschädigungen** sind das Entgelt für die in einem Ausbildungsverhältnis stehenden Mitarbeiter. Im Normalfall handelt es sich dabei ebenfalls um ***Gemeinkosten.***

- **Kalkulatorischer Unternehmerlohn** ist das Entgelt, das in die Kostenrechnung für die Ideen, die organisatorischen Leistungen und die Arbeitskraft des Unternehmers und der mitarbeitenden Familienangehörigen (die in keinem Lehr- oder Dienstverhältnis zum Betrieb stehen) aufgenommen wird. In Einzelunternehmen und Personengesellschaften erhalten die geschäftsführenden Gesellschafter normalerweise kein als Aufwand abzugsfähiges Gehalt, sondern ihre Arbeitsleistung wird ausschließlich im Rahmen des Unternehmensgewinnes honoriert. Arbeitet ein Unternehmer selbst im Betrieb mit und trägt somit zur Erreichung des Sachziels des Unternehmens bei, dann ist diese Arbeitsleistung entsprechend in der Kostenrechnung als **Zusatzkosten** zu berücksichtigen.

  Bei Kapitalgesellschaften entfällt der Ansatz eines kalkulatorischen Unternehmerlohnes, da diese von Führungskräften im Angestelltenverhältnis geleitet werden, die ohnehin ein abzugsfähiges Gehalt beziehen. Würde ein Einzelunternehmer beispielsweise seinen Betrieb in eine GmbH einbringen und dort als Geschäftsführer tätig sein, dann wäre sein Geschäftsführergehalt ein Personalaufwand den man in die Kostenrechnung übernimmt, und es bräuchte kein kalkulatorischer Unternehmerlohn angesetzt werden.

  Die **Höhe des kalkulatorischen Unternehmerlohns** orientiert sich an jenem Betrag, der für den „Einkauf" entsprechender Leistungen am Arbeitsmarkt bezahlt werden müsste bzw. den der Unternehmer für die Vermarktung seiner Tätigkeit am Arbeitsmarkt erzielen könnte. Ist der Unternehmer oder Gesellschafter als Geschäftsführer tätig, dann richtet sich die Höhe nach dem durchschnittlichen Gehalt (Summe aus Bruttobezug, gesetzlichen Sozialabgaben und sonstigen Nebenkosten) eines leitenden Angestellten in einer vergleichbaren Position in einem vergleichbaren Betrieb (z. B. Geschäftsführer in einer Kapitalgesellschaft).

  Hinsichtlich der Zurechenbarkeit handelt es sich in der Regel um ***Gemeinkosten***, insbesondere dann, wenn der Unternehmer Managementaufgaben wahrnimmt. Arbeitet der Unternehmer hingegen direkt an der Herstellung eines Produktes oder einer Leistung mit, dann handelt es sich bei diesem betreffenden Teil des Unternehmerlohnes um ***Einzelkosten.***

Beispiel zum kalkulatorischen Unternehmerlohn:

Für den als Geschäftsführer tätigen Einzelunternehmer und seine mitarbeitende Gattin wird in der FIBU kein Aufwand verbucht. Für einen vergleichbaren externen Geschäftsführer müssten jährlich mindestens € 100.000 (inklusive Gehaltsnebenkosten) veranschlagt werden. Die Ehefrau arbeitet 20 Stunden pro Woche in der Buchhaltung. Für eine halbtags angestellte Buchhalterin würden monatliche Gehaltskosten (inklusive Gehaltsnebenkosten) in Höhe von € 2.000 anfallen.

Aufgabenstellung:

In welcher Höhe müsste in der Kostenrechnung ein kalkulatorischer Unternehmerlohn für das laufende Jahr angesetzt werden?

Lösung:

für die Geschäftsführertätigkeit des Einzelunternehmers	→ € 100.000
für die als Buchhalterin tätige Gattin (€ 2.000 pro Monat x 12 Monate)	→ € 24.000
Als Zusatzkosten anzusetzender **kalkulatorischer Unternehmerlohn**	**€ 124.000**

- **Lohn- und Gehaltsnebenkosten** sind all jene Personalkosten, die gleichzeitig mit den Bruttolöhnen bzw. Bruttogehältern entstehen. Die Höhe der Nebenkosten ist teils direkt, teils indirekt oder teilweise auch völlig unabhängig von der Höhe der Löhne und Gehälter. Sie stellen in jedem Fall ***Gemeinkosten*** dar.

- ***Gesetzliche Sozialabgaben*** sind durch Gesetz bzw. Verordnung bestimmt. Dazu zählen insbesondere die Arbeitgeberanteile an der Renten-, Kranken-, Unfall-, Arbeitslosen- und Abfertigungsversicherung sowie die an Gemeinden abzuführende Kommunalsteuer. Die gesetzlichen Lohn- und Gehaltsabgaben sind vom Dienstgeber zu tragen. Seit Jänner 2004 betragen in Österreich bis zu einer Höchstbeitragsgrundlage von € 3.450 die monatlichen Beitragssätze für Arbeiter 31,06 – 31,12% und für Angestellte 31,26 – 31,32%. Gesetzliche Sozialabgaben werden in der FIBU erfasst.
- ***Freiwillige Sozialkosten*** entstehen einerseits durch **direkte Leistungen** an die Arbeitnehmer, wie z. B. freiwillige Pensionszusagen, Fahrtbeihilfen, Jubiläumsgelder, Hochzeitsgeld, Ausbildungsbeihilfen, Verpflegungszuschüsse usw. Andererseits gehören dazu auch Kosten für solche Einrichtungen, die Arbeitnehmern nur **indirekt** zugute kommen, wie z. B. Kosten für Werkskindergarten, Kantine, Betriebsratsbüro, Betriebsarzt, Sportanlagen usw. Diese Kosten können erst mit Hilfe der Kostenstellenrechnung (innerbetriebliche Leistungsverrechnung) ermittelt werden.
- ***Sonderzahlungen,*** wie Urlaubsgeld, Weihnachtsremuneration und Bilanzgeld, kosten dem Arbeitgeber zwar Geld, aber keine Arbeitszeit. Für Sonderzahlungen sind obige Beitragssätze niedriger. Auch sie werden in der FIBU erfasst.
- ***Löhne und Gehälter für bezahlte Ausfallszeiten***, wie bezahlte Krankheitstage, Urlaubstage, Feiertage, Pflegeurlaub und sonstige bezahlte Dienstverhinderungen für Arztbesuch, Behördenwege usw. kosten dem Arbeitgeber Geld und Arbeitszeit, da von den Arbeitnehmern während ihrer Abwesenheit keine unmittelbare Gegenleistung erbracht wird. Auch sie haben einen bedeutenden Anteil an den Personalkosten.

Sowohl die Sonderzahlungen als auch die Löhne und Gehälter für Ausfallszeiten von Arbeitnehmern müssen von Betrieben bezahlt werden und erhöhen dadurch die Kosten einer Leistungsstunde. Diese sogenannten **„zweiten" oder „unsichtbaren" Personalnebenkosten** spielen vor allem in der Kostenrechnung eine sehr wichtige Rolle. Um die tatsächlich in Zusammenhang mit der betrieblichen Leistungserstellung und Leistungsverwertung anfallenden Personalkosten zu erfassen, muss man in der Kostenrechnung entsprechend der jeweiligen betriebsindividuellen Gegebenheiten einen Zuschlagssatz für die gesamten Lohn- und Gehaltsnebenkosten ermitteln.

Bei den Sonderzahlungen handelt es sich darüber hinaus um nicht kontinuierliche, d. h. nicht gleichmäßig über das Jahr verteilt anfallende Kosten. Urlaubsgelder werden normalerweise im Juni, Weihnachtsremunerationen im Dezember ausbezahlt. Würde man nun die Sonderzahlungen nur den Monaten Juni und Dezember zurechnen, in denen sie auch angefallen sind, dann wäre die Kostenanlastung für diese beiden Monate zu hoch und in der Folge das Betriebsergebnis in diesen beiden Monaten schlecht. Das Gleiche gilt auch für Löhne, die während Urlaubstagen, Feiertagen oder während des Krankenstandes bezahlt werden. Um der Forderung einer gleichmäßigen Kostenverteilung gerecht zu werden, müssen diese unregelmäßig anfallenden Lohn- und Gehaltsnebenkosten gleichmäßig auf alle Monate des Jahres verteilt werden.

Vorgehensweise zur Berechnung der Zuschlagssätze für Lohn- und Gehaltsnebenkosten

Für kostenrechnerische Zwecke ermittelt man Zuschlagssätze für sämtliche Lohn- und Gehaltsnebenkosten die in einem Betrieb angefallen sind. Diese Zuschlagssätze braucht man für die zeitliche Abgrenzung der Kosten im Rahmen des Betriebsüberleitungsbogens. Mit ihrer Hilfe können die gesamten in einem Unternehmen in einer Periode angefallenen Lohn- und Gehaltsnebenkosten ermittelt werden, indem man die jeweiligen Bruttolöhne bzw. Bruttogehälter mit den entsprechenden Zuschlagssätzen multipliziert.

1. ***Berechnung der jährlichen betrieblichen Anwesenheitszeit (Leistungszeit) in Tagen:***
   Zunächst ermittelt man die maximal mögliche **Jahresbeschäftigungszeit** eines Betriebes. Diese beträgt bei einer Fünf-Tage-Woche (52 Wochen zu je fünf Tagen) 260 Tage und bei einer Sechs-Tage-Woche (52 Wochen zu je sechs Tagen) 312 Tage. Davon zieht man die **bezahlten Nichtanwesenheitszeiten** (in Tagen) ab. Das sind jene Zeiten, in denen Mitarbeiter einem Unternehmen zur Leistungserstellung nicht zur Verfügung stehen, aber trotzdem bezahlt werden müssen wie z. B. tatsächlich in Anspruch genommene Urlaubstage, Feiertage, Krankenstand, Bildungszeiten (für Weiterbildung, Seminare) und sonstige Verhinderungszeiten (für Arztbesuch, Behördenwege usw.).

Anwesenheitszeit bzw. Leistungszeit = Jahresbeschäftigungszeit
– bezahlte Nichtanwesenheitszeiten

2. ***Berechnung der Nichtleistungszeit in Tagen:***
   Im nächsten Schritt werden die gesamten bezahlten Nichtleistungszeiten errechnet. Dazu zählen neben den bezahlten Nichtanwesenheitszeiten auch die in Tagen umgerechnete Bezahlung von Bilanzgeld, Urlaubsgeld und Weihnachtsremuneration (13. und 14. Monatsbezug) sowie freiwillige Sozialleistungen.

Nichtleistungszeit = Urlaubstage + Feiertage + Krankenstand + Bildungszeiten
+ Sonstige Verhinderungszeiten
+ Urlaubsgeld + Weihnachtsremuneration
+ Bilanzgeld + freiwillige Sozialleistungen

3. ***Berechnung des Lohn-/Gehaltsnebenkostensatzes auf Basis der Anwesenheitszeit:***
   Diese sogenannten **Nichtleistungslöhne und -gehälter** betragen, ohne gesetzliche Sozialabgaben, in etwa 50% der Leistungslöhne (unterscheiden sich nach Wirtschaftszweig und Betriebsgröße).

Zuschlagssatz (%) = Nichtleistungszeit (Tage) x 100 / Anwesenheitszeit (Tage)

4. ***Ermittlung des Zuschlagssatzes für die gesamten Lohn- und Gehaltsnebenkosten (inkl. gesetzlicher Sozialabgaben und Nichtleistungslöhne):***
   Berücksichtigt man bei der Berechnung nun auch noch die gesetzlichen Sozialabgaben, dann ergibt sich natürlich ein höherer Lohn- bzw. Gehaltsnebenkostensatz (ausgedrückt in Prozent zur Anwesenheitszeit). Von der Österreichischen Wirtschaftskammer für Industriebetriebe wurde beispielsweise festgestellt, dass die gesamten Lohnnebenkosten 91,5% des Leistungslohns betragen.

   Zunächst berechnet man in Tagen die Leistungszeiten (LZ) und Nichtleistungszeiten (NLZ) inklusive der gesetzlichen Sozialabgaben:

(Leistungszeit + Nichtleistungszeit) + Prozentsatz der gesetzlichen Sozialabgaben

Dann kann der Zuschlagssatz für die gesamten Lohn– und Gehaltsnebenkosten (inklusive der gesetzlichen Sozialabgaben) ermittelt werden.

$$\textbf{Zuschlagssatz (\%)} = \frac{((\text{LZ} + \text{NLZ} + \text{gesetzl. Sozialabgaben}) - \text{Anwesenheitszeit}) \times 100}{\text{Anwesenheitszeit}}$$

Beispiel zu Personalkosten:

Die Personalabteilung eines Sportartikelerzeugers stellt für die Ermittlung der Lohnnebenkosten folgende Daten zur Verfügung: Jährlicher Urlaubsanspruch 25 Tage, zwölf Feiertage, durchschnittlich 15 Tage Krankenstand. Das Unternehmen bezahlt je fünf Wochenlöhne Urlaubsbeihilfe (UB) und Weihnachtsremuneration (WR). Das Jahr wird mit 52 Wochen zu je fünf Arbeitstagen gerechnet. Die gesetzlichen Lohnabgaben betragen 31%.

Aufgabenstellung:

a) Wie hoch ist der Lohn- bzw. Gehaltsnebenkostensatz bezogen auf die Anwesenheitszeit?

b) Ermitteln Sie den Zuschlagssatz der gesamten Lohnnebenkosten (inklusive der gesetzlichen Sozialabgaben und Nichtleistungslöhne).

c) Wie hoch sind die gesamten, in Zusammenhang mit einem Mitarbeiter anfallenden Personalkosten im April, wenn dieser monatlich einen Bruttolohn von € 2.000 erhält?

Lösung:

a) Lohn- bzw. Gehaltsnebenkostensatz auf Basis der Anwesenheitszeit:

(1) Berechnung der **Anwesenheitszeit**: (52 Wochen x 5 Tage) 260 Tage
– Urlaub (25), Feiertage (12), Krankenstand (15) – 52 Tage → **208 Tage**

(2) Berechnung der **Nichtleistungszeiten (NLZ)**:
Urlaub (25) + Feiertage (12) + Krankenstand (15) + UB (25) + WR (25) → **102 Tage**

(3) Ermittlung des **Zuschlagssatzes auf Basis der Anwesenheitszeit**:
Nichtleistungszeit 102 Tage x 100 / Anwesenheitszeit 208 Tage → **49,04 %**

b) Zuschlagssatz für gesamte Lohnnebenkosten (inkl. gesetzlicher Sozialabgaben):

(Leistungszeit 208 Tage + NLZ 102 Tage) + 31% Lohnabgaben → 406,1 Tage
Berechnung: (406,1 – Anwesenheitszeit 208) x 100 / Anwesenheitszeit 208 → **95,2 %**

c) Monatliche Lohnkosten je Mitarbeiter:

Bruttolohn € 2.000 + 95,2% LNK oder: → **€ 3.904**
Bruttolohn € 2.000 + 49,04% = 2.980,8 + 31% Lohnabgaben → € 3.904

2.4.3. Fremdleistungs- bzw. Dienstleistungskosten

Fremdleistungen sind jene Leistungen, die dem eigenen Betriebszweck dienen, aber aus der Inanspruchnahme von Dienstleistungen unternehmensexterner Betriebe resultieren. Dementsprechend zählen dazu die Kosten von Transportunternehmen, Versicherungen, Leasinggesellschaften, Rechtsvertretungen, Beratungskanzleien usw. Ihre Erfassung ist unproblematisch, weil für jede Leistung ein entsprechender Beleg verbucht wird. Sie haben meist ***Gemeinkosten***charakter und werden nur in Spezialfällen als Sondereinzelkosten behandelt (z. B. Transportkosten bei Spezialauftrag).

2.4.4. Öffentliche Abgaben (Kosten der menschlichen Gesellschaft)

Dabei handelt es sich um Kosten, denen kein sichtbarer Faktorverbrauch zugrunde liegt, diese aber trotzdem Unternehmungen ganz erheblich belasten. Sie umfassen Steuern, Zölle, Gebühren und Beiträge, allerdings nur solange sie dem betrieblichen Sachziel dienen. Bei den Kosten der menschlichen Gesellschaft handelt es sich ebenfalls um ***Gemeinkosten.***

Beiträge (z. B. an Berufsverbände oder die Wirtschaftskammer), **Gebühren** (z. B. Grundgebühren), **Zölle** (z. B. zu entrichtende Abgaben beim Import von Rohstoffen oder Sachvermögen) und **Steuern** stellen nur dann Kosten im Sinne der Kostenrechnung dar, wenn sie durch den Betrieb als solchen und nicht durch den betrieblichen Erfolg veranlasst sind. Zu den Steuern, die Kosten sind, zählen unter anderem die Grundsteuer für Betriebsgrundstücke sowie die Kfz-Steuer für Firmenfahrzeuge. Zu den Steuern, die **keine Kosten** sind, zählen:

- die Körperschaftssteuer bei Kapitalgesellschaften,
- die Einkommens-, Kirchen- und Erbschaftssteuer des Unternehmers,
- die Umsatzsteuer als Durchlaufsteuer und
- Grundsteuer für nicht betrieblich genutzte Grundstücke des Anlagevermögens.

2.4.5. Kalkulatorische Abschreibung

Der Begriff Abschreibung umfasst sowohl planmäßige als auch außerplanmäßige Abschreibungen. Während die planmäßigen Abschreibungen des Anlagevermögens durch den Ansatz von kalkulatorischen Abschreibungen in der Kostenrechnung Berücksichtigung finden, werden die außerplanmäßigen Abschreibungen vom Anlage- und Umlaufvermögen durch den Ansatz von kalkulatorischen Wagnissen erfasst.

Abschreibungen sind der Ausdruck des Wertverzehrs von Gegenständen des Anlagevermögens im Leistungserstellungs- und Leistungsverwertungsprozess eines Unternehmens. Sie werden im Normalfall immer als ***Gemeinkosten*** verrechnet und spielen insbesondere in anlagenintensiven Erzeugungsbetrieben eine große Rolle. Als **Ursachen,** warum es bei Betriebsmitteln überhaupt zu einem Wertverlust bzw. Wertverzehr kommt, können angeführt werden:

- ***Verbrauchsbedingte Ursachen:*** Hier entsteht die Wertminderung
  - durch den normalen Gebrauch von Anlagen,
  - substanzbedingte Wertminderungen (z. B. Bergwerke, Schottergruben, Ölfelder usw.),
  - durch ruhenden Verschleiß, der auch ohne Nutzung eintritt (z. B. Korrosion, Verwitterung usw.).
- ***Wirtschaftlich bedingte Ursachen*** führen zu einer wertmäßigen Abnahme des Nutzungspotentials und können zurückgeführt werden auf
  - Nachfrageverschiebungen auf den Absatzmärkten (z. B. Modewechsel),
  - technischen Fortschritt (z. B. technische Überholung durch Einführung neuer Werkstoffe oder Produktionsverfahren),
  - Sinken des Wiederbeschaffungspreises und des Absatzpreises,
  - Wertminderungen aufgrund von Fehlinvestitionen.
- ***Zeitlich bedingte Ursachen*** stehen in Zusammenhang mit dem Ablauf von Fristen für Nutzungsrechte, Patente, Lizenzen, Konzessionen sowie Leasingverträgen.

Während man in der unternehmensrechtlichen Gewinn- und Verlustrechnung bilanzielle Abschreibungen ansetzt, die als Aufwand den Jahresüberschuss reduzieren, verwendet man im Rahmen der Kostenrechnung kalkulatorische Abschreibungen. Abbildung 24 fasst die wesentlichen **Unterschiede** zwischen **bilanzmäßiger Abschreibung** der Finanzbuchhaltung und **kalkulatorischer Abschreibung** der Kostenrechnung zusammen.

Bilanzielle Abschreibung	Kalkulatorische Abschreibung
• Unternehmensrechtliche und steuerrechtliche Vorschriften	• keine gesetzliche Regelung
• Abschreibung erfolgt von allen im Betrieb vorhandenen abnutzbaren Anlagen	• Abschreibung erfolgt nur von den betriebsnotwendigen Anlagen
• ***Abschreibungsbasis:*** - Anschaffungswert bzw. - Herstellungskosten bei Eigenerstellung	• ***Abschreibungsbasis:*** - Anschaffungswert bzw. Herstellungskosten - Wiederbeschaffungswert bei Wertsteigerung
• ***Restwerterlös*** am Ende der Nutzungsdauer findet keine Beachtung	• ***Restwerterlös*** am Ende der Nutzungsdauer mindert die Abschreibungsbasis
• steuerrechtlich vorgegebene Nutzungsdauer	• tatsächlich erwartete Nutzungsdauer
• Prinzip der nominellen Kapitalerhaltung	• Prinzip der Substanzerhaltung
• Berechnung nach bilanz- und gewinnpolitischen Überlegungen	• Berechnung nach tatsächlich verbrauchsbedingten Wertminderungen
• Prinzip der Einmaligkeit der Abschreibung	• Aufwertung bereits abgeschriebener Anlagen und Festlegung neuer Nutzungsdauer
• meist lineare Abschreibungsmethode	• jene Abschreibungsmethode, die Wertminderung verursachungsgerecht erfasst

Abb. 24: Unterschied bilanzielle und kalkulatorische Abschreibung

Bilanzielle Abschreibungen erfolgen von allen in einem Unternehmen vorhandenen abnutzbaren Anlagen und orientieren sich primär an steuerrechtlichen Bestimmungen. Der steuerrechtliche Begriff für die planmäßige Abschreibung lautet Absetzung für Abnutzung (kurz AfA). Zur Berechnung der bilanziellen Abschreibung sind die Anschaffungs- bzw. Herstellungskosten sowie die steuerrechtlich vorgegebene Nutzungsdauer (lt. AfA-Tabellen) relevant. Der Grund für die Abschreibung vom Anschaffungswert liegt im Prinzip der nominellen Kapitalerhaltung, das den unternehmens- und steuerrechtlichen Gewinnermittlungsvorschriften zugrunde liegt.

Kalkulatorische Abschreibungen hingegen erfassen, unabhängig von unternehmens- oder steuerrechtlichen Vorschriften, die planmäßigen und betriebsbedingten Wertminderungen der eingesetzten abnutzbaren Gegenstände des Anlagevermögens im tatsächlichen Ausmaß. Die betriebsnotwendigen Anlagen können in der Kostenrechnung auch vom Tages- oder Wiederbeschaffungswert abgeschrieben werden, was die substanzielle Kapitalerhaltung sichert. Sollten beispielsweise im Zeitverlauf die Anschaffungspreise gravierend steigen, dann würde dies die Substanzerhaltung des Betriebes gefährden. Durch den Ansatz von Tagespreisen bzw. voraussichtlichen Wiederbeschaffungskosten wird gewährleistet, dass die zur Leistungserstellung verzehrten Vermögensgegenstände zeitgerecht bewertet werden und die Mittel für eine Ersatzbeschaffung zur Verfügung stehen. Aufgrund dieser Bewertungs- und Umfangunterschiede zwischen bilanzieller und kalkulatorischer Abschreibung wird die bilanzmäßige Abschreibung im Rahmen der Betriebsüberleitung durch die kalkulatorische Abschreibung ersetzt (Anderskosten).

Die Höhe der kalkulatorischen Abschreibung wird durch die Abschreibungsbasis, die Nutzungsdauer und die Abschreibungsmethode beeinflusst. Kalkulatorische Abschreibungen können sich durch jede dieser drei Abschreibungsdeterminanten von den buchhalterischen unterscheiden.

(1) Abschreibungsbasis

In der Praxis verwendet man die **Anschaffungskosten** zur Berechnung der kalkulatorischen Abschreibung solange sich die Anschaffungspreise von Vermögensgegenständen nicht verändert haben. Nachdem sich die Kostenrechnung am Substanzwert des Unternehmens orientiert, wird allerdings bei abweichenden Preisen vom **Tageswert** (= konkreter Marktwert zum Zeitpunkt der Abschreibung) bzw. vom **Wiederbeschaffungswert** abgeschrieben. Diese Vorgehensweise wird damit gerechtfertigt, dass nach Ablauf der Nutzungsdauer ausreichend Abschreibungsgegenwerte zur Wiederbeschaffung der Vermögensgegenstände vorhanden sind. Die Wiederbeschaffungspreise können näherungsweise durch Schätzung oder aus den Anschaffungswerten mit Hilfe geeigneter **Indexzahlen** (z. B. Baukostenindex, Maschinenindex usw.) errechnet werden.

Indexzahlen bzw. das Indexverhältnis zeigt den Unterschied zwischen Anschaffungswert (erste Zahl) und dem aktuellen Tages- bzw. künftigen Wiederbeschaffungswert (zweite Zahl).

Falls das Unternehmen am Ende der Nutzungsdauer einen Restwert oder Liquidationserlös erwartet, dann sollte dieser bei der Berechnung der Abschreibungsbasis berücksichtigt werden. Eine Vernachlässigung des Restwertes hätte zur Folge, dass den einzelnen Abrechnungsperioden zu hohe Kosten angelastet werden.

Berechnung:	Nettoanschaffungspreis bzw. Herstellungskosten (bei Eigenfertigung)
	+ Anschaffungsnebenkosten (z. B. Zölle, Aufstellungskosten usw.)
	– Anschaffungspreisminderungen (z. B. Rabatte, Skonti)
	= Anschaffungswert bzw. Wiederbeschaffungswert bei Wertsteigerung
	– Restwert am Ende der Nutzungsdauer
	= Abschreibungsbasis

(2) Nutzungsdauer

Bei der Festlegung der Abschreibungsdauer zur Berechnung der kalkulatorischen Abschreibung geht man nicht von der steuerrechtlich durch die AfA-Tabellen vorgegebenen, sondern von der tatsächlichen Nutzungsdauer aus. Ziel der Kostenrechnung ist es, die Lebensdauer bzw. die Gesamtleistung von Vermögensgegenständen aufgrund von Erfahrungswerten so genau als möglich zu veranschlagen. Die Gesamtnutzungsdauer wird entsprechend der tatsächlichen Wertminderung laufend den neu veranschlagten Nutzungserwartungen angepasst. Kalkulatorische Abschreibungen können auch dann verrechnet werden, wenn der betreffende Vermögensgegenstand bilanziell bereits vollständig abgeschrieben ist, aber weiterhin im Betrieb zur Leistungserstellung bzw. Leistungsverwertung verwendet wird.

(3) Abschreibungsmethode

Ein Auseinanderklaffen zwischen kalkulatorischer und buchhalterischer Abschreibung kann auch im gewählten Abschreibungsverfahren begründet sein. In der Kostenrechnung kann die Abschreibungsmethode frei gewählt werden. Allerdings sollte man darauf achten, dass die Abschreibungen weitgehend dem tatsächlichen Wertverzehr entsprechen. Zur Berechnung der kalkulatorischen Abschreibung kommen folgende Methoden in Frage:

- **Lineare Abschreibung**
  In Österreich ist steuerrechtlich nur die lineare Abschreibung zulässig. Sie beruht auf der Grundidee eines gleichmäßigen Wertverzehrs während der gesamten Nutzungsdauer.

Lineare Abschreibung = (AW bzw. WBW – Restwert) / tatsächliche Nutzungsdauer

Hier wird der Anschaffungswert (AW) bzw. Wiederbeschaffungswert (WBW) abzüglich eines eventuellen Restwertes nach Ablauf der Nutzung gleichmäßig auf die Nutzungsdauer verteilt. Als Ergebnis erhält man jährlich konstante Abschreibungsbeträge, die zu einer gleichmäßigen Kostenbelastung pro Abrechnungsperiode führen. Die Kostenrechnung sollte daher wegen der gleichmäßigen Kostenverrechnung die lineare Abschreibung verwenden.

Beispiel zur linearen Abschreibung:

Eine Maschine wurde vor fünf Jahren um € 250.000 netto angeschafft und jährlich mit 20% linear abgeschrieben. Nach fünf Jahren wird die Restnutzungsdauer auf weitere drei Jahre geschätzt und man rechnet nach Ablauf der Nutzungsdauer mit einem Restwert von € 20.000. Im Anschaffungsjahr (= Basisperiode) lag der Maschinenindex bei 125 und ist zwischenzeitlich (im Berichtsjahr) auf 150 gestiegen.

Aufgabenstellung: Berechnen Sie die kalkulatorische Jahresabschreibung für die Maschine.

Lösung:

Aufgrund der Preissteigerung bei der Maschine verwendet man als Abschreibungsbasis den Wiederbeschaffungswert, der mit Hilfe des Maschinenindex berechnet wird. Das Indexverhältnis 125 : 150 zeigt auf, dass der Anschaffungswert in Höhe von € 250.000 auf einen aktuellen Wiederbeschaffungswert von € 300.000 gestiegen ist.

Index 125	=	AW	250.000	
Index 150	=	WBW	300.000	(250.000 x 150 / 125)
	–	Restwert	– 20.000	
	=	Abschreibungsbasis 280.000 / 8 Jahre tatsächliche Nutzungsdauer		
	→	**Kalkulatorische Abschreibung = € 35.000 pro Jahr**		

- **Leistungsabschreibung (variable Abschreibung)**
  Bei dieser Methode wird der Abschreibungsbetrag proportional zur Inanspruchnahme des Nutzungspotentials (z. B. Maschinenstunden einer Anlage, gefahrene Kilometerleistung eines Fahrzeuges) eines Vermögensgegenstandes auf die einzelnen Perioden verteilt. Dies setzt voraus, dass das gesamte Nutzungspotential, das ein Anlagegut aufweist, prognostiziert wird.

$$\textbf{Leistungsabschreibung} = \frac{\text{(AW bzw. WBW – Restwert) x Leistungsmengen der Periode}}{\text{Gesamtes Nutzungspotential}}$$

Die kalkulatorische Abschreibung einer Abrechnungsperiode errechnet sich, indem man die Abschreibungsbasis durch die prognostizierte Gesamtleistung (z. B. km, Maschinenstunden) dividiert. Dadurch erhält man einen Abschreibungsbetrag je Stunde oder Kilometer, den man dann mit der entsprechenden Periodenleistung multipliziert. Bei diesem Verfahren wird die Höhe der kalkulatorischen Abschreibung einer Periode durch die entsprechende Periodenausbringung bzw. -leistung bestimmt. Je nachdem, wie viele Kilometer beispielsweise ein LKW in den einzelnen Perioden zurück legt, ergeben sich auch von Periode zu Periode unterschiedliche Abschreibungsbeträge.

Beispiel zur Leistungsabschreibung:
Im vergangenen Jahr wurde ein LKW um € 420.000 (inklusive 20% Umsatzsteuer) angeschafft. Inzwischen ist der Preis um 10% gestiegen. Buchhalterisch rechnet man mit einer Nutzungsdauer von fünf Jahren. Die vom Unternehmen für diesen LKW geschätzte Gesamtfahrleistung beträgt 200.000 km. Die jährlichen Laufleistungen betragen:

Jahr	01	02	03	04	05
Gefahrene km	25.000	45.000	30.000	50.000	50.000

Aufgabenstellung:
Für kostenrechnerische Zwecke soll die Leistungsabschreibung für die Periode 02 ermittelt werden.

Lösung:
AW 350.000 (420.000 : 1,2) + 10% Preissteigerung → WBW 385.000 / Gesamtfahrleistung 200.000 km
→ **Leistungsabschreibung:** € 1,925 je km x 45.000 km → **€ 86.625** für das Jahr 02

Die kalkulatorische Abschreibung wird in der Praxis meistens als lineare Abschreibung vorgenommen. Eine leistungsabhängige Abschreibung erweist sich dann als vorteilhaft, wenn dem Gebrauchsverschleiß große Bedeutung zukommt. Der Vollständigkeit halber seien auch noch kurz die progressive und die degressive Abschreibung erwähnt. Beide spielen aber für die Kostenrechnung kaum eine Rolle.

- **Progressive Abschreibung:**
  Sie unterstellt einen im Laufe der Nutzungsdauer ansteigenden Wertverzehr.
- **Degressive Abschreibung:**
  Sie unterstellt einen im Laufe der Nutzungsdauer sinkenden Wertverzehr.

Ein Spezialfall für die Berechnung der kalkulatorischen Abschreibung ergibt sich in Zusammenhang mit den **geringwertigen Wirtschaftsgütern.** Sie können im Jahr der Anschaffung steuerlich gem. § 13 EStG zur Gänze als Aufwand abgesetzt werden, solange der Nettoanschaffungswert von € 400 für das einzelne Anlagegut nicht überschritten wird. Nimmt ein Unternehmen dieses Wahlrecht in Anspruch, dann werden diese Vermögensgegenstände im Jahr ihrer Anschaffung sofort abgeschrieben und scheinen folglich nicht mehr in der Bilanz auf, obwohl sie nach wie vor im Unternehmen zur Leistungserstellung bzw. Leistungsverwertung beitragen. Daher werden sie in der Kostenrechnung auf ihre Nutzungsdauer verteilt (meist drei Jahre) abgeschrieben. Der Einfachheit halber wird als durchschnittlicher Anschaffungszeitpunkt die Jahresmitte herangezogen.

Beispiel zu geringwertigen Wirtschaftsgütern:
Im Vorjahr wurden geringwertige Wirtschaftgüter (GWG) um insgesamt € 5.000 (Index 125) und in der laufenden Abrechnungsperiode um € 4.500 (Index 150) angeschafft und bilanziell vollständig abgeschrieben. Die voraussichtliche Nutzungsdauer (ND) liegt bei drei Jahren. Als durchschnittlicher Anschaffungszeitpunkt ist jeweils die Jahresmitte anzunehmen.

Aufgabenstellung:

In welcher Höhe sind für diese geringwertigen Wirtschaftsgüter in der laufenden Abrechnungsperiode kalkulatorische Abschreibungen anzusetzen?

Lösung:

Vorjahr	(AW 5.000 x 150 / 125) → WBW 6.000 / 3 Jahre ND	→ € 2.000
Laufende Periode	(AW 4.500 / 3 Jahre ND) → 1.500 / 2 (wegen Jahresmitte)	→ € 750
	Summe kalkulatorische Abschreibungen	**€ 2.750**

2.4.6. Kalkulatorische Zinsen

Kalkulatorische Zinsen stellen jene Kapitalkosten ***(Gemeinkosten)*** dar, die dem Unternehmen für die Nutzung des betriebsnotwendigen Gesamtkapitals (Eigenkapital und Fremdkapital) entstehen.

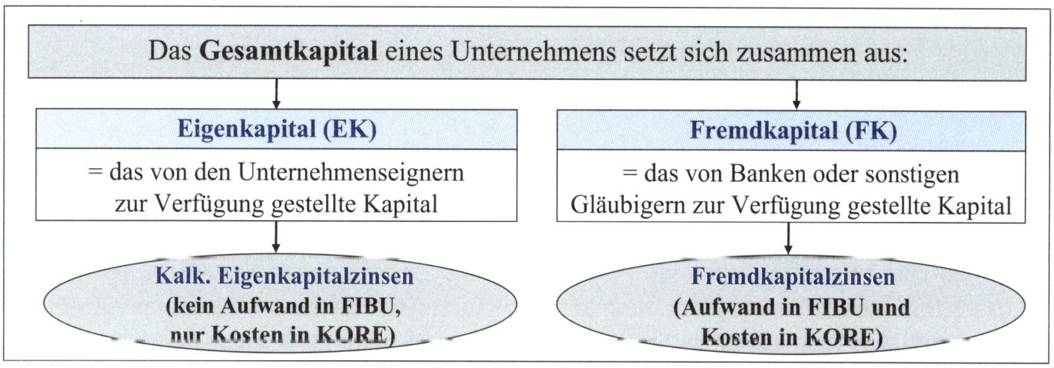

Abb. 25: Zusammensetzung des Gesamtkapitals

In der betrieblichen Praxis verrechnen zwei Drittel der Unternehmen sowohl auf das Eigen- als auch auf das Fremdkapital Zinsen. In der Finanzbuchhaltung werden nur die tatsächlich gezahlten Zinsen für das **Fremdkapital**, welches von Banken oder sonstigen Gläubigern bereit gestellt wurde, erfasst und als Aufwand verbucht.

Nachdem aber auch das von den Unternehmenseignern zur Verfügung gestellte **Eigenkapital** in sachzielnotwendige Vermögensgegenstände investiert wird (z. B. zum Kauf von Maschinen), bedarf dieses Eigenkapital ebenfalls einer Verzinsung. Durch die Bereitstellung von Eigenkapital für betriebliche Zwecke entstehen **Opportunitätskosten** in Höhe des entgangenen Gewinnes bei alternativer Verwendung. Die Verwendung des Einsatzgutes Eigenkapital „kostet" somit die dadurch entgangenen Erträge. Dabei stellen die Eigenkapitalzinsen den Kapitalertrag dar, den Eigentümer bei einer anderweitigen Kapitalanlage erzielen könnten. Wären diese Geldmittel nicht im eigenen Unternehmen gebunden, sondern würden einem anderen Unternehmen als Fremdkapital überlassen oder in Wertpapieren angelegt, dann wäre die Forderung nach einer Verzinsung ganz normal.

Die Verzinsung des Eigenkapitals erfolgt nicht wie beim Fremdkapital über die Finanzbuchhaltung, sondern in der Kostenrechnung durch den Ansatz von kalkulatorischen Eigenkapitalzinsen. Durch ihren Ansatz können auch unterschiedlich finanzierte Betriebe im Hinblick auf ihre Ertragskraft vergleichbar gemacht werden. Zur **Berechnung** der kalkulatorischen Zinsen sind in der Praxis **zwei Verfahren** üblich:

Verfahren 1: Berechnung der kalkulatorischen Zinsen vom betriebsnotwendigen Kapital

Bei diesem Verfahren werden die kalkulatorischen Zinsen **mittels eines Zinssatzes** (üblicherweise der langfristige Kapitalmarktzinsfuß) einheitlich **vom gesamten betriebsnotwendigen Kapital** (Eigen- und Fremdkapital) berechnet und im Betriebsüberleitungsbogen (BÜB) als **Anderskosten** angesetzt. Gleichzeitig scheidet man die in der Gewinn- und Verlustrechnung ausgewiesenen Fremdkapitalzinsen im Rahmen der Kostenüberleitung als Neutralen Aufwand aus. Die Verteilung der kalkulatorischen Zinsen auf die Kostenstellen erfolgt entsprechend ihrem jeweiligen Anteil am betriebsnotwendigen Kapital.

Rechenschema zur Ermittlung des betriebsnotwendigen Kapitals:

	Gesamtvermögen laut Aktivseite der Bilanz
–	betriebsfremdes Anlage- und Umlaufvermögen, soweit in Bilanz enthalten
+	betriebsnotwendiges Anlage- und Umlaufvermögen, soweit in Bilanz nicht enthalten
=	**Betriebsnotwendiges Vermögen (BNV) zu Anschaffungswerten**
+/–	Umwertungen
=	**Betriebsnotwendiges Vermögen (BNV) zu Tageswerten**
–	Abzugskapital
–	nicht zinsberechtigtes Vermögen
=	**Betriebsnotwendiges Kapital (BNK)**

Bei der **Berechnung der kalkulatorischen Zinsen** wird das gesamte im Unternehmen durchschnittlich gebundene betriebsnotwendige Kapital mit einem kalkulatorischen Zinssatz verzinst. Die so ermittelten Kapitalkosten enthalten neben den Fremdkapitalzinsen auch eine entsprechende Mindestrendite auf das Eigenkapital. Nachdem die Kostenrechnung nur auf betrieblich bedingte Kosten abstellt, wird jenes Kapital, das in den nicht betriebsnotwendigen Teilen des Anlage- und Umlaufvermögens gebunden ist, kalkulatorisch auch nicht verzinst.

Vorgehensweise zur Berechnung des betriebsnotwendigen Kapitals:

(1) Basis für die Ermittlung des betriebsnotwendigen Kapitals ist das **bilanzielle Gesamtvermögen** (Anlage- und Umlaufvermögen) **laut Aktivseite der Bilanz.**

(2) **Kürzung** des Gesamtvermögens um **betriebsfremde Vermögensteile (bewertet zu Anschaffungs- bzw. Buchwerten):**
Diese sind zwar in der Bilanz auf der Aktivseite ausgewiesen, entsprechen aber nicht den Anforderungen der Kostenrechnung, weil sie zur betrieblichen Leistungserstellung nicht erforderlich sind. Diesbezügliche Beispiele sind: fremd genutzte Bauten, ungenutzte Grundstücke, Rechnungsabgrenzungsposten sowie stillgelegte, vermietete und privat genutzte Anlagen.

(3) **Hinzurechnung von betriebsnotwendigem Vermögen:**
Jene Vermögensteile, die nicht in der Bilanz ausgewiesen sind, aber dennoch dem betrieblichen Sachziel dienen, sind mit ihrem Anschaffungswert bzw. Buchwert (= Anschaffungswert – Abschreibungen) hinzuzurechnen. Diesbezügliche Beispiele sind

- bilanziell bereits vollständig abgeschriebene Vermögensgegenstände, die aber noch weiter im Unternehmen genutzt werden,
- betriebsnotwendige Vermögensgegenstände, für die unternehmensrechtlich ein Aktivierungsverbot besteht. § 197 Abs. 2 UGB verbietet beispielsweise den Ansatz unentgeltlich erworbener immaterieller Vermögensgegenstände (z. B. ein im Unternehmen selbst entwickeltes Patent oder Computerprogramm),
- Anlagegüter, die aufgrund unternehmens- oder steuerrechtlicher Regelungen sofort vollständig abgeschrieben wurden, wie z. B. die geringwertigen Wirtschaftsgüter.

(4) **Betriebsnotwendiges Vermögen zu Anschaffungswerten:**
Nach dem Ausscheiden betriebsfremder und dem Hinzurechnen betriebsnotwendiger Vermögensteile erhält man das betriebsnotwendige Vermögen zu Anschaffungswerten, welches sich nur aus den Teilen des Anlage- und Umlaufvermögens zusammensetzt, die dem betrieblichen Sachziel dienen. Als nächstes erfolgt die **Bewertung** der betriebsnotwendigen Vermögensteile anhand von Wiederbeschaffungs- bzw. Tageswerten und es werden die in Vermögensgegenständen enthaltenen stillen Reserven aufgelöst. Stille Reserven entstehen dann, wenn der aktuelle Tageswert über dem in der Bilanz ausgewiesenen Anschaffungswert bzw. Buchwert liegt.

(5) Durch die Bewertung des betriebsnotwendigen Vermögens nach kalkulatorischen Grundsätzen erhält man das **betriebsnotwendige Vermögen (BNV) zu Tageswerten.** Von diesem Betrag wird als nächstes das **Abzugskapital** abgezogen. Darunter versteht man das dem Unternehmen zinslos zur Verfügung gestellte Fremdkapital, wie z. B. zinsfreie Lieferantenkredite, unverzinsliche Kundenanzahlungen, Rückstellungen sowie passive Rechnungsabgrenzungen.

(6) Das **betriebsnotwendige Kapital** ergibt sich letztendlich, indem auch noch das **nicht zinsberechtigte Vermögen** abgezogen wird, falls dafür in der Kostenrechnung bereits anderweitig Zinsen verrechnet wurden. Dadurch wird eine Doppelverrechnung von Zinsen bzw. Erträgen vermieden. Als diesbezügliche Beispiele können angeführt werden:
   - Lieferforderungen, die einen Skontoaufschlag enthalten und im Falle der Barzahlung eines Kunden zu einem Skontoabzug führen. Die Zinsen werden hier in die Forderungen eingerechnet und letztendlich vom Kunden bezahlt.
   - Vermögenspositionen der Aktiva, die einen gesonderten Ertrag abwerfen, wie z. B. vermietete Anlagen (Unternehmen erzielt dafür Mieterträge).

Zur **Berechnung** der in der Kostenrechnung anzusetzenden **kalkulatorischen Zinsen** multipliziert man das betriebsnotwendige Kapital mit dem kalkulatorischen Zinssatz.

Kalkulatorischen Zinsen = Betriebsnotwendiges Kapital x Zinssatz

Verfahren 2: Berechnung der kalkulatorischen Zinsen über das berichtigte Eigenkapital

Bei dieser Variante setzen sich die kalkulatorischen Zinsen zusammen aus:

- **Fremdkapitalzinsen:** Die in der Finanzbuchhaltung als Aufwandszinsen verbuchten Fremdkapitalzinsen werden direkt in die Kostenrechnung übernommen.
- **Kalkulatorische Eigenkapitalzinsen:** Die Zinskosten für das Eigenkapital werden vom zinsberechtigten Eigenkapital berechnet und in der Kostenrechnung im Rahmen der Betriebsüberleitung als Zu-

satzkosten angesetzt. Würde eine fremde Person dieses Kapital zur Verfügung stellen, müsste das Unternehmen Fremdkapitalzinsen bezahlen.

Das **zinsberechtigte (korrigierte) Eigenkapital** ergibt sich, indem man vom betriebsnotwendigen Vermögen zu Tageswerten (Berechnung wurde bereits bei der Darstellung des 1. Verfahrens aufgezeigt) zum einen das nicht zinsberechtigte Vermögen und zum anderen das in der Bilanz auf der Passivseite ausgewiesene Fremdkapital abzieht. Zum Fremdkapital zählen die Rückstellungen, sämtliche Verbindlichkeiten (wie Lieferverbindlichkeiten, Darlehen, Verbindlichkeiten gegenüber Kreditinstituten usw.) sowie passive Rechnungsabgrenzungen (PRA).

Rechenschema zur Ermittlung des zinsberechtigten (korrigierten) Eigenkapitals:

	Betriebsnotwendiges Vermögen (BNV) zu Tageswerten
–	Fremdkapital (Rückstellungen, Verbindlichkeiten, PRA)
–	nicht zinsberechtigtes Vermögen
=	**zinsberechtigtes (korrigiertes) Eigenkapital**

Die **kalkulatorischen Eigenkapitalzinsen** erhält man durch Multiplikation des zinsberechtigten Eigenkapitals mit dem kalkulatorischen Zinssatz. Dieser entspricht meist dem durchschnittlichen landesüblichen Bankzinssatz für langfristige Kapitalanlagen.

Kalkulatorische Eigenkapitalzinsen = zinsberechtigtes Eigenkapital x Zinssatz

Bei dieser Variante setzen sich die **kalkulatorischen Zinsen für das Gesamtkapital** zusammen aus:

- ***Fremdkapitalzinsen*** laut Finanzbuchhaltung (G&V) und
- ***kalkulatorischen Eigenkapitalzinsen*** laut eigener Berechnung.

Beispiel zur Berechnung der kalkulatorischen Zinsen:

Aus familienpolitischen Gründen wird ein betrieblich genutztes Grundstück im Tageswert von € 70.000 im Privatvermögen gehalten und scheint deshalb in der Bilanz nicht auf. Der Baukostenindex betrug zum Zeitpunkt der Gebäudeerrichtung 150 und zum Bilanzstichtag 250. Die Position Maschinen und Fahrzeuge enthält auch ein Kraftfahrzeug mit einem Buchwert von € 30.000, das zu 50% privat genutzt wird. Die Lieferverbindlichkeiten werden dem Unternehmen zinsfrei zur Verfügung gestellt. In der Finanzbuchhaltung sind Fremdkapitalzinsen in Höhe von € 49.600 ausgewiesen. Der langfristige Kapitalmarktzinssatz liegt zum Bilanzstichtag bei 8% p. a.

Die vereinfachte Bilanz eines Erzeugungsbetriebes hat zum 31.12. folgendes Aussehen:
(alle Beträge in €)

AKTIVA	Betrag	PASSIVA	Betrag
Anlagevermögen		**Eigenkapital**	
Grundstücke	300.000	Eigenkapital	500.000
Gebäude	450.000	Rücklagen	330.000
Maschinen und Fahrzeuge	500.000		

Umlaufvermögen		**Fremdkapital**	
Vorräte	250.000	Kundenanzahlungen	150.000
Lieferforderungen	300.000	Lieferverbindlichkeiten	350.000
Sonstige Forderungen	50.000	Bankdarlehen	510.000
Liquide Mittel	150.000	Sonstige Verbindlichkeiten	110.000
Aktive Rechnungsabgrenzung	**0**	**Passive Rechnungsabgrenzung**	**50.000**
Summe AKTIVA	**2.000.000**	**Summe PASSIVA**	**2.000.000**

Aufgabenstellung: Berechnen Sie die kalkulatorischen Zinsen

a) vom betriebsnotwendigen Kapital,

b) über das zinsberechtigte Eigenkapital.

Lösung:

a) Berechnung der kalkulatorischen Zinsen vom betriebsnotwendigen Kapital:

	Gesamtvermögen lt. Bilanz	2.000.000	
–	betriebsfremdes Vermögen	15.000	(Fahrzeug 30.000 x 50%)
+	nicht bilanzielles Vermögen	70.000	(Grundstück im Privatbesitz)
=	BNV zu Anschaffungswerten	2.055.000	
+	Umwertungen *)	300.000	
=	BNV zu Tageswerten	2.355.000	
–	Abzugskapital (Anzahlung + LV + PRA)	550.000	(150.000 + 350.000 + 50.000)
=	**Betriebsnotwendiges Kapital**	**1.805.000**	**x Zinssatz von 8%**
→	**Kalkulatorische Zinsen**	**€ 144.400**	**Ansatz als Anderskosten**

*) ***Umwertung Gebäude:*** Indexsteigerung von 150 auf 250 (Bilanzansatz 450.000 : 150 x 250)
→ WBW 750.000 – BW lt. Aktiva 450.000 → Umwertung € 300.000

b) Berechnung der kalkulatorischen Zinsen über das zinsberechtigte Eigenkapital:

	BNV zu Tageswerten	2.355.000	
–	Fremdkapital (Anzahlung, Verbindlichkeiten, PRA)	1.170.000	(150 + 350 + 510 + 110 + 50)
=	**Berichtigtes Eigenkapital**	**1.185.000**	**x Zinssatz von 8%**
→	**Kalkulatorische Eigenkapitalzinsen**	**€ 94.800**	**Ansatz als Zusatzkosen**
+	**Fremdkapitalzinsen lt. Buchhaltung**	**€ 49.600**	direkt in KORE übernehmen
=	**Kalkulatorische Zinsen**	**€ 144.400**	

2.4.7. Kalkulatorische Wagnisse

Mit jeder unternehmerischen Tätigkeit sind gewisse Gefahren und Risiken verbunden, die zu unvorhersehbaren Mehraufwendungen führen können, falls keine Versicherung abgeschlossen wurde. In Zusammenhang mit diesen Risiken bzw. Wagnissen unterscheidet man zwischen dem allgemeinen Unternehmerwagnis und versicherten bzw. nicht versicherten Einzelwagnissen.

Das **allgemeine Unternehmerwagnis** betrifft den Betrieb in seiner Gesamtheit und wird nicht unter den Wagniskosten erfasst, sondern über den Gewinn(zuschlag) abgegolten. Dazu zählen technischer Fortschritt, Konjunktureinbrüche, Streiks, falsche Standortwahl, Nachfrageverschiebungen, Fehlinvestitionen usw. Für derartige Gefahren dürfen in der Kostenrechnung keine Kosten angesetzt werden.

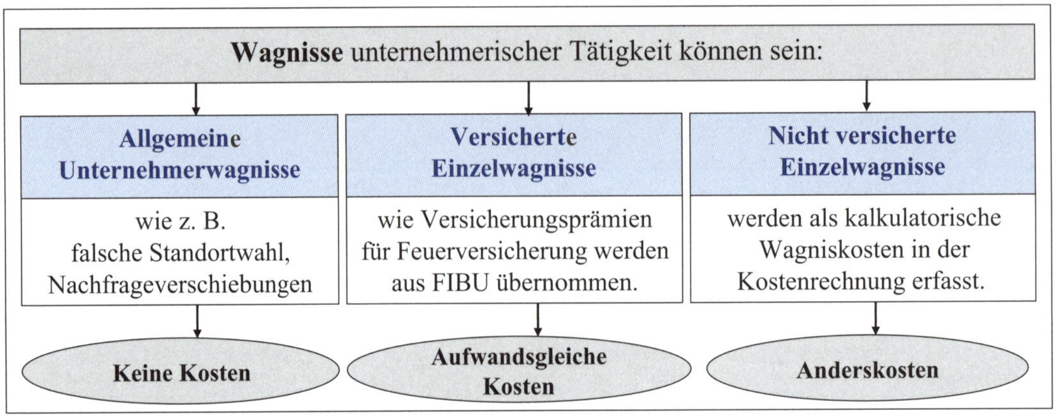

Abb. 26: Unterteilung der unternehmerischen Wagnisse

In Zusammenhang mit den **versicherten Einzelwagnissen** wird das Risiko auf ein Versicherungsunternehmen abgewälzt. Für statistisch erfassbare Risiken (wie z. B. Feuer-, Unfall-, Diebstahl- oder Transportrisiko) wird normalerweise eine Versicherung abgeschlossen, für die das Unternehmen entsprechende Versicherungsprämien bezahlt. Diese Fremdleistungskosten werden in der FIBU als Aufwand verbucht und als aufwandsgleiche Kosten direkt aus der Aufwandsrechnung in die Kostenrechnung übernommen werden.

Werden derartige Risiken allerdings nicht versichert, dann ist für diese **nicht versicherten Einzelwagnisse** im Unternehmen selbst, und zwar in der Kostenrechnung, durch die Verrechnung **kalkulatorischer Wagniskosten** entsprechend vorzusorgen. Dadurch soll im Sinne einer „Selbstversicherungsprämie" den betrieblichen Einzelrisiken Rechnung getragen werden. Die kalkulatorischen Wagnisse zählen in der Regel zu den ***Gemeinkosten*** und stellen eine Sammelposition für all jene Kosten dar, die in anderen kalkulatorischen Aufwandsarten nur in unzureichender Höhe oder mit einem außergewöhnlich hohen Betrag berücksichtigt wurden.

In diesem Zusammenhang werden die tatsächlich in einer Periode angefallenen betrieblichen Schadensfälle nicht in die Kostenrechnung übernommen, sondern im BÜB unter der betrieblichen Abgrenzung als neutraler Aufwand ausgeschieden. Würde man nämlich in der Kostenrechnung mit den in der FIBU ausgewiesenen betrieblichen Schadensfällen arbeiten, die auch außerordentliche Vorkommnisse beinhalten, würde dadurch die Kalkulation mit zu hohen Kosten belastet. Um eine kontinuierliche Preisgestaltung zu gewährleisten, ermittelt man für die kalkulatorischen Wagnisse vielmehr periodenspezifische Durchschnittskosten und setzt diese im Rahmen der Betriebsüberleitung als **Anderskosten** an. Durch die Einbeziehung von konstanten kalkulatorischen Wagnissen in die Kalkulation von Kostenträgern werden die Verluste auf das eingesetzte Kapital abgedeckt.

Berechnung der kalkulatorischen Wagnisse:

Dem Ansatz von Wagniskosten liegt eine **Durchschnittsbetrachtung** zugrunde, d. h. sie werden in einem normalisierten Ausmaß angesetzt. Dadurch erfolgt in der Kostenrechnung eine gleichmäßige Belastung der einzelnen Rechnungsperioden mit Kosten (in Wirklichkeit fallen die Aufwendungen zeitlich in unterschiedlicher Höhe an). Grundlage für die Berechnung der kalkulatorischen Wagnisse sind die während eines längeren Zeitraumes tatsächlich eingetretenen Wagnisverluste, mit deren Hilfe für jedes Einzelwagnis ein durchschnittlicher Wagnissatz berechnet wird. Zur Ermittlung dieses **Wagnissatzes** werden die Wagnisverluste der Vergangenheit zu einer Bezugsgröße (siehe Abbildung 27), von der die jeweiligen Wagnisse abhängen, in Beziehung gesetzt.

Wagnissatz (%) = Wagnisverluste der Vergangenheit x 100 / Bezugsgröße

Multipliziert man diesen Wagnissatz mit dem Wert der Bezugsgröße der jeweiligen Einzelwagnisse einer Abrechnungsperiode, erhält man die entsprechenden kalkulatorischen Einzelwagniskosten.

Kalkulatorische Wagnisse = Wagnissatz x Wert der Bezugsgröße in Abrechnungsperiode

Nachfolgende Übersicht zeigt die typischen **Einzelwagnisse,** die direkt mit der betrieblichen Leistungserstellung verbunden sind und Verlustgefahren für das Unternehmen darstellen. Darüber hinaus sind dieser Tabelle auch die jeweiligen Bezugsgrößen zu entnehmen, die zur Berechnung der Einzelwagnisse erforderlich sind.

Einzelwagnisse	Wagnisart bzw. Beispiele	Bezugsgröße
Anlagenwagnis	Außerordentliche Verluste beim Anlagevermögen durch Störungen, Maschinenbruch, Katastrophen, Unfälle, technische und wirtschaftliche Veralterung usw.	Anschaffungskosten oder Wert des Anlagevermögens
Beständewagnis	Verluste bei den Vorräten sowie den Halb- und Fertigerzeugnissen durch Schwund, Veralterung, Qualitätsverluste, Diebstahl, Preissenkungen, Verderb usw.	Einstandspreise oder Wert des Lagerbestandes
Gewährleistungswagnis	Verluste aus abgegebenen Garantieleistungen durch Ersatzlieferungen, Umtausch von Produkten, Gutschriften, Haftung usw.	Selbstkosten oder Umsatz der verkauften Produkte
Fertigungswagnis	Verluste durch Mehrkosten infolge von Material-, Arbeits- und Konstruktionsfehlern, Ausschuss, Nacharbeit usw.	Fertigungskosten oder Herstellkosten
Entwicklungswagnis	Verluste durch fehlgeschlagene Forschungs- und Entwicklungsprojekte	Entwicklungskosten
Vertriebs- bzw. Debitorenwagnis	Verluste bei Forderungen aufgrund von Forderungsausfällen, Konventionalstrafen, Währungsverluste usw.	Umsatzerlöse oder Forderungsbestand

Abb. 27: Gliederung der Einzelwagnisse
(in Anlehnung an: Olfert, K.: Kostenrechnung, 12. Aufl., Ludwigshafen 2001, S. 130)

Beispiel zur Berechnung der kalkulatorischen Wagnisse:
In einem österreichischen Unternehmen, das auf den Bau von Glasfassaden spezialisiert ist, fielen in den vergangenen fünf Jahren im Rahmen der Gewährleistungspflicht für Reparaturen und Wiederinstandsetzung folgende Kosten an (alle Beträge in €):

Jahr	Gewährleistungskosten	Selbstkosten der installierten Fassaden
1. Jahr	18.000	1.500.000
2. Jahr	17.000	1.300.000
3. Jahr	19.000	1.400.000
4. Jahr	19.500	1.800.000
5. Jahr	22.500	2.000.000
Summe	**96.000**	**8.000.000**

Aufgabenstellung:

a) Berechnen Sie den kalkulatorischen Wagniszuschlagssatz für das Gewährleistungswagnis.

b) Wie hoch sind die Wagniskosten für Gewährleistung, wenn in der Abrechnungsperiode Fassaden mit Selbstkosten im Wert von € 2.500.000 installiert wurden?

Lösung:

a) Berechnung des kalkulatorischen Wagniszuschlagssatzes:

$$\text{Wagnissatz} = \frac{\Sigma \text{ Gewährleistungskosten x } 100}{\Sigma \text{ Selbstkosten}} \rightarrow \frac{96.000 \text{ x } 100}{8.000.000} \rightarrow \mathbf{1{,}2\%}$$

Der kalkulatorische Gewährleistungswagniszuschlag beträgt 1,2% auf die Selbstkosten der installierten Fassaden und besagt, dass in den vergangenen 5 Jahren aufgrund der abgegebenen Garantieverpflichtungen für durchschnittlich 1,2% der installierten Fassaden Gewährleistungsansprüche entstanden sind.

b) Wagniskosten für Gewährleistung:

Kalkulatorische Wagnisse = Selbstkosten 2.500.000 x Wagnissatz 1,2% → **€ 30.000**

In der Abrechnungsperiode sind somit im Ausmaß von 1,2% der Selbstkosten installierter Fassaden (also € 30.000) kalkulatorische Wagniskosten anzusetzen.

2.4.8. Kalkulatorische Miete

Mietet ein Unternehmen zur betrieblichen Leistungserstellung erforderliche Räumlichkeiten von Dritten an, dann stellt die zu zahlende Miete Grundkosten dar, die direkt aus der Finanzbuchhaltung in die Kostenrechnung übernommen werden. Stellt jedoch ein Einzelunternehmer oder Gesellschafter einer Personengesellschaft Räumlichkeiten aus dem Privatvermögen für betriebliche Zwecke zur Verfügung (z. B. Garage des Unternehmers dient als Materiallager, Einzelunternehmer hat im Privathaus sein Büro usw.) dann darf er sich selbst dafür keine Miete bezahlen und als Aufwand verbuchen. In diesem Fall werden in der Kostenrechnung **Zusatzkosten** für die kalkulatorische Miete angesetzt, weil ihnen in der Buchhaltung kein adäquater Aufwand gegenübersteht.

Die Höhe der anzusetzenden kalkulatorischen Miete richtet sich nach dem ortsüblichen Mietzins für vergleichbare Räumlichkeiten. Nachdem sie einem Kostenträger nicht direkt zugerechnet werden können, stellen sie in jedem Fall ***Gemeinkosten*** dar.

2.5. Kostenartenplan

Ihren praktischen Niederschlag finden obige Ausführungen bei der Ausgestaltung von Kostenartenplänen in Betrieben. Der Kostenartenplan ergibt sich aus der vollständigen, systematischen Auflistung und Gruppierung aller im Unternehmen auftretenden Kostenarten. Die Einteilung der Kostenarten hängt von den betriebsspezifischen Erfordernissen des jeweiligen Unternehmens ab und ist von Branche zu Branche verschieden.

Die Darstellung des Kostenartenplanes erfolgt für gewöhnlich in tabellarischer Form. Hier werden sämtliche in einem Unternehmen angefallenen Kostenarten genau bezeichnet, mit einer Kostenartennummer versehen, systematisch aufgelistet und in Kostenartengruppen zusammengefasst. Dabei sollte die Gliederung der Kostenarten mit dem Kontenplan der Finanzbuchhaltung abgestimmt werden, um den Aufwand der Kostenerfassung so gering als möglich zu halten. Nachfolgend ist, in vereinfachter Art und Weise, der Kostenartenplan für einen mittelständischen Erzeugungsbetrieb abgebildet:

5	**Werkstoffkosten**	**70**	**Anlagenkosten**
51	Materialverbrauch	701	Grundstücke und Gebäude
511	Fertigungsmaterial	7011	Abschreibungen Gebäude
512	Hilfsmaterial	7012	Instandhaltung
513	Betriebsstoffe	702	Maschinen und Anlagen
52	Handelswaren	7021	Abschreibungen
53	Energieverbrauch	7022	Instandhaltung
531	Heizöl		
532	Treibstoffe	**71**	**Steuern, Gebühren, Beiträge**
533	Energiekosten	711	Steuern
5331	Strom	7111	Grundsteuer
5332	Wasser	7112	Gewerbesteuer
5333	Dampf	7113	Andere Steuern
5334	Sonstige Energiekosten	712	Abgaben und Gebühren
		713	Beiträge und Spenden
6	**Personalkosten**	**72–77**	**Fremdleistungskosten**
61	Lohnkosten	72	Instandhaltung durch Dritte
611	Fertigungslöhne	73	Fremdtransporte
612	Hilfslöhne	74	Mieten und Pacht
613	Lohnnebenkosten	75	Kosten fremder Rechte
62	Gehaltskosten	76	Rechts- und Beratungskosten
621	Gehälter	77	Versicherungen
622	Gehaltsnebenkosten		
63	Lehrlingsentschädigungen	**78**	**Kapitalkosten**
64	Sonderentgelte	741	Kalkulatorische Abschreibung
65	Personalleasing	742	Kalkulatorische Zinsen
66	Kalkulatorischer Unternehmerlohn	7421	Eigenkapitalzinsen
		7422	Fremdkapitalzinsen
		743	Kalkulatorische Wagnisse
		79	**Sonstige Kosten**

Abb. 28: Kostenartenplan

2.6. Durchführung der Kostenartenrechnung

Die Überleitung der Aufwendungen in Kosten bezeichnet man als Betriebsüberleitung. Nachfolgend werden die in diesem Zusammenhang erforderlichen Schritte näher beschrieben.

1. Schritt: Kostenübernahme aus der Gewinn- und Verlustrechnung

Ausgehend von den aus der G&V übernommenen Aufwandsarten der Kontenklassen 5, 6 und 7 (des österreichischen Einheitskontenrahmens) wird zunächst festgestellt, welche Kostenarten angefallen sind (alle Beträge sind in Tausend Euro = TEUR angegeben):

Gewinn- und Verlustrechnung zum 31.12.	TEUR
Umsatzerlöse	4.800
Bestandsveränderungen	104
Materialaufwendungen	**- 1.600**
Personalaufwand: davon Löhne 1.437 Gehälter 328	**- 1.765**
Abschreibungen	**- 250**
Sonstige betriebliche Aufwendungen	**- 420**
Betriebserfolg *(Zwischensumme)*	*+ 869*
Beteiligungserträge	2
Zinsen und ähnliche Erträge	13
Zinsaufwendungen	**- 155**
Finanzerfolg *(Zwischensumme)*	*- 140*
Ergebnis gewöhnliche Geschäftstätigkeit	*729*
Außerordentliche Aufwendungen	- 40
Steuern vom Einkommen und Ertrag	- 250
Jahresüberschuss	*439*

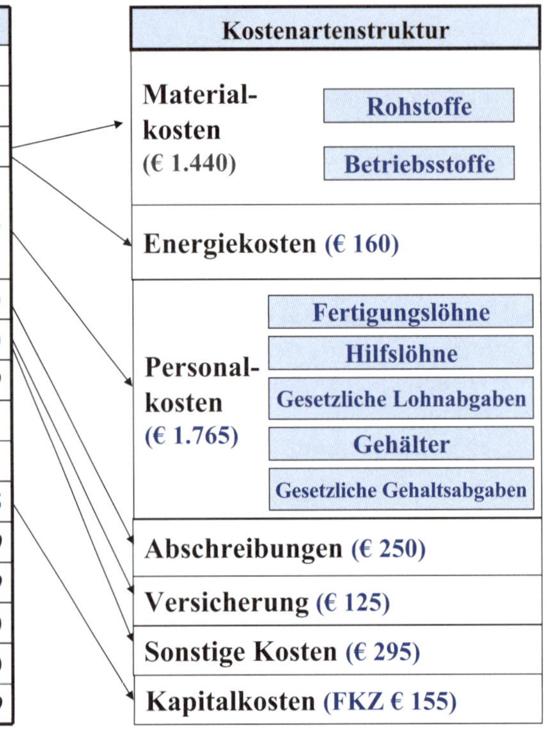

Abb. 29: Kostenübernahme aus Gewinn- und Verlustrechnung

Die in der Gewinn- und Verlustrechnung ausgewiesenen Aufwendungen beziehen sich auf das gesamte Unternehmen und beinhalten auch solche Aufwände, die mit dem ordentlichen Betriebsgeschehen nichts zu tun haben (außerordentlichen Aufwendungen sowie die Steuern vom Einkommen und Ertrag) und daher keine Kosten im Sinne der Kostenrechnung darstellen. Darüber hinaus werden in der G&V die Aufwandsarten nur sehr grob dargestellt. Für Zwecke der Kostenrechnung ist jedoch eine detaillierte Darstellung der wichtigsten Kostenarten, wie Material und Personal, unbedingt erforderlich.

2. Schritt: Betriebsüberleitung im BÜB

Unter Berücksichtigung zusätzlicher Informationen aus der Materialbuchhaltung, der Anlagenbuchhaltung sowie der Lohn- und Gehaltsverrechnung werden nun mit Hilfe des **Betriebsüberleitungsbogens (BÜB)** die Aufwendungen der Finanzbuchhaltung in Kosten der Kostenrechnung übergeleitet. Während ein Teil der Aufwände direkt aus der Buchhaltung als Grundkosten in die Kostenrechnung übernommen werden kann, ist bei anderen Aufwandsarten eine **zeitliche und/oder betriebliche Abgrenzung** erforderlich. Darüber hinaus werden im Rahmen der Kostenüberleitung auch **Bewertungsunterschiede** berücksichtigt, die darauf zurückzuführen sind, dass in der Kostenrechnung oft andere Bewertungsprinzipien (Tages- bzw. Wiederbeschaffungswert) zum Tragen kommen als in der Buchhaltung (Anschaffungswertprinzip).

Der Betriebsüberleitungsbogen, in den zunächst die aus der FIBU übernommenen Aufwandsarten (Spalte 1) mit den Beträgen der jeweiligen Abrechnungsperiode (Spalte 2) eingetragen werden, hat folgendes Aussehen:

Die Kostenüberleitung erfolgt formal im **Betriebsüberleitungsbogen (BÜB).**

Aufwandsart bzw. Kostenart	**Beträge lt. BH**	**Zeitliche Abgrenzung**		**Betriebliche Abgrenzung**		**Kosten**
		–	+	–	+	
Materialverbrauch	1.440.000					
Energiekosten	160.000					
Löhne	1.437.000					
Gehälter	328.000					
Abschreibungen	250.000					
Sonstiger Aufwand	420.000					
Zinsaufwand	155.000					
Summen	**4.190.000**					

Abb. 30: Betriebsüberleitungsbogen

3. Schritt: Zeitliche Abgrenzung

Die in der Gewinn- und Verlustrechnung ausgewiesenen Aufwendungen beziehen sich grundsätzlich auf ein Wirtschaftsjahr. Nachdem die Kostenrechnung aber häufig monatlich oder quartalsweise durchgeführt wird, muss zunächst unter Berücksichtigung der jeweiligen Abrechnungsperiode (Monat oder Quartal) eine **zeitliche Abgrenzung** (Spalte 3) der periodenfremden Aufwendungen vorgenommen werden. Periodenfremde Aufwendungen sind zwar betriebsbedingt, betreffen aber eine andere Abrechnungsperiode und müssen folglich periodenrein gemacht werden. Damit in der Kostenrechnung die Kosten periodenrichtig ausgewiesen werden, dürfen im BÜB nur jene Kosten erfasst werden, die auch tatsächlich in der betreffenden Abrechnungsperiode angefallen sind. Dies geschieht folgendermaßen:

- **Ausscheiden von Vorauszahlungen (–)**, die bereits als Aufwand verbucht wurden, aber eine andere Abrechnungsperiode betreffen, wie z. B. Lohn- und Gehaltsvorschüsse, Mietvorauszahlungen usw.

Beispiel zu Vorauszahlung:

Die Miete für Büroräume in Höhe von € 24.000 wird jeweils am 1. Jänner und am 1. Juli im Voraus bezahlt.

Aufgabenstellung: Wie hoch sind die für Juli anzusetzenden Mietkosten?

Lösung:

Am 1. Juli wurde ein Mietaufwand in Höhe von € 24.000 verbucht. Davon entfallen aber nur € 4.000 auf die Miete für Juli (24.000 : 6 Monate) → **€ 4.000 Mietkosten** im Juli und **zeitliche Abgrenzung** mit – **20.000**
Um die Mietkosten periodenrein zu machen, müssen € 20.000 zeitlich mit Minus abgegrenzt werden.

Aufwandsart	**Betrag lt. Buchhaltung**	**Zeitliche Abgrenzung**		**Kosten**
		–	+	
Mietaufwand	24.000	20.000		4.000

- **Hinzurechnung von Rückständen (+)** für bereits in der Abrechnungsperiode verbrauchte Produktionsfaktoren, die jedoch in der Buchhaltung noch nicht als Aufwand erfasst wurden, wie z. B. noch nicht bezahlte Stromkosten, noch nicht berücksichtigter Materialverbrauch, noch nicht abgerechnete Überstunden bei den Löhnen usw.

Beispiel zu Rückstand:
Der in der Buchhaltung ausgewiesene Hilfsmaterialaufwand für Juli beträgt € 75.000. Allerdings ist in diesem Betrag ein für Juli zusätzlich erforderlicher Hilfsmaterialverbrauch in Höhe von € 3.000 noch nicht enthalten.

Aufgabenstellung: Wie hoch sind die für Juli anzusetzenden Kosten für den Hilfsmaterialverbrauch?

Lösung:

Aufwand laut Buchhaltung 75.000 + Zusatzverbrauch 3.000 → **€ 78.000 Kosten für Hilfsmaterial im Juli**

Um den Hilfsmaterialverbrauch periodenrein zu machen müssen € 3.000 zeitlich mit Plus hinzugerechnet werden → **Zeitliche Abgrenzung + 3.000**

Aufwandsart	**Betrag lt. Buchhaltung**	**Zeitliche Abgrenzung** –	+	**Kosten**
Hilfsmaterialaufwand	75.000		3.000	78.000

- **Lohn- und Gehaltsnebenkosten inkl. Nichtleistungslöhne und -gehälter** werden entsprechend den zeitlich abgegrenzten Löhnen und Gehältern ebenfalls abgegrenzt. Die während des Jahres unregelmäßig anfallenden Urlaubsgelder, Weihnachtsremunerationen, gesetzliche Lohn- und Gehaltsnebenkosten sind gleichmäßig auf das Jahr zu verteilen. Demzufolge werden diese im Rahmen der zeitlichen Abgrenzung zur Gänze mit Minus ausgeschieden. An ihre Stelle treten die anhand des Zuschlagssatzes für die gesamten Lohn- und Gehaltsnebenkosten (inkl. gesetzlicher Sozialabgaben und Nichtleistungslöhne und -gehälter) ermittelten Beträge (vgl. Kap. II.2.4.2).

Beispiel zu Lohn- und Gehaltsnebenkosten:
Im Juli wurden in Zusammenhang mit den Personalkosten folgende Aufwände verbucht:

Fertigungslöhne	€ 50.000
Gesetzliche Lohnabgaben	€ 29.000
Urlaubsgelder für Arbeiter	€ 45.000

Die gesetzlichen Sozialabgaben beinhalten auch die entsprechenden Abgaben für die Urlaubsbeihilfe. Für die Lohnnebenkosten inklusive sozialer Abgaben wurde vom Unternehmen ein Zuschlagssatz für die gesamten Lohnnebenkosten in Höhe von 91% ermittelt.

Aufgabenstellung: Wie hoch sind die für Juli anzusetzenden Lohnnebenkosten?

Lösung:

Zunächst scheidet man im Rahmen der zeitlichen Abgrenzung mit Minus sowohl die gesetzlichen Sozialabgaben als auch die Urlaubsgelder aus. Dafür berechnet man mit Hilfe des ermittelten Zuschlagssatzes die durchschnittlichen Lohnnebenkosten bezogen auf die Fertigungslöhne (91% von € 50.000 Fertigungslöhnen) → **€ 45.500 Lohnnebenkosten**. Diese werden im BÜB unter der zeitlichen Abgrenzung mit Plus angesetzt.

Aufwandsart	**Betrag lt. Buchhaltung**	**Zeitliche Abgrenzung** –	+	**Kosten**
Fertigungslöhne	50.000			50.000
Gesetzliche Lohnabgaben	29.000	29.000		0
Urlaubsgelder für Arbeiter	45.000	45.000		0
Lohnnebenkosten			45.500	45.500

4. Schritt: Betriebliche Abgrenzung

Nachdem in die Kostenrechnung nur jene Aufwendungen übernommen werden, die auch für die Leistungserstellung erforderlich sind, müssen zunächst im Rahmen der betrieblichen Abgrenzung die neutralen Aufwände mit Minus ausgeschieden und kalkulatorische Kosten (Zusatzkosten und Anderskosten) mit Plus hinzugerechnet werden (siehe Abbildung 31).

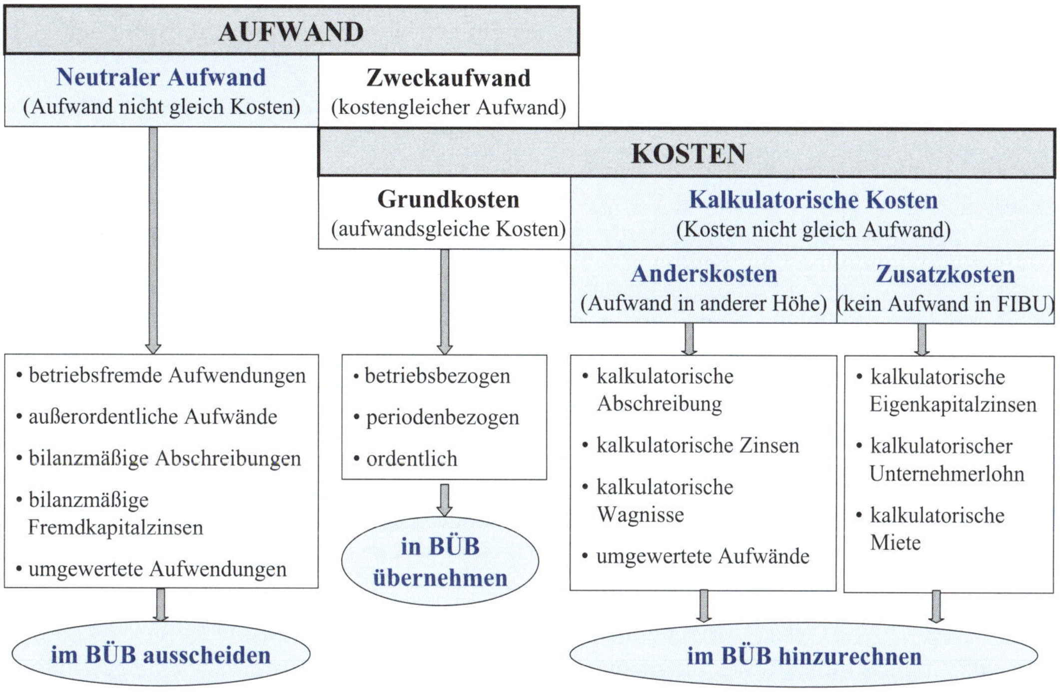

Abb. 31: Schematische Darstellung der betrieblichen Abgrenzung
(in Anlehnung an: Lechner, K./Egger, A./Schauer, R.: Einführung in die Allgemeine Betriebswirtschaftslehre, 24. Aufl., Wien 2008)

(1) Ausscheiden der Neutralen Aufwände:

Jene Aufwendungen, die zwar in der Finanzbuchhaltung als Aufwand verbucht wurden, aber mit der betrieblichen Leistungserstellung nichts oder nicht unmittelbar zu tun haben, werden im Rahmen der betrieblichen Abgrenzung mit Minus ausgeschieden. Dabei handelt es sich insbesondere um folgende Aufwandsteile (nähere Ausführungen dazu im Kapitel I.4.4.2):

- **Betriebsfremde Aufwendungen** stehen in keiner Beziehung zur betrieblichen Leistungserstellung, wie z. B. Aufwand für stillgelegte Anlagen, Privatentnahmen, Spenden an karitative Vereinigungen usw.
- **Außerordentliche Aufwendungen** sind zwar betriebsbedingt, aber nach Art und Höhe außergewöhnlich, wie z. B. Katastrophenschäden, Gewährleistungsaufwand, Kursverluste, Forderungsausfälle usw.
- **Bilanzmäßige Abschreibungen** werden im Rahmen des Betriebsüberleitungsbogens als Neutraler Aufwand ausgeschieden, weil sie im Normalfall aufgrund der Bewertungs- und Umfangunterschiede nicht der kalkulatorischen Abschreibung entsprechen. An die Stelle der bilanzmäßigen Abschreibungen treten die kalkulatorischen Abschreibungen, die als Anderskosten angesetzt werden.

- **Bilanzmäßige Fremdkapitalzinsen** stellen nur die Kosten für das dem Unternehmen zur Verfügung gestellte Fremdkapital dar. Nachdem aber in einem Unternehmen das gesamte betriebsnotwendige Kapital einer Verzinsung bedarf, werden die Fremdkapitalzinsen im BÜB herausgenommen und durch die kalkulatorischen Zinsen für das Gesamtkapital (Anderskosten) ersetzt.
- Auch **sonstige Aufwendungen,** die dem **Bewertungsprinzip** der **Kostenrechnung nicht entsprechen** (z. B. weil der Tages- bzw. Wiederbeschaffungswert von Produktionsfaktoren gegenüber dem Anschaffungswert gesunken ist), sind im Rahmen der betrieblichen Abgrenzung als Neutraler Aufwand auszuscheiden.

(2) Hinzurechnung der kalkulatorischen Kosten:

Aufgabe der kalkulatorischen Kosten ist es auch, solche Kosten zu erfassen, die aufgrund unternehmens- und steuerrechtlicher Vorschriften in der Finanzbuchhaltung keine oder in anderer Höhe Berücksichtigung finden und um Preisschwankungen und andere Zufälligkeiten zu eliminieren.

- Jene Positionen, die in der Finanzbuchhaltung nicht verbucht werden dürfen bzw. können, jedoch zur Erreichung des betrieblichen Sachzieles erforderlich sind, werden im Rahmen der betrieblichen Abgrenzung als **Zusatzkosten** angesetzt. Dies betrifft insbesondere
  - die kalkulatorischen Eigenkapitalzinsen (vgl. Kap. II.2.4.6),
  - den kalkulatorischen Unternehmerlohn (vgl. Kap. II.2.4.2),
  - die kalkulatorische Miete (vgl. Kap. II.2.4.8).

  Zusatzkosten werden deshalb verrechnet, damit unabhängig von unternehmens- bzw. steuerrechtlichen Vorschriften in der Kostenrechnung der „richtige" Wertverzehr der Produktionsfaktoren Eingang findet.
- Im Rahmen der betrieblichen Abgrenzung sind auch **Anderskosten** anzusetzen. Sie sind dadurch gekennzeichnet, dass ihnen in der Finanzbuchhaltung ein Aufwand in anderer Höhe gegenübersteht. Das betrifft insbesondere
  - die kalkulatorische Abschreibung (vgl. Kap. II.2.4.5),
  - die kalkulatorischen Zinsen (vgl. Kap. II.2.4.6),
  - die kalkulatorischen Wagnisse (vgl. Kap. II.2.4.7).
  - Darüber hinaus sind **Bewertungsunterschiede** zu berücksichtigen, die sich durch die Anwendung unterschiedlicher Bewertungsprinzipien in der Aufwandsrechnung der Finanzbuchhaltung (Anschaffungspreise) und in der Kostenrechnung (Tages- bzw. Wiederbeschaffungspreise) ergeben. Liegt beispielsweise der Tages- bzw. Wiederbeschaffungswert eines Produktionsfaktors über dem Anschaffungspreis, dann sind diese durch die Preiserhöhung entstandenen Mehrkosten im Rahmen der betrieblichen Abgrenzung zusätzlich zu berücksichtigen.

5. Schritt: Berechnung der Kosten

Letztendlich ergeben sich nach Vornahme der entsprechenden Additionen und Subtraktionen die Kosten der jeweiligen Abrechnungsperiode (Spalte 5).

2.7. Fallbeispiel *„Glas Tech" KG* zur Kostenartenrechnung

Das in der Rechtsform einer Kommanditgesellschaft geführte Unternehmen *„Glas Tech" KG* ist auf die Herstellung und den Vertrieb preisgünstiger Fenster spezialisiert. Das gegenwärtige Produktportfolio besteht aus folgenden drei Produkten: *Kunststofffenster, Holzfenster und Spezialfenster*. Jährlich werden im Verhältnis 3 : 2 : 1 (Kunststoff : Holz : Spezial) Fenster produziert und verkauft.

Gewinn- und Verlustrechnung der „*Glas Tech*“ *KG* zum 31.12.		
Umsatzerlöse		4.800.000
Bestandsveränderungen		104.000
Materialaufwendungen:		**-1.600.000**
a) Rohstoffverbrauch	1.200.000	
b) Betriebsstoffe	240.000	
c) Stromkosten	160.000	
Personalaufwand:		**-1.765.000**
a) Fertigungslöhne	775.000	
b) Hilfslöhne	325.000	
c) Gesetzliche Lohnabgaben	337.000	
d) Gehälter	250.000	
e) Gesetzliche Gehaltsabgaben	78.000	
Abschreibungen		**-250.000**
Sonstige betriebliche Aufwendungen:		**-420.000**
a) Versicherungsaufwand	125.000	
b) Schadensfälle	25.000	
c) Sonstige Aufwände	270.000	
Betriebserfolg (Zwischensumme)		**869.000**
Beteiligungserträge		2.000
Zinsen und ähnliche Erträge1		3.000
Zinsaufwendungen		**-155.000**
Finanzerfolg (Zwischensumme)		**-140.000**
Ergebnis der gewöhnlichen Geschäftstätigkeit		**729.000**
Außerordentliche Aufwendungen		**- 40.000**
Steuern vom Einkommen und Ertrag		**-250.000**
Jahresüberschuss		**439.000**

Abb. 32: Gewinn- und Verlustrechnung der „Glas Tech“ KG

Abbildung 32 zeigt die vereinfachte Darstellung der Gewinn- und Verlustrechnung der *„Glas Tech“ KG* zum 31.12., aus der mit Hilfe entsprechender Zusatzinformationen die Kostenüberleitung vorgenommen werden soll. Auch für kostenrechnerische Zwecke beträgt in diesem Beispiel die Abrechnungsperiode ein Jahr.

Um im Rahmen des Betriebsüberleitungsbogens die Kostenüberleitung durchführen zu können, stehen dem Unternehmen folgende Zusatzinformationen zur Verfügung:

- **Rohstoffverbrauch:** Der Rohstoffeinsatz ist zu Anschaffungspreisen bewertet. Die aktuellen Wiederbeschaffungspreise sind um durchschnittlich 15% gestiegen.
- **Betriebsstoffe:** Ein Betriebsmittelverbrauch in Höhe von € 10.000 wurde in der Buchhaltung noch nicht als Aufwand verbucht.
- **Stromkosten:** Aufgrund betrieblicher Aufzeichnungen wurde für die Abrechnungsperiode ein tatsächlicher Stromverbrauch von € 150.000 ermittelt.
- **Fertigungslöhne:** Die Fertigungslöhne betragen laut Lohnzettel € 780.000 und inkludieren auch die in der FIBU noch nicht abgerechneten Überstunden von € 5.000.
- **Hilfslöhne:** Davon entfallen € 15.000 auf Reinigungsarbeiten für die Privatvilla des Komplementärs.

- **Lohnnebenkosten:** Für die gesamten im Unternehmen angefallenen Lohnnebenkosten (inkl. gesetzlicher Lohnabgaben und Nichtleistungslöhne) wurde für die Fertigungslöhne ein Zuschlagssatz von 110% und für die Hilfslöhne von 60% ermittelt.
- **Gehälter** können direkt als Grundkosten in die Kostenrechnung übernommen werden.
- **Gehaltsnebenkosten:** Der Zuschlagssatz für die gesamten Gehaltsnebenkosten (inkl. gesetzlicher Gehaltsabgaben und Nichtleistungsgehälter) beträgt 62%.
- **Kalkulatorische Abschreibung:**
  - Der Anschaffungswert des ***Verwaltungsgebäudes*** beträgt € 1.300.000 und wird jährlich linear mit 5% abgeschrieben. Der Baukostenindex zum Anschaffungszeitpunkt lag bei 460. Der aktuelle Index beträgt 750. Das Gebäude wird mit 15% privat genutzt.
  - Die ***Heizungsanlage*** hat einen Wiederbeschaffungswert von € 180.000. Der Restwert am Ende der Nutzungsdauer beträgt voraussichtlich € 20.000. Die tatsächliche Nutzungsdauer der Anlage liegt bei acht Jahren.
  - Laut Herstellerangaben beträgt die Gesamtleistung für eine ***Maschine***, die um € 150.000 zuzüglich € 30.000 Aufstellungskosten angeschafft wurde, 12.000 Stunden. In der Abrechnungsperiode war die Maschine 2.500 Stunden im Einsatz. Da es sich um eine Spezialanfertigung handelt, kann die Maschine voraussichtlich am Ende der Nutzungsdauer nicht weiter verkauft werden und dadurch keinen Restwert erzielen.
  - Die kalkulatorischen Abschreibungen des ***restlichen Anlagevermögens*** der *„Glas Tech“ KG* betragen € 92.500.
- **Versicherungen:** Im ausgewiesenen Versicherungsaufwand ist auch die Prämie für eine neue Haftpflichtversicherung in Höhe von € 60.000 enthalten, welche erstmalig Anfang April für ein Jahr im Voraus bezahlt wurde.
- **Sonstige Kosten:** In den sonstigen Aufwendungen sind auch Instandhaltungen für eine vermietete Halle in Höhe von € 15.000 enthalten.
- **Steuern vom Einkommen und Ertrag:** Die Hälfte des ausgewiesenen Aufwandes betrifft die Einkommensteuer der Gesellschafter; der Rest Steuernachzahlungen der vergangenen Abrechnungsperiode.
- **Kalkulatorische Zinsen:** Das zinsberechtigte Eigenkapital wurde mit € 2.785.000 ermittelt. Für die Berechnung der Eigenkapitalzinsen wird ein kalkulatorischer Zinssatz von 7% p. a. zugrunde gelegt.
- **Kalkulatorische Wagnisse:** Zur Berechnung der kalkulatorischen Wagnisse stehen dem Unternehmen folgende Informationen zur Verfügung:
  - ***Beständewagnis:*** Wagnissatz 1,2% vom Rohstoffverbrauch
  - ***Debitorenwagnis:*** Wagnissatz 1,5% von Zielverkäufen in Höhe von € 3.500.000
- **Kalkulatorischer Unternehmerlohn:** Eine vergleichbare Tätigkeit des geschäftsführenden Hauptgesellschafters würde in einem fremden Unternehmen zusätzliche Personalkosten in Höhe von € 150.000 pro Jahr verursachen.

Lösung:

Ausgehend von den Aufwandsarten (in blau geschrieben) der Gewinn- und Verlustrechnung und unter Berücksichtigung obiger Zusatzinformationen werden in folgendem BÜB die Aufwendungen der Finanzbuchhaltung in Kosten der Kostenrechnung übergeleitet:

Aufwandsart bzw. Kostenart	Beträge lt. BH	Zeitliche Abgrenzung		Betriebliche Abgrenzung		Kosten
		-	+	-	+	
Rohstoffverbrauch	1.200.000				180.000	1.380.000
Betriebsstoffe	240.000		10.000			250.000
Stromkosten	160.000	10.000				150.000
Fertigungslöhne	775.000		5.000			780.000
Hilfslöhne	325.000			15.000		310.000
Ges. Lohnabgaben / LNK	337.000	337.000	1.044.000			1.044.000
Gehälter	250.000					250.000
Ges. Gehaltsabgaben / GNK	78.000	78.000	155.000			155.000
Abschreibungen	250.000			250.000	240.081	240.081
Versicherung	125.000	15.000				110.000
Schadensfälle	25.000			25.000		0
Sonstige Aufwände / Kosten	270.000			15.000		255.000
Zinsaufwendungen	155.000				194.950	349.950
Außerordentlicher Aufwand	40.000			40.000		0
Steuern	250.000	125.000		125.000		0
Kalkulatorische Wagnisse					69.060	69.060
Kalk. Unternehmerlohn					150.000	150.000
Summen	**4.480.000**	**565.000**	**1.214.000**	**470.000**	**834.091**	**5.493.091**

Abb. 33: Betriebsüberleitungsbogen der „Glas Tech" KG

Nebenrechnungen und Erklärungen zur Kostenüberleitung der *„Glas Tech" KG:*

- **Rohstoffverbrauch:** Die Preissteigerung um 15% verursacht beim Rohstoffverbrauch Mehrkosten von € 180.000. Dieser Bewertungsunterschied ist darauf zurückzuführen, dass in der Kostenrechnung der Rohstoffverbrauch mit dem aktuellen Tageswert und in der G&V-Rechnung mit dem Anschaffungswert bewertet wird → Kosten € 1.380.000.
- **Betriebsstoffe:** Der zusätzliche Betriebsstoffverbrauch wurde zwar noch nicht verbucht, aber zur Leistungserstellung bereits verwendet. Um Kosten periodenrein zu erfassen, muss dieser Rückstand in Höhe von € 10.000 im Rahmen der zeitlichen Abgrenzung hinzugerechnet werden.
- **Stromkosten:** Der Aufwand ist um € 10.000 zu hoch ausgewiesen, was darauf zurückzuführen ist, dass in diesem Betrag auch Stromkosten (z. B. Grundgebühr) enthalten sind, die einer anderen Abrechnungsperiode zuzurechnen sind → zeitliche Abgrenzung.
- **Fertigungslöhne:** Sie betragen laut Lohnzettel € 780.000 und beinhalten auch die in der FIBU noch nicht abgerechneten Überstunden in Höhe von € 5.000. Folglich sind die Fertigungslöhne in der G&V-Rechnung um € 5.000 zu niedrig ausgewiesen und müssen im Rahmen der zeitlichen Abgrenzung dazugerechnet werden.
- **Hilfslöhne:** Die in der G&V-Rechnung ausgewiesenen Hilfslöhne beinhalten auch € 15.000 Reinigungskosten für die Privatvilla. Dabei handelt es sich um einen betriebsfremden Aufwand, der als Neutraler Aufwand auszuscheiden ist.

- **Gesetzliche Lohnabgaben und Lohnnebenkosten (LNK):** Die gesetzlichen Lohnabgaben werden im Rahmen der zeitlichen Abgrenzung mit Minus ausgeschieden. An deren Stelle treten die gesamten im Unternehmen angefallenen Lohnnebenkosten (inklusive der gesetzlichen Sozialbgaben), die mit Hilfe der vom Unternehmen errechneten Zuschlagssätze ermittelt werden:
  - ***Fertigungslöhne:*** 110% von Fertigungslöhnen 780.000 → ***858.000***
  - ***Hilfslöhne:*** 60% von Hilfslöhnen 310.000 → ***186.000*** → + ***1.044.000***
- **Gehälter:** Nachdem es sich hier um Grundkosten handelt, können sie direkt aus der G&V-Rechnung in die Kostenrechnung übernommen werden.
- **Gesetzliche Gehaltsabgaben und Gehaltsnebenkosten:** Die gesetzlichen Gehaltsabgaben werden im Rahmen der zeitlichen Abgrenzung zur Gänze ausgeschieden und durch die selbst errechneten Gehaltsnebenkosten ersetzt (62% von Gehältern 250.000) → zeitliche Abgrenzung + ***155.000***.
- **Abschreibungen:** Die bilanzmäßigen Abschreibungen werden im Rahmen der betrieblichen Abgrenzung zur Gänze als neutraler Aufwand ausgeschieden. An ihre Stelle treten die kalkulatorischen Abschreibungen, die aufgrund von Umfang- und Bewertungsunterschieden in anderer Höhe errechnet werden:
  - ***Verwaltungsgebäude:*** Zunächst zieht man den privat genutzten Anteil von 15% ab und erhält somit den betrieblich genutzten Gebäudewert von € 1.105.000. Nachdem der Gebäudeindex von 460 (Jahr der Anschaffung) auf 750 (aktueller Index) gestiegen ist, errechnet man den Wiederbeschaffungswert (WBW) des betrieblich genutzten Gebäudes folgendermaßen:
    Berechnung: (AW 1.105.000 / Index 460 x Index 750) → WBW 1.801.630 x 5% → ***€ 90.081***
  - ***Heizungsanlage:*** Das Unternehmen rechnet nach Ablauf der Nutzungsdauer mit einem Restwert der Heizungsanlage von € 20.000. Dementsprechend ist die Bemessungsgrundlage um diesen Betrag zu kürzen und auf acht Jahre Nutzungsdauer zu verteilen.
    Berechnung: (WBW 180.000 – Restwert 20.000) / 8 Jahre Nutzungsdauer → ***€ 20.000***
  - ***Maschine:*** Die Anschaffungskosten der Maschine setzen sich zusammen aus:
    Anschaffungswert € 150.000 + Aufstellungskosten € 30.000 → AW € 180.000.
    In diesem Fall wird die kalkulatorische Abschreibung mit der Leistungsabschreibung ermittelt.
    Berechnung: (AW 180.000 / 12.000 Stunden) x 2.500 Stunden → ***€ 37.500***
  - ***Restliches Anlagevermögen:*** → ***€ 92.500***

    Σ kalkulatorische Abschreibungen der Abrechnungsperiode → ***€ 240.081***
- **Versicherungen:** Der Versicherungsaufwand enthält auch die Haftpflichtversicherung in Höhe von € 60.000, die im April für ein Jahr im Voraus bezahlt wurde. Nachdem hier drei Monate (Jänner, Februar und März) in die nächste Abrechnungsperiode fallen, müssen die Kosten für diese drei Monate zeitlich mit Minus abgegrenzt werden:
  Berechnung: € 60.000 / 12 Monate x 3 Monate → zeitliche Abgrenzung – 15.000
- **Schadensfälle:** Betriebliche Schadensfälle werden, weil sie außerordentlich sind und zeitlich unregelmäßig anfallen, zur Gänze im Rahmen der betrieblichen Abgrenzung ausgeschieden. An ihre Stelle treten die kalkulatorischen Wagnisse.
- **Sonstige Kosten:** Der in den sonstigen Aufwänden enthaltene Instandhaltungsaufwand betrifft eine vermietete Halle, die mit der Leistungserstellung des Betriebes nichts zu tun hat. Infolge dessen ist dieser betriebsfremde Aufwand in Höhe von € 15.000 im Rahmen der betrieblichen Abgrenzung als Neutraler Aufwand auszuscheiden.

- **Zinsaufwendungen:** Die in der Gewinn- und Verlustrechnung ausgewiesenen Zinsaufwendungen betreffen ausschließlich die Fremdkapitalzinsen und werden direkt in die Kostenrechnung übernommen. Die Eigenkapitalzinsen werden vom zinsberechtigten Eigenkapital mit Hilfe des kalkulatorischen Zinssatzes berechnet und im BÜB als Zusatzkosten angesetzt.
  - ***Fremdkapitalzinsen:*** (direkt aus BH übernommen) → ***155.000***
  - ***Eigenkapitalzinsen:*** (Eigenkapital 2.785.000 x 7%) → ***194.950*** → ***€ 349.950***
- **Außerordentlicher Aufwand:** Dieser steht in keinem Zusammenhang mit dem ordentlichen Betriebsgeschehen und wird daher im Rahmen der betrieblichen Abgrenzung eliminiert.
- **Steuern vom Einkommen und Ertrag:**
  - Bei der Einkommensteuer der Gesellschafter in Höhe von € 125.000 handelt es sich um einen betriebsfremden Aufwand (Privat), der im Rahmen der betrieblichen Abgrenzung zur Gänze als Neutraler Aufwand auszuscheiden ist.
  - Steuernachzahlungen betreffen grundsätzlich eine andere Abrechnungsperiode. Folglich ist der Restbetrag in Höhe von € 125.000 zeitlich mit Minus abzugrenzen.
- **Kalkulatorische Wagnisse:** Wagniskosten werden mit Hilfe von Wagnissätzen berechnet und im BÜB anstelle der betrieblichen Schadensfälle als Anderskosten angesetzt.
  - ***Beständewagnis:*** Rohstoffverbrauch 1.380.000 x 1,2% → ***16.560***
  - ***Debitorenwagnis:*** Zielverkäufe 3.500.000 x 1,5% → ***52.500*** → ***€ 69.060***
- **Kalkulatorischer Unternehmerlohn:** Nachdem einem geschäftsführenden Gesellschafter einer KG kein Gehalt bezahlt werden darf und somit auch in der Gewinn- und Verlustrechnung kein adäquater Aufwand enthalten ist, werden für seine Arbeitsleistung im Rahmen der Betriebsüberleitung Zusatzkosten in Höhe von € 150.000 angesetzt.

Lehrzielkontrolle

1. Nennen Sie die Hauptaufgaben der Kostenartenrechnung.
2. Welche Prinzipien sind bei der Kostenerfassung zu berücksichtigen?
3. Welche Kostenarten unterscheidet man hinsichtlich der betrieblichen Funktionsbereiche in denen sie angefallen sind?
4. Erklären Sie den Unterschied zwischen Einzel- und Gemeinkosten und nennen Sie jeweils zwei Beispiele.
5. Welche Kostenarten unterscheidet man in Abhängigkeit von der Beschäftigung?
6. Welche Verfahren zur Bewertung der Materialverbrauchsmengen kennen Sie?
7. Aus welchen Größen setzen sich die Personalkosten eines Unternehmens zusammen?
8. Wodurch unterscheidet sich die bilanzmäßige Abschreibung von der kalkulatorischen Abschreibung?
9. Welche Abschreibungsmethoden können zur Berechnung der kalkulatorischen Abschreibung herangezogen werden?
10. Welche kalkulatorischen Einzelwagnisse kennen Sie?
11. Was versteht man unter dem kalkulatorischen Unternehmerlohn?
12. Erklären Sie kurz die Vorgehensweise im Rahmen des Betriebsüberleitungsbogens.
13. Welche Aufgaben hat die zeitliche Abgrenzung zu erfüllen?
14. Welche Aufgaben kommen der betrieblichen Abgrenzung zu?
15. Erklären Sie den Unterschied zwischen Zusatzkosten und Anderskosten und nennen Sie jeweils zwei Beispiele.

Multiple-Choice-Fragen

Kreuzen Sie bei nachfolgenden Fragen die jeweils richtige(n) Aussage(n) an!

Frage 1: Sie sind Controller eines Produktionsbetriebes der Holzkisten herstellt und sollen nachfolgende Kostenarten dahingehend differenzieren, ob sie in Bezug auf die Beschäftigung **fix bzw. variabel** sind und ob sie bezüglich ihrer Zurechenbarkeit auf Kostenträger als **Einzelkosten oder Gemeinkosten** anzusehen sind.

Kostenarten	**Variable Kosten**	**Fixe Kosten**	**Einzelkosten**	**Gemeinkosten**
Kalkulatorische Zinsen				
Betriebsstoffe (z. B. Putzmittel)				
Akkordlöhne der Fertigung				
Abschreibung Verwaltungsgebäude				
Gehalt des Personalchefs				
Fertigungsmaterial (Holz)				

Frage 2: Wie wird der Materialverbrauch bei der **Inventurmethode** ermittelt?

	Verbrauch = Hergestellte Stückzahl x Sollverbrauchsmenge
	Verbrauch = Anfangsbestand – Endbestand
	Verbrauch = Summe Materialentnahmescheine
	Verbrauch = Anfangsbestand + Zugänge – Endbestand

Frage 3: Welchen **Teilgebieten der Kostenrechnung** sind folgende Aufgaben zuzuordnen?

Aufgaben	**Kosten-arten-rechnung**	**Kosten-stellen-rechnung**	**Kosten-träger-rechnung**
Ausscheiden von Neutralen Aufwänden und Ansetzen von Zusatz- und Anderskosten			
Verteilung der Gemeinkosten auf die Leistungsbereiche in denen sie entstanden sind			
Ermittlung der Herstellkosten zur Bewertung von Beständen an fertigen und unfertigen Erzeugnissen			
Bereitstellung von Informationen für preispolitische Entscheidungen, wie Festlegung von Preisuntergrenzen			
Zweckmäßige Erfassung und systematische Gliederung der Kosten einer Abrechnungsperiode			
Überwachung der Wirtschaftlichkeit einzelner Betriebsbereiche			

Frage 4: Inwieweit ist für folgende Sachverhalte im Rahmen des Betriebsüberleitungsbogens im **Dezember** eine **zeitliche oder betriebliche Abgrenzung** vorzunehmen? Kreuzen Sie jeweils an, ob eine Vorauszahlung (A) bzw. ein Rückstand (B) oder ein Neutraler Aufwand (C) bzw. kalkulatorische Kosten (D) vorliegen.

Geschäftsfälle	**Zeitliche Abgrenzung**		**Betriebliche Abgrenzung**	
	A	**B**	**C**	**D**
Die im Dezember in der Finanzbuchhaltung verbuchten Gehälter in Höhe von € 57.600 enthalten einen Gehaltsvorschuss für Jänner in Höhe von € 5.000.				
Der in der Buchhaltung ausgewiesene außerordentliche Aufwand von € 25.000 betrifft den Buchwerteinsatz einer veralteten Maschine, die in der Produktion nicht mehr eingesetzt werden kann.				
Die Feuerversicherung für die Produktionshalle in Höhe von € 3.000 wird Anfang Jänner im Nachhinein bezahlt.				
Das im Unternehmen eingesetzte Eigenkapital beträgt € 150.000. Die Eigentümer könnten für das von ihnen investierte Kapital anderweitig eine Verzinsung von 8% p. a. erzielen.				

Kreuzen Sie bitte an, ob die folgenden Aussagen richtig oder falsch sind!

Aussage	**richtig**	**falsch**
Anschaffungspreisminderungen, wie Rabatte und Skonti, erhöhen die Bemessungsgrundlage zur Berechnung der kalkulatorischen Abschreibung.		
Kalkulatorische Eigenkapitalzinsen werden vom betriebsnotwendigen Eigenkapital berechnet und im Rahmen des BÜB als Anderskosten angesetzt.		
Hilfsstoffe sind unwesentliche Bestandteile eines Hauptproduktes. Sie werden als Gemeinkosten über die Kostenstellen abgerechnet.		
Zu den Sondereinzelkosten des Vertriebs gehören beispielsweise die Kosten für Spezialverpackung und Transportversicherung.		
Unter Kosten versteht man alle Werteinsätze, die dem ordentlichen und dem außerordentlichen Betriebsgeschehen entspringen und im Rahmen der Leistungserstellung eines Betriebes erforderlich sind.		
Fixe Kosten sind stets Gemeinkosten, aber Gemeinkosten sind nicht immer Fixkosten.		
Ausgangspunkt der Kostenerfassung ist für den überwiegenden Teil der Kosten das Zahlenmaterial aus der Bilanz.		
In der Kostenartenrechnung wird untersucht an welchen Stellen bzw. in welchen Bereichen eines Betriebes die Kosten entstehen.		
Unechte Gemeinkosten sind Einzelkosten, die einem Kostenträger unmittelbar zugerechnet werden könnten, aus Wirtschaftlichkeitsgründen aber wie Gemeinkosten behandelt werden.		
Um dem Grundsatz der Wirtschaftlichkeit bei der Kostenerfassung zu entsprechen, soll der Nutzen stets kleiner sein, als die dadurch verursachten Kosten.		
Nach ihrem Verhalten bei Beschäftigungsänderungen unterscheidet man zwischen fixen Kosten und variablen Kosten.		
Für das allgemeine Unternehmerwagnis (wie z. B. mögliche Nachfrageverschiebungen) werden im Rahmen der Betriebsüberleitung kalkulatorische Wagnisse angesetzt.		

Sondereinzelkosten der Fertigung und des Vertriebs können direkt einzelnen Aufträgen zugerechnet werden.		
Gemeinkosten sind kalkulatorische Kosten und können daher nicht direkt auf die Kostenträger verrechnet werden.		
Die Durchführung der betrieblichen Abgrenzung erfolgt, um die Kosten periodenrein zu machen		
Kalkulatorische Abschreibungen haben den Charakter von Zusatzkosten.		

Beispiele zur Kostenartenrechnung

Beispiel 2.1: Neutraler Aufwand, Zweckaufwand, Anderskosten, Zusatzkosten

Aufgabenstellung:

Stellen Sie für die folgenden Geschäftsfälle fest, ob und **in welcher Höhe** Neutrale Aufwendungen, Grundkosten bzw. Zweckaufwand, Anderskosten und/oder Zusatzkosten angefallen sind:

Fall	Begründung	Neutraler Aufwand	Grund-kosten	Anders-kosten	Zusatz-kosten
(1)	Eine nicht mehr im Unternehmen genutzte Maschine mit einem Buchwert von € 1.500 wird um € 1.200 verkauft.				
(2)	Das Unternehmen überweist € 3.000 an das Finanzamt. Darin enthalten sind € 1.200 betriebliche Steuern für das laufende Jahr; der restliche Betrag betrifft die Einkommensteuer (ESt) des Unternehmers.				
(3)	Die Lagerräume gehören dem Unternehmer. Müssten diese Räumlichkeiten von Dritten angemietet werden, dann würde Miete in Höhe von € 8.000 anfallen.				
(4)	Die kalkulatorische Abschreibung für eine im Unternehmen eingesetzte Maschine wurde mit € 5.000 ermittelt. Laut Anlagespiegel betrug diese in der Buchhaltung nur € 4.000.				
(5)	Wäre der Einzelunternehmer als leitender Angestellter in einem anderen Unternehmen tätig, dann würde er ein Jahreseinkommen von € 50.000 erzielen.				
(6)	Das Unternehmen überweist € 500 als Spende an eine karitative Organisation.				
(7)	Es wurden Rohstoffe im Wert von € 25.000 angeschafft und noch in derselben Periode in der Produktion verwendet.				
(8)	In der Abrechnungsperiode erlitt ein firmeneigener LKW aufgrund eines Unfalls einen Totalschaden. Der Schaden ist nicht versichert und beträgt € 7.500.				

Beispiel 2.2: Personalkosten

Die Jahresarbeitszeit eines Installationsbetriebes beträgt 52 Wochen zu je fünf Arbeitstagen. Dabei ergibt sich eine Wochenarbeitszeit von 40 Stunden. Aus der Personalstatistik stehen zur Berechnung der Nichtleistungslöhne folgende Durchschnittswerte zur Verfügung:

Bezahlte Feiertage:	10 Tage	Bezahlter Krankenstand:	13 Tage
Urlaubstage:	25 Tage	Sonstige Verhinderungszeiten (Arztbesuch usw.):	5 Tage

Weiters wurden ausbezahlt:	Urlaubszuschuss:	4 ½ Wochen
	Weihnachtsremuneration:	4 ½ Wochen

Darüber hinaus zahlt das Unternehmen seinen Mitarbeitern freiwillige Sozialleistungen im Ausmaß von vier Tagen. Die gesetzlichen Lohnabgaben betragen 31%.

Aufgabenstellung:

a) Errechnen Sie aus obigen Angaben den **Zuschlagssatz für die Nichtleistungslöhne** auf **Basis der betrieblichen Anwesenheitszeit** (auf eine Dezimalstelle runden).

b) Der Installationsbetrieb beschäftigt zehn Mitarbeiter. Der Bruttostundenlohn beträgt € 25.
Wie hoch sind, unter Berücksichtigung des in Punkt a) ermittelten Zuschlagssatzes, die jährlichen **Lohnkosten** des Betriebes?

Beispiel 2.3: Kalkulatorische Abschreibungen

Aufgabenstellung:

Berechnen Sie die **kalkulatorische Abschreibung** nachfolgender Vermögensgegenstände für das letzte **Quartal** (jeweils auf ganze Stellen auf- bzw. abrunden).

Maschine:

Der Bruttopreis einer Maschine einschließlich 20% USt beträgt € 108.000. Buchhalterisch rechnet man mit einer voraussichtlichen Nutzungsdauer laut AfA-Tabelle von zwölf Jahren (lineare Abschreibung). Der Wiederbeschaffungswert der Maschine wird auf € 150.000 geschätzt. Aufgrund von Erfahrungswerten weiß man, dass diese Maschine voraussichtlich 30.000 Betriebsstunden im Einsatz ist und dann nach Ablauf der Nutzungsdauer um einen Restverkaufserlös von 30.000 netto veräußert wird. Im Abrechnungsjahr war diese Maschine 2.100 Stunden in Betrieb. Zur Berechnung soll die Leistungsabschreibung herangezogen werden!

Geschäftsausstattung:

Im Anlagevermögen befindet sich Geschäftsausstattung mit einem Anschaffungswert von € 200.000 netto. Der Preis für diese Geschäftsausstattung ist inzwischen um 15% gestiegen. Die Geschäftsausstattung soll linear auf zehn Jahre abgeschrieben werden.

Geringwertige Wirtschaftsgüter:

Der Anschaffungswert der vor zwei Jahren angeschafften geringwertigen Wirtschaftsgüter beträgt in Summe € 8.000 netto (Index 150). Sie wurden im Jahr der Anschaffung (durchschnittlicher Anschaffungszeitpunkt ist Mitte des Jahres) buchhalterisch sofort zur Gänze als Aufwand abgeschrieben. Tatsächlich rechnet man aber mit einer Nutzungsdauer von drei Jahren. Zwischenzeitlich ist der Index auf 165 gestiegen.

Beispiel 2.4: Kalkulatorische Zinsen

Aufgabenstellung:

Die Kostenrechnungsabteilung der *Ries KG* soll die kalkulatorischen Zinsen für das **betriebsnotwendige Gesamtkapital** ermitteln. Zur Berechnung stehen die Zahlen der Bilanz zum 31.12. sowie die nachfolgenden Zusatzinformationen zur Verfügung (alle Beträge in €):

AKTIVA	Bilanz per 31. 12.		PASSIVA
I. Anlagevermögen		**I. Eigenkapital**	
Grundstücke	150.000	Nennkapital	150.000
Gebäude	250.000	Rücklagen	42.200
Maschinen	60.000		
Betriebsausstattung	0		
II. Umlaufvermögen		**II. Fremdkapital**	
Vorräte	46.600	Pensionsrückstellung	40.000
Forderungen	50.000	Bankdarlehen	200.000
Zahlungsmittel	23.400	Kundenanzahlungen	25.000
		Lieferverbindlichkeiten	70.000
		Sonstige Verbindlichkeiten	52.800
Summe AKTIVA	**580.000**	**Summe PASSIVA**	**580.000**

Zusatzinformationen:

1. Die **Grundstücke** wurden vor drei Jahren mit € 50.000 außerplanmäßig abgeschrieben. Der Grund für die außerplanmäßige Abschreibung ist allerdings in der Zwischenzeit weggefallen und der Wert ist wieder auf den ursprünglichen Anschaffungswert von € 200.000 angestiegen. Diese Aufwertung ist aber in obiger Bilanz noch nicht berücksichtigt.
2. 10% des **Gebäudes** werden privat genutzt.
3. Nachdem die **Betriebsausstattung** auch weiterhin noch betrieblichen Zwecken dient, wurde für sie ein kalkulatorischer Restwert von € 30.000 ermittelt.
4. Die **Lieferverbindlichkeiten** werden dem Unternehmen zinslos zur Verfügung gestellt.
5. Das Unternehmen rechnet mit einem **kalkulatorischen Zinssatz** von **9%.**

Beispiel 2.5: Betriebsüberleitungsbogen

Aufgabenstellung:

Ein Wäschereibetrieb führt quartalsweise die Kostenrechnung und dementsprechend auch die Kostenerfassung durch. Nehmen Sie, unter Berücksichtigung nachfolgender Informationen, die Überleitung der Aufwendungen in Kosten vor und ermitteln Sie die Kosten für das letzte **Quartal.** Der G&V-Rechnung dieses Wäschereibetriebes sind unter anderem folgende Zahlen zu entnehmen (Beträge in €):

Aufwendungen bzw. Kosten	Betrag lt. BH p. a.	Zeitliche Abgrenzung		Betriebliche Abgrenzung		KOSTEN
		–	+	–	+	
Löhne	375.000					
Gesetzliche Lohnabgaben	116.250					
Instandhaltung	13.000					
Zinsaufwand	32.800					
Abschreibung	120.000					

Für die Überleitung der Aufwendungen in Kosten erhält die Kostenrechnungsabteilung zusätzlich noch folgende Informationen:

1. Der Zuschlagssatz zur Berechnung der **Lohnnebenkosten** (Nichtleistungslöhne zuzüglich der gesetzlichen Lohnnebenkosten) wurde mit 92% errechnet.

2. Für die **Instandhaltung** eines betriebseigenen Fahrzeuges, das der Unternehmer ausschließlich privat nutzt, fielen in der Abrechnungsperiode Kosten in Höhe von € 5.000 an. Dieser Betrag ist in obigem Instandhaltungsaufwand enthalten.
3. **Zinsaufwand:**
   Das durchschnittlich im Unternehmen eingesetzte betriebsnotwendige Kapital beträgt € 750.000. Für die Berechnung der kalkulatorischen Zinsen wird ein Zinssatz von 8% p. a. angenommen.
4. **Abschreibungen:**
   Die in der G&V-Rechnung ausgewiesene Abschreibung entspricht der kalkulatorischen Abschreibung.

Beispiel 2.6: Betriebsüberleitungsbogen

Aufgabenstellung:

Führen Sie unter Berücksichtigung nachfolgender Informationen für **August** die Überleitung der Aufwendungen in Kosten durch. Das Unternehmen hat für August folgende Aufwendungen in der Buchhaltung ausgewiesen:

Aufwand	Betrag (in €)	Zeitliche Abgrenzung –	Zeitliche Abgrenzung +	Betriebliche Abgrenzung –	Betriebliche Abgrenzung +	Kosten
Rohstoffe	20.000					
Fertigungslöhne	77.000					
Instandhaltung	3.000					
Mietaufwand	12.000					
Steuern	7.500					
Abschreibungen	6.650					
Zinsaufwand	4.000					
Summen	**130.150**					

Zusatzinformationen:

1. Der **Rohstoffverbrauch** ist zu Anschaffungspreisen bewertet. Die Preissteigerungen auf den Beschaffungsmärkten des Unternehmens betragen im Durchschnitt 25%.
2. Die im August in der FIBU verbuchten **Fertigungslöhne** enthalten einen Lohnvorschuss in Höhe von € 7.000.
3. Die **Instandhaltungsaufwendungen** sind für eine bereits stillgelegte Maschine angefallen.
4. Die **Miete** für eine Lagerhalle wird jeweils am 1. August für ein Jahr im Voraus bezahlt.
5. Die an das Finanzamt überwiesene **Steuer** betrifft die Grundsteuer eines Privathauses.
6. Die **kalkulatorischen Abschreibungen** betragen jährlich in Summe € 96.000.
7. **Zinsen**: Das korrigierte Eigenkapital beträgt € 900.000. Die Verzinsung des Eigenkapitals erfolgt mit 8%.
8. Für den geschäftsführenden Gesellschafter werden monatlich € 4.200 **Unternehmerlohn** verrechnet.
9. Die **kalkulatorischen Wagnisse** setzen sich zusammen aus:
   - *Vertriebswagnis:* In den letzten vier Jahren erlitt das Unternehmen bei einem Umsatz von € 12.000.000 (davon waren 75% Zielverkäufe) Forderungsverluste i. H. v. € 144.000. Im August beträgt der Umsatz € 300.000 (Zahlungsmodalitäten bleiben gleich).
   - *Anlagenwagnis:* Das Anlagenwagnis ist mit 1,2% p.a. vom Wiederbeschaffungswert der Anlagen (WBW = € 1.750.000) zu berücksichtigen.

3. Kostenstellenrechnung (Kostenverteilung)

Nach dem Durcharbeiten dieses Kapitels sollen Sie

- die Aufgaben kennen, die die Kostenstellenrechnung zu erfüllen hat,
- wissen, welche Prinzipien und Grundsätze bei der Kostenstellenbildung zu beachten sind,
- den Unterschied zwischen Hilfskostenstellen und Hauptkostenstellen erklären können,
- Kostenstellen richtig bilden können,
- Verfahren der innerbetrieblichen Leistungsverrechnung richtig anwenden können,
- einen Betriebsabrechnungsbogen (BAB) als Instrument der Kostenstellenrechnung erstellen können,
- die richtigen Bezugsgrößen für die Weiterverrechnung der Gemeinkosten der einzelnen Kostenstellen wählen,
- die für die Kalkulation erforderlichen Zuschlags- und Verrechnungssätze berechnen können.

Die Kostenstellenrechnung stellt das Bindeglied zwischen der Kostenartenrechnung und der Kostenträgerrechnung dar. Nach Durchführung der Kostenartenrechung sind alle im Unternehmen angefallenen primären Kosten (Einzel- und Gemeinkosten) erfasst und es stellt sich somit als nächstes die Frage, in welchen Bereichen des Unternehmens diese Kosten angefallen sind. Diese Frage wird mittels der Kostenstellenrechnung beantwortet, die bei Mehrproduktunternehmen die Voraussetzung für eine Weiterverrechnung der in der Kostenartenrechnung erfassten primären Gemeinkosten auf die hergestellten Kostenträger (z.B. Endprodukte, Aufträge oder Dienstleistungen) schafft.

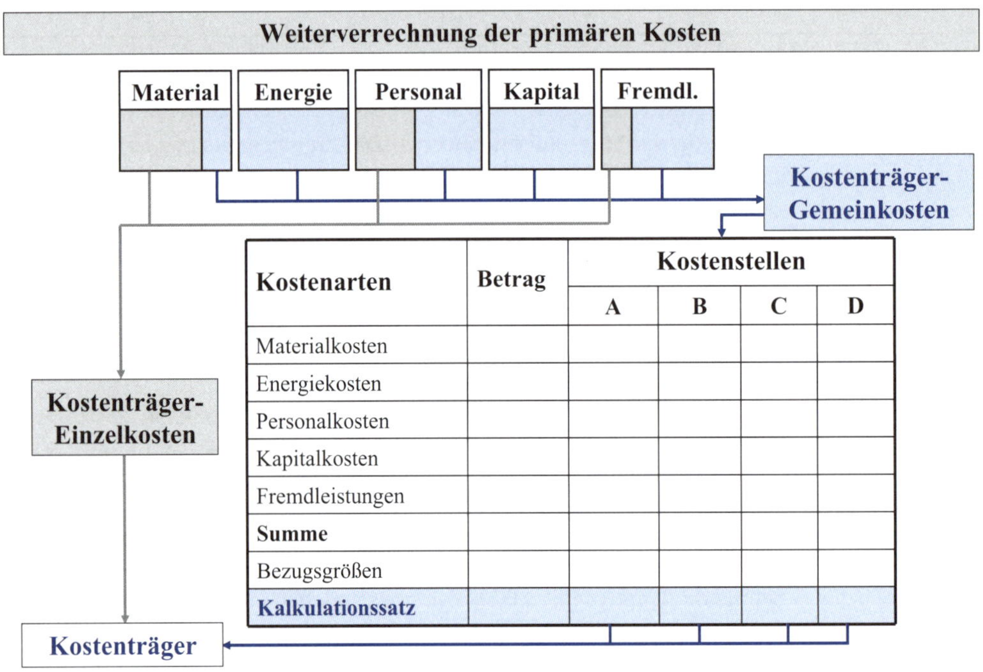

Abb. 34: Weiterverrechnung der primären Kosten

Im Rahmen der Vollkostenrechnung geht es darum, alle in einer Abrechnungsperiode angefallenen Kosten auf die Kostenträger weiterzuverrechnen. Die **Kostenträger-Einzelkosten** können aufgrund von Belegen einem Produkt oder Auftrag direkt zugerechnet werden. Für die **Kostenträger-Gemeinkosten** ist allerdings diese einfache Zurechnung auf Kostenträger nicht möglich, weil nicht ersichtlich ist, inwieweit die Gemeinkosten von einzelnen Produkten verursacht wurden. Daher versucht man die nach Kostenarten gegliederten Kostenträger-Gemeinkosten am Ort ihrer Entstehung zu erfassen. Zu diesem Zweck werden in der Kostenstellenrechnung Kostenstellen gebildet und die primären Gemeinkosten zunächst verursachungsgerecht auf die Kostenstellen verteilt. Dadurch können die für die indirekte Zurechnung auf die Kostenträger erforderlichen Kalkulationssätze ermittelt werden, die eine Weiterverrechnung der Kostenträger-Gemeinkosten auf die einzelnen Kostenträger ermöglichen.

Beispiel:
Bei der *„Glas Tech" KG* ist beispielsweise eindeutig, dass für ein Fenster, das aus 1 m^2 Glas besteht, diese Kostenart als Kostenträger-Einzelkosten direkt dem Kostenträger Fenster zurechenbar ist. Die anteiligen Energiekosten hingegen zur Bearbeitung des Fensters können nicht so einfach auf das Produkt weiter verrechnet werden. Sie werden zunächst im BAB auf die Kostenstellen umgelegt, in denen sie auch entstanden sind.

3.1. Aufgaben der Kostenstellenrechnung

Erzeugt ein Betrieb nur ein Produkt, dann ist eine Kostenstellenrechung als Voraussetzung für die Kalkulation nicht erforderlich, weil in diesem Fall die Gesamtkosten des Unternehmens ohnehin von diesem einen Produkt getragen werden müssen. Eine Kostenstellenrechnung braucht man immer dann, wenn ein Betrieb unterschiedliche Leistungen mit unterschiedlichem Kostengefüge erstellt. In diesem Fall hat die Kostenstellenrechnung insbesondere folgende **Aufgaben** zu erfüllen:

- **Verursachungsgerechte Zurechnung** der in der Kostenartenrechnung (BÜB) erfassten Kostenträger-Gemeinkosten auf die als Kostenstellen definierten Verantwortungsbereiche.
  Damit wird ersichtlich, ob und in welchem Ausmaß ein Kostenträger Leistungen einer Kostenstelle beansprucht und damit Gemeinkosten verursacht hat.
- **Durchführung der innerbetrieblichen Leistungsverrechnung:**
  In diesem Zusammenhang erfolgt eine Umlage der in den Hilfskostenstellen angefallenen primären Gemeinkosten auf die Hauptkostenstellen.
- **Berechnung von Kalkulationssätzen** (Zuschlags- bzw. Verrechnungssätze) zur Vorbereitung der Weiterverrechnung der Gemeinkosten auf die Kostenträger.
- Darüber hinaus erfüllt die Kostenstellenrechnung auch eigenständige, von der Kostenträgerrechnung unabhängige Aufgaben und schafft somit die Grundlagen zur:
  - **Darstellung der Leistungsbeziehungen** innerhalb des Unternehmens
  - **Kontrolle der Wirtschaftlichkeit** (Kostenkontrolle) einzelner Kostenstellen:
    Ermittlung von Abweichungen durch den Vergleich von Sollkosten und den in einer Periode tatsächlich angefallenen Istkosten. Darüber hinaus kann die Einhaltung von Kostenbudgets überprüft werden und im Falle von Abweichungen der Kostenstellenverantwortliche zur Rechenschaft gezogen werden.

3.2. Prinzipien der Kostenstellenbildung

Die Verfolgung obiger Aufgaben impliziert verschiedene Anforderungen, auf die ein Betrieb bei der Einteilung in Kostenstellen zu achten hat:

- **Verursachungsprinzip**
  In diesem Zusammenhang wird gefordert, dass den unterschiedlichen Kostenstellen nur jene Werteinsätze zugerechnet werden dürfen, die von ihnen auch verursacht wurden. Es muss also eine eindeutige Beziehung zwischen den Leistungen die eine Kostenstelle erbringt, und den in den Kostenstellen verursachten Kosten bestehen.

Beispiel zum Verursachungsprinzip:
Ein Produktionsbetrieb hat die Kostenstellen Fuhrpark, Fertigung, Verwaltung und Vertrieb eingerichtet. Das Unternehmen verfügt für den Transport ihrer Produkte über zwei eigene LKW, die Treibstoffkosten, Reparaturen und Abschreibungen verursachen. Diese Kosten wurden eindeutig von der Kostenstelle Fuhrpark für ihre Leistungserbringung verursacht.

- **Verantwortlichkeitsprinzip**
  Jede Kostenstelle muss ein selbstständiger Verantwortungsbereich sein, um eine wirksame Kostenkontrolle zu ermöglichen. Um diesem Prinzip zu entsprechen, sollte es für jede Kostenstelle einen klar definierten Verantwortlichen (Kostenstellenleiter) geben, der für sämtliche Kosten verantwortlich ist und diese auch beeinflussen kann.

Beispiel zum Verantwortlichkeitsprinzip:
In der Kostenstelle „Instandhaltung" gibt es einen verantwortlichen Meister, der auch für den Einkauf der benötigten Materialien zuständig ist. Als Kostenstellenverantwortlicher ist er natürlich darauf bedacht, die Kosten für Schmiermittel, Hilfsstoffe und Ersatzteile so gering als möglich zu halten.

Wären allerdings für die Kostenstelle Instandhaltung zwei Meister verantwortlich, dann würde dies dem Grundsatz der Verantwortlichkeit widersprechen.

- **Grundsatz der Eindeutigkeit**
  Um eine zweifelsfreie Zuordnung der Gemeinkosten auf Kostenstellen zu ermöglichen, soll die Bildung übergreifender Kostenstellen vermieden werden. Die Kosten müssen immer den Bereichen eindeutig zugeordnet werden können, in denen sie auch entstanden sind. Je feiner die Kostenstellenbildung, umso eindeutiger ist die Zuordnung der Kosten.

Beispiel zum Grundsatz der Eindeutigkeit:
Ist beispielsweise ein Meister für mehrere Kostenstellen zuständig, dann ergibt sich das Problem der Gehaltszuordnung.

- **Grundsatz der Wirtschaftlichkeit und Übersichtlichkeit**
  Bei der Aufgliederung des Unternehmens in Kostenstellen gilt es einen Kompromiss zwischen der gewünschten Genauigkeit und der wirtschaftlichen Vertretbarkeit der dadurch verursachten Kosten zu finden. Je tiefer die Kostenstellengliederung, desto größer ist die Kontierungsarbeit und der Ab-

rechnungsaufwand. Daher ist es wichtig, dass die Kosten den Nutzen nicht übersteigen. Die Regel für den optimalen Feinheitsgrad der Kostenstelleneinteilung lautet: „Wenn die Unterteilung der Kostenstellen für die Kalkulation zu grob ist, dann ist sie auch für die Kostenkontrolle zu grob."

3.3. Systematisierung der Kostenstellen

Die Gliederung des Unternehmens in verschiedene Kostenstellen bildet den ersten Schritt beim Aufbau einer Kostenstellenrechnung.

Kostenstellen sind

- **funktional** (nach Art der Tätigkeit),
- **organisatorisch** oder
- **abrechnungstechnisch** voneinander abgegrenzte Teilbereiche des Unternehmens, deren Kosten getrennt geplant, erfasst und kontrolliert werden.

Sie sind Orte der Kostenentstehung und somit Orte der Kostenzurechnung.

Kostenstellen sind Abrechnungsbereiche der Kostenrechnung und zumeist mit den Verantwortungsbereichen eines Betriebes identisch. In einem Unternehmen können die Kostenstellen entsprechend der Bedürfnisse der Kalkulation und der Kostenkontrolle nach folgenden Kriterien untergliedert werden:

- **Räumliche Einheiten:** Alle räumlich abgegrenzten Betriebsteile werden zu einer Kostenstelle zusammengefasst.
- **Kostenträger:** Auch einzelne Produkte können Kostenstellen sein, und zwar dann, wenn Kostenstellen und Kostenträger zusammenfallen, wie zum Beispiel im Hochbau.
- **Betriebliche Funktionen:** Funktional gleichartige Arbeitsgänge werden zu einer Kostenstelle zusammengefasst.
- **Verantwortungsbereiche:** Die gebildeten Kostenstellen decken sich mit den Verantwortungsbereichen (Betriebsabteilungen oder -bereiche), damit eine wirksame Kostenkontrolle und Überwachung der Entscheidungen gewährleistet ist.
- **Abrechnungstechnische Gesichtspunkte:** Die Einteilung der Kostenstellen erfolgt nach der Art der Abrechnung in Vor- und Endkostenstellen.

Abbildung 35 zeigt die Systematisierung der Kostenstellen nach abrechnungstechnischen, produktionstechnischen und funktionalen Kriterien.

Gruppierung nach abrechnungstechnischen Kriterien:

- **Vorkostenstellen**
  Diese Kostenstellen arbeiten nicht direkt an den Endprodukten, sondern erbringen Leistungen für andere Kostenstellen. Die in Vorkostenstellen angefallenen Kosten werden nicht direkt auf die Kostenträger, sondern auf jene Vor- und Endkostenstellen weiter verrechnet, die ihre Leistungen empfangen haben. Die Weiterverrechnung der in Vorkostenstellen angefallenen Kosten bezeichnet man als innerbetriebliche Leistungsverrechnung. Sie wird im Betriebsabrechnungsbogen (BAB) durchgeführt.
- **Endkostenstellen**
  Sie dienen direkt der Erstellung von Absatzleistungen. Dementsprechend werden ihre Kosten mit Hilfe von Zuschlags- bzw. Verrechnungssätzen auf die jeweiligen Kostenträger abgerechnet. Nach

produktionstechnischen Gesichtspunkten werden diese Endkostenstellen in Nebenkosten- und Hauptkostenstellen unterteilt.

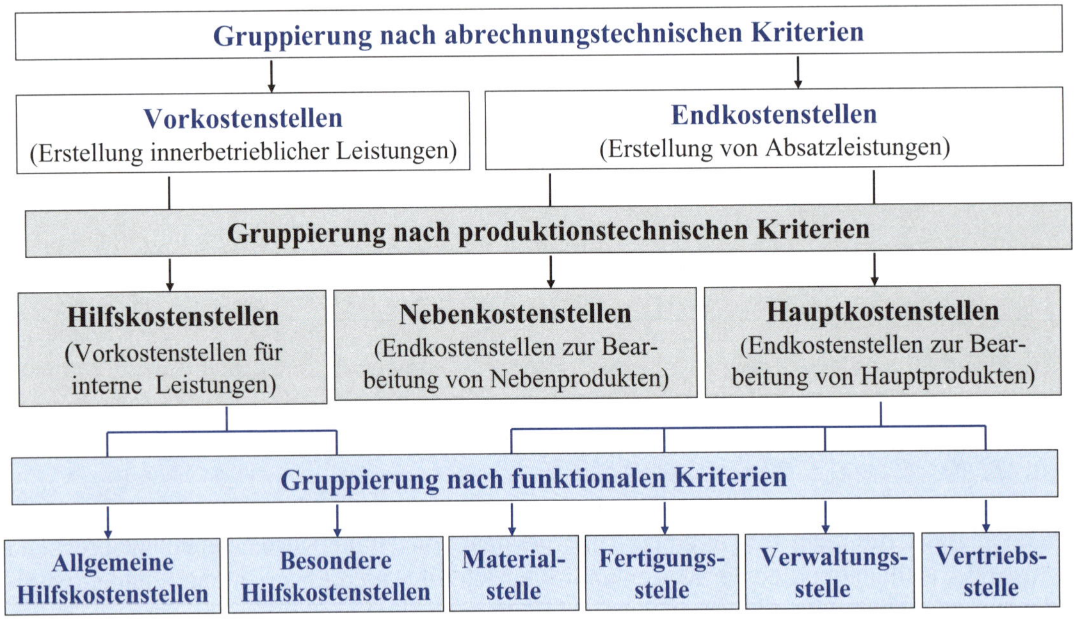

Abb. 35: Systematisierung der Kostenstellen

Gruppierung nach produktionstechnischen Kriterien:

Entsprechend dem Ausmaß ihrer Beteiligung am Produktionsprozess unterscheidet man:

- **Hilfskostenstellen (sekundäre Kostenstellen)**
  Darunter versteht man Vorkostenstellen, die ihre Leistungen zur Aufrechterhaltung der Betriebsbereitschaft an nachgelagerte Kostenstellen abgeben. Sie wirken nur mittelbar an der Erstellung absatzfähiger Leistungen mit. Ihre Kosten werden im Rahmen der innerbetrieblichen Leistungsverrechnung mittels Verrechnungssätze auf die empfangenden Kostenstellen weiter verrechnet.
- **Nebenkostenstellen**
  Hier erfolgt die Weiterverarbeitung und Verwertung absatzfähiger Nebenprodukte (wie Kuppelprodukte, Abfallgüter), die nicht zum eigentlichen Produktionsprogramm gehören.
- **Hauptkostenstellen**
  Dabei handelt es sich um Endkostenstellen, die unmittelbar an der Be- und Verarbeitung sowie am Vertrieb von Produkten bzw. Leistungen beteiligt sind, die zum eigentlichen Produktionsprogramm gehören. Ihre Kosten werden den Kostenträgern in Form von Kalkulationssätzen direkt angelastet.

Aus der Unterscheidung in Haupt- und Hilfskostenstellen folgt:

Hilfskostenstellen rechnen mit **Verrechnungssätzen** für innerbetriebliche Leistungen, **Hauptkostenstellen** rechnen mit **Kalkulationssätzen** für die Absatzleistungen ab.

Gruppierung nach funktionalem Gesichtspunkt:

- **Allgemeine Hilfskostenstellen**
  Sie erbringen Leistungen für **alle** anderen Kostenstellen des Betriebes. Dazu zählen unter anderem Strom- und Wasserversorgung, Gebäudeverwaltung, Instandhaltung, Betriebsrat, Werksküche, Heizung, Fuhrpark, Werkschutz, Sanitätsstation usw.
- **Unternehmensbereichsbezogene Hilfskostenstellen**
  Sie erbringen ihre Leistungen nur für **besondere** Kostenstellen des Unternehmens. Dazu zählen insbesondere Fertigungshilfsstellen, die zwar nicht unmittelbar an der Produktion arbeiten, jedoch ihre erbrachten Leistungen ausschließlich an den Fertigungsbereich abgeben, wie z. B. Arbeitsvorbereitung, Fertigungsplanung und -steuerung, Meisterbüro, Herstellung von Werkzeugen für den Fertigungsprozess usw.
- **Materialstelle**
  Sie befasst sich mit der Beschaffung, Annahme, Prüfung, Lagerung und Verwaltung der Roh-, Hilfs- und Betriebsstoffe. Dementsprechend gehören zum Materialbereich die Einkaufsabteilung, das Materiallager, die Materialkontrolle und die Lagerbuchhaltung.
- **Fertigungsstelle**
  Dazu gehören diejenigen Bereiche, die sich mit der eigentlichen Leistungserstellung beschäftigen. Zu den Kostenstellen, die unmittelbar am Fertigungsprozess beteiligt sind, zählen beispielsweise die Dreherei, Schlosserei, Rahmenbau, Montage, Lackiererei usw.
- **Verwaltungsstelle**
  Sie stellt einen eigenen Verantwortungsbereich des Unternehmens dar und umfasst alle administrativen Funktionen, wie z. B. Unternehmensleitung, Rechtsabteilung, Personalbüro, Rechnungswesen, Lohn- und Gehaltsverrechnung, Controlling, allgemeine Verwaltung (z. B. Telefonzentrale, Poststelle) usw.
- **Vertriebsstelle**
  Sie beschäftigt sich mit dem Absatz der Fertigprodukte und den damit zusammenhängenden Funktionen, wie Fertigwarenlager, Verkauf, Marketing, Versand, Werbung, Marktforschung, Kundendienst usw. In kleineren Unternehmen werden die Verwaltungs- und Vertriebsstelle oft zu einer Kostenstelle (Verwaltung & Vertrieb) zusammengefasst.
- **Forschungs- und Entwicklungsstellen**
  In der Praxis werden diese Bereiche zum Teil als eigene Kostenstellen oder als Hilfskostenstellen behandelt. Hierher gehören beispielsweise das Zentrallabor, Musterbau, Modelltechnik, Versuchswerkstatt, Patentstelle, Konstruktionsabteilung usw.

3.4. Kostenstellenplan

Die im Unternehmen vorgenommene Kostenstellengliederung mündet letztendlich in der Erstellung eines, auf die individuellen Bedürfnisse des Unternehmens zugeschnittenen, Kostenstellenplanes. Art und Tiefe der Aufgliederung eines Betriebes in Kostenstellen richten sich insbesondere nach der Unternehmensgröße, Branche (z. B. sind im Hochbau Kostenstelle und Kostenträger ident), Produktionsprogramm, Aufbau- bzw. Ablauforganisation des Unternehmens, aber auch nach der angestrebten Genauigkeit der Kostenrechnung.

Im Kostenstellenplan werden alle Kostenstellen eines Betriebes systematisch zusammengefasst und durch eine Kostenstellennummer, die als Kontierungsschlüssel dient, gekennzeichnet. In kleineren Unternehmen besteht dieser meist aus drei Ziffern:

1. Ziffer gibt den Kostenbereich an:	1	Allgemeiner Bereich
	2	Materialbereich
	3	Fertigungsbereich
	4	Vertriebsbereich
	5	Verwaltungsbereich
2. Ziffer gibt die Kostenstellengruppe an:	11	Grundstücke und Gebäude
	12	Energieversorgung
	13	Sozialdienste
3. Ziffer gibt die Kostenstelle an:	121	Stromerzeugung
	122	Wasserversorgung
	123	Heizungsanlage

Nachfolgend finden Sie ein Beispiel für einen Kostenstellenplan, der als Grundlage in jedem Erzeugungs- bzw. Industriebetrieb verwendet werden kann. Kleinere und mittlere Betriebe werden allerdings auf einige Kostenstellen verzichten, größere Betriebe hingegen werden diese noch erweitern.

Beispiel eines funktionellen Kostenstellenplanes:

1. Kostenstellen des Allgemeinen Bereiches
- 11 Gruppe Forschung und Entwicklung
  - 111 Konstruktionsabteilung
  - 112 Versuchswerkstatt
  - 113 Zentrallabor
  - 114 Patentstelle
- 12 Gruppe Grundstücke und Gebäude
  - 121 Grundstücksverwaltung
  - 122 Gebäudeverwaltung
  - 123 Heizung
  - 124 Reinigung
  - 125 Bewachung
  - 126 Feuerschutz
- 13 Gruppe Energieversorgung
  - 131 Stromerzeugung
  - 132 Wasserversorgung
  - 133 Gaserzeugung
  - 134 Heizungsanlage
- 14 Gruppe Instandhaltung
  - 141 Werkstättenleitung
  - 142 Schlosserei
  - 143 Tischlerei
- 15 Gruppe Fuhrpark
  - 151 Lastkraftwagen
  - 152 Personenkraftwagen
- 16 Gruppe Sozialdienste

3. Fertigungskostenstellen
- 31 Fertigungshilfsstellen
  - 311 Arbeitsvorbereitung
  - 312 Fertigungssteuerung
  - 313 Werkzeugmacherei
  - 314 Meisterbüro
  - 315 Lehrwerkstatt
- 32 Fertigungsnebenstellen
  - 321 Abfallverwertung
  - 322 Kuppelproduktverarbeitung
- 33 Fertigungshauptstellen
  - 331 Vorfertigung
  - 332 Hauptfertigung
  - 333 Montage

4. Vertriebskostenstellen
- 41 Verkaufsvorbereitung
  - 411 Marktforschung
  - 412 Werbung
- 42 Verkauf
  - 421 Außendienst
  - 422 Niederlassungen
- 43 Auftragsabwicklung
- 44 Fertigwarenlager
- 45 Verpackung
- 46 Versand
- 47 Kundendienst

161 Kantine
162 Sanitätsstelle
163 Sporteinrichtungen
164 Betriebsrat

2. Materialkostenstellen

21 Einkauf
211 Einkaufsleitung
212 – 215 Einkaufsabteilungen
22 Warenannahme und –prüfung
23 Materialverwaltung und -disposition
24 Werkstoffläger
25 Warenausgabe

5. Verwaltungskostenstellen

51 Unternehmensleitung
52 Finanz- und Rechnungswesen
521 Buchhaltung
522 Betriebsabrechnung
523 Kalkulation
524 Controlling
53 Personalverwaltung
531 Lohn- und Gehaltsverrechnung
532 Aus- und Fortbildung
54 Rechenzentrum und EDV
55 Rechtsabteilung

Abb. 36: Kostenstellenplan
(in Anlehnung an: Haberstock, L./Breithecker, V.: Kostenrechnung I, 12. Aufl., Berlin 2005, S. 111 f.)

3.5. Durchführung der Kostenstellenrechnung im Betriebsabrechnungsbogen

In der Praxis dient als Instrument zur Durchführung der Kostenstellenrechnung der Betriebsabrechnungsbogen (BAB). Abbildung 37 zeigt den **formalen Aufbau** sowie die **Rechenschritte (Ablauf)** im Betriebsabrechnungsbogen eines Erzeugungsbetriebes:

Rechen-schritte	Kostenstellen / Kostenarten	Σ Kosten	Hilfskostenstellen HST 1	HST 2	HST 3	Hauptkostenstellen Material	Ferti-gung	Ver-trieb	Ver-waltung
1. Schritt: Übernahme der primären Gemeinkosten aus dem BÜB	Materialkosten			**2. Schritt:** Verteilung der primären Gemeinkosten auf die Kostenstellen unter Anwendung des Verursachungsprinzips					
	Personalkosten								
	Fremdleistungen								
	Kapitalkosten								
	Σ Primäre GK	Σ	Σ1	Σ2	Σ3	Σ4	Σ5	Σ6	Σ7
3. Schritt: Innerbetriebliche Leistungsverrechnung	Umlage HST 1								
	Umlage HST 2								
	Umlage HST 3								
	Σ Sekundäre GK					Σ8	Σ9	Σ10	Σ11
4. Schritt: Bildung von Kalkulationssätzen	**Σ Gemeinkosten**					Σ4+8	Σ5+9	Σ6+10	Σ7+11
	Bezugsgrößen					**MEK**	**FL**	**HK**	**HK**
	Kalkulationssätze					**K1**	**K2**	**K3**	**K4**

Abb. 37: Aufbau und Rechenschritte im BAB

Im BAB werden in tabellarischer Form zeilenweise (senkrecht) die Kostenarten aufgelistet und spaltenweise (waagrecht) die Kostenstellen eingetragen. Aus Gründen der Übersichtlichkeit empfiehlt es sich, den BAB auf die wesentlichen Kostenarten und Kostenstellen zu beschränken. Eine weitere Untergliederung der Kostenarten und Kostenstellen erfolgt für Verrechnungszwecke meist auf separaten Kostenstellen-Grundblättern. Um den Anforderungen der Betriebsabrechnung gerecht zu werden, sind im BAB folgende Rechenschritte erforderlich:

1. Schritt: Übernahme der primären Gemeinkosten aus dem BÜB

In der Praxis werden nur die im BÜB ermittelten primären (originären) Gemeinkostenarten einer Abrechnungsperiode in die linke Spalte des Betriebsabrechnungsbogens übernommen. Nachdem die Einzelkosten (wie Fertigungsmaterial und Fertigungslöhne) aufgrund von Belegen den Kostenträgern direkt zugerechnet werden können, müssen sie nicht in den BAB übernommen werden. Nachdem sie aber später für die Berechnung von Kalkulationssätzen als Bezugsgrößen gebraucht werden, führt man die Einzelkosten in der Praxis sehr häufig in den ersten Zeilen des BAB an.

2. Schritt: Verrechnung primärer Gemeinkosten (Primärkostenverrechnung)

Die in der Kostenartenrechnung erfassten Gemeinkosten werden nun möglichst verursachungsgerecht auf die einzelnen Kostenstellen weiter verrechnet. Dabei muss die Summe aller in der Kostenartenrechnung erfassten primären Gemeinkosten der Summe der auf die Hauptkostenstellen verrechneten Gesamtkosten entsprechen (vgl. Kap. II.3.5.1).

3. Schritt: Innerbetriebliche Leistungsverrechnung (Sekundärkostenverrechnung)

Diese ist immer dann erforderlich, wenn ein Betrieb in Hilfskostenstellen innerbetriebliche Leistungen erbringt und diese auch selbst verbraucht. Die in den Hilfskostenstellen (allgemeine und unternehmensbereichsbezogene) angefallenen primären Gemeinkosten müssen im Rahmen der innerbetrieblichen Leistungsverrechnung als sekundäre Gemeinkosten auf die Hauptkostenstellen umgelegt werden (vgl. Kap. II.3.5.2).

4. Schritt: Bildung von Kalkulationssätzen für die Hauptkostenstellen

Um eine möglichst verursachungsgerechte Weiterverrechnung der Stellenkosten auf die Kostenträger zu gewährleisten, werden Kalkulationssätze (Zuschlags- bzw. Verrechnungssätze) für die Kostenträgerrechnung gebildet (vgl. Kap. II.3.5.3).

5. Schritt: Kostenkontrolle

Durch den Vergleich von geplanten Kosten mit den tatsächlich angefallenen Istkosten (Ist-Kalkulationssätze) können Über- und Unterdeckungen festgestellt werden (vgl. Kap. 3.5.4).

3.5.1. Verrechnung primärer Gemeinkosten (Primärkostenverrechnung)

Zunächst erfolgt zeilenweise die verursachungsgerechte Zuordnung der primären Gemeinkosten auf die Kostenstellen, die für ihre Entstehung verantwortlich sind. In Zusammenhang mit der Primärkostenverrechnung kommt auch der Unterscheidung zwischen Einzelkosten und Gemeinkosten besondere Bedeutung zu. Wenn bisher von Gemeinkosten die Rede war, dann ging es dabei um die direkte Verursachungsbeziehung zwischen Kostenarten und Kostenträgern. In Zusammenhang mit der Primärkostenverrechnung geht es hingegen um die Beziehung zwischen Kostenarten und Kostenstellen, d. h. hier werden die primären Gemeinkosten je Kostenart entweder als **Kostenstellen-Einzelkosten** oder als **Kostenstellen-Gemeinkosten** auf die Kostenstellen verteilt (siehe Abbildung 38).

Kostenstellen-Einzelkosten

können aufgrund von Belegen und Sonderaufzeichnungen einzelnen Kostenstellen **direkt** zugerechnet werden.

Kostenart	Verteilungs-grundlage	Kosten-stelle
Fertigungshilfslohn	Lohnzettel	Fertigung
Abschreibung LKW	Anlagendatei	Fuhrpark
Gehalt Buchhalter	Gehaltsliste	Verwaltung
Verpackungsmaterial	Eingangs-rechnung	Vertrieb
Büromaterial für Einkaufsabteilung	Entnahme-scheine	Material
Reparatur für PC der Chefsekretärin	Eingangs-rechnung	Verwaltung
Wasser-, Stromver-brauch in Produktion	Zähler	Fertigung

Kostenstellen-Gemeinkosten

können nur **indirekt** mit Hilfe von Kostenumlageschlüsseln verteilt werden, da der Verbrauch durch mehrere Kostenstellen erfolgt.

Kostenart	Verteilungs-grundlage	Schlüssel-art
Miete, Heizung Reinigung	Raumfläche (m^2) der Kostenstelle	Mengen-schlüssel
Instandhaltung	Reparaturstunden	Mengen-schlüssel
Kantinenkosten	Anzahl der Mitarbeiter	Mengen-schlüssel
Versicherung	Versicherte Vermögenswerte	Wert-schlüssel
Kalkulatorische Abschreibung	Vermögenswerte in Kostenstellen	Wert-schlüssel
Gehaltsneben-kosten	Gehaltssummen in Kostenstellen	Wert-schlüssel

Abb. 38: Kostenstellen-Einzelkosten und Kostenstellen-Gemeinkosten

Kostenstellen-Einzelkosten:

Dabei handelt es sich um primäre Gemeinkosten, die **aufgrund von Belegen** oder Sonderaufzeichnungen **einer Kostenstelle direkt zugerechnet** werden können, weil sie ausschließlich für diese Kostenstelle angefallen sind. So können beispielsweise Personalkosten aufgrund von Lohn- und Gehaltslisten eindeutig bestimmten Kostenstellen zugeordnet werden (z. B. zählt das Gehalt des Buchhalters zur Kostenstelle Verwaltung). Weitere diesbezügliche Beispiele sind:

- Abschreibungen→ Beleggrundlage sind der Anlagenspiegel und die Anlagenkartei
- Büromaterial, Hilfs- und Betriebsstoffe→ Beleggrundlage sind die Entnahmescheine
- Werbungskosten, Instandhaltungskosten→ Beleggrundlage sind die Eingangsrechnungen
- Kosten für Strom, Gas und Wasser→ Beleggrundlage sind die installierten Zähler

Kostenstellen-Gemeinkosten:

Für viele primäre Gemeinkostenarten gibt es aber keine kostenstellenbezogenen Belege. Ist eine direkte Zurechenbarkeit auf Kostenstellen nicht möglich, weil bestimmte Kostenarten (wie z. B. Miete, Heizkosten, kalkulatorische Zinsen usw.) für mehrere Kostenstellen gleichzeitig anfallen, dann werden diese mittels geeigneter **Schlüsselgrößen** auf die einzelnen Kostenstellen verteilt. Voraussetzung für eine verursachungsgerechte Verteilung mit Hilfe von Kostenumlageschlüsseln (= Maßgröße der Kostenverursachung) ist, dass eine **Proportionalität zwischen Schlüsselgrößen und Kostenverbrauch** gegeben ist.

Das Problem der richtigen Bezugsgrößenwahl spielt nicht nur bei der Verteilung der primären Gemeinkosten, sondern auch bei der innerbetrieblichen Leistungsverrechung und der Ermittlung von Kalkulationssätzen eine zentrale Rolle. Bei der Wahl von Bezugs- bzw. Schlüsselgrößen unterscheidet man zwischen **Mengen- und Wertschlüssel.**

Mengenschlüssel	Wertschlüssel
• **Zählgrößen**: (Zahl der Buchungen, erzeugte oder abgesetzte Stück, Anzahl von Arbeitsverrichtungen) • **Zeitgrößen:** (Fertigungszeit, Rüstzeit, Tage, Maschinenstunden usw.) • **Raumgrößen:** (Länge, Fläche, Rauminhalt) • **Gewichtsgrößen:** (Einsatz- und Transportgewichte usw.) • **Technische Maßgrößen:** (km, PS, kWh usw.)	• **Kostengrößen**: (Fertigungsmaterial, Fertigungslöhne, Herstell- oder Selbstkosten, Lohn-/Gehaltssummen usw.) • **Einstandsgrößen:** (Wareneingangswert usw.) • **Absatzgrößen:** (Umsatzzahlen usw.) • **Bestandsgrößen:** (Vorratsbestände, Wert des Anlagevermögens usw.) • **Verrechnungsgrößen:** (Verrechnungspreise)

Abb. 39: Mengenschlüssel und Wertschlüssel
(in Anlehnung an: Freidank, C.-C.: Kostenrechnung, 8. Aufl., München Wien 2008, S. 143)

Die Formel zur Berechnung der Kostenstellen-Gemeinkosten der jeweiligen Kostenstellen lautet:

$$\textbf{Kostenstellenkosten} = \frac{\text{Kostensumme der primären Gemeinkostenart}}{\Sigma\ \text{Schlüsselmenge}} \times \begin{matrix}\text{Schlüsselmenge}\\ \text{der Kostenstelle}\end{matrix}$$

Dividiert man die Kosten einer primären Gemeinkostenart durch die Summe der Schlüsselmenge (Wert- oder Mengenschlüssel), erhält man einen Verrechnungssatz je Einheit. Multipliziert man diesen nun mit den von den einzelnen Kostenstellen beanspruchten Schlüsselmengen, ergeben sich die Kosten der jeweiligen Kostenstellen.

Beispiel zur Primärkostenverrechnung:

Kostenart Heizung: Kostensumme € 15.000
Gesamtfläche des Betriebes: 2.500 m^2
Kostenumlageschlüssel: Mengenschlüssel aufgrund der Flächen der Kostenstellen (m^2)

Kostenart Heizung	Summe	Material	Fertigung	Verwaltung	Vertrieb
Beanspruchte Fläche	2.500 m^2	400 m^2	1.200 m^2	500 m^2	400 m^2

Aufgabenstellung: Welche Heizkosten ergeben sich für die einzelnen Kostenstellen?

Lösung:

Primäre Gemeinkosten € 15.000 / 2.500 m^2 → **Verrechnungssatz € 6 je m^2**

Kostenart Heizung	Summe	Material	Fertigung	Verwaltung	Vertrieb
Beanspruchte Fläche	2.500 m^2	400 m^2	1.200 m^2	500 m^2	400 m^2
Heizkosten	**€ 15.000**	**€ 2.400**	**€ 7.200**	**€ 3.000**	**€ 2.400**

Nachdem sämtliche primären Gemeinkostenarten im Rahmen der Primärkostenverrechnung entsprechend verursachungsgerecht auf die Kostenstellen verteilt wurden, emittelt man für jede Kostenstelle die Summe der primären Gemeinkosten (*Achtung:* Kostenträger-Einzelkosten dürfen nicht mit eingerechnet werden).

3.5.2. Innerbetriebliche Leistungsverrechnung (Sekundärkostenverrechnung)

Im Hinblick auf die Berechnung von Kalkulationsätzen für die Kalkulation dürfen nur noch die Kosten der Hauptkostenstellen ausgewiesen sein, die ihre Leistungen direkt für die Kunden erbringen. Abgesehen von diesen marktorientierten Absatzleistungen erbringen Betriebe aber auch innerbetriebliche Leistungen, die nicht für den Markt bestimmt sind, sondern im Unternehmen selbst verwendet werden. Bei den vom Betrieb selbst erbrachten internen Leistungen unterscheidet man:

- **Aktivierungspflichtige Eigenleistungen** liegen dann vor, wenn ein Unternehmen Vermögensgegenstände des Anlagevermögens (z. B. Maschinen, Lagerhalle, Werkzeuge usw.) selbst erstellt und diese auch über mehrere Jahre selbst nutzt. Für sie werden im Rahmen der Kalkulation die Herstellkosten ermittelt und mit diesen auch in die Bilanz aufgenommen. Diese selbst erzeugten und im Betrieb zur eigenen Leistungserstellung verwendeten Vermögensgegenstände gehen mit ihren Abschreibungen und kalkulatorischen Zinsen als primäre Gemeinkosten in die Kostenrechnung ein.
- **Nicht aktivierungsfähige innerbetriebliche Leistungen** (Eigenleistungen) sind deshalb nicht aktivierbar, weil sie in der Periode ihrer Erstellung auch verbraucht werden (z. B. selbst erzeugter Strom, selbst erbrachte Heizleistungen usw.). Diese nicht aktivierbaren Eigenleistungen werden auf Hilfskostenstellen erfasst, weil sie ihre Leistungen nicht für die Kostenträger erbringen, sondern zur Aufrechterhaltung der Leistungsbereitschaft des Unternehmens dienen. Sie stellen daher Kosten dar, die gemäß ihrer Inanspruchnahme durch die jeweiligen Hilfs- und Hauptkostenstellen, mittels der innerbetrieblichen Leistungsverrechnung verteilt werden.

Aufgabe der **innerbetrieblichen Leistungsverrechnung** ist somit die Weiterverrechnung der in den Hilfskostenstellen entstandenen Kosten entsprechend der tatsächlichen Leistungsabgabe auf die empfangenden Kostenstellen. **Dadurch werden die primären Gemeinkosten der Hilfskostenstellen zu sekundären Gemeinkosten der empfangenden Kostenstellen.** Hilfskostenstellen werden als Vorkostenstellen abgerechnet und ihre jeweiligen Gemeinkostensummen (primäre und sekundäre) auf die Hauptkostenstellen weiterverrechnet → **Kostenumlage**.

Jede Kostenstelle muss mit den Kosten für die Leistungen belastet werden, die sie von anderen Kostenstellen empfängt. Nur so wird sichergestellt, dass die wesentlichen Aufgaben der Kostenrechnung, wie die Feststellung aller relevanten Kosten, eine möglichst genaue Kalkulation und eine aussagefähige Kostenkontrolle, erfüllt werden können. Das Problem der Kostenumlage besteht darin, den richtigen Wert der empfangenden Vorleistungen zu ermitteln. Auch dazu sind Schlüssel (Mengen- oder Wertschlüssel) erforderlich, wie z. B.:

- Umlage der Hilfskostenstelle „Fuhrpark“ anhand der für die Kostenstellen gefahrenen km,
- Umlage der Hilfskostenstelle „Kantine“ anhand der in den Kostenstellen beschäftigten Mitarbeiter,
- Umlage der Hilfskostenstelle „Reparatur“ anhand der für die Kostenstellen erbrachten Reparaturstunden,
- Umlage der Hilfskostenstelle „Heizung“ anhand der beheizten Flächen der Kostenstellen,
- Umlage der Hilfskostenstelle „Stromerzeugung“ anhand der an die jeweiligen Kostenstellen abgegebenen Stromleistungen usw.

Um eine verursachungsgerechte Kostenumlage auf die empfangenden Kostenstellen zu ermöglichen, müssen folgende **drei Grunddaten** bekannt sein:

1. Gemeinkostensumme der abgebenden Hilfskostenstelle
2. Summe der abgegebenen Leistungseinheiten der Hilfskostenstelle
3. die von den jeweiligen Haupt- und Hilfskostenstellen empfangenen Leistungseinheiten

Die innerbetriebliche Leistungsverrechnung wird solange durchgeführt, bis alle Kosten der Hilfskostenstellen auf die Hauptkostenstellen verteilt sind. Nach Beendigung der Sekundärkostenverrechnung müssen die Gemeinkosten sämtlicher Hilfskostenstellen auf die Hauptkostenstellen umgelegt sein, sodass letztendlich die Gemeinkostensumme (primäre und sekundäre GK) jeder Hauptkostenstelle ermittelt werden kann.

Das **Hauptproblem der innerbetrieblichen Leistungsverrechnung** liegt darin, dass auch Hilfskostenstellen untereinander Leistungen austauschen. So kann beispielsweise die Hilfskostenstelle „Reparatur" ihre Leistungen so lange nicht kalkulieren und verteilen, bis sie die sekundären Gemeinkosten der Hilfskostenstelle „Strom" kennt, von der sie selbst Stromleistungen bezogen hat. Daher müssen zunächst die innerbetrieblichen Leistungsverflechtungen zwischen den einzelnen Kostenstellen geklärt werden. Je nachdem, ob und inwieweit zwischen Hilfskostenstellen eine wechselseitige Leistungsverflechtung besteht, kommen zur Kostenumlage unterschiedliche Verfahren zur Anwendung. Abbildung 40 soll diese Zusammenhänge verdeutlichen:

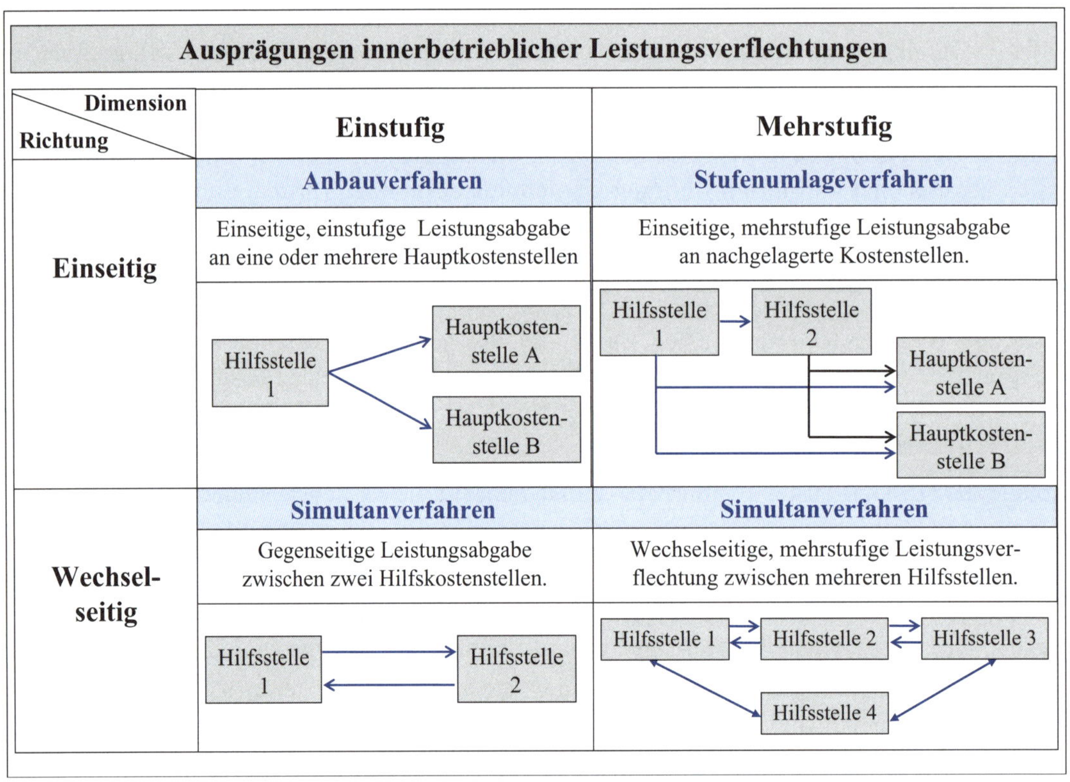

Abb. 40: Ausprägungen innerbetrieblicher Leistungsverflechtungen

3.5.2.1. Anbau- bzw. Blockverfahren

Eine sinnvolle Anwendung dieses Verfahrens ist nur dann gegeben, wenn es **zwischen** den **Hilfskostenstellen** des Unternehmens **keinen Leistungsaustausch** gibt. Es wird unterstellt, dass nur die Endkostenstellen mit innerbetrieblichen Leistungen beliefert werden. Die Summe der primären Gemeinkosten der Hilfskostenstellen wird nur auf die Haupt- bzw. Endkostenstellen (proportional zur Leistungsinanspruchnahme) überwälzt.

Die Kostenverteilung erfolgt mittels Verrechnungssätzen (= Kosten pro Bezugsgrößeneinheit) auf Basis einer mengenmäßigen Inanspruchnahme der Leistungen von Hilfskostenstellen durch die Hauptkostenstellen (z. B. Kosten je Menü bei Inanspruchnahme der Hilfskostenstelle „Kantine", Kosten je Reparaturstunde durch die Inanspruchnahme der Hilfskostenstelle „Reparatur" usw.)

$$\textbf{Innerbetrieblicher Verrechnungssatz} = \frac{\Sigma \text{ Primäre Gemeinkosten der Hilfskostenstelle}}{\Sigma \text{ der an Endkostenstellen abgegebene Leistungseinheiten}}$$

Mit Hilfe dieser Verrechnungssätze erfolgt dann, unter Berücksichtigung der an die jeweiligen Hauptkostenstellen abgegebenen mengenmäßigen Leistungen, die Kostenumlage der Hilfskostenstellen auf die Hauptkostenstellen.

Beispiel zum Anbauverfahren:

In einem Betrieb gibt es die Hilfskostenstellen „Reparaturwerkstatt" und „Kantine" sowie die Hauptkostenstellen „Material" und „Fertigung". Die primären Gemeinkosten wurden für die Reparaturstelle mit € 60.000, für die Kantine mit € 20.000, für die Materialstelle mit € 150.000 und für die Fertigungsstelle mit € 500.000 ermittelt.

Aufgabenstellung: Führen Sie die innerbetriebliche Leistungsverrechnung durch!

Die Leistungsbeziehungen zwischen den Kostenstellen können Sie nachfolgender Abbildung entnehmen. Als Bezugsgrößen für die „Reparaturwerkstatt" werden die geleisteten Reparaturstunden, für die „Kantine" die in Anspruch genommenen Menüs herangezogen.

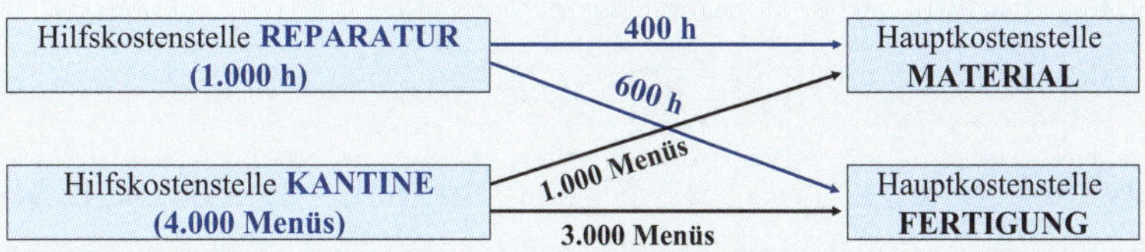

Innerbetriebliche Verrechnungssätze:

Reparatur: Primäre Gemeinkosten € 60.000 / 1.000 h → **€ 60 je Stunde**
Kantine: Primäre Gemeinkosten € 20.000 / 4.000 Menüs → **€ 5 je Menü**

Zur Ermittlung der sekundären Kosten der Hauptkostenstellen multipliziert man nun diese Verrechnungspreise mit den jeweils in Anspruch genommenen Leistungseinheiten.

Kostenarten	Vorkostenstellen		Endkostenstellen	
	Reparatur	Kantine	Material	Fertigung
Primäre GK	**€ 60.000**	**€ 20.000**	**€ 150.000**	**€ 500.000**
Umlage Reparatur			(60 x 400 h) 24.000	(60 x 600 h) 36.000
Umlage Kantine			(5x1.000 M.) 5.000	(5x3.000 M.) 15.000
Σ Gemeinkosten	0	0	**€ 179.000**	**€ 551.000**

Abb. 41: Beispiel zum Anbau- bzw. Blockverfahren

3.5.2.2. Stufenleiter- bzw. Stufenumlage- bzw. Treppenverfahren

Das Stufenleiterverfahren kommt bei einseitigen Leistungsverflechtungen zwischen den Kostenstellen zur Anwendung. Im Gegensatz zum Anbauverfahren berücksichtigt dieses Verfahren Leistungsbeziehungen zwischen Hilfskostenstellen, allerdings nur einseitige und keine wechselseitigen. Typisch für dieses Verfahren ist, dass eine bereits abgerechnete Hilfskostenstelle keine Leistungen anderer Hilfskostenstellen mehr empfangen kann.

Voraussetzung zur Durchführung des Stufenumlageverfahrens ist zunächst die Festlegung der richtigen Reihenfolge, in der die Kostenstellenabrechnung im BAB erfolgt. Dabei werden die Vorkostenstellen immer vor den Endkostenstellen angeordnet. Für die Qualität der Verrechnungspreise ist entscheidend, die Hilfskostenstellen so anzuordnen, dass man mit der Abrechnung jener Hilfskostenstelle beginnt, die nur Leistungen an andere Stellen abgibt, selbst jedoch keine Leistungen empfängt. Als nächstes rechnet man in der Reihenfolge fortschreitend die primären und sekundären Kosten der Hilfskostenstellen ab, die von vorgelagerten Kostenstellen beliefert werden, diese aber selbst nicht mit Leistungen versorgen. Auf diese Art und Weise werden die Hilfskostenstellen in eine stufenförmige **Verrechnungsreihenfolge** gebracht (treppenförmig verlaufende Umlage der Kostenstellen).

Beim Stufenleiterverfahren werden als erstes immer die Kosten der allgemeinen Hilfskostenstellen auf alle leistungsempfangenden Kostenstellen umgelegt und erst im Anschluss daran erfolgt die Abrechnung der unternehmensbereichsbezogenen Hilfskostenstellen (z. B. Fertigungshilfsstellen). Nach jedem Abrechnungsschritt (Umlage einer Vorkostenstelle) muss eine neue Gemeinkostensumme der Hilfskostenstellen gebildet werden, die zur Ermittlung der **Verrechnungssätze** herangezogen wird. Mittels dieser Verrechnungspreise werden dann die Kosten von Vorkostenstellen auf die nachgelagerten Hilfskosten- und Hauptkostenstellen entsprechend der jeweiligen Leistungsinanspruchnahme verrechnet. Dadurch erhält man die Sekundärkosten der empfangenden Kostenstellen. Aufgrund der stufenweisen Abrechnung wird der Verrechnungssatz einer Kostenstelle folgendermaßen ermittelt:

$$\textbf{Verrechnungssatz} = \frac{\text{Primäre Gemeinkosten + sekundäre Gemeinkosten der Hilfskostenstelle}}{\Sigma \text{ Leistungsabgabe der Hilfskostenstelle an nachgelagerte Kostenstellen}}$$

Verbraucht eine Hilfskostenstelle einen Teil ihrer erstellten Leistungseinheiten selbst, dann liegt ein Eigenverbrauch vor. In diesem Fall errechnet sich die Leistungsabgabe folgendermaßen:

Erstellte Leistungseinheiten – Eigenverbrauch = Leistungsabgabe

Dieses Verfahren verursacht einen relativ geringen Arbeitsaufwand und wird vor allem deshalb in der Praxis gerne angewandt. Ein richtiges Ergebnis erhält man allerdings nur, wenn einseitige Leistungsverflechtungen vorliegen. Bestehen hingegen Leistungsbeziehungen in zwei Richtungen, dann ergibt sich ein ungenaues Ergebnis, weil wechselseitige Leistungsbeziehungen zwischen zwei Kostenstellen bei diesem Verfahren nicht vollständig berücksichtigt werden können.

Beispiel zum Stufenleiter- bzw. Stufenumlageverfahren:

Es gelten dieselben Angaben wie beim Anbauverfahren, allerdings mit dem Unterschied, dass hier die Reparaturstelle 1.200 Leistungsstunden erbringt und davon 200 Stunden an die Kantine abgibt. Auch das Stufenumlageverfahren wird im BAB durchgeführt. Die Verrechnung der Stellenkosten erfolgt stufenweise. Zunächst werden die primären Gemeinkosten der Hilfskostenstelle „Reparatur“ anhand von Verrechnungspreisen (entsprechend der Leistungsabgabe an nachfolgende Kostenstellen) verteilt. Dann erfolgt die Verrechnung der primären und sekundären Gemeinkosten der Hilfskostenstelle „Kantine“ auf die Endkostenstellen → treppenförmige Verrechnung innerbetrieblicher Leistungen.

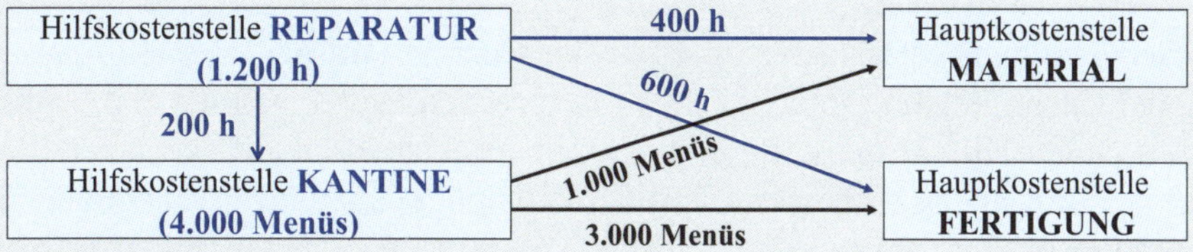

Innerbetriebliche Verrechnungssätze:

Reparatur: Primäre Gemeinkosten 60.000 / 1.200 h → **€ 50 je Stunde**
Kantine: (Primäre GK 20.000 + sekundäre GK 10.000) / 4.000 Menüs → **€ 7,5 je Menü**

Zur Ermittlung der sekundären Kosten der Kostenstellen multipliziert man diese Verrechnungspreise mit den jeweils in Anspruch genommenen Leistungseinheiten.

Kostenarten	Vorkostenstellen		Endkostenstellen	
	Reparatur	Kantine	Material	Fertigung
Primäre GK	**€ 60.000**	**€ 20.000**	**€ 150.000**	**€ 500.000**
Umlage Reparatur	→	(50 x 200 h) 10.000	(50 x 400 h) 20.000	(50 x 600 h) 30.000
Umlage Kantine		→	(7,5x1.000 M.) 7.500	(7,5x3.000 M.) 22.500
Σ Gemeinkosten	0	0	**€ 177.500**	**€ 552.500**

Abb. 42: Beispiel zum Stufenleiter- bzw. Stufenumlageverfahren

3.5.2.3. Simultan- bzw. Gleichungsverfahren

Dieses komplexe und aufwendigere Verfahren geht vom Prinzip der exakten Kostenüberwälzung aus. Das Simultanverfahren berücksichtigt alle wechselseitigen Leistungsverflechtungen eines Kostenstellensystems und ist somit die genaueste Lösungsmethode. Eine gegenseitige Leistungsverflechtung entsteht dann, wenn zwei oder mehrere Hilfskostenstellen gegenseitig ihre Leistungen austauschen, was in der Praxis sehr häufig auftritt.

In diesem Fall wird die innerbetriebliche Leistungsverrechnung mit Hilfe eines simultanen Gleichungssystems durchgeführt. Durch das Aufstellen eines Systems linearer Gleichungen kann auf simultanem Wege eine genaue Kostenverrechnung der Hilfskostenstellen untereinander vorgenommen werden. Es können genaue Verrechnungspreise für die innerbetrieblichen Leistungen ermittelt und somit auch die exakten Gesamtkosten der Endkostenstellen bestimmt werden. Die Anwendung dieses Verfahrens erfolgt in drei Schritten:

1. Schritt: Aufstellen des linearen Gleichungssystems

Die Anzahl der Gleichungen stimmt mit der Anzahl der in die Leistungsverrechnung einbezogenen Hilfskostenstellen überein, für die Verrechnungssätze zu bestimmen sind. Für jede Hilfskostenstelle wird eine Gleichung aufgestellt, die als **unbekannte Größe** die **Verrechnungspreise** für die Leistungen der Kostenstelle enthält. Als **bekannte Größen** gehen in die Gleichung ein:

- die primären Gemeinkosten der jeweiligen Hilfskostenstelle,
- die Gesamtleistung bzw. gesamte Leistungsabgabe der jeweiligen Hilfskostenstelle (liegt bei einer Kostenstelle Eigenverbrauch vor, dann entspricht die Gesamtleistung nicht der Leistungsabgabe; in

diesem Fall errechnet sich die Summe der abgegebenen Leistungseinheiten: erstellte Leistungseinheiten – Eigenverbrauch = Leistungsabgabe),

- die jeweiligen mengenmäßigen Leistungsabgaben an die empfangenden Kostenstellen.

Die **linke Seite** der Gleichung erfasst den gesamten Wertverzehr **(Input)** einer Hilfskostenstelle, die sie zur Erbringung der Gesamtleistung braucht. Dementsprechend setzt sich die linke Seite aus den primären Gemeinkosten der Hilfskostenstelle und den von einer anderen Hilfskostenstelle erhaltenen innerbetrieblichen Leistungsmengen, bewertet mit dem noch unbekannten Verrechnungspreis (= sekundäre Kosten) zusammen. Die **rechte Seite** zeigt die gesamte Leistungsabgabe **(Output)** der Kostenstelle. Auch diese Menge ist mit dem zu bestimmenden Verrechnungspreis zu bewerten. Somit ergibt sich folgende **Gleichungsstruktur**:

Primäre Gemeinkosten + Sekundäre Gemeinkosten = Leistungsabgabe x Verrechnungssatz

2. Schritt: Lösung des linearen Gleichungssystems

Besteht also eine wechselseitige Leistungsbeziehung zwischen zwei Hilfskostenstellen, dann erhält man zwei Gleichungen mit zwei Unbekannten. Sofern sich die Leistungsverflechtung auf zwei Kostenstellen beschränkt, kann das Gleichungssystem mit Hilfe des Additionsverfahrens gelöst werden. Als Resultat erhält man zwei exakte Verrechnungssätze, mit denen die innerbetrieblichen Leistungen bewertet werden. Zur Lösung komplexerer Systeme stehen in der Praxis geeignete Programme zur Verfügung.

3. Schritt: Ermittlung der sekundären Gemeinkosten

Mit Hilfe des BAB können nun alle Kosten der Hilfskostenstellen auf die Haupt- bzw. Endkostenstellen verrechnet werden. Wichtig ist, dass nach Vornahme der innerbetrieblichen Leistungsverrechnung sämtliche Kosten der Hilfskostenstellen umgelegt sind. Um die sekundären Gemeinkosten der Kostenstellen zu ermitteln, die innerbetriebliche Leistungen empfangen haben, multipliziert man die Verrechnungspreise mit den jeweils in Anspruch genommen Leistungseinheiten. Addiert man diese zu den primären Gemeinkosten, erhält man die Gemeinkostensumme der jeweiligen Hauptkostenstelle, die in weiterer Folge zur Ermittlung von Kalkulationssätzen erforderlich sind.

Beispiel zum Simultan- bzw. Gleichungsverfahren:

Es gelten dieselben Angaben wie beim Stufenleiterverfahren, allerdings mit dem Unterschied, dass hier die Kantine 5.000 Menüs herstellt. Davon gehen 500 Menüs an die Reparaturstelle und 500 Menüs werden für die Verköstigung der Kantinenmitarbeiter von der Kantine selbst verbraucht (Eigenverbrauch). Von der Kantine werden letztendlich nur 4.500 Menüs an andere Kostenstellen abgegeben, die 500 Menüs Eigenverbrauch bleiben außer Ansatz.

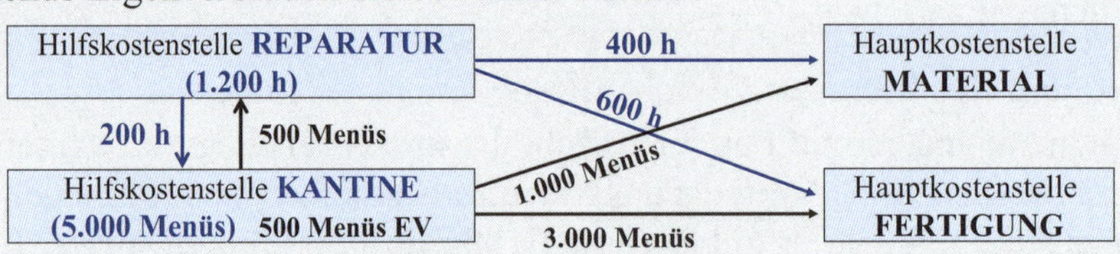

Aufstellung des linearen Gleichungssystems:

Reparatur: Primäre Gemeinkosten 60.000 + 500 Menüs = 1.200 h
Kantine: Primäre Gemeinkosten 20.000 + 200 h = 4.500 Menüs (5.000 – 500 EV)

Nach Auflösung dieses linearen Gleichungssystems mit zwei Unbekannten ergeben sich folgende
Verrechnungspreise: Kantine : € 6,792 je Menü **Reparaturstelle: € 52,83 je Stunde**

Kostenarten	Vorkostenstellen		Endkostenstellen	
	Reparatur	Kantine	Material	Fertigung
Primäre GK	€ 60.000	€ 20.000	€ 150.000	€ 500.000
Umlage Reparatur (Sekundäre GK)	- € 63.396	€ 10.566 (52,83 x 200 h)	€ 21.132 (52,83 x 400 h)	€ 31.698 (52,83 x 600 h)
Umlage Kantine (Sekundäre GK)	€ 3.396 (6,792 x 500 M.)	- € 30.566	€ 6.793 (6,792 x 1.000 M.)	€ 20.377 (6,792 x 3.000 M.)
Σ Gemeinkosten	0	0	€ 177.925	€ 552.075

Abb. 43: Beispiel zum Simultan- bzw. Gleichungsverfahren

Lösung des linearen Gleichungssystems:

Reparatur: Primäre Kosten 60.000 + 500 Menüs = 1.200 h
Kantine: Primäre Kosten 20.000 + 200 h = 4.500 Menüs

60.000 = 1.200 h – 500 Menüs
20.000 = – 200 h + 4.500 Menüs (x 6)

60.000 = 1.200 h – 500 Menüs
120.000 = – 1.200 h + 27.000 Menüs

Kantine: 180.000 = 0 h + 26.500 Menüs → **Verrechnungssatz € 6,792 je Menü**

Reparatur: Primäre Kosten 60.000 + Sekundäre Kosten (500 x 6,792) = 1.200 h
Primäre 60.000 + Sekundäre 3.396 = 1.200 h → **Verrechnungssatz € 52, 83 je h**

Die Leistungsverflechtung zwischen Reparaturstelle und Kantine ist mit Hilfe eines Systems linearer Gleichungen aufzulösen. Die sekundären Gemeinkosten erhält man durch Multiplikation dieser Verrechnungspreise mit den von den Kostenstellen in Anspruch genommenen Leistungseinheiten (siehe BAB).

3.5.3. Ermittlung von Kalkulationssätzen

Nach Durchführung der innerbetrieblichen Leistungsverrechnung sind alle Gemeinkosten (primäre und sekundäre) auf die Hauptkostenstellen umgelegt und der BAB weist nur noch Kosten für die Endkostenstellen aus. Um jedoch die Gemeinkosten auf die Kostenträger weiterverrechnen zu können, fehlt noch die geeignete Schnittstelle. Als Nahtstelle zur Verrechnung der Gemeinkosten auf die Kostenträger wird ein Kalkulationssatz errechnet.

Die Ermittlung von Kalkulationssätzen hat zwei **Aufgaben** zu erfüllen:

- Bindeglied zwischen Kostenstellen- und Kostenträgerrechnung
- Grundlage der Kostenkontrolle durch Vergleich der im BAB ermittelten Ist-Zuschlagssätze mit den in Angebotskalkulationen verwendeten Normal-Zuschlagssätzen.

Beispiel:

Der im BAB ermittelte Ist-Zuschlagssatz für die Materialstelle beträgt 28%. Bei der Kalkulation eines Kostenträgers (Auftrag) wurde allerdings mit einem Normal-Zuschlagssatz von nur 25% kalkuliert. In diesem Fall ergibt sich eine Unterdeckung, die zeigt, dass bei dem Auftrag zu wenig an Materialgemeinkosten eingerechnet wurden, was eine Ergebnisverschlechterung zur Folge hat.

In Mehrproduktunternehmen nehmen Kostenträger die Leistungen der einzelnen Kostenstellen in unterschiedlichem Maße in Anspruch. Daher muss jedes Produkt bzw. jeder Auftrag entsprechend der Inanspruchnahme der jeweiligen Kostenstellen auch einen gewissen Anteil der dort angefallenen Gemeinkosten übernehmen. Diese Inanspruchnahme wird durch Bezugsgrößen bestimmt. Das zentrale **Problem bei der Bildung von Kalkulationssätzen** ist nicht deren rechnerische Ermittlung, sondern das **Herausfinden der richtigen Bezugsgrößen** (= Maßstab der Kostenverursachung) für die einzelnen Kostenstellen:

- Ist die Bezugsbasis eine **Wertgröße** (z. B. Fertigungslöhne, Fertigungsmaterial), dann spricht man von Zuschlagsbasis, mit deren Hilfe ein **prozentueller Zuschlagssatz** errechnet wird. Die Zuschlagsbasis sollte im Verhältnis zu den Zuschlagskosten groß sein. Je kleiner die Basis, desto stärker wirken sich Unproportionalitäten aus.

Ein **Zuschlagssatz** ist ein in **Prozent (%)** ausgedrückter Multiplikator, mit dessen Hilfe die Gemeinkosten der verschiedenen Kostenstellen möglichst verursachungsgerecht den Kostenträgern zugerechnet werden können.

- Ist die Bezugsbasis allerdings eine **Mengen- oder Zeitgröße** (z. B. Produktionsmenge, Maschinenstunden, Kilometer usw.), dann ermittelt man einen **Verrechnungssatz.**

Ein **Verrechnungssatz** ist ein **Eurobetrag**, der darüber Auskunft gibt, wie viel Gemeinkosten beispielsweise in der Fertigung für eine Maschinenstunde anfallen.

Bei der Bezugsgrößenwahl ist darauf zu achten, dass zwischen Bezugsbasis und Gemeinkosten der Endkostenstelle eine Ursache-Wirkungsbeziehung besteht. Die Kosten müssen sich proportional zur Kostenstellenleistung verhalten, damit eine möglichst verursachungsgerechte Verteilung der Gemeinkosten erfolgen kann. Verhalten sich allerdings nicht alle Gemeinkosten einer Kostenstelle proportional zu einer Bezugsgröße, dann können durchaus auch mehrere Bezugsgrößen gewählt und unterschiedliche Kalkulationssätze gebildet werden. Kalkulationssätze werden grundsätzlich nach folgender **allgemeiner Formel** ermittelt:

$$\textbf{Kalkulationssatz} = \frac{\text{Gemeinkostensumme der Endkostenstelle x 100}}{\text{Bezugsgröße der Endkostenstelle}}$$

Nachfolgend wird aufgezeigt, welche Bezugsgrößen für die jeweiligen Kostenstellen in Frage kommen und wie die entsprechenden Kalkulationssätze berechnet werden.

(1) Materialbereich

In der Praxis wird sehr häufig eine Abhängigkeit der Materialgemeinkosten von den **Materialeinzelkosten** (Fertigungsmaterial) unterstellt. In diesem Fall wird für die Verrechnung der Materialgemeinkosten ein Materialgemeinkosten-Zuschlagssatz ermittelt.

$$\textbf{Materialgemeinkosten-Zuschlagssatz (\%)} = \frac{\text{Materialgemeinkosten (MGK) x 100}}{\text{Materialeinzelkosten (MEK)}}$$

Beispiel zu Materialgemeinkosten-Zuschlagssatz:
Bei der *Fixbau GmbH* sind in der Abrechnungsperiode € 650.000 an Materialeinzelkosten angefallen. Die Gemeinkosten der Materialstelle ergeben laut BAB in Summe € 97.500.

Aufgabenstellung: Wie lautet der Materialgemeinkosten-Zuschlagssatz?

Lösung:

Materialgemeinkosten-Zuschlagssatz = (MGK 97.500 x 100) / MEK 650.000 → **15%**
Dieser Kalkulationssatz von 15% besagt, dass in der Kalkulation für jeden Auftrag den der Höhe nach bekannten Materialeinzelkosten (Fertigungsmaterial) 15% dieses Betrages zugeschlagen werden müssen, um die Materialgemeinkosten anteilig zu berücksichtigen.

(2) Fertigungsbereich

In der Praxis verwendet man im Fertigungsbereich oft unterschiedliche Kalkulationssätze:

- Überwiegt im Leistungserstellungsprozess die manuelle Arbeitskraft des Menschen, dann handelt es sich um **lohnintensive Fertigungsstellen** (z. B. in der Montage) und es werden die **Fertigungslöhne** (= Fertigungseinzelkosten) als Zuschlagsbasis herangezogen.

$$\textbf{Fertigungsgemeinkosten-Zuschlagssatz (\%)} = \frac{\text{Fertigungsgemeinkosten (FGK) x 100}}{\text{Fertigungseinzelkosten (FEK)}}$$

- In der heutigen Realität ist allerdings diese angenommene proportionale Beziehung zwischen Fertigungsgemeinkosten und Fertigungslöhnen oft nicht mehr gegeben. Vor allem Produktionsbetriebe mit Serien- und Massenfertigung sind aufgrund der sich immer weiter beschleunigenden technologischen Entwicklung durch einen hohen Automatisierungsgrad gekennzeichnet. Dadurch ergibt sich eine Verschiebung in den Kostenstrukturen. Sinkende, direkt zurechenbare Fertigungslöhne gehen mit steigenden Gemeinkosten einher, was zu einem unverhältnismäßig starken Anstieg der Fertigungsgemeinkosten-Zuschlagssätze (mehrere 100%) führt. Daher verwendet man bei **automatisierten Fertigungsanlagen** mit relativ geringem Lohnkostenanteil (weil Mitarbeiter die Maschinen nur mehr programmieren, steuern und überwachen) anstelle der „Fertigungslöhne" häufig **„Maschinenlaufzeiten" als Bezugsgröße.** In diesem Fall erhält man für die Kalkulation von Produkten, die vorwiegend mit dem Einsatz von Maschinen hergestellt werden, **Verrechnungssätze.**

$$\textbf{Maschinenstunden-Verrechnungssatz (€/h)} = \frac{\text{Fertigungsgemeinkosten (FGK)}}{\text{effektive Maschinenlaufzeit}}$$

Beispiel zum Maschinenstunden-Verrechnungssatz:
Im Fertigungsbereich der *Fixbau GmbH* kommen vorwiegend Maschinen zum Einsatz. In der Abrechnungsperiode sind bei einer effektiven Maschinenlaufzeit von 2.000 Stunden maschinenabhängige Gemeinkosten in Höhe von € 85.000 angefallen.

Aufgabenstellung: Welcher Maschinenstunden-Verrechnungssatz ergibt sich?

Lösung:

Maschinenstundenverrechnungssatz = Gemeinkosten 85.000 / 2.000 Stunden → **€ 42,50**

Mit Hilfe dieses Verrechnungssatzes können in stark mechanisierten Fertigungsbereichen die Gemeinkosten auf die Kostenträger weiterverrechnet werden. Multipliziert man diesen Maschinenstundensatz mit der für einen Auftrag oder ein Produkt erforderlichen Bearbeitungszeit, erhält man die Fertigungsgemeinkosten, die für einen Kostenträger zu kalkulieren sind.

(3) Verwaltungs- und Vertriebsbereich

Im Verwaltungs- und Vertriebsbereich ist es etwas problematischer, geeignete Bezugsgrößen zu finden, weil es hier keine Einzelkosten gibt. Für die Weiterverrechnung der Verwaltungs- und Vertriebsgemeinkosten wird in der Praxis eine Abhängigkeit von den **Herstellkosten** angenommen. Diese Vorgehensweise entspricht allerdings eher dem Durchschnittsprinzip als dem Verursachungsprinzip, weil nicht davon ausgegangen werden kann, dass eine prozentuelle Erhöhung der Herstellkosten eine prozentual gleiche Erhöhung der Verwaltungs- und Vertriebsgemeinkosten zur Folge hat. Die Herstellkosten, welche die Grundlage zur Berechnung des Verwaltungs- und Vertriebsgemeinkosten-Zuschlagssatzes bilden, werden folgendermaßen berechnet:

Berechnung der Herstellkosten = Materialeinzelkosten + Materialgemeinkosten + Fertigungseinzelkosten + Fertigungsgemeinkosten

- Zur Ermittlung **des Verwaltungsgemeinkosten-Zuschlagssatzes** verwendet man als Zuschlagsbasis die **Herstellkosten der Produktion,** das entspricht den gesamten Herstellkosten eines Unternehmens, die in einer Abrechnungsperiode in Zusammenhang mit der betrieblichen Leistungserstellung angefallen sind.

$$\textbf{Verwaltungsgemeinkosten-Zuschlagssatz (\%)} = \frac{\text{Verwaltungsgemeinkosten x 100}}{\text{Herstellkosten der Produktionsleistung}}$$

- Der **Vertriebsgemeinkosten-Zuschlagssatz** zeigt, wie viel Gehalt des Verkäufers oder wie viel Werbekosten beispielsweise anteilig in einem Produkt oder einer Leistung stecken. In Zusammenhang mit der Berechnung des Vertriebsgemeinkosten-Zuschlagssatzes geht man von der Überlegung aus, dass es für die angefallenen Vertriebskosten erst dann einen Kostenersatz gibt, wenn das Unternehmen auch einen Umsatz getätigt hat. Daher verwendet man für den Vertriebsbereich als Zuschlagsbasis die **Herstellkosten des Umsatzes bzw. der Absatzleistung**.

  Diese Unterscheidung ist nur dann von Bedeutung, wenn es in einem Unternehmen größere Bestandsveränderungen an Fertigerzeugnissen gibt, d. h. wenn Produktions- und Absatzmenge auseinanderklaffen. Können beispielsweise nicht alle in einer Abrechnungsperiode erzeugten Produkte verkauft werden, dann gehen diese Erzeugnisse auf Lager. Die sich dadurch ergebenden Bestandserhöhungen sind nun von den gesamten Herstellkosten des Betriebes (der Produktion) abzuziehen und man erhält die Herstellkosten des Umsatzes bzw. der abgesetzten Menge. Bestandsminderungen hingegen müsste man den Herstellkosten der Produktion hinzurechnen.

$$\textbf{Vertriebsgemeinkosten-Zuschlagssatz (\%)} = \frac{\text{Vertriebsgemeinkosten x 100}}{\text{Herstellkosten der Absatzleistung}}$$

Der Einfachheit halber wird in der Praxis, insbesondere bei kleineren Betrieben, für die Verwaltungs- und Vertriebsgemeinkosten ein einheitlicher Gemeinkostenzuschlagssatz verwendet.

Beispiel zu Verwaltungs- und Vertriebsgemeinkosten-Zuschlagssatz:
Bei der *Fixbau GmbH* sind in der Abrechnungsperiode Verwaltungsgemeinkosten in Höhe von € 76.500 und Vertriebsgemeinkosten in Höhe von € 46.800 angefallen. Die in den Kostenstellen Material und Fertigung angefallenen Einzel- und Gemeinkosten betragen:

Materialstelle:	Materialeinzelkosten:	€ 650.000	Materialgemeinkosten:	€ 97.500
Fertigung:	Fertigungslöhne:	€ 67.500	Fertigungsgemeinkosten:	€ 85.000

In der Abrechnungsperiode wurden nur 80% der Produktion verkauft. Die restlichen 20% gingen auf Lager.

Aufgabenstellung: Berechnen Sie den Zuschlagssatz für die Verwaltungs- und Vertriebsgemeinkosten.

Lösung:
Herstellkosten der Produktion = MEK 650.000 + MGK 97.500 + FL 67.500 + FGK 85.000 = **€ 900.000**
Herstellkosten der Absatzleistung = € 900.000 x 80% = **€ 720.000**
Nachdem nur 80% der Produktion verkauft wurden, dürfen auch nur 80% der HK als Bezugsgröße für die Berechnung des GK-Zuschlagssatzes der Vertriebsstelle herangezogen werden.
Verwaltungsgemeinkosten-Zuschlagssatz = (GK 76.500 x 100) / HK der Produktion 900.000 → **8,5%**
Vertriebsgemeinkosten-Zuschlagssatz = (GK 46.800 x 100) / HK der Absatzleistung 720.000→ **6,5%**
Mit Hilfe dieser Zuschlagssätze werden im Rahmen der Kalkulation die Verwaltungs- und Vertriebsgemeinkosten anteilig den Kostenträgern zugerechnet.

3.5.4. Kostenkontrolle

Der letzte Schritt der Kostenstellenrechnung ist die Kostenkontrolle. Sie leistet einen wichtigen Beitrag zur Kontrolle der Wirtschaftlichkeit. Zunächst werden den einzelnen Kostenstellen entweder aufgrund von Planungen und Budgetierungen oder aufgrund von Durchschnittswerten der Vergangenheit Kosten vorgegeben (Sollkosten). Dabei handelt es sich um Zielgrößen für die Arbeit der Kostenstelle. Am Ende einer Abrechnungsperiode stellt man dann diese Vorgabewerte den tatsächlich entstandenen Kosten (Istkosten) gegenüber, mit dem Ziel, Ursachen für Abweichungen aufzudecken, um künftig die Kostenentwicklung besser als bisher prognostizieren zu können. In diesem Zusammenhang dient die Kostenstellenrechnung einerseits als Steuerungsinstrument und andererseits zur Prüfung der Verantwortlichkeit des Kostenstellenleiters.

Bei der Kalkulation von Aufträgen und Angeboten werden üblicherweise den für einen Auftrag zu erwartenden Einzelkosten (Fertigungsmaterial und Fertigungslöhne) mit Hilfe von Kalkulationssätzen die Gemeinkosten zugerechnet. Dabei stellen die Normalgemeinkosten-Zuschlagssätze (= Durchschnittswerte mehrerer Istgemeinkosten-Zuschlagssätze vergangener Abrechnungsperioden) die Grundlage für die Kalkulation der laufenden Periode dar. Am Ende der Periode wird dann überprüft, ob diese Normalgemeinkosten-Zuschlagssätze mit denen man kalkuliert hat, über- oder unterschritten wurden (vgl. Kap. I.5.1.2).

Um der betrieblichen Kontrollfunktion gerecht zu werden, ergibt sich die Notwendigkeit, die im BAB ermittelten Ist-Zuschlagssätze mit den Normalgemeinkosten-Zuschlagssätzen zu vergleichen, um **Kostenüberdeckungen bzw. Kostenunterdeckungen** festzustellen.

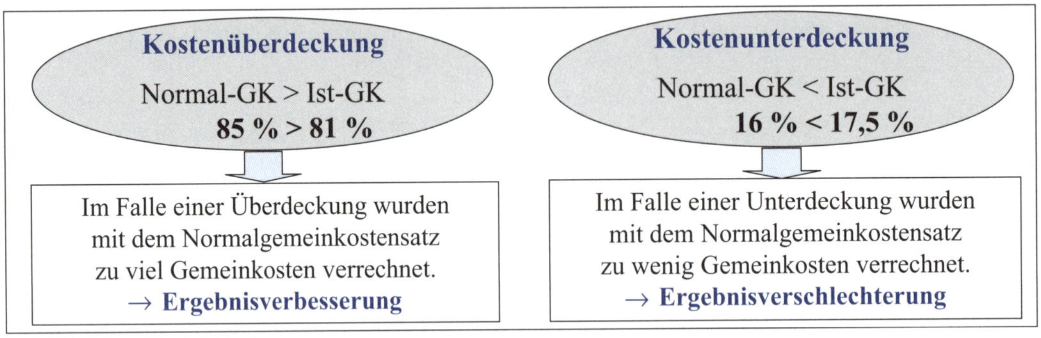

Abb. 44: Kostenüberdeckung und Kostenunterdeckung

3.6. Fallbeispiel *„Glas Tech" KG* zur Kostenstellenrechnung

Bei der *„Glas Tech" KG* wurden gemäß der betriebsspezifischen Bedürfnisse folgende Kostenstellen (entsprechend der betrieblichen Funktionsbereiche) eingerichtet:

Hauptkostenstellen:

- ***Materialstelle*** ist zuständig für den Einkauf und die Lagerverwaltung der Roh-, Hilfs- und Betriebsstoffe (wie Holz, Kunststoff, Glas, Lacke, Beschläge usw.)
- ***Fertigungsstellen***: Aufgrund des dreistufigen Produktionsprozesses führt die *„Glas Tech" KG* drei Fertigungsstellen:
  - ***Rahmenbau:*** Hier werden Holz- und Kunststoffrahmen in unterschiedlichen Größen hergestellt.
  - ***Isolierglas:*** Hier wird das Glas für die Fenster mit unterschiedlichen Isolierwerten produziert.
  - ***Montage:*** Hier erfolgt der Zusammenbau der Einzelteile Glas und Holz- bzw. Kunststoffrahmen zum Fenster.
- ***Verwaltungsstelle*** ist zuständig für das Funktionieren der gesamten Betriebsorganisation und besteht aus Geschäftsleitung, Personal-, Finanz- und Rechnungswesen.
- ***Vertriebsstelle*** als Schnittstelle zu den Absatzmärkten des Unternehmens ist zuständig für das Fertigwarenlager, den Verkauf und Versand, sowie Marketing und Werbung, damit genug Kundenaufträge hereinkommen.

Allgemeine Hilfskostenstellen:

- ***Heizung:*** Diese Stelle versorgt den Gesamtbetrieb mit Heizleistungen.
- ***Gebäudeverwaltung:*** Sie ist zuständig für die Verwaltung sämtlicher Räumlichkeiten.

Fertigungshilfsstelle:

- ***Meisterbüro*** wurde zur Unterstützung des gesamten Produktionsbereiches eingerichtet.

Demzufolge ergibt sich für die *„Glas Tech" KG* folgende Kostenstellenhierarchie:

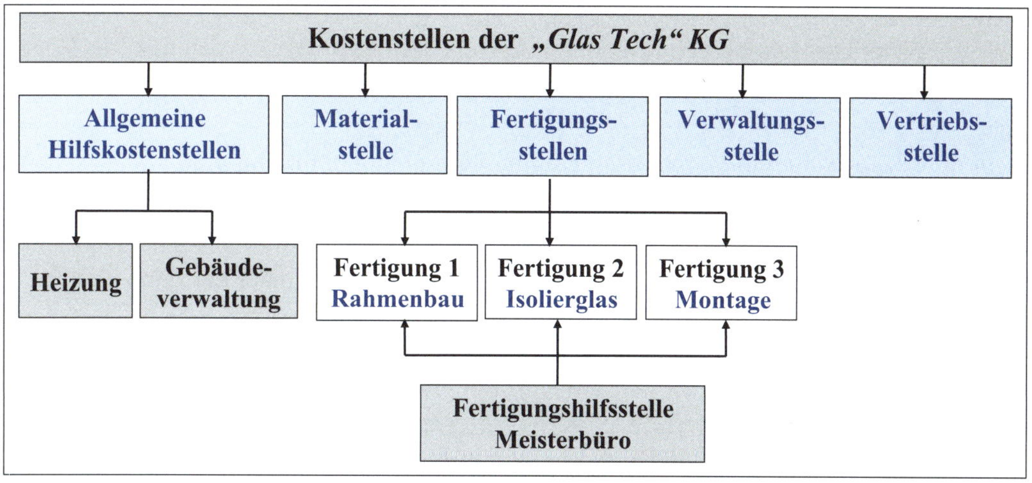

Abb. 45: Kostenstellenhierarchie der „Glas Tech" KG

(1) Primärkostenverrechnung

Die im Betriebsüberleitungsbogen der *„Glas Tech" KG* (vgl. Kap. II.2.7) ermittelten und nach Kostenarten gegliederten primären Gemeinkosten wurden in den BAB übernommen und größtenteils bereits anhand von Verteilungsschlüsseln entsprechend verursachungsgerecht auf die jeweiligen Kostenstellen verteilt. Lediglich die Stromkosten und die kalkulatorische Abschreibung sind noch nicht auf die Kostenstellen weiter verrechnet. Zur Verrechnung dieser beiden primären Gemeinkostenarten stehen folgende Informationen zur Verfügung:

- Die **Stromkosten** von € 150.000 beziehen sich je zur Hälfte auf Leistungsstrom und Lichtstrom. Zur Weiterverrechnung dieser Kosten werden Mengenschlüssel herangezogen.
  - ***Leistungsstrom:*** Verteilung nach den maximalen Leistungsaufnahmen der Maschinen in den jeweiligen Fertigungsstellen.
  - ***Lichtstrom:*** Verteilung nach den in den Kostenstellen installierten Zählern.
- Um die Unternehmenssubstanz zu erhalten, werden bei der Berechnung der **kalkulatorischen Abschreibung** die Wiederbeschaffungswerte (Wertschlüssel) zugrunde gelegt. Diese betragen 120% der Anschaffungskosten der jeweiligen Vermögensgegenstände. Die durchschnittliche Nutzungsdauer liegt bei 10 Jahren. Im BÜB (vgl. Kap. II.2.7) wurde bereits die kalkulatorische Jahresabschreibung für das Verwaltungsgebäude mit € 90.081 und für die Heizungsanlage mit € 20.000 ermittelt.

Die zur Primärkostenverrechnung erforderlichen **Mengen- und Wertschlüssel** sind folgender Tabelle zu entnehmen:

	Heizung	**Geb.-Verw.**	**Meist. Büro**	**Material**	**Rahmenbau**	**Isolierglas**	**Montage**	**Vertrieb**	**Verwaltung**
Anschaffungswerte (Beträge in TEUR)	BÜB	150	34	100	200	350	150	100	BÜB
Leistungsstrom (kWh)					15.000	50.000	10.000		
Lichtstrom (Zähler)	2	1	1	3	5	3	5	2	3

Aufgabenstellung:

Führen Sie die **Primärkostenverrechnung** durch. Welche **kalkulatorische Abschreibung** und welche **Stromkosten** ergeben sich in den einzelnen Kostenstellen?

Lösung:

Stromkosten: Jeweils € 75.000 entfallen auf Leistungsstrom und auf Lichtstrom.

- **Leistungsstrom:** Summe der maximalen Leistungsaufnahmen = **75.000 kWh**
  Dividiert man die Leistungsstromkosten durch die 75.000 kWh, erhält man den Verrechnungspreis je kWh. Durch Multiplikation dieses Preises mit den jeweiligen kWh der Fertigungsstellen, ergeben sich die Kosten für den Leistungsstrom der Kostenstellen.
  Berechnung: (GK 75.000 / 75.000 kWh) → **Verrechnungssatz je kWh: € 1**
- **Lichtstrom:** Summe der in den Kostenstellen installierten Zähler = **25 Zähler**
  Ansonsten analoge Vorgehensweise wie bei der Berechnung des Leistungsstroms.
  Berechnung: (GK 75.000 / 25 Zähler) → **Verrechnungssatz je Zähler: € 3.000**

Stromkosten	**Heizung**	**Geb-Verw.**	**Meist. Büro**	**Material**	**Rahmenbau**	**Isolierglas**	**Montage**	**Vertrieb**	**Verwaltung**
Leistungsstrom (kWh)					15.000	50.000	10.000		
Lichtstrom (Verhältnis)	6.000	3.000	3.000	9.000	15.000	9.000	15.000	6.000	9.000
Summe Stromkosten	**6.000**	**3.000**	**3.000**	**9.000**	**30.000**	**59.000**	**25.000**	**6.000**	**9.000**

Kalkulatorische Abschreibung:

Zunächst ermittelt man die Wiederbeschaffungswerte der in den einzelnen Kostenstellen vorhandenen Vermögensgegenstände **(Anschaffungswerte x 120% = WBW).** Dann dividiert man die WBW der einzelnen Kostenstellen durch die Nutzungsdauer (zehn Jahre) und erhält so die kalkulatorische Abschreibung der jeweiligen Kostenstellen (auf ganze Tausender auf- bzw. abrunden).

Kalkulatorische Abschreibung	**Heizung**	**Geb-Verw.**	**Meist. Büro**	**Material**	**Rahmenbau**	**Isolierglas**	**Montage**	**Vertrieb**	**Verwaltung**
WBW (AW × 120%)	siehe BÜB	180.000	40.800	120.000	240.000	420.000	180.000	120.000	siehe BÜB
Kalk. Abschreibung	**20.000**	**18.000**	**4.000**	**12.000**	**24.000**	**42.000**	**18.000**	**12.000**	**90.000**

Nach Durchführung der Primärkostenverrechnung hat der **BAB der *„Glas Tech“ KG*** folgendes Aussehen (alle Beträge auf TEUR gerundet):

Kostenstellen / Kostenarten	**Σ Kosten**	**Vorkostenstellen**			**Material**	**Fertigung**			**Vertrieb**	**Verwalt.**
		Heizung	**Geb. Verw.**	**Meist. Büro**		**Rahmenbau**	**Isolierglas**	**Montage**		
Betriebsstoffe	250	5	10	9	15	71	35	65	15	25
Stromkosten	**150**	**6**	**3**	**3**	**9**	**30**	**59**	**25**	**6**	**9**
Hilfslöhne *)	496	9	63	–	24	135	91	125	37	12
Gehälter *)	405	30	75	63	90	–	–	–	27	120
Versicherung	110	10	12	–	12	15	15	15	15	16
Sonst. Kosten	255	35	50	10	56	30	15	30	14	15

Kalk. Abschr.	**240**	**20**	**18**	**4**	**12**	**24**	**42**	**18**	**12**	**90**
Kalk. Zinsen	350	10	50	1	5	64	110	50	30	30
Kalk. Wagnisse	69	5	15					5	44	
Kalk. Unt.Lohn	150	–	–	–	–	–	–	–	75	75
Σ Primäre GK	**2.475**	**130**	**296**	**90**	**223**	**369**	**367**	**333**	**275**	**392**

*) Sowohl bei den Löhnen als auch bei den Gehältern wurden die entsprechenden Lohnnebenkosten eingerechnet. Somit ergeben sich folgende Kosten:

Fertigungslöhne:	**€ 1.638.000**	setzen sich zusammen aus:	Fertigungslöhne 780.000 + LNK 858.000
Hilfslöhne:	**€ 496.000**	setzen sich zusammen aus:	Hilfslöhne 310.000 + LNK 186.000
Gehälter:	**€ 405.000**	setzen sich zusammen aus:	Gehälter 250.000 + GNK 155.000

(2) Innerbetriebliche Leistungsverrechnung und Ermittlung von Kalkulationssätzen

- Das **Heizhaus** lieferte im Abrechnungszeitraum **66.000 kWh**. Der Verbrauch der einzelnen Kostenstellen ist nachfolgender Tabelle zu entnehmen.
- Die **Gebäudeverwaltung** verwaltet eine Gesamtfläche von **5.200 m²**. Die Kostenumlage erfolgt entsprechend der von den einzelnen Kostenstellen beanspruchten Betriebsflächen.
- Die Fertigungshilfsstelle **Meisterbüro** erbringt eine Gesamtleistung von **2.500 Stunden** und ist gemäß der von den drei Fertigungsstellen in Anspruch genommenen Stunden umzulegen.

Umlageschlüssel	**Heizung**	**Geb-Verw.**	**Meist. Büro**	**Material**	**Rahmenbau**	**Isolierglas**	**Montage**	**Vertrieb**	**Verwalt.**
Heizleistungen (kWh)	1.000	2.000	2.000	4.000	10.000	22.000	16.000	4.000	5.000
Beanspruchte m²	0	200	100	500	1.100	800	1.750	500	250
Meisterbüro (Stunden)					900	400	1.200		

Aufgabenstellung:

a) Führen Sie die **innerbetriebliche Leistungsverrechnung** mit dem **Stufenleiterverfahren** durch (alle Beträge auf TEUR runden).

b) Ermitteln Sie die **Kalkulationssätze** für die Hauptkostenstellen (auf eine Dezimalstelle). Bezugsgrößen zur Gemeinkostenverrechnung sind im Material- und Fertigungsbereich die jeweiligen Einzelkosten und im Verwaltungs- und Vertriebsbereich die Herstellkosten.

Lösung:

a) Innerbetriebliche Leistungsverrechnung

Nachdem die Kostenstelle **„Heizung"** alle nachfolgenden Kostenstellen beliefert und selbst von keiner anderen Kostenstelle eine Leistung empfängt, wird zunächst die Hilfskostenstelle „Heizung" entsprechend der von den einzelnen Kostenstellen in Anspruch genommenen Heizleistungen umgelegt. Bei der Ermittlung des Verrechnungssatzes für Heizleistungen dürfen die Gemeinkosten der Heizungsstelle nur durch die tatsächliche Leistungsabgabe an andere Kostenstellen (65.000 kWh) dividiert werden. Der Eigenverbrauch von 1.000 kWh ist somit von der gesamten Leistungserbringung (66.000 kWh) der Kostenstelle abzuziehen.

Im Anschluss daran werden die Gemeinkosten (primäre und sekundäre) der Kostenstelle **„Gebäudeverwaltung"** verursachungsgerecht auf die Kostenstellen verteilt. Die für andere Kostenstellen verwaltete Gesamtfläche beträgt 5.000 m² (= Leistungsabgabe), da 200 m² von der Gebäudeverwaltung selbst beansprucht werden.

Zum Schluss erfolgt die Abrechnung der Fertigungshilfsstelle **„Meisterbüro"**, indem die primären und sekundären Gemeinkosten auf die drei Fertigungsstellen umgelegt werden.

Genauso wie bei der Primärkostenverrechnung sind auch hier für die abzurechnenden Hilfskostenstellen **Verrechnungssätze** zu **ermitteln**.

Heizung:	Σ Primäre GK 130.000 / (Σ kWh 66.000 – 1.000 EV) → Σ GK 130.000 / 65.000 kWh → **Verrechnungssatz je kWh: € 2**
Geb. Verw.:	Σ Primäre GK 296.000 + Sekundäre GK 4.000 / (Σ m² 5.200 – 200 EV) → Σ GK 300.000 / 5.000 m² → **Verrechnungssatz je m2: € 60**
Meisterbüro:	Σ Primäre GK 90.000 + Sekundäre GK (4.000 + 6.000) / 2.500 h → Σ GK 100.000 / 2.500 h → **Verrechnungssatz je h: € 40**

Durch Multiplikation dieser Verrechnungssätze mit den jeweils von den Kostenstellen in Anspruch genommenen Leistungen, erhält man die sekundären Gemeinkosten der einzelnen Kostenstellen. Wichtig ist, dass nach Vornahme der innerbetrieblichen Leistungsverrechnung auf den Hilfskostenstellen keine Kosten mehr übrig bleiben. Sämtliche dort angefallenen Kosten müssen letztendlich auf die Hauptkostenstellen umgelegt worden sein.

Nachdem man zur Berechnung der Kalkulationssätze die Einzelkosten als Bezugsgrößen benötigt, sind diese in den ersten beiden Zeilen des BAB angeführt. Nach Durchführung der innerbetrieblichen Leistungsverrechnung hat der **BAB der *„Glas Tech" KG*** folgendes Aussehen (alle Beträge auf TEUR gerundet):

Kostenstellen / Kostenarten	Σ Kosten	Heizung	Geb.-Verw.	Meist. Büro	Material	Fertigung Rahm. bau	Fertigung Isolier-glas	Fertigung Mon-tage	Vertrieb	Verwalt.
Rohstoffe	1.380				1.380					
Fertigungslöhne	1.638					610	215	813		
Σ Primäre GK	**2.475**	**130**	**296**	**90**	**223**	**369**	**367**	**333**	**275**	**392**
Umlage Heizung		**0**	**4**	**4**	**8**	**20**	**44**	**32**	**8**	**10**
Umlage Geb. Verw.			**0**	**6**	**30**	**66**	**48**	**105**	**30**	**15**
Umlage Meisterbüro				**0**		**36**	**16**	**48**		
Σ Gemeinkosten*)	**2.475**	**0**	**0**	**0**	**261**	**491**	**475**	**518**	**313**	**417**
Bezugsgrößen					MEK 1.380	FL 610	FL 215	FL 813	HK 4.763	HK 4.763
Zuschlagssätze					**18,9%**	**80,5%**	**220,9%**	**63,7%**	**6,6%**	**8,8%**

*) *Achtung:* Einzelkosten (Rohstoffkosten und Fertigungslöhne) dürfen nicht in die Gemeinkostensumme eingerechnet werden!

b) Berechnung der Gemeinkostenzuschlagssätze für die Hauptkostenstellen

• **Materialstelle:**	MGK 261.000 x 100 / MEK 1.380.000	→	**18,9%**
• **Rahmenbau:**	FGK 491.000 x 100 / FL 610.000	→	**80,5%**
• **Isolierglas:**	FGK 475.000 x 100 / FL 215.000	→	**220,9%**
• **Montage:**	FGK 518.000 x 100 / FL 813.000	→	**63,7%**
• **Vertrieb:**	GK 313.000 x 100 / HK 4.763.000*)	→	**6,6%**
• **Verwaltung:**	GK 417.000 x 100 / HK 4.763.000*)	→	**8,8%**

*) **Berechnung der Herstellkosten** als Bezugsbasis für Verwaltung und Vertrieb (Beträge in TEUR):

HK = MEK 1.380 + MGK 261 + FL_1 610 + FGK_1 491 + FL_2 215 + FGK_2 475 + FL_3 813 + FGK_3 518 = **4.763**

(3) Kostenkontrolle

Die *„Glas Tech" KG* hat während des BAB-Abrechnungszeitraumes mit folgenden Normalgemeinkosten-Zuschlagssätzen kalkuliert:

Kostenstellen / Kostenarten	Material	Fertigung			Vertrieb	Verwaltung
		Rahmenbau	**Isolierglas**	**Montage**		
Normalgemeinkosten-Zuschlagssätze	17,5%	85%	220%	65%	7%	8%
Istgemeinkosten-Zuschlagssätze	18,9%	80,5%	220,9%	63,7%	6,6%	8,8%
Kosten**über**- bzw. Kosten**unter**deckung in Kostenstellen	Kosten-**unter**-deckung	Kosten-**über**-deckung	Kosten-**unter**-deckung	Kosten-**über**-deckung	Kosten-**über**-deckung	Kosten-**unter**-deckung

Durch den Vergleich der im BAB ermittelten Ist-Gemeinkostenzuschlagssätze mit den bisher in der Kalkulation verwendeten Normalgemeinkosten Zuschlagssätzen können **Kostenüber- bzw. Kostenunterdeckungen** festgestellt werden.

Kosten**über**deckung → **Ergebnisverbesserung** bei Rahmenbau, Montage und Vertrieb.

Kosten**unter**deckung → **Ergebnisverschlechterung** bei Material, Isolierglas und Verwaltung.

Lehrzielkontrolle

1. Erklären Sie den Begriff „Kostenstelle".
2. Welche Aufgaben hat die Kostenstellenrechnung zu erfüllen?
3. Welche Grundsätze müssen bei der Kostenstellenbildung beachtet werden?
4. Unter welchen Gesichtspunkten können die Kostenstellen eines Betriebes eingeteilt werden?
5. Erklären Sie den Unterschied zwischen Hilfskostenstellen und Hauptkostenstellen.
6. Welche Aufgabenbereiche eines Unternehmens werden jeweils von der Material-, der Fertigungs-, der Verwaltungs- und der Vertriebsstelle wahrgenommen?
7. Beschreiben Sie kurz den Aufbau und die Aufgaben des Betriebsabrechnungsbogens.
8. Wodurch unterscheiden sich die Kostenstellen-Einzelkosten von den Kostenstellen-Gemeinkosten und wie können sie den einzelnen Kostenstellen zugerechnet werden?

9. Was versteht man unter einem Kostenstellenplan?
10. Was unterscheidet die Primärkostenverrechnung von der Sekundärkostenverrechnung?
11. Welche Aufgabe hat die innerbetriebliche Leistungsverrechnung zu erfüllen?
12. Welche Verfahren zur innerbetrieblichen Leistungsverrechnung kennen Sie? Grenzen Sie diese bezüglich des Anwendungsbereiches und der Vorgehensweise voneinander ab.
13. Aus welchem Grund werden im Betriebsabrechnungsbogen Kalkulationssätze gebildet?
14. Wie lautet die allgemeine Formel zur Berechnung von Kalkulationssätzen?
15. Welche Bezugsgrößen kommen für die Weiterverrechnung der in den Kostenstellen Material, Fertigung, Verwaltung und Vertrieb angefallenen Gemeinkosten in Betracht?
16. Wie kommt eine Kostenüberdeckung bzw. eine Kostenunterdeckung zustande?

Multiple-Choice-Fragen

Kreuzen Sie bei nachfolgenden Fragen die jeweils richtige(n) Aussage(n) an!

Frage 1: Kreuzen Sie an, welche der folgenden Aussagen bezüglich **Hauptkostenstellen** zutreffend ist (sind).

	Sind Stellen, die Leistungen erbringen, die auf die Kostenträger weiter verrechnet werden.
	Sind Stellen, deren Kosten im Kalkulationsschema der Kostenträgerrechnung wieder zu finden sind.
	Sind Stellen, die von der innerbetrieblichen Leistungsverrechnung nicht beeinflusst werden.
	Sind Stellen, denen primäre und sekundäre Gemeinkosten angelastet werden.

Frage 2: Kreuzen Sie an, inwieweit es sich bei nachfolgend angeführten Kosten der Schuhfabrik **„Flippers"** um **Kostenstellengemeinkosten** oder um **Kostenstelleneinzelkosten** der Kostenstelle Fertigung, Verwaltung oder Vertrieb handelt.

Aufgaben	Kostenstellen-**gemein**kosten	Kostenstellen-**einzel**kosten **Fertigung**	Kostenstellen-**einzel**kosten **Verwaltung**	Kostenstellen-**einzel**kosten **Vertrieb**
Das Gehalt der Chefsekretärin beträgt laut Gehaltsliste monatlich € 2.500.				
Laut Eingangsrechnung betragen die Kosten für eine Werbekampagne € 12.000.				
Die Rechnung für eine bei der Produktionsanlage durchgeführte Fremdreparatur lautet auf € 7.500.				
Die Stromkosten des Unternehmens in Höhe von € 24.000 werden nach verbrauchten kWh abgerechnet.				
Die Abschreibung der Betriebs- und Geschäftsausstattung des Personalbüros beträgt laut Anlagenkartei € 5.000.				

Frage 3: Die **Hilfskostenstelle „Reparatur"** erbringt von insgesamt 400 Stunden Reparaturdienstleistungen 160 Stunden an die Endkostenstelle „Fertigung" und 240 Stunden an die Endkostenstelle „Material".
Die erforderliche Energie bezieht die Reparaturstelle von der **Hilfskostenstelle „Energieversorgung"**, welche 160 MWh an die Hilfskostenstelle „Reparatur" und 250 MWh an die Endkostenstelle „Fertigung" leistet.
Welche Aussage zur innerbetrieblichen Leistungsverrechnung ist **zutreffend?**

	Es liegt eine einseitige Leistungsverflechtung vor, daher sollte das Anbauverfahren eingesetzt werden.
	Es liegt eine einseitige Leistungsverflechtung vor, daher sollte das Stufenumlageverfahren eingesetzt werden.
	Es liegt eine einseitige Leistungsverflechtung vor, daher sollte das Simultanverfahren eingesetzt werden.
	Es liegt eine wechselseitige Leistungsverflechtung vor, daher sollte das Stufenumlageverfahren eingesetzt werden.
	Es liegt eine wechselseitige Leistungsverflechtung vor, daher sollte das Simultanverfahren eingesetzt werden.

Kreuzen Sie bitte an, ob die folgenden Aussagen richtig oder falsch sind!

Aussage	richtig	falsch
Die Hauptaufgabe der Kostenstellenrechnung besteht in der Kalkulation von Selbstkosten für die erstellten Produkte.		
Der Gemeinkostenzuschlagssatz der Verwaltungsstelle ergibt sich aus der Division der Verwaltungsgemeinkosten durch die Herstellkosten.		
Kostenstellen-Einzelkosten können aufgrund von Belegen und Sonderaufzeichnungen den einzelnen Kostenstellen direkt zugerechnet werden.		
Um der Forderung einer zweckmäßigen Gliederung der Kostenstellen gerecht zu werden ist es sinnvoll, einen Kostenartenplan zu erstellen.		
Um eine wirksame Kostenkontrolle zu ermoglichen, soll bei der Kostenstellenbildung darauf geachtet werden, dass eine Identität zwischen Kostenstelle und Verantwortungsbereich gegeben ist.		
Die in Hauptkostenstellen entstandenen Kosten werden nicht direkt auf die Kostenträger verteilt, sondern im Rahmen der innerbetrieblichen Leistungsverrechnung weiterverrechnet.		
Aktivierbare innerbetriebliche Leistungen werden als eigene Kostenträger kalkuliert und im Rahmen der innerbetrieblichen Leistungsverrechung abgerechnet.		
Durch die Gliederung des Unternehmens in mehrere Kostenstellen werden die Ergebnisse der Kostenstellenrechnung zwar genauer, die Ergebnisse der Kostenträgerrechnung jedoch ungenauer.		
Als allgemeine Hilfskostenstelle bezeichnet man Kostenstellen, die nur Leistungen für bestimmte andere Kostenstellen erbringen.		
Das Anbauverfahren wird zur Durchführung der innerbetrieblichen Leistungsverrechnung dann angewendet, wenn zwischen den Hilfskostenstellen ein einseitiger Leistungsaustausch stattfindet.		

Kalkulationssätze stellen das Bindeglied zwischen Kostenstellen- und Kostenträgerrechnung dar.		
Die Verrechnung der Endkostenstellen auf die Vorkostenstellen im Rahmen der innerbetrieblichen Leistungsverrechnung ist Aufgabe der Kostenstellenrechnung.		
Verwendet man zur Berechnung des Kalkulationssatzes als Bezugsgröße eine Mengen- oder Zeitgröße, dann erhält man zur Weiterverrechnung der Gemeinkosten einen Verrechnungssatz.		
Unter innerbetrieblichen Leistungen versteht man Leistungen, die von Hilfskostenstellen erbracht werden und zur Aufrechterhaltung der Leistungsbereitschaft des Unternehmens selbst dienen.		
Die innerbetriebliche Leistungsverrechnung wird formal im Betriebsüberleitungsbogen durchgeführt.		

Beispiele zur Kostenstellenrechnung

Beispiel 3.1: Zurechnung der Kostenarten zu Kostenstellen

Eine Großbäckerei hat sich auf die Herstellung von Torten spezialisiert. Der Teig für die Torten entsteht dadurch, dass die Zutaten Milch, Eier und Mehl von den Mitarbeitern miteinander verrührt werden. Anschließend werden die Torten in einem Ofen gebacken. Für die Produktion der Torten sind in der letzten Abrechnungsperiode unter anderem folgende Kosten angefallen:

(1) Zeitliche Abschreibung eines Backofens in Höhe von € 2.500.

(2) Kosten für Radiowerbung für die Torten in Höhe von € 750.

(3) Kosten für die Lohn- und Gehaltsverrechnung in Höhe von € 4.200.

(4) Einkauf und Verbrauch von Eiern in Höhe von € 1 je hergestellter Torte.

(5) Stromkosten für die Lagerung der Roh-, Hilfs- und Betriebsstoffe in Höhe von € 1.000.

(6) Den Torten einzeln zurechenbare Akkordlöhne in Höhe von € 4 je hergestellter Torte.

Aufgabenstellung: Kreuzen Sie an, ob es sich bei oben angeführten Kosten

- um Materialeinzel- oder Materialgemeinkosten,
- um Fertigungseinzel- oder Fertigungsgemeinkosten,
- um Verwaltungsgemeinkosten oder Vertriebsgemeinkosten handelt.

	Material-**einzel**kosten	Material-**gemein**kosten	Fertigungs-**einzel**kosten	Fertigungs-**gemein**kosten	Verwaltungs-**gemein**kosten	Vertriebs-**gemein**kosten
(1)						
(2)						
(3)						
(4)						
(5)						
(6)						

Beispiel 3.2: Primärkostenverteilung und Ermittlung von Kalkulationssätzen

Der Betriebsabrechnungsbogen eines Gewerbebetriebes hat folgendes Aussehen (Beträge in €):

Kostenstellen / Kostenarten	Betrag	Hilfskostenstelle Gebäudeverwaltung	Hauptkostenstellen		
			Material	Fertigung	Verwaltung & Vertrieb
Fertigungsmaterial	100.000		100.000		
Fertigungslöhne	250.000			250.000	
Fertigungshilfslöhne	30.000				
Hilfsmaterial	15.000				
Gehälter	40.000				
Stromkosten	20.000				
Σ primäre GK	**105.000**				
Umlage					
Summe GK					
Bezugsgrößen					
Kalkulationssätze					

Aufgabenstellung:

a) Führen Sie anhand folgender Zusatzinformationen die **Primärkostenverrechnung** durch:

- **Fertigungshilfslöhne:** Kostenstellen-Einzelkosten der Fertigungsstelle (lt. Lohnzettel).
- **Hilfsmaterial:** Kostenstellen-Gemeinkosten verteilen sich auf die Kostenstellen Material und Fertigung im Verhältnis 2:3
- **Gehälter:** Kostenstellen-Einzelkosten der Verwaltungsstelle (lt. Gehaltsabrechnung).
- **Stromkosten:** Kostenstellen-Gemeinkosten sind nach den von den Kostenstellen verbrauchten kWh abzurechnen: Gebäudeverwaltung 500 kWh, Material 300 kWh, Fertigung 2.400 kWh, Verwaltung & Vertrieb 800 kWh.

b) Legen Sie die **Hilfskostenstelle Gebäudeverwaltung** um und ermitteln Sie die **sekundären Gemeinkosten.** Die Kosten verteilen sich auf die Hauptkostenstellen Material : Fertigung : Verwaltung & Vertrieb im Verhältnis 8 : 10 : 2.

c) Ermitteln Sie die **Kalkulationssätze für die Hauptkostenstellen** (auf eine Dezimalstelle).
Für die **Berechnung der Gemeinkostenzuschlagssätze** werden als Bezugsgröße in der Materialstelle die Materialeinzelkosten und in der Verwaltungs- und Vertriebsstelle die Herstellkosten herangezogen. Nachdem es sich bei der Fertigungsstelle um einen stark automatisierten Bereich handelt, sollen hier die Fertigungsgemeinkosten über Maschinenstundensätze verrechnet werden. In der Abrechnungsperiode waren die Maschinen 1.000 Stunden im Einsatz.

Beispiel 3.3: Innerbetriebliche Leistungsverrechnung (Simultanverfahren)

Im Betriebsabrechnungsbogen der *Chaos GmbH* sind neben anderen Kostenstellen die beiden Hilfskostenstellen **„Heizung"** (primäre Gemeinkosten € 23.500) und **„Reparatur"** (primäre Gemeinkosten € 24.400) ausgewiesen. Von der Hilfsstelle **„Heizung"** werden insgesamt 840 kWh erzeugt. 40 kWh werden von der **„Heizung"** selbst verbraucht, 20 kWh werden an die **„Reparaturstelle"**, der Rest an andere Kostenstellen geleistet.

Die **„Reparaturstelle"** erbringt insgesamt 2.080 Stunden. 80 Stunden davon verbraucht sie selbst für die Herstellung eines Spezialwerkzeuges zur internen Nutzung durch die **„Reparaturstelle"**. Die Leistungsabgabe an die **„Heizung"** beträgt 40 Stunden.

Aufgabenstellung: Ermitteln Sie die **Verrechnungssätze** der beiden **Hilfskostenstellen** (auf eine Dezimalstelle)!

Beispiel 3.4: Ermittlung von Kalkulationssätzen

Die *Makro OG* hat in der vergangenen Abrechnungsperiode in ihrer Gewinn- und Verlustrechnung **Gesamtaufwendungen** in Höhe von **€ 2.420.000** ausgewiesen. In diesem Betrag sind allerdings neutrale Aufwände von € 170.000 enthalten und Zusatzkosten in Höhe von € 300.000 noch nicht berücksichtigt.
Die in den Gesamtkosten der Abrechnungsperiode enthaltenen **Einzelkosten** betragen € 250.000 für das Fertigungsmaterial und € 1.000.000 für Fertigungslöhne.
Von den nicht direkt auf die Aufträge zurechenbaren **Gemeinkosten** sind 5% vom Fertigungsmaterial und 95% von den Fertigungslöhnen abhängig.

Aufgabenstellung:

a) Berechnen Sie die **Gesamtkosten** der *Makro OG* der vergangenen Abrechnungsperiode.
b) Berechnen Sie den **Material- und Fertigungsgemeinkosten-Zuschlagssatz** (auf eine Dezimalstelle rechnen).

Beispiel 3.5: BAB mit innerbetrieblicher Leistungsverrechnung

In einem Erzeugungsbetrieb mit den Hilfskostenstellen Stromerzeugung und Reparatur, sowie den Hauptkostenstellen Material, Fertigung, Verwaltung & Vertrieb sind folgende Einzelkosten und primäre Gemeinkosten angefallen (alle Beträge in €):

Kostenarten	**Strom**	**Reparatur**	**Material**	**Fertigung**	**Verwaltung & Vertrieb**
Fertigungsmaterial			130.000		
Fertigungslöhne				208.000	
Primäre Gemeinkosten	**36.400**	**22.100**	**104.000**	**204.750**	**66.950**
Umlage Strom					
Umlage Reparatur					
Summe Gemeinkosten					
Zuschlagsbasen					
GK-Zuschlagssätze					

In der **Stromstelle** wurden 300 MWh Leistungsstrom erzeugt. Davon wurden 20 MWh von der Stromstelle selbst verbraucht. 80 MWh wurden an die Reparaturstelle und 200 MWh an die Fertigungsstelle abgegeben.
In der **Reparaturstelle** sind 500 Reparaturstunden zu verteilen: 450 Stunden entfallen auf Verschleißreparaturen in der Fertigung und 50 Stunden auf periodisch durchzuführende Wartungsarbeiten in Verwaltung und Vertrieb.
Die Materialstelle und die Fertigungsstelle sind von den jeweiligen Einzelkosten abhängig. Die Verwaltungs- und Vertriebsgemeinkosten sind auf die Herstellkosten zu beziehen.

Aufgabenstellung:

Führen Sie mit Hilfe eines geeigneten Verfahrens die **innerbetriebliche Leistungsverrechung** durch und ermitteln Sie die **Gemeinkostenzuschlagssätze** der Hauptkostenstellen (auf ganze Stelle rechnen).

Beispiel 3.6: BAB mit innerbetrieblicher Leistungsverrechnung (Stufenleiterverfahren)

Ein Fertigungsbetrieb mit den Kostenstellen Material, Fertigung, Montage, Verwaltung, Vertrieb, Kantine und EDV zeigt folgende Kosten (alle Beträge in €):

Fertigungsmaterial: € 800.000
Fertigungslöhne: Fertigung: € 150.000; Montage: € 275.000

Primäre Gemeinkosten der Kostenstellen:

Kantine:	€ 40.500	Material:	€ 45.500	Verwaltung:	€ 72.300
EDV:	€ 62.000	Fertigung:	€ 175.000	Vertrieb:	€ 64.200
		Montage:	€ 86.500		

Bei den Kostenstellen Kantine und EDV handelt es sich um Hilfskostenstellen. Die Kostenstelle **Kantine** wird nach den von den jeweiligen Kostenstellen in Anspruch genommenen Menüs abgerechnet:

Menüs:

Kantine (500)	EDV-Stelle (200)	Materialstelle (800)	Fertigung (3.400)
Montage (3.200)	Verwaltung (800)	Vertrieb (600)	

Von der **EDV-Stelle** wurden in der abzurechnenden Periode **1.000 EDV-Stunden** geleistet, wobei 30% der Leistung für die Materialstelle, 10% für die Fertigung, 15% für die Montage, 20% für die Verwaltung und 25% für den Vertrieb erbracht wurden.
Die Materialstelle und die Montage sind von den jeweiligen Einzelkosten, Verwaltung und Vertrieb von den Herstellkosten abhängig. 20% der erzeugten Produkte gingen auf Lager. Für die Fertigung soll ein Verrechnungssatz ermittelt werden. In der Abrechnungsperiode wurden 2.000 Fertigungsstunden geleistet.

Aufgabenstellung:

a) Nehmen Sie anhand eines geeigneten Verfahrens die **innerbetriebliche Leistungsverrechnung** vor.
b) Ermitteln Sie die **Kalkulationssätze** für die Hauptkostenstellen (auf eine Dezimalstelle rechnen).

4. Kostenträgerstückrechnung (Kalkulation)

Nach dem Durcharbeiten dieses Kapitels sollen Sie
- wissen, welche Stellung die Kostenträgerrechnung im System der Kostenrechnung hat,
- die Teilgebiete der Kostenträgerrechnung kennen und wissen welche Funktionen diese zu erfüllen haben,
- die Aufgaben der Kalkulation kennen,
- die Inhalte, die Anwendungsvoraussetzungen und die Berechnungsgrundlagen der jeweiligen Kalkulationsverfahren erklären können,
- die verschiedenen Kalkulationsverfahren sachkundig anwenden können,
- mit Hilfe unterschiedlicher Kalkulationsverfahren die Herstellkosten und die Selbstkosten von Kostenträgern ermitteln können,
- wissen, welche Aufgaben die Kostenträgerzeitrechnung zu erfüllen hat und diese auch durchführen können,
- erklären können, wodurch sich das Gesamtkostenverfahren vom Umsatzkostenverfahren unterscheidet.

Im Rahmen der Kostenträgerstückrechnung werden die Kosten den einzelnen Leistungen (Kostenträgern) zugerechnet. Ziel dabei ist es, die Selbstkosten einzelner Leistungseinheiten zum Zweck der Preiskalkulation zu ermitteln.

Unter einem **Kostenträger** versteht man jede selbstständige Leistungs- bzw. Produkteinheit (Output des Produktionsprozesses), die einen Güter- und Leistungsverzehr ausgelöst haben und die dadurch verursachten Kosten „tragen“ müssen.

Grundsätzlich kommen als Kostenträger in Frage:

- zur Veräußerung bestimmte Absatzleistungen, wie Einzelprodukte, Einzelaufträge, Produktgruppen, Prozesse, Beratungs- und Forschungsleistungen usw.
- zu aktivierende innerbetriebliche Leistungen, wie z. B. selbst erstellte Anlagen, Werkzeuge, Maschinen usw. Sie werden wie Absatzleistungen als Kostenträger kalkuliert und mit ihren Herstellungskosten (ohne Verwaltungs- und Vertriebskosten) in das Anlagevermögen der Bilanz aufgenommen und über ihre Nutzungsdauer verteilt abgeschrieben.

4.1. Teilbereiche der Kostenträgerrechnung

Die Kostenträgerrechnung wird als **Kostenträgerstückrechnung** (Kalkulation) und als **Kostenträgerzeitrechnung** (kurzfristige Erfolgsrechnung) durchgeführt.

- Die **Kostenträgerstückrechnung**, auch als **Kalkulation** bezeichnet, ist eine **einzelleistungsbezogene Rechnung**, bei der im Rahmen der Vollkostenrechnung mit Hilfe verschiedener Kalkulationsverfahren die vollen Herstell- bzw. Selbstkosten einer Kostenträgereinheit (Auftrag, Produkt) ermittelt werden. Mit ihrer Hilfe kann die Frage „Wie viel hat die Erzeugung eines bestimmten Produktes gekostet?“ beantwortet werden.

- Die **Kostenträgerzeitrechnung**, häufig auch als **kurzfristige Erfolgsrechnung** bezeichnet, ist eine **Periodenrechnung**. Um das Betriebsergebnis einer Periode zu ermitteln, werden die insgesamt in der Abrechnungsperiode angefallenen Kosten den gesamten Leistungen der Periode gegenübergestellt (vgl. Kap. II.5).

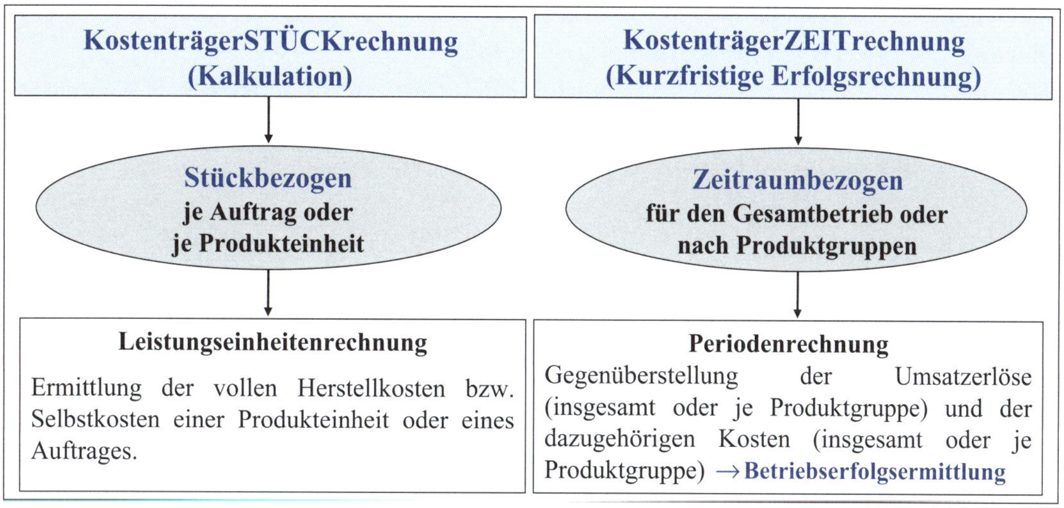

Abb. 46: Teilbereiche der Kostenträgerrechnung

4.2. Aufgaben der Kostenträgerstückrechnung (Kalkulation)

Im Anschluss an die Kostenstellenrechnung kann nun, als dritte Stufe im Ablauf des klassischen Systems der Kostenrechnung, die Kostenträgerrechnung durchgeführt werden. Ihre Aufgabe besteht primär darin, die nach Kostenarten erfassten Kosten, unter Berücksichtigung der in der Kostenstellenrechnung ermittelten Kalkulationssätze, den Kostenträgern zuzurechnen. Die Kostenträgerstückrechnung schafft somit die Grundlage für die Kalkulation der Kosten und Preise eines Unternehmens. Im Einzelnen hat die Kalkulation folgende **Aufgaben** zu erfüllen:

- **Ermittlung von Selbst- bzw. Herstellkosten je Leistungseinheit** anhand spezifischer Kalkulationsverfahren.
- **Lieferung von Daten für die Preispolitik des Unternehmens,** insbesondere zur:
  - Ermittlung von kurz- und langfristigen Preisuntergrenzen im Verkauf,
  - Ermittlung von Preisobergrenzen im Einkauf und
  - Ermittlung von Angebotspreisen.
- **Kalkulation von öffentlichen Aufträgen:** Die Angebotslegung von Aufträgen der öffentlichen Hand erfolgt zu Selbstkostenpreisen (= Obergrenze).
- **Ermittlung interner Verrechnungspreise** zur Verrechnung von Leistungsbeziehungen zu Unternehmensbereichen, Werken oder Abteilungen.
- Ermittlung von Daten zur **Bewertung** der Bestände an **fertigen und unfertigen Erzeugnissen sowie selbst erstellten Anlagen**:
  Zur Bilanzerstellung benötigt man als Wertansatz die Herstellungskosten von Halb- und Fertigerzeugnissen. Die Kalkulation liefert die diesbezüglichen Werte und sie bildet auch die Grundlage zur Bewertung aktivierbarer innerbetrieblicher Leistungen.

- **Lieferung von Daten für sortimentspolitische Entscheidungen:**
  In diesem Zusammenhang geht es insbesondere um die Beantwortung folgender Fragen:
  - Eigenfertigung oder Fremdbezug,
  - Annahme oder Ablehnung von Zusatzaufträgen,
  - Erstellung des gewinnoptimalen Produktions- bzw. Absatzprogramms.
- **Lieferung von Unterlagen für Kostenkontrollaufgaben.**
- **Lieferung von Informationen zur Ermittlung des Betriebsergebnisses von Kostenträgern:** Durch Gegenüberstellung der Selbstkosten je Stück bzw. Auftrag und des Erlöses (Verkaufspreis) je Stück bzw. Auftrag kann das Kostenträgerergebnis bestimmt werden.

4.3. Arten der Kalkulation

In Zusammenhang mit der Kostenträgerstückrechnung unterscheidet man nach dem Kalkulationszeitpunkt und nach dem Kalkulationszweck folgende Arten der Kalkulation:

Differenzierung der Kalkulation nach dem Zeitpunkt der Durchführung

VORkalkulation	ZWISCHENkalkulation	NACHkalkulation
Vor Auftragserteilung und Produktionsbeginn aufgrund von Kundenanfragen zur Angebotskalkulation.	Zwischen Vorkalkulation und Herstellungsende bei langfristigen Produktionsprozessen zur Kostenüberwachung.	Nach Herstellungsende erfolgt Vergleich zwischen Normalkosten der Vorkalkulation und tatsächlichen Istkosten.

Differenzierung der Kalkulation nach dem Kalkulationszweck

Selbstkostenkalkulation	Absatzkalkulation
Ermittlung der Selbstkosten eines Produktes oder Auftrages.	Ermittlung des Auszeichnungspreises eines Produktes oder Auftrages.

Abb. 47: Differenzierung der Kalkulationsarten

4.3.1. Differenzierung nach dem Kalkulationszeitpunkt

Je nachdem, zu welchem Zeitpunkt eine Kalkulation durchgeführt wird, differenziert man zwischen Vor-, Zwischen- und Nachkalkulation.

Vorkalkulation:

Dabei handelt es sich um auftragsindividuelle Kalkulationen die aufgrund von Kundenanfragen und Einzelaufträgen erstellt werden. Die vor Auftragserteilung durchgeführte Vorkalkulation arbeitet mit den voraussichtlichen Einzelkosten sowie Normalgemeinkosten-Zuschlagssätzen und erfüllt folgende Aufgaben:

- Ermittlung des Angebotspreises,
- Erstellung von Kostenvoranschlägen,

- Entscheidungsfindung bezüglich der Annahme oder Ablehnung eines angebotenen Auftrages zu einem vorgegebenen Preis,
- Grundlage für die Kostenkontrolle im Rahmen der Nachkalkulation.

Zwischenkalkulation:

Sie kommt vor allem bei Kostenträgern mit einer langen Herstellungszeit zur Anwendung (wie z. B. bei großen Bauvorhaben oder in der Luftfahrtindustrie). Durchgeführt wird sie während des Leistungserstellungsprozesses, also nach dem Beginn eines Auftrages, aber noch vor dem Ende der Fertigstellung. Zwischenkalkulationen stellen

- einerseits ein wichtiges Instrument zur Überwachung der Kostenentwicklung dar,
- andererseits liefern sie die wertmäßigen Daten zur Bilanzierung von unfertigen Erzeugnissen in der Bilanz.

Bei der Erstellung einer Zwischenkalkulation werden die bisher tatsächlich angefallenen Istkosten in die Berechnung einbezogen.

Nachkalkulation:

Die Nachkalkulation erfolgt nach dem Herstellungsende. Sie ermittelt die tatsächlich angefallenen Istkosten (Einzelkosten sowie die im BAB ermittelten Istgemeinkosten-Zuschlagssätze bzw. Verrechnungssätze) eines Auftrages und stellt diese den in der Vorkalkulation geplanten Kosten gegenüber. Sie dient insbesondere

- der Erfolgskontrolle einzelner Aufträge,
- der Ermittlung von Abweichungen zwischen den Sollkosten der Vorkalkulation und den tatsächlich angefallenen Kosten.

4.3.2. Differenzierung nach dem Kalkulationszweck

Je nachdem, welchem Zweck eine Kalkulation dient, differenziert man zwischen Selbstkosten- und Absatzkalkulation.

Selbstkostenkalkulation:

Hier werden, entsprechend der Anzahl der Produktarten und der Leistungen die ein Betrieb erzeugt, mit Hilfe unterschiedlicher Kalkulationsverfahren die Selbstkosten für einen Auftrag oder ein Produkt errechnet (vgl. Kap. II.4.4).

Absatzkalkulation:

Hat ein Unternehmen anhand eines geeigneten Kalkulationsverfahrens die Selbstkosten für ein Produkt oder einen Auftrag berechnet, kann die Verkaufsabteilung eine Absatzkalkulation weiter führen, um Verkaufs- bzw. Angebotspreise zu ermitteln. Kalkuliert man von den Selbstkosten ausgehend bis hin zum Auszeichnungspreis, dann liegt eine **progressive** Absatzkalkulation **(Vorwärtskalkulation)** vor. Das **Grundschema** der Absatzkalkulation hat folgendes Aussehen:

Progressiv

Absatzkalkulation

= Selbstkosten
+ Gewinnaufschlag (in % der Selbstkosten)
= Nettoverkaufspreis
+ Verkaufsprovision (in % des Kassapreises oder Zielverkaufspreises)
= Barverkaufspreis (Kassapreis)
+ Kundenskonto (in % des Zielverkaufspreises)
= Zielverkaufspreis
+ Kundenrabatt (in % des Verkaufspreises ohne Umsatzsteuer)
= Verkaufspreis (ohne Umsatzsteuer)
+ Umsatzsteuer (in % des Verkaufspreises ohne USt)
= Bruttoverkaufspreis (inklusive Umsatzsteuer)

Retrograd

Abb. 48: Absatzkalkulation
(in Anlehnung an: Moser, G./Schaur, E.: Kosten- und Leistungsrechnung, 3. Aufl., Linz 2007, S. 92)

Die **Selbstkosten stellen die Grundlage für die Absatzkalkulation** dar. Ihnen wird zunächst ein angemessener ***Gewinnaufschlag*** als Risikoprämie des Unternehmens hinzugerechnet. Dieser errechnet sich in Prozent auf die kalkulierten Selbstkosten. Darüber hinaus können aber auch noch weitere preispolitische Elemente in die Preiskalkulation eingehen. Sie werden im Rahmen einer progressiven Kalkulation (Vorwärtskalkulation) ermittelt und zugeschlagen:

- ***Verkaufsprovision:*** Dabei handelt es sich um Entgelte für den Vertrieb (Vertriebssonderkosten), die entweder vom Kassapreis (durch Prozentrechnung in Hundert berechnet und aufgeschlagen) oder vom Zielverkaufspreis berechnet werden. Im Falle der Berechnung vom Zielverkaufspreis werden, wegen derselben Berechnungsgrundlage, Provision und Skonto zu einem Prozentsatz zusammengefasst. Rechentechnisch ergibt sich dieselbe Vorgehensweise wie bei der Skontoermittlung.
- ***Kundenskonto:*** Damit schafft man Anreize für eine schnelle Bezahlung der verkauften Produkte. Ein Skonto wird immer dann einkalkuliert, wenn Kunden innerhalb einer bestimmten Zahlungsfrist die Rechnung begleichen und sich somit einen Skonto abziehen können. Der Skonto beinhaltet die Zinsen und stellt sozusagen die Risikoprämie für die Kreditgewährung dar. Bei der progressiven Absatzkalkulation wird zur Berechnung des Kundenskontos zunächst durch eine Prozentrechnung in Hundert (i. H.) der Zielverkaufspreis ermittelt und anschließend von diesem durch eine Prozentrechnung von Hundert (v. H.) der Kundenskonto errechnet und dem Kassapreis zugeschlagen.
- ***Kundenrabatt***: Zur preispolitischen Steuerung kann ein Unternehmen seinen Kunden auch Rabatte (z. B. Mengenrabatt, Treuerabatt usw.) gewähren. Rechentechnisch wird auch hier zuerst durch eine Prozentrechnung in Hundert (i. H.) der Verkaufspreis (ohne Umsatzsteuer) berechnet und dann von diesem Betrag durch eine Prozentrechnung von Hundert (v. H.) der Kundenrabatt ermittelt und zum Zielverkaufspreis hinzugerechnet.
- ***Umsatzsteuer:*** Sie errechnet sich in Prozent auf den Verkaufspreis (ohne Umsatzsteuer). Ist der Kunde ein Unternehmer, dann ist er zum Vorsteuerabzug berechtigt. Ist der Kunde allerdings privater Endverbraucher, dann muss der Kunde die in Rechnung gestellte Umsatzsteuer bezahlen.

Beispiel zur progressiven Absatzkalkulation:

Die Selbstkosten für einen Auftrag betragen € 8.000. Das Unternehmen kalkuliert mit einem Gewinnzuschlag von 15% und gewährt dem Kunden 3% Skonto sowie 8% Rabatt (auf ganze Stellen auf- bzw. abrunden).

Aufgabenstellung:

Wie hoch ist der Bruttoverkaufspreis inklusive 20% Umsatzsteuer für diesen Auftrag?

Lösung:

	Selbstkosten	€ 8.000	
+	15% Gewinnzuschlag	€ 1.200	(8.000 x 15%)
=	Barverkaufspreis (Kassapreis)	€ 9.200	
+	3% Kundenskonto (i. H.)	€ 285	(9.485 x 3% oder 9.200 : 97 = 94,845 x 3)
=	Zielverkaufspreis	€ 9.485	(9.200 : 97 = 94,845 x 100)
+	8% Rabatt (i. H.)	€ 825	(10.310 x 8% oder 9.485 : 92 = 103,097 x 8)
=	Verkaufspreis ohne Umsatzsteuer	€ 10.310	(9.485 : 92 = 103,097 x 100)
+	20% Umsatzsteuer	€ 2.062	(10.310 x 20%)
=	**Bruttoverkaufspreis (inkl. USt)**	**€ 12.372**	

Die progressive Absatzkalkulation findet dann Anwendung, wenn ein Unternehmen den Preis für seine Produkte selbst bestimmen kann. Ist jedoch der Preis für bestimmte Produkte bzw. Aufträge vom Markt oder vom Kunden vorgegeben, dann muss **retrograd** mit Hilfe der **Rückwärtskalkulation** ermittelt werden, in welcher Höhe beispielsweise die Kosten für Fertigungslöhne oder Fertigungsmaterial maximal anfallen dürfen, damit das Unternehmen seine Selbstkosten deckt und einen angemessenen Gewinn realisiert. In diesem Fall geht man vom vorgegebenen Verkaufspreis ohne Umsatzsteuer (= Listenverkaufspreis netto) aus und rechnet mit der Prozentrechnung von Hundert (v. H.) bis zum Barverkaufspreis zurück.

4.4. Kalkulationsverfahren und ihre Anwendungsbereiche

Ist ein Unternehmen nicht imstande, für seine Produkte bzw. Aufträge einen Verkaufserlös zu erzielen, der über den Selbstkosten liegt, dann ergeben sich aus dem Umsatzprozess Verluste. Daher ist es für Betriebe besonders wichtig, anhand geeigneter Kalkulationsverfahren die entsprechenden Selbstkosten zu bestimmen. Welche Kalkulationsmethode für einen Betrieb aufgrund der gegebenen Voraussetzungen am sinnvollsten erscheint, hängt vom Produktionsprogramm des jeweiligen Betriebes ab, aber auch von der Anzahl der Fertigungsstufen im Produktionsprozess sowie dem angewandten Fertigungsverfahren. Grundsätzlich unterscheidet man **zwei Hauptgruppen** von Kalkulationsverfahren:

- die Zuschlagskalkulation und
- die Divisionskalkulation, zu der als Unterformen auch die Äquivalenzziffernkalkulation und die Kuppelproduktkalkulation zählen.

In der Praxis gibt es eine Vielzahl von Kalkulationsmethoden. Abbildung 49 zeigt einen Überblick über die in Produktionsbetrieben am häufigsten verwendeten Verfahren.

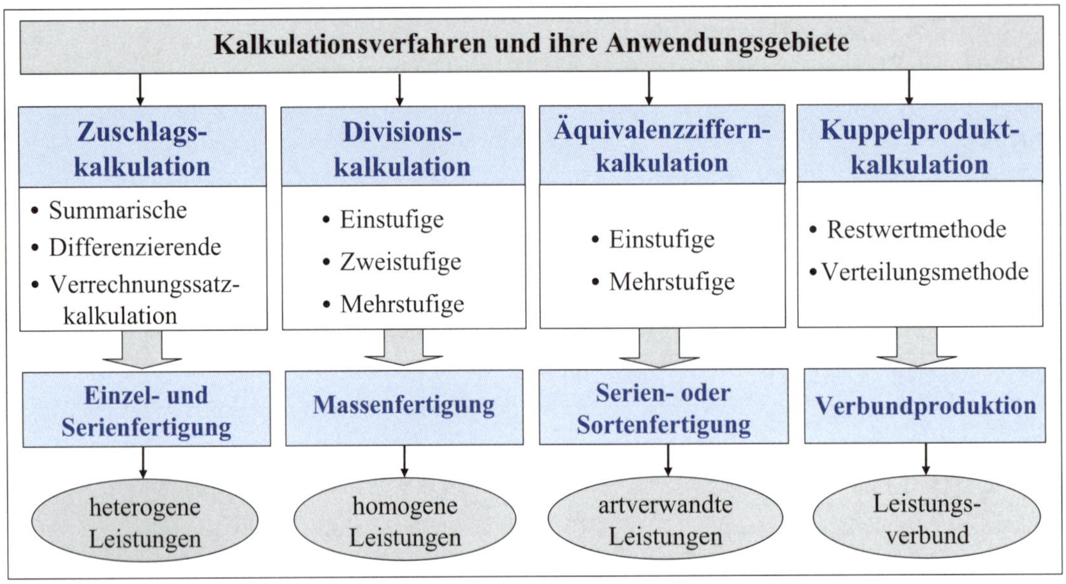

Abb. 49: Kalkulationsverfahren und ihre Anwendungsgebiete

Hauptkriterien bezüglich der Anwendung eines bestimmten Kalkulationsverfahrens sind die Anzahl der Fertigungsstufen, die Art der Fertigung (Fertigungsverfahren) und die Anzahl der hergestellten Kostenträger (homogene oder heterogene Leistung). In diesem Zusammenhang unterscheidet man folgende Produktionstypen:

Einzelfertigung: bei der Herstellung von Individualprodukten (kein Erzeugnis gleicht dem anderen), zeitlich begrenzter Fertigungstyp.

→ ***heterogene Leistung*** (z. B. Hochbau, Anlagenbau, Schiffsbau)

Serienfertigung: bei differenziert hergestellten Produkten mit begrenzter Auflage, nach Erzeugung bestimmter Stückzahlen wird neue Serie aufgelegt.

→ ***heterogene Leistung*** (z. B. Automobil- und Elektroindustrie)

Sortenfertigung: bei Herstellung unterschiedlicher, aber artverwandter Produkte, verschiedene Sorten unterscheiden sich nur nach Dimension und/oder Qualität.

→ ***artverwandte Leistung*** (z. B. Biersorten, Drähte, Dachziegel)

Massenfertigung: bei Erzeugung eines einheitlichen Produktes in großen Mengen, Fertigungsprogramm besteht für lange Zeit aus nur einem Produkt.

→ ***homogene Leistung*** (z. B. Zementfabrik, Wasserwerk usw.)

Verbundproduktion: in einem Produktionsprozess entstehen zwangsläufig mehrere Produkte gleichzeitig.

→ ***zwangsläufiger Leistungsverbund*** (z. B. Raffinerie, Schlachthof)

4.4.1. Zuschlagskalkulation

Zuschlagskalkulationen sind in der Praxis vor allem in Erzeugungsbetrieben mit **Serienfertigung oder auftragsbezogener Einzelfertigung** anzutreffen. Für sie ist charakteristisch, dass sie

- mehrere verschiedene Produktarten,
- in mehrstufigen Produktionsabläufen,
- mit unterschiedlicher Kostenstruktur (Kostenträger unterscheiden sich durch Materialeinsatz und Fertigungszeiten) und
- laufender Bestandsveränderung der Halb- und Fertigerzeugnisse herstellen.

Zuschlagskalkulationsverfahren

Anwendung: **Serienfertigung oder auftragsbezogene Einzelfertigung**

Voraussetzung: Trennung der Kosten in:

Kostenträger-Einzelkosten	**Kostenträger-Gemeinkosten**
Direkte und verursachungsgerechte Zurechnung auf Kostenträger.	**Indirekte** Zurechnung auf Kostenträger mittels Zuschlagssätzen.

Selbstkosten = Kostenträger-Einzelkosten + anteilige Gemeinkosten
(Kostenträger-Einzelkosten x GK-Zuschlagssatz)

Formen der Zuschlagskalkulation

- **Summarische** Zuschlagskalkulation
- **Differenzierende** Zuschlagskalkulation

Abb. 50: Zuschlagskalkulation

Kennzeichnend für diese Verfahren ist eine **Trennung in Kostenträgereinzelkosten und Kostenträgergemeinkosten.** Bei der Zuschlagskalkulation ergeben sich die Selbstkosten je Kostenträger aus den Einzelkosten der Kostenträger, die direkt und verursachungsgerecht zugerechnet werden können und den jeweiligen Gemeinkosten, die mit Hilfe der in der Kostenstellenrechnung ermittelten Gemeinkostenzuschlagssätze anteilsmäßig zugeschlagen werden. Im Gegensatz zur Divisionskalkulation, die von den Gesamtkosten eines Betriebes ausgeht und diese durch Division verteilt, bildet bei der Zuschlagskalkulation entweder das einzelne Stück, ein Auftrag oder eine Serie den Ausgangspunkt der Kalkulation. Nach Art und Feinheit der Gemeinkostenzuschläge unterscheidet man zwischen summarischer und differenzierender Zuschlagskalkulation.

4.4.1.1. Summarische Zuschlagskalkulation

Charakteristisch für die summarische Zuschlagskalkulation sind:

- Gemeinkosten des Unternehmens werden durch einen einzigen Zuschlagssatz verrechnet,
- keine Kostenstellenrechnung erforderlich,
- Lagerbestandsveränderungen von Halb- und Fertigfabrikaten finden bei der Kostenermittlung keine Berücksichtigung.

Bei diesem Verfahren werden die gesamten in einem Betrieb angefallenen Gemeinkosten auf eine einzige Bezugsgröße bezogen und daraus ein **summarischer Zuschlagssatz** berechnet. Dieses Verfahren braucht keine Kostenstellenrechnung (BAB), sondern übernimmt die gesamten in einem Unternehmen angefallenen primären Gemeinkosten direkt aus der Kostenartenrechnung.

Die summarische Zuschlagskalkulation spielt in der Praxis eine untergeordnete Rolle und ist nur dann sinnvoll, wenn der Gemeinkostenanteil an den Gesamtkosten relativ gering ist. Angewendet wird dieses Verfahren – insbesondere wegen der Einfachheit der Abrechnung – vor allem in Handwerksbetrieben sowie in kleinen Erzeugungs- und Handelsbetrieben. Überall dort jedoch, wo die Leistungen die einzelnen Bereiche und Abteilungen eines Betriebes in unterschiedlichem Maße in Anspruch nehmen, kommt die differenzierende Zuschlagskalkulation zur Anwendung.

In Erzeugungsbetrieben kommen als **Bezugsgrößen** entweder die Materialeinzelkosten oder die Fertigungseinzelkosten (Fertigungslöhne) oder die Σ aller Einzelkosten (inkl. Sondereinzelkosten der Fertigung) in Frage. Handelsbetriebe hingegen verwenden die Einstandspreise der zu verkaufenden Produkte als Zuschlagsbasis. Entscheidend für die Wahl der Zuschlagsgrundlage ist, dass sich die Gemeinkosten möglichst proportional zur Bezugsgröße verhalten.

- **Gemeinkostenzuschlagssatz auf Basis der Materialeinzelkosten (Fertigungsmaterial)**
  Das Fertigungsmaterial wird insbesondere in materialintensiven Unternehmen als Bezugsgröße verwendet, wie beispielsweise in kleinen Handelsbetrieben (z. B. Boutique, Schuhgeschäft usw.). In diesem Fall werden sämtliche Gemeinkosten in einem einzigen Zuschlag auf die Einstandspreise der Handelswaren bezogen.

$$\textbf{Gemeinkostenzuschlagssatz (\%)} = \frac{\Sigma \text{ Gemeinkosten des Unternehmens x 100}}{\text{Materialeinzelkosten (Fertigungsmaterial)}}$$

- **Gemeinkostenzuschlagssatz auf Basis der Fertigungseinzelkosten (Fertigungslöhne)**
  Hier werden die gesamten Gemeinkosten lediglich auf die Lohneinzelkosten bezogen, was insbesondere in Handwerksbetrieben (z. B. Orthopädieschuhmacher, Schneiderei usw.) sinnvoll ist, da hier die Gemeinkosten primär lohnabhängig sind.

$$\textbf{Gemeinkostenzuschlagssatz (\%)} = \frac{\Sigma \text{ Gemeinkosten des Unternehmens x 100}}{\text{Fertigungseinzelkosten (Fertigungslöhne)}}$$

- **Gemeinkostenzuschlagssatz auf Basis der Einzelkostensumme:**
  Als Zuschlagsbasis wird hier die Summe der Einzelkosten (Fertigungsmaterial, Fertigungslöhne sowie Sondereinzelkosten der Fertigung) herangezogen. Diese Berechnungsmethode findet vor allem in einfach strukturierten Kleinbetrieben Anwendung, wo sowohl Fertigungsmaterial als auch Fertigungslöhne gleichermaßen zur Herstellung von Produkten erforderlich sind (z. B. Tischlereibetrieb)

$$\textbf{Gemeinkostenzuschlagssatz (\%)} = \frac{\Sigma \text{ Gemeinkosten des Unternehmens x 100}}{\Sigma \text{ Einzelkosten}}$$

Mit Hilfe dieser Gemeinkostenzuschlagssätze kann man nun die Selbstkosten von Kostenträgern ermitteln. Die Stückselbstkosten erhält man durch Addition der Einzelkosten und des Gemeinkostenzuschlages pro Stück.

Selbstkosten des Kostenträgers = Einzelkosten + (Einzelkosten x Zuschlagssatz)

Ein Nachteil dieses Verfahrens ist vor allem darin zu sehen, dass jeder Kostenträger mit dem gleichen Gemeinkostenzuschlagssatz belastet wird, obwohl unter Umständen ein Produkt mehr oder weniger Produktions- oder Verwaltungsleistungen verursacht hat als ein anderes. Daher ist oft eine verursachungsgerechte Kostenbelastung der Kostenträger nicht möglich.

Beispiel zur summarischen Zuschlagskalkulation:

In einem kleinen Erzeugungsbetrieb sind in der Abrechnungsperiode folgende Kosten angefallen:

Fertigungsmaterial:	€ 138.000
Fertigungslöhne:	€ 163.800
Betriebsgemeinkosten:	€ 247.500

Aufgabenstellung:

a) Berechnen Sie die Gemeinkostenzuschlagssätze auf Basis der Einzelkostensumme, auf Basis der Materialeinzelkosten und auf Basis der Lohneinzelkosten.

b) Ermitteln Sie die Selbstkosten je Stück eines Produktes, für das € 995 an Fertigungsmaterial und € 1.500 an Fertigungslöhnen anfallen.

Lösung:

Zuschlagssatz: auf Basis Σ Einzelkosten	**Kalkulation**	
$\frac{\Sigma GK \times 100}{\Sigma \text{Einzelkosten}} \rightarrow \frac{247.500 \times 100}{138.000+163.800} = \mathbf{82\%}$	Einzelkosten (FM 995 + FL 1.500) + 82% GK auf Σ Einzelkosten **= Selbstkosten je Stück**	2.495,0 2.045,9 **4.540,9**
Zuschlagssatz: auf Basis Materialeinzelkosten	**Kalkulation**	
$\frac{\Sigma GK \times 100}{\text{Fertigungsmaterial}} \rightarrow \frac{247.500 \times 100}{138.000} = \mathbf{179{,}3\%}$	Einzelkosten (FM 995 + FL 1.500) + 179,3% GK auf FM (995 x 179,3%) **= Selbstkosten je Stück**	2.495,0 1.784,0 **4.279,0**
Zuschlagssatz: auf Basis Fertigungslöhne	**Kalkulation**	
$\frac{\Sigma GK \times 100}{\text{Fertigungslöhne}} \rightarrow \frac{247.500 \times 100}{163.800} = \mathbf{151{,}1\%}$	Einzelkosten (FM 995 + FL 1.500) + 151,1% GK auf FL (1.500 x 151,1%) **= Selbstkosten je Stück**	2.495,0 2.266,5 **4.761,5**

4.4.1.2. Differenzierende Zuschlagskalkulation

Das in der Praxis am häufigsten anzutreffende Kalkulationsverfahren ist die differenzierende Zuschlagskalkulation. Charakteristisch für ihre Anwendung in Erzeugungsbetrieben ist:

- Differenzierung nach Unternehmensbereichen mit Ermittlung spezieller Zuschlagssätze für Material, Fertigung, Verwaltung und Vertrieb.
- Es ist eine Kostenstellenbildung erforderlich.

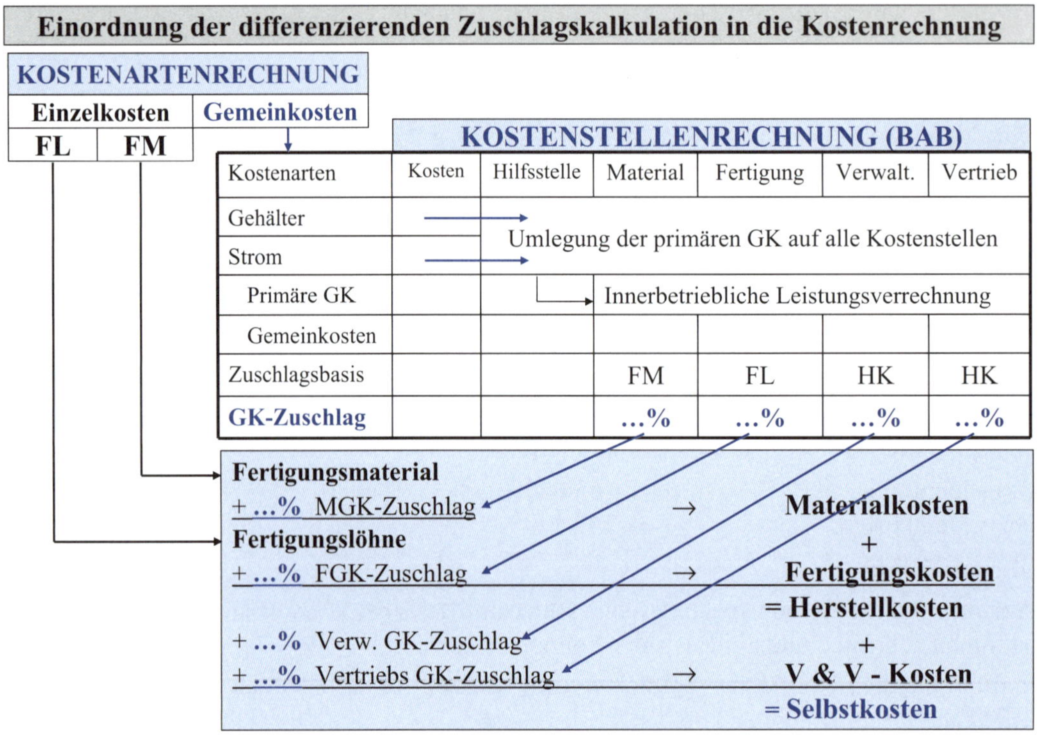

Abb. 51: Einordnung der differenzierenden Zuschlagskalkulation ins System der Kostenrechnung

Die Anwendung der differenzierenden Zuschlagskalkulation setzt die Durchführung einer Kostenstellenrechnung (BAB) voraus, um nach Unternehmensbereichen differenzierte Gemeinkostenzuschlagssätze für Material, Fertigung, Verwaltung und Vertrieb ermitteln zu können. Diese Vorgehensweise wird notwendig, weil in Mehrproduktunternehmen die verschiedenen Produkte nicht nur unterschiedliche Einzelkosten sondern auch unterschiedliche Gemeinkosten verursachen.

Bei diesem Verfahren werden aufbauend auf den Ergebnissen der Kostenstellenrechnung die Gemeinkosten stufenweise, anhand der jeweils sinnvollsten Bezugsgrößen auf die Leistungseinheiten verrechnet. Die Ermittlung von Kalkulationssätzen und die erforderlichen Proportionalitäten zwischen Einzel- und Gemeinkosten bei der Bezugsgrößenwahl wurden bereits in Kapitel II.3.5.3 behandelt. Im Rahmen der differenzierenden Zuschlagskalkulation werden die Gemeinkosten (GK), unter Berücksichtigung der im BAB ermittelten Zuschlagssätze, folgendermaßen berechnet:

Berechnung der Gemeinkosten:

- Materialgemeinkosten = Materialeinzelkosten x Material-GK-Zuschlagssatz
- Fertigungsgemeinkosten = Fertigungseinzelkosten x Fertigungs-GK-Zuschlagssatz
- Verwaltungsgemeinkosten = Herstellkosten x Verwaltungs-GK-Zuschlagssatz
- Vertriebsgemeinkosten = Herstellkosten x Vertriebs-GK-Zuschlagssatz

Im allgemeinen **Kalkulationsschema** der differenzierenden Zuschlagskalkulation sind somit alle Einzel- und Gemeinkosten nach Kostenstellen differenziert:

<table>
<tr><th colspan="4">Schema der differenzierenden Zuschlagskalkulation</th></tr>
<tr><td>Fertigungsmaterial (Materialeinzelkosten)</td><td rowspan="2">Material-kosten</td><td rowspan="5">Herstell-kosten</td><td rowspan="8">Selbst-kosten</td></tr>
<tr><td>Materialgemeinkosten (in % des Fertigungsmaterials)</td></tr>
<tr><td>Fertigungslöhne (Fertigungseinzelkosten)</td><td rowspan="3">Fertigungs-kosten</td></tr>
<tr><td>Fertigungsgemeinkosten (in % der Fertigungslöhne)</td></tr>
<tr><td>Sondereinzelkosten Fertigung</td></tr>
<tr><td colspan="2">Verwaltungsgemeinkosten (in % der Herstellkosten)</td><td rowspan="3">Verwaltungs- & Vertriebs-kosten</td></tr>
<tr><td colspan="2">Vertriebsgemeinkosten (in % der Herstellkosten)</td></tr>
<tr><td colspan="2">Sondereinzelkosten des Vertriebs</td></tr>
</table>

Abb. 52: Schema der differenzierenden Zuschlagskalkulation

Diese Selbstkostenkalkulation kann nun durch eine Absatzkalkulation erweitert werden, um den Verkaufspreis eines Kostenträgers zu bestimmen (vgl. Kap. II.4.3.1). Das betriebsindividuelle Kalkulationsschema richtet sich in der Praxis immer nach den besonderen Erfordernissen des Wirtschaftszweiges, der Betriebsgröße, der Organisation usw. Gemäß obigem Schema setzen sich die Kosten für einen Kostenträger folgendermaßen zusammen:

Materialkosten:

- Materialeinzelkosten (direkt zurechenbarer Rohstoffverbrauch)
- Materialgemeinkosten (z. B. Löhne für Lagerarbeiter, Miete und Strom für Rohstofflager usw.) werden in Prozent auf Basis des angefallenen Fertigungsmaterials übergewälzt.

Fertigungskosten:

- Fertigungseinzelkosten (direkt zurechenbare Löhne)
- Fertigungsgemeinkosten (z. B. Abschreibungen, Zinsen usw. für verschiedene Fertigungsstellen) werden in Prozent auf Basis der angefallenen Fertigungslöhne verrechnet. Gibt es in einem Unternehmen mehrere Fertigungsbereiche (z. B. Dreherei, Schleiferei, Montage), dann müssen im Rahmen der Kalkulation für jede Fertigungsstelle, unter Berücksichtigung der jeweiligen Zuschlagssätze, die anteiligen Fertigungsgemeinkosten berechnet werden.
- Sondereinzelkosten der Fertigung (z. B. Spezialwerkzeuge, Kosten für Konstruktionsplan usw.) werden nicht einem Produkt, sondern einem Auftrag als Einzelkosten zugeordnet.

Durch Addition der Materialkosten und der Fertigungskosten erhält man die durch die Produktion eines Kostenträgers verursachten **Herstellkosten,** die zur Bestandbewertung herangezogen werden. In der Folge verwendet man sie als Bezugsgröße für die Zurechnung der Verwaltungs- und Vertriebsgemeinkosten.

Verwaltungs- und Vertriebskosten:

- Verwaltungsgemeinkosten (z. B. Gehälter, Abschreibung des Verwaltungsgebäudes, Telefonkosten des Sekretariats usw.) werden in Prozent auf die Herstellkosten berechnet.
- Vertriebsgemeinkosten (z. B. Miete für Verkaufslokal, Werbung usw.) werden ebenfalls anhand eines Zuschlagssatzes auf die Herstellkosten berechnet.

- Sondereinzelkosten des Vertriebs (z. B. Spezialverpackung, spezielle Transportversicherung usw.) werden einem Auftrag als Einzelkosten zugerechnet.

Addiert man letztendlich zu den Herstellkosten die Verwaltungs- und Vertriebskosten, dann erhält man die **Selbstkosten** eines Kostenträgers. Diese spielen eine wichtige Rolle bei der unternehmerischen Entscheidungsfindung.

Beispiel zur differenzierenden Zuschlagskalkulation: *„Glas Tech" KG*

Die *„Glas Tech" KG* hat einen Auftrag für Holzfenster zu kalkulieren. Dazu sollen die im BAB (vgl. Kap. II.3.6) ermittelten **Gemeinkostenzuschlagssätze** verwendet werden:

Material-GK-Zuschlagssatz (MGK)		18,9%
Fertigung:	Rahmenbau-GK-Zuschlagssatz	80,5%
	Isolierglas-GK-Zuschlagssatz	220,9%
	Montage-GK-Zuschlagssatz	63,7%
Verwaltungs-GK-Zuschlagssatz		8,8%
Vertriebs-GK-Zuschlagssatz		6,6%

Die **Einzelkosten** des Auftrages wurden errechnet mit:

Rohstoffeinzelkosten (Glas, Holz)		€ 8.500
Fertigungslöhne (FL):	Rahmenbau	€ 4.750
	Isolierglas	€ 1.150
	Montage	€ 4.500

Darüber hinaus sollen bei der Kalkulation 15% Gewinnaufschlag, 3% Kundenskonto sowie 20% Umsatzsteuer berücksichtigt werden. An Sonderkosten des Vertriebs fallen für Spezialverpackungsmaterial € 1.500 an.

Aufgabenstellung: Berechnen Sie den Angebotspreis bzw. Bruttoverkaufspreis (inkl. USt).

***Lösung:* Kalkulation des Angebotspreises (inkl. USt)**

Fertigungsmaterial	8.500,00	
+ 18,9% MGK	1.606,50	10.106,50
FL Rahmenbau	4.750,00	
+ 80,5% FGK Rahmenbau	3.823,75	8.573,75
FL Isolierglas	1.150,00	
+ 220,9% FGK Isolierglas	2.540,35	3.690,35
FL Montage	4.500,00	
+ 63,7% FGK Montage	2.866,50	7.366,50
= Herstellkosten		**29.737,10**
+ 8,8% Verwaltungsgemeinkosten (von Herstellkosten)		2.616,86
+ 6,6% Vertriebsgemeinkosten (von Herstellkosten)		1.962,65
+ Sondereinzelkosten des Vertriebs		1.500,00
= Selbstkosten		**35.816,61**
+ 15% Gewinnaufschlag (von Selbstkosten)		5.372,49
= Barverkaufspreis (Kassapreis)		41.189,10

+ 3% Kundenskonto (*Berechnung: 41.189,10 : 97 x 3)*	1.273,89
= Verkaufspreis ohne USt	42.462,99
+ 20% Umsatzsteuer	8.492,60
= **Angebotspreis** bzw. Bruttoverkaufspreis (inkl. USt)	**50.955,59**

Vorteile der differenzierenden Zuschlagskalkulation (ZK):

Die differenzierende Zuschlagskalkulation findet vor allem dort Anwendung, wo unterschiedliche Leistungen die einzelne Bereiche und Abteilungen eines Betriebes in unterschiedlichem Maße in Anspruch nehmen. Trotz neuerer Ansätze ist dieses Verfahren nach wie vor das in der Praxis am häufigsten anzutreffende Kalkulationsverfahren. Gerade weil die differenzierende Zuschlagskalkulation das Gesamtunternehmen in Kostenstellen untergliedert und in der Folge mit differenzierten Zuschlagssätzen arbeitet, liefert sie auch viel genauere Ergebnisse.

Nachteile der differenzierenden Zuschlagskalkulation (ZK):

- Die ZK führt vor allem dann zu keiner verursachungsgerechten Kostenzurechnung, wenn mehrere Produkte die Anlagen einer Kostenstelle unterschiedlich beanspruchen.
- Die differenzierende Zuschlagskalkulation liefert nur dann genaue Ergebnisse, wenn zwischen den Kostenträgergemeinkosten und den Zuschlagsbasen eine proportionale Beziehung besteht, was allerdings in der Praxis nicht immer der Fall ist. So gibt es beispielsweise keine Begründung dafür, warum für einen Kostenträger mit höheren (teureren) Materialeinzelkosten automatisch auch höhere Bestell- und Lagerungsgemeinkosten anfallen. Außerdem sind die Vertriebsgemeinkosten kaum von den Herstellkosten abhängig (Kostentragfähigkeitsprinzip statt Verursachungsprinzip).
- Fertigungslöhne eignen sich als Bezugsgröße nur in lohnintensiven Fertigungsbereichen. In stark automatisierten Bereichen hingegen existieren hohe Fertigungsgemeinkosten und nur sehr geringe Fertigungslöhne, was zu extrem hohen Zuschlagssätzen führt. Selbst kleine Erfassungsfehler bei den Lohneinzelkosten wirken sich gravierend auf die Selbstkosten aus. Je höher der Einzelkostenanteil, desto genauer ist die Kalkulation.
- Insbesondere im Fertigungsbereich kommt es oft zu einer unbefriedigenden Kalkulation auf Basis von Wertschlüsseln (Fertigungslöhne). Vielfach ergibt sich hier die Notwendigkeit, mehrere unterschiedliche Bezugsgrößen zu verwenden, um eine möglichst verursachungsgerechte Weiterverrechnung der Fertigungsgemeinkosten zu gewährleisten. Eine verursachungsgerechtere Erfassung der Fertigungsgemeinkosten erscheint besser möglich, wenn man Fertigungszeiten anstelle der Fertigungslöhne als Bezugsbasis wählt → **Kalkulation mit Verrechnungssätzen** (vgl. Kap. II.4.4.1.3).

4.4.1.3. Verrechnungssatzkalkulation (Bezugsgrößenkalkulation)

Aufgrund des zunehmenden Ersatzes menschlicher Arbeitsleistung durch Maschinen, insbesondere im Bereich der Fertigung, kommt es zu einer Verschiebung in den Kostenstrukturen. Gesunkene Lohneinzelkosten gehen mit einem Anstieg der Technologiekosten einher. Mittlerweile sind vor allem in Erzeugungs- und Industriebetrieben Zuschlagssätze von mehreren 100% auf die Lohneinzelkosten notwendig, während früher 50% bis 60% ausreichten. Würde man weiterhin nur die Fertigungslöhne als Zuschlagsbasis verwenden, dann würden beispielsweise Produkte, die mit neuen Fertigungstechnologien, aber niedrigen Fertigungslöhnen hergestellt werden, mit zu wenig Gemeinkosten und umgekehrt, konventionell gefertigte Produkte mit zu hohen Gemeinkosten belastet. Dies führt zu Fehlsteuerungen.

Bisher wurde davon ausgegangen, dass in jeder Kostenstelle die dort angefallenen Gemeinkosten sich jeweils nur zu einer Bezugsgröße proportional verhalten. Die Bezugsgrößenkalkulation jedoch verrechnet die Gemeinkosten einer Kostenstelle nicht nur anhand eines Zuschlagssatzes, sondern arbeitet mit **mehreren Bezugsgrößen**, um das Kostenverhalten richtig wiederzugeben. Insbesondere im Fertigungsbereich ist es sinnvoll, als Bezugsgröße auch **leistungsorientierte Mengenschlüssel** (z. B. Gewichte, Akkordzeiten, Maschinenlaufzeiten usw.) zu verwenden, um wesentliche Teile der Fertigungsgemeinkosten auf die einzelnen Kostenträger zu verrechnen.

Eine wichtige Sonderform der Verrechnungssatzkalkulation ist die Kalkulation auf Grundlage von Maschinenstunden → **Maschinenstundensatzkalkulation**. Diese orientiert sich am Leistungsvolumen der jeweiligen Kostenstelle, unter Berücksichtigung der dort eingesetzten Maschinen. Die Anwendung dieses Verfahrens setzt eine detaillierte Gemeinkostenerfassung für eine exakte Kostenzuordnung voraus. Nur so kann die erforderliche Differenzierung in maschinenabhängige und nicht maschinenabhängige Gemeinkosten vorgenommen werden.

- **Maschinenabhängige Gemeinkosten:**
  Darunter versteht man alle einer Maschine unmittelbar zurechenbaren Periodenkosten, wie z. B. kalkulatorische Abschreibung, kalkulatorische Zinsen (berechnen sich vom durchschnittlich gebundenen Kapital), Reparatur- und Wartungsarbeiten, Werkzeuge, Stromverbrauch, Reinigung, Raumkosten, Leasingkosten usw. Zur Ermittlung des Maschinenstundensatzes braucht man auch Kenntnis über die effektive Maschinenlaufzeit der jeweiligen Abrechnungsperiode. Dividiert man die Summe dieser maschinenbezogenen Gemeinkosten durch die Maschinenlaufzeit der Periode, erhält man als Ergebnis einen festen Verrechnungssatz (= Kostensatz pro Maschinenstunde), mit dessen Hilfe die maschinenabhängigen Gemeinkosten den jeweiligen Kostenträgern entsprechend verursachungsgerecht zugerechnet werden können.

  $$\textbf{Maschinenstundensatz (in €)} = \frac{\text{maschinenabhängige Gemeinkosten der Periode}}{\text{effektive Maschinenlaufzeit der Periode}}$$

  Im Rahmen der Kalkulation wird dieser Maschinenstundensatz mit der Bearbeitungszeit, die für einen Kostenträger anfällt, multipliziert. Das ergibt den für die maschinelle Bearbeitung eines Produktes oder Auftrages erforderlichen Gemeinkostenanteil.

- **Nicht maschinenabhängige Gemeinkosten (Restgemeinkosten):**
  Darunter versteht man jene Gemeinkosten, die nicht ursächlich vom Maschineneinsatz bzw. der Maschinenlaufzeit abhängen. Dazu zählen insbesondere die in der Fertigungsstelle angefallenen Hilfs- und Betriebsstoffe, Hilfslöhne, Gehälter (z. B. für Meister), Heizkosten, Lichtstromkosten, Versicherung für die Produktionshalle usw. Diese Restgemeinkosten werden genauso wie bisher mittels eines Zuschlagssatzes auf die Fertigungseinzelkosten verrechnet.

  $$\textbf{Zuschlagssatz für Restgemeinkosten (in \%)} = \frac{\text{Restgemeinkosten x 100}}{\text{Fertigungseinzelkosten}}$$

Für die Fertigungsbereiche, für die sowohl Mengenschlüssel als auch Wertschlüssel zur Weiterverrechnung der Gemeinkosten verwendet werden, ergibt sich ein Nebeneinander von konventioneller Zuschlagskalkulation und Maschinenstundensatzkalkulation. Dementsprechend hat das **Kalkulationsschema** folgendes Aussehen:

	Fertigungseinzelkosten (Fertigungslöhne)
+	**Restfertigungs-GK** (in % der Fertigungslöhne)
+	**Maschinenabhängige Fertigungs-GK** (Maschinenstundensatz x Maschinenlaufzeit)
=	**Fertigungskosten der Kostenstelle Fertigung**

Die Fertigungsgemeinkosten je Kostenträger ergeben sich somit durch Multiplikation der für diesen Kostenträger beanspruchten Arbeitszeit mit dem Maschinenstundensatz, plus der in der Fertigungsstelle angefallenen Restgemeinkosten bezogen auf die Fertigungseinzelkosten.

Die Verrechnungssatzkalkulation eignet sich vor allem für solche Betriebe, die eine Vielzahl von Produkten herstellen, die alle unterschiedliche Einzelkosten aufweisen und die Maschinen in unterschiedlichem Ausmaß beanspruchen. In einem Unternehmen können aber auch in anderen Bereichen (z. B. Materialstelle, Verwaltung, Vertrieb) Mengenschlüssel anstelle von Wertschlüssel als Bezugsgrößen verwendet werden. So können beispielsweise die Gemeinkosten im Materialbereich auf Bestell- oder Lagervorgänge umgelegt werden. Dies setzt allerdings voraus, dass Prozesse und Aktivitäten definiert werden, die für die Entstehung der Kosten verantwortlich und ihrerseits den Produkten zurechenbar sind.

Beispiel zur Verrechnungssatzkalkulation *„Glas Tech" KG:*

Die *„Glas Tech" KG* hat einen Auftrag für Holzfenster zu kalkulieren. Es gelten dieselben Angaben wie im vorangegangenen Beispiel zur differenzierenden Zuschlagskalkulation. Der BAB zeigt für die Kostenstelle „Isolierglas" mit 220,9% einen sehr hohen Zuschlagssatz, was auf eine stark automatisierte Fertigungsstelle schließen lässt. Daher empfiehlt es sich, in dieser Kostenstelle für die maschinenabhängigen Gemeinkosten einen Maschinenstundensatz zu ermitteln. Für die Isolierglasstelle gibt es eine gesonderte Gemeinkostenerfassung:

Kostenarten der Kostenstelle „ISOLIERGLAS"	**Betrag (in €)**	**Maschinenabhängige Gemeinkosten**	**Restgemeinkosten**
Betriebsstoffe	35.000	33.000	2.000
Stromkosten	59.000	55.000	4.000
Hilfslöhne	91.000		91.000
Versicherung	15.000	15.000	
Sonstige Kosten (Instandhaltung)	15.000	15.000	
Kalkulatorische Abschreibung	42.000	42.000	
Kalkulatorische Zinsen	110.000	110.000	
Heizkosten	44.000		44.000
Gebäudeverwaltung	48.000		48.000
Meisterbüro	16.000		16.000
Σ Gemeinkosten	**475.000**	**270.000**	**205.000**
Bezugsgrößen		**2.000 Mh**	**FL 215.000**
Verrechnungs- bzw. Zuschlagssatz		**€ 135 je Mh**	**95,3%**

Aufgabenstellung:

Wie lautet der Angebotspreis (inkl. 20% USt) für diesen Auftrag, wenn man in der Kostenstelle „Isolierglas" 6 Stunden zur Auftragsbearbeitung benötigt (auf zwei Dezimalstellen rechnen).

Lösung:

Kalkulation des Angebotspreises:

Fertigungsmaterial	8.500,00	
+ 18,9% MGK	1.606,50	10.106,50
FL Rahmenbau	4.750,00	
+ 80,5% FGK Rahmenbau	3.823,75	8.573,75
FL Isolierglas	**1.150,00**	
+ 95,3% Rest-FGK Isolierglas	**1.095,95**	
+ Maschinenabhängige GK (€ 135 x 6 Mh)	**810,00**	**3.055,95**
FL Montage	4.500,00	
+ 63,7% FGK Montage	2.866,50	7.366,50
= Herstellkosten		**29.102,70**
+ 8,8% Verwaltungsgemeinkosten		2.561,04
+ 6,6% Vertriebsgemeinkosten		1.920,78
+ Sondereinzelkosten des Vertriebs		1.500,00
= Selbstkosten		**35.084,52**
+ 15% Gewinnaufschlag		5.262,68
= Nettoverkaufspreis (Kassapreis)		40.347,20
+ 3% Kundenskonto i. H. (*Berechnung: 40.347,20 : 97 x 3)*		1.247,85
= Bruttoverkaufspreis (ohne USt)		41.595,05
+ 20% Umsatzsteuer		8.319,01
= **Angebotspreis** bzw. Bruttoverkaufspreis (inkl. USt)		**49.914,06**

Dieses Beispiel zeigt, dass sich bei Anwendung der Bezugsgrößenkalkulation ein geringerer Angebotspreis ergibt, als bei der Zuschlagskalkulation. Nachdem in der Fertigungsstelle *„Isolierglas"* ein Teil der Gemeinkosten maschinenabhängig ist und man hier mit differenzierten Kalkulationssätzen arbeitet, um die in dieser Kostenstelle angefallenen Gemeinkosten möglichst verursachungsgerecht dem Auftrag zuzurechnen, ergeben sich somit für die Isolierglasstelle Fertigungskosten von € 3.055,95 (bei der Zuschlagskalkulation waren es € 3.690,35). In der Folge ergeben sich andere Herstell- bzw. Selbstkosten als Berechnungsgrundlage. Letztendlich ergibt sich ein Angebotspreis in Höhe von € 49.914,06. Ein Vergleich mit dem unter Verwendung der Zuschlagskalkulation ermittelten Preis (€ 50.955,59) zeigt, dass der Angebotspreis um € 1.041,53 zu hoch veranschlagt wurde.

4.4.2. Divisionskalkulation

Divisionskalkulationsverfahren können nur in Einproduktbetrieben sinnvoll angewendet werden, wenn über einen längeren Zeitraum ein Produkt in größeren Mengen hergestellt wird, wie z. B. in Zementwerken, Wasserwerken, Elektrizitätswerken, Zuckerfabriken usw. (für *„Glas Tech" KG* nicht anwendbar → Mehrproduktunternehmen).

Divisionskalkulationsverfahren	
Anwendung:	nur in **Einproduktunternehmen** mit **Massenfertigung**
Voraussetzung:	**Keine Differenzierung** in **Einzelkosten** und **Gemeinkosten** erforderlich!

Formen der Divisionskalkulation

- **Einstufige** Divisionskalkulation
- **Zweistufige** Divisionskalkulation
- **Mehrstufige** Divisionskalkulation

Abb. 53: Divisionskalkulation

Die Divisionskalkulation beruht auf einer Durchschnittsbetrachtung und differenziert nicht zwischen Einzel- und Gemeinkosten. Nachdem in Einproduktunternehmen nur eine einzige Produktart erzeugt wird, müssen die Gesamtkosten des Betriebes diesem Produkt zugeordnet werden. Je nachdem, welche Voraussetzungen der betreffende Betrieb erfüllt (Art des Produktionsprogramms, Anzahl der Fertigungsstufen usw.), ist die Divisionskalkulation einstufig, zweistufig oder mehrstufig ausgestaltet.

4.4.2.1. Einstufige Divisionskalkulation

Dieses einfache, in der Praxis aber kaum relevante Verfahren, führt nur dann zu einem genauen Ergebnis, wenn folgende **Voraussetzungen** erfüllt sind:

- Der **gesamte Betrieb** wird als eine **Kostenstelle** angesehen.
- Es wird nur ein **homogenes Massenprodukt** hergestellt.
- Es muss eine **einstufige Fertigung** vorliegen.
- Es dürfen **keine Lagerbestandsveränderungen an Halb- und Fertigfabrikaten** auftreten, d. h. die Produktionsmenge muss der Absatzmenge entsprechen.
  Nachdem die Gesamtkosten einer Periode auch die Vertriebskosten beinhalten, würden bei einem Auseinanderklaffen zwischen Produktions- und Absatzmenge (weil nicht alle Fertigerzeugnisse verkauft wurden) auch die nicht verkauften Produkte bereits mit Vertriebskosten belastet, obwohl diese erst später beim Verkauf anfallen.

Bei der einstufigen Divisionskalkulation errechnen sich die Selbstkosten je Stück, indem man die Gesamtkosten einer Abrechnungsperiode durch die Gesamtmenge der im selben Zeitraum erzeugten und auch abgesetzten Leistungen dividiert.

$$\textbf{Selbstkosten je Stück} = \frac{\text{Gesamtkosten (Einzel- und Gemeinkosten) der Periode}}{\text{Produktions- bzw. Absatzmenge der Periode}}$$

Bei diesem Verfahren erfolgt die Kalkulation unmittelbar im Anschluss an die Kostenartenrechung. Somit entfällt die Notwendigkeit einer Kostenstellenrechnung. Die gesamten Kosten werden in einem Schritt auf den Kostenträger verteilt. Dies setzt allerdings voraus, dass sich die Kosten proportional zur Menge der Kostenträger verhalten.

Beispiel zur einstufigen Divisionskalkulation:
Ein Elektrizitätswerk erzeugt und verkauft in einer Abrechnungsperiode 160.000 kWh Strom. Dabei sind folgende Kosten angefallen:

Personalkosten	€ 35.000
Kapitalkosten	€ 30.000
Verwaltungs- und Vertriebskosten	€ 15.000

Aufgabenstellung: Berechnen Sie die Selbstkosten je kWh.

Lösung:

$$\textbf{Selbstkosten je kWh} = \frac{\text{Gesamtkosten 80.000 (35.000 + 30.000 + 15.000)}}{\text{Produktions- bzw. Absatzmenge 160.000 kWh}} \rightarrow \textbf{€ 0,5 je kWh}$$

4.4.2.2. Zweistufige Divisionskalkulation

Die Anwendung dieses Verfahrens ist an folgende **Voraussetzungen** geknüpft:

- Nur anwendbar bei Einproduktunternehmen mit **einstufiger Fertigung**.
- **Keine Lagerbestandsveränderungen bei unfertigen Erzeugnissen**.
- **Bestandsveränderungen** darf es nur **bei Fertigerzeugnissen** geben.
- Aufgrund der Aufspaltung der Gesamtkosten in Herstellkosten und Verwaltungs- und Vertriebskosten ist ein **einfacher BAB** mit den Kostenstellen „Fertigung" sowie „Verwaltung & Vertrieb" erforderlich.

Treten bei einer einstufigen Fertigung Lagerbestandsveränderungen (= Mengenunterschied zwischen Produktions- und Absatzmenge) bei den Fertigerzeugnissen auf, dann werden die Selbstkosten mittels der zweistufigen Divisionskalkulation berechnet. Dabei kommt es zu einer **Aufspaltung** der Gesamtkosten **in Herstellkosten sowie Verwaltungs- und Vertriebskosten.** Die Formel zur Berechnung der Selbstkosten je Stück lautet hier:

$$\textbf{Selbstkosten je Stück} = \frac{\text{Herstellkosten der Periode}}{\text{Produktionsmenge der Periode}} + \frac{\text{Verwaltungs- und Vertriebskosten der Periode}}{\text{Absatzmenge der Periode}}$$

Um die Selbstkosten eines Kostenträgers zu ermitteln, dividiert man zunächst die Herstellkosten durch die produzierte Menge. Die Verwaltungs- und Vertriebskosten hingegen werden lediglich auf die abgesetzten Produkteinheiten umgelegt. Dadurch wird verhindert, dass auf Lager liegende Erzeugnisse mit Verwaltungs- und Vertriebskosten belastet werden, die sie nicht verursacht haben. Die nicht verkauften Produkte werden somit nur mit den Herstellkosten bewertet, die man zur Berechnung des Bilanzansatzes des Lagerzugangs benötigt. Verwaltungs- und Vertriebkosten dürfen bei einem Lageraufbau deshalb nicht angesetzt werden, da dies zum Ausweis nicht realisierter Gewinne führen würde, was sowohl unternehmensrechtlich als auch steuerrechtlich verboten ist.

Beispiel zur zweistufigen Divisionskalkulation:

Ein Unternehmen der Erzgewinnung fördert pro Jahr 15.000 Tonnen (t), kann aber jährlich nur 12.000 Tonnen (t) absetzen. Die Gesamtkosten der Periode betragen € 900.000, davon entfallen 20% auf Verwaltungs- und Vertriebskosten (V&V-Kosten).

Aufgabenstellung: Wie hoch sind die Selbstkosten je Tonne Erz?

Lösung:

Herstellkosten 720.000 (80% von 900.000) / Produktionsmenge 15.000 t	→ **€ 48 je t**
+ V&V-Kosten 180.000 (20% von 900.000) / Absatzmenge 12.000 t	→ **€ 15 je t**
Selbstkosten je Tonne Erz	→ **€ 63 je t**

Die Selbstkosten je verkaufter Tonne Erz betragen € 63. Die auf Lager gehenden 3.000 t sind in der Bilanz mit Herstellkosten in Höhe von € 48 je t anzusetzen → **Bilanzansatz € 144.000**.

4.4.2.3. Mehrstufige Divisionskalkulation (Stufendivisionskalkulation)

Die Anwendung dieses Verfahrens ist an folgende **Voraussetzungen** geknüpft:

- Anwendbar bei Einproduktunternehmen mit **mehrstufigem Produktionsprozess.**
- **Lagerbestandsveränderungen bei fertigen und unfertigen Erzeugnissen** sind möglich.
- Unfertige Erzeugnisse werden entsprechend ihres Fertigungsgrades mit Kosten belastet
  → **Stufenspezifische Stückherstellkosten.**
- Wegen der Differenzierung in Fertigungsbereich und Verwaltungs- und Vertriebsbereich ist ein **einfacher BAB** erforderlich.

Die Stufendivisionskalkulation wird angewendet, wenn es in einem Unternehmen mehrere Produktionsstufen gibt, und zwischen diesen Stufen **Lagerbestandsveränderungen bei den unfertigen Erzeugnissen** auftreten. Der mehrstufige Produktionsprozess lässt sich folgendermaßen darstellen:

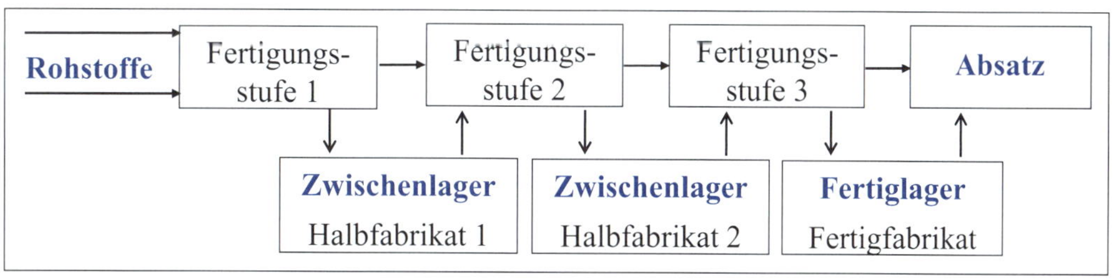

Abb. 54: Mehrstufiger Produktionsprozess
(in Anlehnung an: Götze, U.: Kostenrechnung und Kostenmanagement, 3. Aufl., S. 101)

Legt ein Betrieb seine Halbfabrikate auf ein Zwischenlager und verwendet sie erst zu einem späteren Zeitpunkt für die Produktion oder verkauft er die unfertigen Erzeugnisse der unterschiedlichen Fertigungsstufen, dann muss man wissen, wie hoch die bis dahin angefallenen stufenspezifischen Stückherstellkosten sind.

Bei diesem Verfahren wird zunächst zwischen dem Verwaltungs- und Vertriebsbereich sowie dem in mehrere Fertigungsstufen aufgeteilten Fertigungsbereich unterschieden. Mit Hilfe einer auch im Fertigungsbereich differenzierten Kostenstellenrechnung werden die Gesamtkosten jeder Stufe ermittelt und durch die Produktionsmenge der jeweiligen Fertigungsstufe dividiert. Als Ergebnis erhält man **stufenspezifische Stückherstellkosten**.

Die **Verwaltungs- und Vertriebskosten je Stück** ergeben sich, genauso wie bei der zweistufigen Divisionskalkulation, indem man die gesamten in einer Periode angefallenen Verwaltungs- und Vertriebskosten durch die Absatzmenge der Periode dividiert. Zu den **Selbstkosten je Stück** gelangt man durch Addition der Stückherstellkosten und der Verwaltungs- und Vertriebskosten je Stück. Zur **Berechnung** der Selbstkosten je Stück stehen zwei Verfahren zur Verfügung:

Addierendes Verfahren	Durchwälzmethode
Herstellkosten Fertigung 1 / Produktionsmenge in F1 → **HK/Stk. in F1**	Gesamtkosten Fertigung 1 / Produktionsmenge in F1 → **HK/Stk. in F1**
+	
Herstellkosten Fertigung 2 / Produktionsmenge in F2 → **HK/Stk. in F2**	(HK/Stk. F1 x übernommene Menge + Gesamtkosten Fertigung 2) / Produktionsmenge in F2 → **HK/Stk. in F2**
+	
Herstellkosten Fertigung 3 / Produktionsmenge in F3 → **HK/Stk. in F3**	(HK/Stk. F2 x übernommene Menge + Gesamtkosten Fertigung 3) / Produktionsmenge in F3 → **HK/Stk. in F3**
=	
∑ Herstellkosten je Stück	
+	+
Verw. & Vertriebskosten / Absatzmenge → **V&V-Kosten/Stk.**	Verwaltungs- & Vertriebskosten / Absatzmenge → **V&V-Kosten/Stk.**
=	=
Selbstkosten je Stück	**Selbstkosten je Stück**

Abb. 55: Verfahren der mehrstufigen Divisionskalkulation

- **Addierendes Verfahren:**
  Dieses Verfahren kann nur angewendet werden, wenn in den einzelnen Stufen die jeweiligen Einsatzmengen den Ausbringungsmengen entsprechen. Hier werden die Herstellkosten je Stück für jede Fertigungsstufe gesondert (ohne Berücksichtigung der Vorstufen) ermittelt, indem man die Herstellkosten jeder Produktionsstufe durch die in dieser Stufe bearbeitete Menge dividiert. Die gesamten Herstellkosten je Stück ergeben sich durch Addition aller stufenspezifischen Stückherstellkosten.
- **Durchwälzmethode:**
  Handelt es sich um Betriebe, die mit Mengenverlusten bzw. Mengengewinnen zwischen Einsatz- und Ausbringungsmengen in den einzelnen Stufen konfrontiert sind, dann kommt die Durchwälzmethode zum Einsatz (z. B. bei Zementherstellung, Garnherstellung in der Textilindustrie usw.). Hier werden die Kosten von Fertigungsstufe zu Fertigungsstufe weitergewälzt, d. h. die Kosten der Vorstufe gehen direkt in die Herstellkosten der nachgelagerten Stufe ein. Jede Produktionsstufe gibt also ihre Leistungen mit den bis dahin angefallenen Stückkosten entweder an die nachfolgenden Stufen weiter oder an das Zwischenlager ab. Vorteilhaft bei dieser Methode ist, dass die auf jeder Stufe ermittelten Stückherstellkosten sofort zur Bewertung der Bestandsveränderungen von Halb- und Fertigfabrikaten herangezogen werden können.

Beispiel zur mehrstufigen Divisionskalkulation
(in Anlehnung an: Coenenberg, A. G.: Kostenrechnung und Kostenanalyse, 6. Aufl., Stuttgart 2007, S. 108):

In einer Zementfabrik liegen vier Fertigungsstufen vor, in denen folgende Kosten anfallen:

Stufe 1: Es werden 50.000 t Rohmaterial gefördert und aufbereitet. Die Materialeinzelkosten liegen bei € 2,40 je t. Die Materialgemeinkosten betragen € 10.000 und können dem eingesetzten Material direkt zugerechnet werden.

Stufe 2: Diese 50.000 t Rohmaterial werden zu 40.000 t Rohmehl weiter verarbeitet. Dabei ergibt sich ein Mengenschwund von 20% des eingesetzten Rohmaterials. Die gesamten Fertigungskosten auf dieser Stufe belaufen sich auf € 90.000.

Stufe 3: Aus 30.000 t Rohmehl werden 20.000 t Klinker gebrannt, 10.000 t Rohmehl gehen auf Lager. Die gesamten Fertigungskosten dieser Stufe betragen € 225.000.

Stufe 4: Aus 25.000 t Klinker werden 25.000 t Zement hergestellt. 5.000 t Klinker stammen aus dem Lagerbestand der Vorperiode, der mit Herstellkosten von € 22 je t bewertet ist. Die gesamten Fertigungskosten dieser Stufe liegen bei € 112.500.

In der Abrechnungsperiode wurden nur 21.000 t Zement verkauft. Die in diesem Zusammenhang angefallenen Verwaltungs- und Vertriebskosten belaufen sich auf € 67.200.

Aufgabenstellung:

Berechnen Sie mittels der Durchwälzmethode die Selbstkosten je Tonne verkauftem Zement sowie die Bilanzansätze der Bestandsveränderungen.

Lösung:

Stufe 1: Kosten je t Rohmaterial:

$$\frac{\text{Gesamtkosten}}{\text{Produktionsmenge}} \quad \frac{(50.000\text{ t x } 2{,}40) + \text{MGK } 10.000}{50.000\text{ t}} \rightarrow \frac{130.000}{50.000\text{ t}} \rightarrow \text{€ } 2{,}60 \text{ je t}$$

Stufe 2: Kosten je t Rohmehl:

(HK je t aus Stufe 1 x übernommene Menge)	= (€ 2,6 x 50.000 t)	
+ Fertigungskosten Stufe 2	+ € 90.000	
→ € 220.000 Gesamtkosten / Ausbringungsmenge 40.000 t	→	**€ 5,50 je t**

Stufe 3: Kosten je t Klinker:

(HK je t aus Stufe 2 x übernommene Menge)	= (€ 5,5 x 30.000 t)	
+ Fertigungskosten Stufe 3	+ € 225.000	
→ € 390.000 Gesamtkosten / Ausbringungsmenge 20.000 t	→	**€ 19,50 je t**

Stufe 4: Kosten je t Zement:

(HK je t aus Stufe 3 x übernommene Menge)	= (€ 19,5 x 20.000 t)	
+ Lagerabbau (€ 22,0 x 5.000 t)	+ € 110.000	
+ Fertigungskosten Stufe 4	+ € 112.500	
→ € 612.500 Gesamtkosten / Ausbringungsmenge 25.000 t	→	**€ 24,50 je t**
+ **Verwaltungs- & Vertriebskosten** (€ 67.200 / Absatzmenge 21.000 t)	→	**€ 3,20 je t**
= Selbstkosten je t verkauftem Zement		**€ 27,70 je t**

Die **Herstellkosten** einer Tonne Zement betragen **€ 24,50** und die **Selbstkosten € 27,70.**

Bilanzansätze der Bestandsveränderungen:

Rohmehl: Die auf Lager gehenden 10.000 t Rohmehl werden mit den bis dahin angefallenen Herstellkosten von € 5,50 je t bewertet. → **Bilanzansatz € 55.000**

Zement: Nachdem von der Produktion (25.000 t) nur 21.000 t verkauft wurden, ergibt sich beim Fertigprodukt Zement ein Lageraufbau von 4.000 t. Dieser wird mit den Herstellkosten von € 24,50 je t bewertet. → **Bilanzansatz € 98.000**

4.4.3. Äquivalenzziffernkalkulation

Die Äquivalenzziffernkalkulation leitet sich aus der Divisionskalkulation ab und ist für jene Betriebe gedacht, die zwar mehrere Arten von Produkten in ihrem Programm haben, diese aber untereinander in technischer Hinsicht „verwandt" sind, also bei Sorten- und Serienfertigung (z. B. bei der Herstellung verschiedener Limonaden- oder Biersorten, Zigarettensorten, Ziegelsorten oder auch Papier, Garne, Bleche in unterschiedlicher Stärke).

Äquivalenzziffernkalkulation

Sonderform der Divisionskalkulation

Anwendung: vorwiegend in Mehrproduktunternehmen mit **Sortenfertigung**

Voraussetzung: Starke fertigungstechnische Ähnlichkeit der Produkte muss gegeben sein. **Keine Differenzierung in Einzel- und Gemeinkosten** erforderlich!

Formen der Äquivalenzziffernkalkulation

- **Einstufige** Äquivalenzziffernkalkulation
- **Mehrstufige** Äquivalenzziffernkalkulation

Abb. 56: Äquivalenzziffernkalkulation

Mit Hilfe dieses Verfahrens können sowohl die Herstellkosten als auch die Selbstkosten verschiedener Sorten ermittelt werden. Voraussetzung dafür ist, dass die unterschiedlichen Produkte fertigungstechnische Ähnlichkeiten aufweisen, d. h. bei der Produktion die gleichen Fertigungsstellen durchlaufen, dieselben Rohstoffe und die gleichen Produktionsanlagen verwenden. Aufgrund der Ähnlichkeit der Fertigungsstruktur wird auch eine ähnliche Kostenstruktur für alle Sorten unterstellt. Die Kostenunterschiede ergeben sich vor allem durch voneinander abweichende Materialeinsätze und unterschiedliche Maschinenlaufzeiten.

Diese Unterschiede in der Kostenverursachung drückt man durch die Gewichtung mit **Äquivalenzziffern** (Kostenverhältniszahlen) aus. Sie werden in der Praxis durch analytische Methoden ermittelt und geben an, in welchem Verhältnis die Kosten eines Produktes zu den Kosten eines sogenannten Einheitsproduktes (= Bezugssorte oder Einheitssorte) stehen. Diese **Einheitssorte** erhält die Äquivalenzziffer „1" und die anderen Sorten, in Relation dazu, Werte die größer oder kleiner sind als 1. Das bedeutet, dass ein Produkt mit der Äquivalenzziffer 1,3 um 30% mehr Kosten verursacht als jenes mit der Äquivalenzziffer 1. Soll hingegen ein anderes Produkt 20% weniger Kosten tragen als das Einheitsprodukt, dann ordnet man diesem die Äquivalenzziffer 0,8 zu. Es gibt zwei Verfahren der Äquivalenzziffernkalkulation:

4.4.3.1. Einstufige Äquivalenzziffernkalkulation

Die Anwendung dieses Verfahrens ist an folgende **Voraussetzungen** geknüpft:

- Nur anwendbar bei Mehrproduktunternehmen mit Sortenfertigung.
- Keine Kostenstellenrechnung erforderlich.
- Es muss eine **einstufige Fertigung** vorliegen. Folglich gibt es **keine Lagerbestandsveränderungen bei unfertigen Erzeugnissen.**
- Es darf auch **keine Lagerbestandsveränderungen bei Fertigerzeugnissen** geben (Produktionsmenge = Absatzmenge).

Diese Form der Äquivalenzziffernkalkulation kann nur durchgeführt werden, wenn **keine Lagerbestandsveränderungen an Halb- und Fertigfabrikaten** auftreten und somit keine Aufspaltung der Gesamtkosten auf den Fertigungsbereich und den Verwaltungs- und Vertriebsbereich notwendig ist. Hier werden die Gesamtkosten einer Periode mittels Äquivalenzziffern auf die einzelnen Sorten umgelegt. Diesbezüglich ergibt sich folgende Vorgehensweise:

1. Schritt: Ermittlung der Äquivalenzziffern (ÄZ) und Festlegung der Einheitssorte

- Bestimmung der Einheitssorte, die mit der Äquivalenzziffer 1 versehen wird.
- Festlegung der Kostenverhältnisse der anderen Sorten durch Äquivalenzzahlen, die das Kostenverhältnis zur Einheitssorte aufzeigen. Dadurch können verschiedenartige, aber ähnliche Produkte in ihrer Kostenverursachung auf ein einheitliches Produkt hin ausgerichtet werden.

Das Hauptproblem besteht hier in der Ermittlung von Äquivalenzziffern, die das tatsächliche Kostenverhältnis widerspiegeln. Diese Kostenverhältniszahlen müssen aus Größen abgeleitet werden, die für die Kostenverursachung verantwortlich sind, wie z. B. Fertigungszeiten, Rohstoffinanspruchnahme, Materialgewichte, Blechstärken, Längen, Durchmesser usw.

2. Schritt: Ermittlung sogenannter fiktiver Recheneinheiten

Als nächstes multipliziert man die Produktions- bzw. Absatzmengen der verschiedenen Sorten mit den jeweiligen ÄZ, und erhält so als Gesamtrechnungsmenge ein „künstliches, homogenes Produkt für Rechenzwecke“.

Berechnung: Produktionsmenge jeder Sorte x jeweilige Äquivalenzziffer

3. Schritt: Berechnung der Kosten der Einheitssorte (Kostensatz pro Recheneinheit)

Anschließend werden mittels einer einfachen Divisionskalkulation die Kosten der Gesamtproduktion durch die Summe der fiktiven Recheneinheiten dividiert. Als Ergebnis erhält man den Kostensatz pro Einheitsprodukt. Dieser entspricht den Stückkosten der Einheitssorte.

Stückkosten der Einheitssorte = Gesamtkosten / Σ der fiktiven Recheneinheiten

4. Schritt: Ermittlung der Stückselbstkosten je Sorte

Im letzten Schritt multipliziert man die Kosten der Einheitssorte mit den jeweiligen ÄZ der anderen Sorten und erhält als Ergebnis die Stückkosten jeder Sorte. Diese entsprechen bei der einstufigen Äquivalenzziffernkalkulation auch den Selbstkosten je Sorte.

Stückselbstkosten je Sorte = Stückkosten der Einheitssorte x ÄZ der einzelnen Sorten

Beispiel zur einstufigen Äquivalenzziffernkalkulation:

In einer Brauerei verursacht die Herstellung der Biersorte „Bock" um 20% mehr Kosten und die Sorte „Lager" um 15% weniger Kosten als die Biersorte „Pils". Die Gesamtkosten der Brauerei belaufen sich auf € 2.257.200.

In der Abrechnungsperiode wurden folgenden Mengen produziert und abgesetzt:

Sorte „Bock": 1.500 hl Sorte „Pils": 1.750 hl Sorte „Lager": 3.200 hl

Aufgabenstellung:

Berechnen Sie für die drei Biersorten mittels der einstufigen Äquivalenzziffernkalkulation die Selbstkosten je hl und die jeweiligen Gesamtkosten.

Lösung:

Sorte	ÄZ	Menge	Recheneinheiten		Selbstkosten je hl und je Sorte (in €)	Gesamtkosten je Sorte (in €)
			Menge x ÄZ		**€ 2.257.200 : 6.270 = 360**	**Kosten x Menge**
Bock	**1,20**	1.500 hl	(1.500 x 1,2)	1.800	(360 x ÄZ 1,2) → **€ 432**	648.000
Pils	**1,00**	1.750 hl	(1.750 x 1,0)	1.750	(360 x ÄZ 1,0) → **€ 360**	630.000
Lager	**0,85**	3.200 hl	(3.200 x 0,85)	2.720	(360 x ÄZ 0,85) → **€ 306**	979.200
Summe		**6.450 hl**		**6.270**		**2.257.200**

1. Schritt: Ermittlung der ÄZ

Aufgrund der gegebenen Kostenrelation liegt hier ein ideales Anwendungsgebiet für die Äquivalenzziffernkalkulation vor. Nachdem die Sorte „Bock" um 20% mehr Kosten verursacht als die Sorte „Pils" (= Einheitssorte mit ÄZ von 1) erhält das Bockbier die ÄZ 1,20. Die Sorte „Lager" hingegen wird mit der ÄZ 0,85 versehen, weil sie um 15% weniger Kosten verursacht als die Sorte „Pils". Demzufolge kann das Verhältnis der Kostenverursachung der drei Biersorten mit folgenden ÄZ ausgedrückt werden:

Sorte „Bock" → ÄZ 1,20 Sorte „Pils" → ÄZ 1 Sorte „Lager" → ÄZ 0,85

2. Schritt: Ermittlung der Recheneinheiten

Die tatsächlichen Produktionsmengen werden nun mit den jeweiligen ÄZ der Sorten gewichtet

Berechnung: **Produktionsmenge jeder Sorte x jeweilige ÄZ**

3. Schritt: Ermittlung des Kostensatzes je Recheneinheit (RE)

Durch Divisionskalkulation werden die Kosten pro hl der Einheitssorte errechnet.

Berechnung: **Gesamtkosten € 2.257.200 / Σ der Recheneinheiten 6.270 →Kostensatz je RE € 360**

4. Schritt: Ermittlung der Selbstkosten je hl jeder Sorte:

Berechnung: **Kostensatz x jeweilige ÄZ**

5. Schritt: Gesamtkostenermittlung jeder Sorte:

Berechnung: **Selbstkosten je hl x produzierte Menge**

Dieser letzte Schritt stellt auch gleichzeitig die Probe dar, da die Summe der Gesamtkosten jeder Sorte den Gesamtkosten der Brauerei in Höhe von € 2.257.200 entsprechen muss.

4.4.3.2. Mehrstufige Äquivalenzziffernkalkulation

Die Anwendung dieses Verfahrens ist an folgende **Voraussetzungen** geknüpft:

- Anwendbar bei Mehrproduktunternehmen mit Sortenfertigung,
- wenn ein **mehrstufiger Produktionsprozesses** vorliegt,
- der zu **Lagerbestandsveränderungen bei fertigen und unfertigen Erzeugnissen** führt.
- Wegen der Differenzierung nach verschiedenen Kostenstellen ist ein **BAB** erforderlich.

Dieses Verfahren findet Anwendung, wenn bei einer mehrstufigen Sortenfertigung Lagerbestandsveränderungen an Halb- und/oder Fertigerzeugnissen auftreten oder wenn sich unterschiedliche Produkte hinsichtlich mehrerer Kosteneinflussgrößen (z. B. Materialverbrauch, Personalkosten usw.) voneinander unterscheiden. In diesem Fall können die Kostenrelationen nicht mehr in Abhängigkeit von nur einer Größe bestimmt werden.

Bei dieser Methode werden für die entsprechenden Produktionsstufen oder die unterschiedlichen Kostenstellen jeweils eigene Äquivalenzziffern ermittelt, die das Kostenverhältnis der verschiedenen Sorten der jeweiligen Bereiche zum Ausdruck bringen. Die in den unterschiedlichen Stufen bzw. Kostenstellen angefallenen Kosten werden dann mittels Äquivalenzziffern auf die Sorten verteilt. Bei diesem Verfahren kommt es zu einer gleichzeitigen Anwendung der einstufigen Äquivalenzziffernkalkulation und der mehrstufigen Divisionskalkulation.

Vorgehensweise:

- Schema wie bei der Divisionskalkulation.
- Für jede Produktionsstufe bzw. jede Kostenstelle wird eine eigene ÄZ ermittelt, die je nach Stufe oder Kostenstelle unterschiedlich sein können.
- In der Folge werden die Stückkosten für jede Produktionsstufe mittels der unterschiedlichen ÄZ berechnet.
- Letztendlich werden die separat berechneten Stückkosten addiert.

Beispiel zur mehrstufigen Äquivalenzziffernkalkulation:

Eine Ziegelfabrik stellt drei verschiedene Ziegelsorten her. Im Juli wurden folgende Mengen produziert:

Ziegel A: 50.000 Stück Ziegel B: 40.000 Stück Ziegel C: 60.000 Stück

Diese drei Ziegelsorten verursachen jeweils unterschiedliche Material-, Fertigungs- sowie Verwaltungs- und Vertriebskosten. Zur Verteilung der im Juli angefallenen Kosten wurden folgende Äquivalenzziffern ermittelt:

Kostenstellen	Kosten	Ziegel A	Ziegel B	Ziegel C
Materialkosten	€ 153.600	1,0	1,3	1,5
Fertigungskosten	€ 100.200	1,1	1,3	1,0
Verwaltungs- und Vertriebskosten	€ 46.000	1,2	1,0	1,4

Aufgabenstellung:

Berechnen Sie mittels der mehrstufigen Äquivalenzziffernkalkulation die Herstellkosten (HK) sowie die Selbstkosten je Stück für jede Ziegelsorte.

Lösung:

Sorte	Menge (Stück)	Materialkosten			Fertigungskosten			HK je Stück
		ÄZ	RE	Kosten/Stück	ÄZ	RE	Kosten/Stück	
A	50.000	1,0	50.000	**0,80**	1,1	55.000	**0,66**	**1,46**
B	40.000	1,3	52.000	**1,04**	1,3	52.000	**0,78**	**1,82**
C	60.000	1,5	90.000	**1,20**	1,0	60.000	**0,60**	**1,80**
Σ	**150.000**		**192.000**			**167.000**		

Sorte	Menge (Stück)	Verwaltungs- und Vertriebskosten			HK je Stk.	Selbstkosten je Stk.
		ÄZ	RE	Kosten/Stück		
A	50.000	1,2	60.000	**0,30**	1,46	**1,76**
B	40.000	1,0	40.000	**0,25**	1,82	**2,07**
C	60.000	1,4	84.000	**0,35**	1,80	**2,15**
Σ	**150.000**		**184.000**			

Berechnung:

Materialkosten: € 153.600 : Σ RE 192.000 → € 0,80 Materialkosten je Stück der Einheitssorte „Ziegel A“

Fertigungskosten: € 100.200 : Σ RE 167.000 → € 0,60 Fertigungskosten je Stück der Einheitssorte „Ziegel C“

V&V-Kosten: € 46.000 : Σ RE 184.000 → € 0,25 V&V-Kosten je Stück der Einheitssorte „Ziegel B“

Stückherstellkosten = Materialkosten je Stück + Fertigungskosten je Stück jeder Sorte

Stückselbstkosten = Herstellkosten je Stück + Verwaltungs- und Vertriebskosten je Stück

4.4.4. Kuppelproduktkalkulation

Dieses Verfahren findet bei der Verbundproduktion Anwendung. So nennt man Produktionsprozesse, bei denen verschiedene Erzeugnisse aufgrund natürlicher oder technischer Gegebenheiten zwangsläufig gemeinsam entstehen, wie z. B. bei Hochofenprozessen, in Kokereien, Raffinerien, Zuckerfabriken, Sägewerken usw. So fallen beispielsweise in einem Sägewerk bei der Herstellung von Brettern (Hauptprodukt) zwangsläufig auch die Nebenprodukte Schwarten und Sägemehl an.

Kuppelproduktkalkulation	
Anwendung:	bei der **verbundenen Produktion**
Voraussetzung:	Kosten können nur dem gesamten Fertigungsbereich zugeordnet werden. Verursachungsprinzip ist nicht anwendbar! Es gibt **keine Einzelkosten,** sondern **nur Gemeinkosten.**

Methoden der Kuppelproduktkalkulation

Restwertmethode (Subtraktionsmethode)	Verteilungsmethode (Schlüsselmethode)
Anwendung, wenn ein Hauptprodukt und mehrere Nebenprodukte aus Produktionsprozess hervorgehen. → **Durchschnittsprinzip**	**Anwendung,** wenn mehrere gleichwertige Hauptprodukte aus Produktionsprozess hervorgehen. → **Tragfähigkeitsprinzip**

Abb. 57: Kuppelproduktkalkulation

Aufgrund der gegenseitigen Abhängigkeit der Kuppelprodukte können die, auf die einzelnen Erzeugnisse entfallenden Herstellkosten nicht verursachungsgerecht ermittelt werden. Aus diesem Grunde erfolgt hier die Kostenverrechung nach dem **Tragfähigkeits- oder Durchschnittsprinzip**. Einzig und allein der kostenrechnerische Zweck der bilanziellen Bewertung von Halb- und Fertigerzeugnissen berechtigt zur Anwendung dieses Kalkulationsverfahrens. Für alle anderen Zwecke der Kostenrechnung (z. B. Preis- und Absatzpolitik) sind die Ergebnisse dieses Verfahrens nicht geeignet.

Das **Hauptproblem** der Verbundproduktion liegt in der **Ermittlung der Herstellkosten** der verschiedenen Kuppelprodukte. Nachdem die Kosten für alle Produkte gemeinsam anfallen, sind sie auch nur dem gemeinsamen Fertigungsbereich zurechenbar. Um festzustellen, welche Erzeugnisse welchen Anteil an den Gesamtkosten verursacht haben, stehen zwei Methoden zur Verteilung der Herstellkosten auf die einzelnen Kuppelprodukte zur Verfügung:

4.4.4.1. Restwert- oder Subtraktionsmethode

Diese Methode kommt in jenen Betrieben zur Anwendung, in denen im Rahmen der Verbundproduktion zwangsläufig **ein Hauptprodukt und ein oder mehrere Nebenprodukte** entstehen, wie z. B. in Kokereien (Hauptprodukt Koks; Nebenprodukte Gas, Benzol, Teer) oder bei Hochöfen (Hauptprodukt Roheisen; Nebenprodukte Gichtgas und Schlacke). Hier werden die Kosten nach dem **Durchschnittsprinzip** auf die jeweiligen Erzeugnisse verteilt.

In diesem Fall ergeben sich die **Herstellkosten des Hauptproduktes** als Differenz zwischen den Gesamtkosten des Kuppelproduktionsprozesses und den Nettoumsatzerlösen der Nebenprodukte. Bei dieser Methode müssen die Nebenprodukte die Kosten in Höhe ihrer Erlöse tragen, d. h. vom Nettoerlös der einzelnen Nebenprodukte sind alle in Zusammenhang mit dem jeweiligen Nebenprodukt zusätzlich noch anfallenden Kosten, wie z. B. Aufbereitungs-, Weiterverarbeitungs-, Entsorgungs-, Verpackungs- sowie spezielle Verwaltungskosten, abzuziehen. Die Herstellkosten des Hauptproduktes sind somit von den Erlösen der Nebenprodukte abhängig. Sinkende Erlöse der Nebenprodukte haben zur Folge, dass mehr Kosten vom Hauptprodukt getragen werden müssen. Umgekehrt sinken die Kosten des Hauptproduktes, wenn die Erlöse der Nebenprodukte steigen.

Berechnung der Selbstkosten des Hauptproduktes:

Gesamtkosten des Kuppelproduktionsprozesses
– Umsatzerlöse aus Verkauf der Nebenprodukte (abzüglich Aufbereitungskosten usw.)

= Gesamte Herstellkosten des Hauptproduktes
+ Verwaltungs- und Vertriebskosten für das Hauptprodukt

= Gesamte Selbstkosten des Hauptproduktes

Dividiert man nun die Summe der Herstellkosten des Hauptproduktes durch die Produktionsmenge des Hauptproduktes, erhält man die **Stückherstellkosten** des Hauptproduktes. Addiert man zu diesen dann noch die anteiligen Verwaltungs- und Vertriebskosten je Stück, ergibt das die **Stückselbstkosten** des Hauptproduktes. Konnte das Unternehmen allerdings in einer Abrechnungsperiode nicht die gesamte Produktionsmenge des Hauptproduktes verkaufen, dann müssen auch hier, um die Verwaltungs- und Vertriebskosten je Stück zu erhalten, diese durch die Absatzmenge dividiert werden.

Beispiel zur Kuppelproduktkalkulation (Restwertmethode):

In einer Zuckerfabrik entstehen im Rahmen eines Kuppelproduktionsprozesses neben dem Hauptprodukt Zucker zwangsläufig auch zwei Nebenprodukte in folgenden Mengen

1.500 t Zucker (Hauptprodukt),
400 t des Nebenproduktes 1 und
500 t des Nebenproduktes 2.

Die gesamten, in Zusammenhang mit dieser Verbundproduktion angefallenen Herstellkosten betragen € 750.000.

Das ***Nebenprodukt 1*** wird zu einem Preis von € 50 je Tonne verkauft. Damit dieses Produkt marktfähig ist, fallen vorher noch Aufbereitungskosten in Höhe von 30% des Verkaufspreises an.

Vom ***Nebenprodukt 2*** wurden 300 t zum Preis von € 40 je t verkauft, die restliche Menge muss vernichtet werden. Die dabei entstehenden Entsorgungskosten belaufen sich auf € 10 je t. Außerdem entstanden für das Nebenprodukt 2 Verpackungskosten von € 6 je t.

Die auf die Herstellkosten des Hauptproduktes verrechneten Verwaltungs- und Vertriebsgemeinkosten betragen 15%. Die Gesamtproduktion wurde auch in derselben Abrechnungsperiode verkauft.

Aufgabenstellung:

Ermitteln Sie mit Hilfe der Restwertmethode die Herstellkosten und die Selbstkosten einer Tonne Zucker!

Lösung:

Gesamtkosten der Kuppelproduktion				€ 750.000
– ***Nebenprodukt 1***:	Umsatzerlös	(400 t x € 50)	20.000	
	– Aufbereitungskosten	(400 t x € 15)	– 6.000	– € 14.000
– ***Nebenprodukt 2***:	Umsatzerlös	(300 t x € 40)	12.000	
	– Verpackungskosten	(300 x € 6)	– 1.800	
	– Entsorgungskosten	(200 t x € 10)	– 2.000	– € 8.200
	→Herstellkosten des Hauptproduktes Zucker			**€ 727.800**
	+ 15% Verwaltungs- und Vertriebsgemeinkosten			€ 109.170
	→ Selbstkosten des Hauptproduktes Zucker			**€ 836.970**
	Herstellkosten je Tonne Zucker: (727.800 : 1.500 t)		→	**€ 485,20 je t**
	Selbstkosten je Tonne Zucker: (836.970 : 1.500 t)		→	**€ 557,98 je t**

4.4.4.2. Verteilungs- bzw. Schlüsselmethode

Die Verteilungsmethode beruht auf dem **Tragfähigkeitsprinzip** und wird dann angewendet, wenn aus einer Verbundproduktion mehrere **gleichwertige Hauptprodukte** hervorgehen, wie z. B. in Raffinerien (Schweröl, Heizöl und Benzin). In diesem Fall werden die Herstellkosten des Kuppelproduktionsprozesses mit Hilfe von **Schlüsselgrößen** (z. B. Outputmengen, Marktpreise oder Erzeugungsgewichte der Produkte) auf die Kostenträger verteilt.

Am häufigsten werden die Marktpreise als Schlüsselgröße zur Verteilung der Kosten auf die jeweiligen Hauptprodukte verwendet. Das Kostentragfähigkeitsprinzip geht davon aus, dass der Verkaufspreis der Produkte dafür ausschlaggebend ist, mit wie vielen Kosten sie „belastet“ werden können. Allerdings muss man die Erlöse der einzelnen Erzeugnisse um eventuelle Weiterverarbeitungs-, Aufbereitungs-

oder Entsorgungskosten bereinigen. Rechnerisch ergibt sich dieselbe Vorgehensweise wie bei der Äquivalenzziffernkalkulation, d. h. in den ÄZ kommen die Verkaufserlöse der Produkte (bzw. andere Schlüsselgrößen) zum Ausdruck, die das Verhältnis der Kostenverteilung auf die Kuppelprodukte wiedergeben. Die Herstellkosten werden bei dieser Methode den einzelnen Kuppelprodukten proportional zu deren Marktpreisen zugerechnet. Während bei der Sortenfertigung die ÄZ als Maßstab der Kostenverursachung gelten, so repräsentieren die ÄZ bei der Kuppelproduktion den Maßstab der Kostentragfähigkeit.

Beispiel zur Kuppelproduktkalkulation (Verteilungsmethode):

In einem Unternehmen entstehen in einem Kuppelproduktionsprozess drei gleichwertige Hauptprodukte. In diesem Zusammenhang fielen Herstellkosten in Höhe von € 133.200 an. Bezüglich der Erzeugnisse sind folgende Daten bekannt:

Kuppelprodukte	Produktionsmenge	Marktpreis (€ je kg)	Vertriebskosten (€ je kg)
A	4.000 kg	€ 15,0	€ 0,45
B	3.000 kg	€ 18,0	€ 0,80
C	2.500 kg	€ 21,0	€ 0,50

Aufgabenstellung:

Berechnen Sie mittels der Verteilungsmethode die gesamten Herstellkosten für jedes Hauptprodukt sowie die Selbstkosten je kg.

Lösung:

Die Gesamtkosten werden hier nach dem Marktpreis (= ÄZ) der Produkte verteilt:

Produkt	Menge	ÄZ	Menge x ÄZ	HK je kg (€)	HK je Produkt (€)	Vertrieb je kg (€)	Selbstkosten je kg (€)
A	4.000 kg	15	60.000	12,00	**48.000**	0,45	**12,45**
B	3.000 kg	18	54.000	14,40	**43.200**	0,80	**15,20**
C	2.500 kg	21	52.500	16,80	**42.000**	0,50	**17,30**
Summe			**166.500**		**133.200**		

Berechnung der Herstellkosten je Einheit: HK 133.200 : 166.500 → 0,8 Marktwerteinheit

Multipliziert man diese Marktwerteinheit mit den Marktpreisen (ÄZ) der jeweiligen Hauptprodukte, erhält man die Herstellkosten je kg. Um die gesamten Herstellkosten für jedes Hauptprodukt zu ermitteln, multipliziert man die Stückherstellkosten mit der entsprechenden Produktionsmenge.

Berechnung der Selbstkosten je kg: Diese ergeben sich durch Addition der Herstellkosten je kg und der Vertriebskosten je kg.

5. Kostenträgerzeitrechnung (kurzfristige Erfolgsrechnung bzw. Betriebsergebnisrechnung)

Die Kostenträgerzeitrechnung ist eine Periodenrechnung und stellt das Bindeglied zwischen der Kosten- und der Leistungsrechnung dar. Im Einzelnen erfüllt sie folgende **Aufgaben:**

- **Ermittlung des Betriebsergebnisses:** Die Betriebsergebnisrechnung ermittelt den Erfolg der betriebsbezogenen Aktivitäten eines Unternehmens in unterjährigen Abständen. Die Berechnung erfolgt normalerweise monatlich, mindestens jedoch vierteljährlich. Daher spricht man auch von **kurzfristiger Erfolgsrechnung.** Durch sie werden aktuelle Informationen für betriebliche Entscheidungen zur Verfügung gestellt.
- Die differenzierte Darstellung der Kosten und Erlöse nach Betriebsbereichen, einzelnen Erzeugnisarten, Produktgruppen, Absatzmärkten usw. liefert die **Grundlage zur Überwachung und Kontrolle** der Wirtschaftlichkeit des Leistungserstellungs- und Leistungsverwertungsprozesses.
- Die Betriebsergebnisrechnung dient auch der kurzfristigen Planung des betrieblichen Geschehens. Eine **Analyse des Betriebsergebnisses** zeigt frühzeitig sowohl Erfolgsursachen als auch Fehlentwicklungen auf.

Die **kurzfristige Erfolgsrechnung** errechnet den **Betriebserfolg** (Gewinn oder Verlust) als **Differenz zwischen** den in einer Periode angefallenen **Nettoerlösen und** den **Gesamtkosten.** Dabei kann nicht nur der Gesamterfolg eines Unternehmens, sondern auch seine Zusammensetzung ermittelt werden. Die kurzfristige Erfolgsrechnung ermöglicht die Berechnung des Erfolges für einzelne Produkte, Produktgruppen, Leistungen, Aufträge, aber auch für Absatzbereiche und Verantwortungsbereiche.

- In der Vollkostenrechnung ergibt sich der **Stückerfolg** eines Kostenträgers durch Gegenüberstellung des Nettoerlöses und der gesamten Selbstkosten eines Produktes oder Auftrages. Dieser Stückerfolg repräsentiert den Anteil dieser Leistungseinheit am Gesamtergebnis.

  Stückerfolg = Nettoerlös eines Kostenträgers – Gesamtkosten eines Kostenträgers

  Vorteilhaftigkeitsentscheidungen bezüglich der Annahme oder Ablehnung von Aufträgen sowie der optimalen Produktionsprogrammgestaltung (z. B. welche Produkte weiterhin produziert und welche aus dem Programm eliminiert werden) trifft man **in** der **Vollkostenrechnung** anhand der **Stückerfolge**. Aufträge bzw. Produkte, die einen positiven Beitrag zum Betriebsergebnis erzielen, werden gefertigt. Aufträge hingegen, die einen Verlust erwirtschaften, bzw. Produkte mit einem negativen Stückerfolg nimmt man nicht in das Produktionsprogramm auf.

- In der **Periodenerfolgsrechnung** werden von den gesamten in einer Periode erzielten Nettoerlösen alle im selben Abrechnungszeitraum angefallenen Kosten abgezogen. Der Periodenerfolg kann aber auch als Summe aller Stückerfolge einer Abrechnungsperiode bestimmt werden. Stimmen Produktion und Absatz einer Abrechnungsperiode überein, dann wird das Betriebsergebnis folgendermaßen berechnet:

  Periodenerfolg = Nettoumsatzerlöse der Periode – Gesamtkosten der Periode

Für die Betriebsergebnisrechnung ergeben sich allerdings dann Abgrenzungsprobleme, wenn Produktion und Absatz einer Abrechnungsperiode nicht übereinstimmen. In diesem Fall kommt es nämlich zu Lagerbestandsveränderungen bei fertigen und unfertigen Erzeugnissen.

- **Bestandsminderung** → Absatz > Produktion (es wurde mehr verkauft als produziert)
- **Bestandsmehrung** → Absatz < Produktion (es wurde weniger verkauft als produziert)

Um diese Bestandsveränderungen bei der Ermittlung des Betriebsergebnisses entsprechend zu berücksichtigen, stehen in der Praxis grundsätzlich zwei Verfahren zur Erfolgsermittlung zur Verfügung, und zwar das Gesamtkosten- und das Umsatzkostenverfahren.

5.1. Gesamtkostenverfahren (GKV)

Dieses Verfahren ist dadurch gekennzeichnet, dass den gesamten Leistungen einer Periode die gesamten Periodenkosten, gegliedert nach Kostenarten, gegenüber gestellt werden.

Periodenerfolg = Gesamtleistung der Periode – Gesamtkosten der Periode

Charakteristisch für das Gesamtkostenverfahren ist:

- Es wird nicht unterschieden, ob die Kosten auf bereits abgesetzte oder noch nicht abgesetzte Produkte entfallen.
- Ein Auseinanderklaffen zwischen Produktion und Absatz wird durch die Position „Bestandsveränderungen" ausgeglichen.
- Gliederung der Kosten nach Kostenarten und nicht nach betrieblichen Funktionsbereichen.

Darstellung des Gesamtkostenverfahren (GKV)

in Staffelform

	Nettoumsatzerlöse der Periode
+/-	Bestandserhöhungen/-minderungen an Halb- und Fertigfabrikaten
+	Aktivierte Eigenleistungen
=	**Betriebsleistung der Periode**
-	Materialkosten
-	Personalkosten
-	Abschreibungen
=	**Betriebserfolg der Periode**

in Kontoform

Betriebsergebniskonto (GKV)	
Gesamtkosten der Periode (nach Kostenarten)	Umsatzerlöse der Periode (nach Produktarten)
Bestandsminderungen (nach Produktarten)	Bestandserhöhungen (nach Produktarten)
	Aktivierte Eigenleistungen
Betriebsgewinn	**Betriebsverlust**

Abb. 58: Darstellung des Gesamtkostenverfahrens
(auf Grundlage von: Coenenberg, A.: Kostenrechnung und Kostenanalyse, 6. Aufl., Stuttgart 2007, S. 158)

Um sowohl auf der Kosten- als auch auf der Leistungsseite dasselbe Mengengerüst zu haben, werden bei diesem Verfahren neben den Umsatzerlösen der abgesetzten Erzeugnisse auch Bestandsveränderungen und aktivierte Eigenleistungen bei der Ermittlung der Betriebsleistung berücksichtigt. Der Wert selbst erstellter Vermögensgegenstände zählt deshalb zur Betriebsleistung, weil in den Kosten der betriebliche Wertverzehr enthalten ist, der auf die in der Periode hergestellten Leistungen zurückzuführen ist. Durch den Ansatz von Bestandsveränderungen erfolgt eine Angleichung der Mengengerüste Kosten und Erlöse. **Bestandsveränderungen an Halb- und Fertigfabrikaten** werden durch körperliche Inventur ermittelt und zu **Herstellkosten** (ohne Verwaltungs- und Vertriebskosten) bewertet.

Bestandserhöhungen werden zu den Umsatzerlösen dazugerechnet.
Bestandsminderungen werden von den Umsatzerlösen abgezogen.

Verfahrensbeurteilung:

- Das Gesamtkostenverfahren findet vor allem in Betrieben mit nicht besonders gut ausgebauter Kostenrechnung Anwendung (z. B. steht keine Kostenstellen- und Kostenträgerrechnung zur Verfügung), da es an Organisation und Qualität der Kostenrechnung wesentlich geringere Anforderungen stellt. Dieses Verfahren ist rechnerisch leicht zu handhaben und lässt sich relativ einfach in das Kontosystem der Finanzbuchhaltung integrieren.
- Wegen der erforderlichen körperlichen Bestandsaufnahme (Inventur) der am Ende einer Abrechnungsperiode vorhandenen Halb- und Fertigerzeugnisse ist dieses Verfahren, insbesondere bei Mehrproduktunternehmen mit mehrstufigem Produktionsprozess, mit einem hohen Arbeitsaufwand verbunden.
- Dadurch, dass die Kosten nicht nach Erzeugnisarten differenziert ausgewiesen werden, ist auch nicht erkennbar, welche Produkte den Unternehmenserfolg günstig bzw. ungünstig beeinflussen. Folglich sind bei Anwendung des Gesamtkostenverfahrens wichtige Informationen, wie Stück- und Periodenerfolge einzelner Produktarten nicht ersichtlich.

Beispiel zum Gesamtkostenverfahren:

Der Fensterhersteller *„Glas Tech" KG* hat im Dezember 1.000 Kunststofffenster erzeugt. Verkauft wurden im Dezember allerdings nur 850 Stück. Der am Markt erzielbare Verkaufspreis beträgt € 100 netto je Stück. Im Dezember wurden im Rahmen der Produktion Rohstoffe im Wert von € 32.000 verarbeitet und es fielen Fertigungslöhne in Höhe von € 37.000 an. Darüber hinaus entstanden in der Fertigung Abschreibungen für Maschinen in Höhe von € 11.000. Das entspricht Herstellkosten von insgesamt € 80.000.
An Personalkosten fielen im Dezember in der Verwaltung € 6.000 und im Vertrieb € 4.000 an.

Aufgabenstellung:

Berechnen Sie für Dezember das Betriebsergebnis der *„Glas Tech" KG* nach dem Gesamtkostenverfahren.

Lösung:

Hier werden die Umsatzerlöse und die in der Abrechnungsperiode angefallenen Kosten – gegliedert nach Kostenarten – einander gegenübergestellt. Die nicht verkauften Fenster (150 Stück) erhöhen den Lagerbestand an Fertigprodukten und werden zu Herstellkosten bewertet. Sie werden bei der Berechnung des Betriebsergebnisses als Bestandsveränderung mit Plus berücksichtigt:

Nettoumsatzerlöse (€ 100 x Absatzmenge 850 Stück)	85.000
+ Bestandsveränderung: 150 Stück x € 80 (HK 80.000 / 1.000 Produktion)	+ 12.000
= Betriebsleistung der Periode	**97.000**
– Materialkosten	– 32.000
– Personalkosten (FL 37.000 + Verwaltung 6.000 + Vertrieb 4.000)	– 47.000
– Abschreibungen	– 11.000
→ Betriebsergebnis im Dezember	**€ 7.000**

5.2. Umsatzkostenverfahren (UKV)

Das Umsatzkostenverfahren ist eine **nach Kostenträgern gegliederte Erfolgsrechnung,** bei der den Periodenumsatzerlösen die Periodenkosten der **abgesetzten** Kostenträger (Aufträge, Produkte usw.) gegenübergestellt werden.

Periodenerfolg = Nettoumsatzerlöse der Periode – umsatzbezogene Kosten der Periode

Typisch für das Umsatzkostenverfahren ist die **Aufgliederung der Herstellkosten und der Erlöse nach Produktarten** bzw. Produktgruppen. Hier werden den Umsatzerlösen der verkauften Leistungen einer Periode zunächst die auf Vollkostenbasis ermittelten Herstellkosten der verkauften Produkte gegenübergestellt. Die produktbezogenen Herstellkosten der abgesetzten Leistungen ergeben sich durch Multiplikation der stückbezogenen Werte zu Vollkosten mit den jeweiligen Absatzmengen. Subtrahiert man vom Bruttoergebnis die nicht zu den Herstellkosten gehörenden gesamten periodenbezogenen Verwaltungs- und Vertriebskosten, erhält man den **Periodenerfolg.**

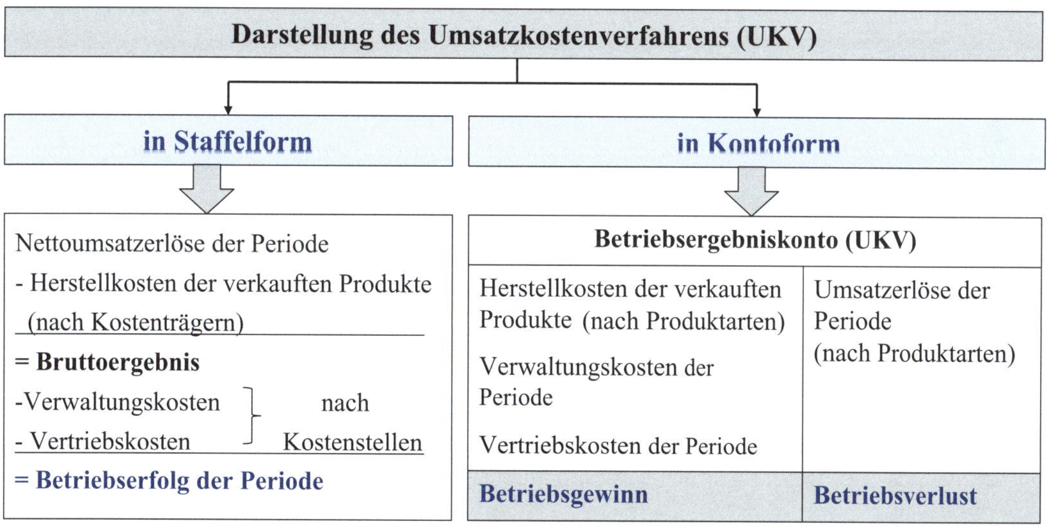

Abb. 59: Darstellung des Umsatzkostenverfahrens
(auf Grundlage von: Coenenberg, A.: Kostenrechnung und Kostenanalyse, 6. Aufl., Stuttgart 2007, S. 156)

Die Betriebsergebnisrechnung nach dem UKV setzt eine gut organisierte Kosten- und Leistungsrechnung mit Kostenstellenrechnung (BAB) und Kostenträgerrechnung voraus. Die Kostenträgerstückrechnung **(Kalkulation)** braucht man, um für alle **verkauften Produkte und Leistungen** die **Herstellkos-**

ten des Umsatzes **ermitteln** zu können. Der Herstellkostenwert enthält alle bis zur Fertigstellung entstandenen Kosten.

Dieses Verfahren vergleicht also die Erlöse und Kosten auf Basis der in einer Periode abgesetzten Produkte. Bestandserhöhungen an Halb- und Fertigerzeugnissen bleiben unberücksichtigt, weil von den gesamten Herstellkosten nur der Teil erfolgswirksam ist, der auf die Absatzmenge entfällt. Bestandsminderungen hingegen sind in den Kosten für die verkauften Produkte enthalten. Nachdem aktivierte Eigenleistungen nicht Bestandteil des Umsatzprozesses sind, bleiben sie unberücksichtigt.

Verfahrensbeurteilung:

- Sowohl die Erlöse als auch die Kosten beziehen sich auf dasselbe Mengengerüst, nämlich die Absatzmenge. Damit wird gewährleistet, dass die Herstellkosten eines Produktes auch der Periode zugerechnet werden, in welcher der Umsatz für dieses Produkt erzielt wurde.
- Ein wesentlicher Vorteil dieses Verfahrens ist darin zu sehen, dass keine körperliche Inventur der Halb- und Fertigfabrikate erforderlich ist.
- Das Umsatzkostenverfahren ermöglicht eine Differenzierung des Periodenergebnisses nach verschiedensten Gesichtspunkten (z. B. nach Teilbetrieben, Produkten und Produktgruppen, Kunden und Kundengruppen, Regionen usw.). Dadurch kann der Einfluss von Kostenträgern auf das Betriebsergebnis analysiert und auch festgestellt werden, inwieweit einzelne Produktarten einen Beitrag zum Gesamterfolg (durch Gegenüberstellung ihrer Umsatzerlöse und Kosten) leisten, was wiederum wertvolle Informationen für die Unternehmenssteuerung (z. B. die Sortimentssteuerung) liefert.
- Solange Bestandsveränderungen richtig bewertet werden, führt die Betriebsergebnisrechnung nach dem Gesamtkostenverfahren immer zum gleichen Ergebnis wie nach dem Umsatzkostenverfahren.

Beispiel zum Umsatzkostenverfahren:

Aufgabenstellung:

Berechnen Sie für Dezember das Betriebsergebnis nach dem Umsatzkostenverfahren. Es gelten dieselben Angaben wie beim Gesamtkostenverfahren.

Lösung:

Nettoumsatzerlöse (€ 100 x Absatzmenge 850 Stück)	85.000
– Herstellkosten der abgesetzten Menge (HK € 80 x Absatzmenge 850 Stück)	– 68.000
= Bruttoergebnis	**17.000**
– Verwaltungskosten (= Personalkosten im Dezember)	– 6.000
– Vertriebskosten (= Personalkosten im Dezember)	– 4.000
→ Betriebsergebnis im Dezember	**€ 7.000**

Hier werden den Umsatzerlösen die Herstellkosten der Absatzmenge sowie die Verwaltungs- und Vertriebskosten der Periode (Dezember) gegenübergestellt. Beim Umsatzkostenverfahren entfällt die Position „Bestandsveränderung“.

6. Beurteilung und Kritik an der Vollkostenrechnung

Charakteristisch für die Vollkostenrechnung ist, dass sie alle in einem Betrieb in einer Periode angefallenen Kosten auf die Kostenträger weiter verrechnet. Nachdem die Vollkostenrechnung mit einigen Mängeln behaftet ist, kann sie auch nicht für alle betriebswirtschaftlichen Entscheidungen herangezogen werden. Die Hauptkritikpunkte sind:

- **Fixkostenproportionalisierung:**
  Dazu kommt es, weil man in der Vollkostenrechnung auf eine Spaltung der Kosten in ihre variablen und fixen Bestandteile verzichtet und somit die in den Gemeinkosten enthaltenen fixen und variablen Kostenbestandteile gleich behandelt. Faktum ist jedoch, dass die variablen Stückkosten je Leistungseinheit anfallen und immer gleich bleiben, in Summe aber mit der Beschäftigung variieren. Je mehr also produziert wird, desto höher ist die Summe der variablen Kosten. Die Fixkosten hingegen fallen in voller Höhe, unabhängig von der Beschäftigung an, d. h. auch dann, wenn die Ausbringungsmenge gleich null ist. Umgelegt auf Produktionseinheiten bedeutet dies, dass der Anteil der in den Gesamtkosten enthaltenen fixen Kosten je Stück mit zunehmender Beschäftigung sinkt (Fixkostendegression) und umgekehrt der Fixkostenanteil je Produkteinheit bei sinkender Beschäftigung steigt.

  In der Vollkostenrechnung wird aber jede Produkteinheit, unabhängig vom Beschäftigungsgrad mit einem bestimmten Fixkostenanteil belastet. Sinkt beispielsweise die Auslastung, dann werden die fixen Gemeinkosten automatisch auf die geringere Beschäftigung umgelegt. Dies erweckt fälschlicherweise den Eindruck, dass sich die fixen Kosten eines Unternehmens, genauso wie die variablen Kosten mit der Ausbringungsmenge ändern. Dies kann insbesondere bei kurzfristigen Dispositionen zu unternehmerischen Fehlentscheidungen führen, da die entscheidungsrelevanten Kosten nur sehr selten mit den Vollkosten übereinstimmen.

- **Schlüsselung der Gemeinkosten:**
  Während man die Einzelkosten ohne weiteres den Kostenträgern zurechnen kann, werden die Gemeinkosten indirekt anhand von Umlageschlüsseln auf die Kostenträger weiter verrechnet. Das entspricht allerdings nicht dem Verursachungsprinzip, weil zwischen Bezugsgrößen und Gemeinkostensummen von Kostenstellen oft keine eindeutige Abhängigkeit gegeben ist.

- **Keine Basis für kurzfristige unternehmerische Entscheidungen:**
  Die Vollkostenrechnung ist nur sehr eingeschränkt für kurzfristige unternehmerische Entscheidungen geeignet. Die nicht dem Verursachungsprinzip entsprechende Kostenverteilung birgt insbesondere bei kurzfristigen Entscheidungen die Gefahr, zu falschen Erkenntnissen zu führen. Es kann **keine kurzfristige Preisuntergrenze** und auch **keine Gewinnschwelle** (Break-even-Point) auf Basis der Vollkostenrechnung ermittelt werden.

- **Orientierung an den Stückgewinnen:**
  Nachdem sich die Vollkostenrechnung bei der Entscheidungsfindung an den Gewinnen (je Stück oder Auftrag) orientiert, werden unter Umständen Aufträge abgelehnt, obwohl sie einen positiven Beitrag zur Fixkostendeckung liefern würden. Es fallen somit jene Produkte bzw. Aufträge durch den Rost, die nicht in der Lage sind, ihre Gemeinkosten vollständig zu decken. Dadurch wird die Kostenbelastung für die verbleibenden Erzeugnisse immer größer.

- **Vernachlässigung wichtiger Faktoren:**
  Betriebliche Engpässe, freie Kapazitäten, strategische oder marktpolitische Überlegungen bleiben bei der Vollkostenrechnung unberücksichtigt.

- **Vernachlässigung der jeweiligen Beschäftigungslage:**
  Die Vollkostenrechnung ignoriert die Tatsache, dass einzelne Kostenarten unterschiedlich auf Beschäftigungsänderungen reagieren. Durch eine pauschale Abrechnung der Vollkosten auf Basis der Ist-, Normal- oder Optimalbeschäftigung kann es zu fehlerhaften Kostenanlastungen kommen. Beispielsweise werden Produkte, die eine Kostenstelle mit Unterbeschäftigung durchlaufen, mit zu hohen Fixkosten belastet. Dies kann zu einer Preiserhöhung und letztendlich zu einem Absatzrückgang führen.
- **Berücksichtigung von nicht entscheidungsrelevanten Kosten:**
  In der Vollkostenrechnung werden bei Vorteilhaftigkeitsentscheidungen auch solche Kostenbestandteile berücksichtigt, die mit einem Produkt oder einem Auftrag in keinem Zusammenhang stehen und mit der Entscheidungssituation überhaupt nichts zu tun haben (z. B. Kosten der Geschäftsleitung).

Trotz der oben aufgezeigten Problematik und der damit verbundenen eingeschränkten Anwendungsmöglichkeiten, kann auf diese Form der Kostenrechnung in der Praxis in vielen Fällen nicht verzichtet werden.

Lehrzielkontrolle

1. Welche Aufgaben hat die Kostenträgerstückrechnung zu erfüllen?
2. Welche Arten von Kostenträgern kennen Sie?
3. Was unterscheidet die Vorkalkulation von der Nachkalkulation?
4. Wozu werden in Betrieben Absatzkalkulationen durchgeführt? Erklären Sie die diesbezügliche Vorgehensweise.
5. Zählen Sie die für Erzeugungsbetriebe wichtigsten Kalkulationsverfahren und deren jeweilige Anwendungsbereiche auf.
6. Erklären Sie den Unterschied zwischen der summarischen und der differenzierenden Zuschlagskalkulation.
7. Welche Möglichkeiten zur Ermittlung des Gemeinkostenzuschlagssatzes gibt es bei der summarischen Zuschlagskalkulation?
8. Wie lautet im Rahmen einer differenzierenden Zuschlagskalkulation das Kalkulationsschema zur Berechnung der Selbstkosten eines Kostenträgers?
9. Warum gewinnt die Maschinenstundensatzkalkulation in der Praxis zusehends an Bedeutung?
10. Unter welchen Voraussetzungen kann in einem Betrieb die einstufige Divisionskalkulation eingesetzt werden?
11. Wie werden im Rahmen einer zweistufigen Divisionskalkulation die Selbstkosten berechnet?
12. Welche Verfahren bzw. Methoden zur Selbstkostenermittlung im Rahmen der mehrstufigen Divisionskalkulation kennen Sie?
13. Für welche Betriebe ist die Äquivalenzziffernkalkulation geeignet?
14. Erklären Sie die Vorgehensweise im Rahmen der einstufigen Äquivalenzziffernkalkulation.
15. Was versteht man unter Kuppelprodukten und welche Kalkulationsverfahren kommen in diesem Zusammenhang zur Anwendung?
16. Welche Kalkulationsverfahren setzen eine Kostenstellenrechnung voraus, und welche nicht?
17. Welche Aufgaben erfüllt die Kostenträgerzeitrechnung?

Multiple-Choice-Fragen

Kreuzen Sie bei nachfolgenden Fragen die jeweils richtige(n) Aussage(n) an!

Frage 1: Welches Verfahren wird zur Kalkulation von **Kuppelprodukten** verwendet?

	Durchwälzmethode
	Stufendivisionskalkulation
	Restwertmethode
	Einstufige Äquivalenzziffernkalkulation

Frage 2: Welche Kalkulationsart kommt nach dem **Zeitpunkt der Durchführung** der Kalkulation in nachfolgenden Fällen zur Anwendung? Handelt es sich dabei um eine Vorkalkulation, um eine Zwischenkalkulation oder um eine Nachkalkulation?

Anwendungsfälle	**VOR-kalkulation**	**ZWISCHEN-kalkulation**	**NACH-kalkulation**
Ermittlung des Bilanzansatzes für eine halbfertige Brücke.			
Berechnung der voraussichtlichen Selbstkosten für eine Produktionsanlage.			
Erfolgskontrolle einzelner Aufträge durch Feststellung von Abweichungen zwischen Sollkosten und tatsächlich angefallenen Kosten.			
Überwachung der Kostenentwicklung bei Kostenträgern mit einer langen Herstellungszeit.			

Frage 3: Welche der folgenden Daten benötigt man für die **einstufige Divisionskalkulation?**

	Mengen aller Produktarten
	Gesamtkosten und Menge der einzigen Produktart
	Verwaltungs- und Vertriebskosten
	Lagerbestandsveränderungen an Halb- und Fertigerzeugnissen
	Produktionsmengen verschiedener Produktionsstufen

Frage 4: Welche der folgenden Aussagen zur **Zuschlagskalkulation** ist (sind) zutreffend?

	Kennzeichnend für die Zuschlagskalkulation ist die Trennung in Kostenträgereinzel- und Kostenträgergemeinkosten.
	Die summarische Zuschlagskalkulation erfordert eine Kostenstellenbildung im Unternehmen.
	Die Anwendung der differenzierenden Zuschlagskalkulation führt auch bei einem hohen Gemeinkostenanteil in der Fertigung zu einer verursachungsgerechten Gemeinkostenverteilung.
	Die summarische Zuschlagskalkulation findet vor allem in kleineren Handelsbetrieben und Handwerksbetrieben Anwendung.

Frage 5: Was sind die Charakteristika der **einstufigen Äquivalenzziffernkalkulation**?

	Es dürfen weder bei den fertigen noch bei den unfertigen Erzeugnissen Lagerbestandsveränderungen auftreten.
	Es ist keine Unterteilung in Einzelkosten und Gemeinkosten erforderlich.
	Sie kann nur in Einproduktunternehmen mit Sortenfertigung angewendet werden.
	Eine Kostenstellenrechnung ist unerlässlich.

Kreuzen Sie bitte an, ob die folgenden Aussagen richtig oder falsch sind!

Aussage	richtig	falsch
Bei der Maschinenstundenkalkulation werden die Gemeinkosten der Fertigungsstelle in maschinenabhängige und nicht maschinenabhängige Gemeinkosten unterteilt.		
Für Unternehmen mit Auftragsfertigung, wie etwa eine Möbeltischlerei, stellt die differenzierende Zuschlagskalkulation das geeignete Verfahren zur Berechnung der Selbstkosten dar.		
Die Bewertung des Lageraufbaus von Fertigerzeugnissen erfolgt zu Selbstkosten.		
Die Anwendung der einstufigen Divisionskalkulation führt nur bei Massenfertigung eines homogenen Produktes ohne Lagerhaltung zu befriedigenden Ergebnissen.		
Das Verursachungsprinzip besagt, dass einem Kostenträger nur jene Kosten zugerechnet werden dürfen, die dieser auch verursacht hat.		
Kalkulatorische Ergebnisrechnungen sind kurzfristig erstellbar und können sowohl für das Gesamtunternehmen, als auch für einzelne Sparten oder Produkte durchgeführt werden.		
Mit Hilfe der Kostenträgerrechnung soll die Frage beantwortet werden, wo im Unternehmen welche Kosten in welcher Höhe angefallen sind.		
Kostenträger können neben Absatzleistungen auch innerbetriebliche Leistungen sein.		
Die Kostenträgerrechnung übernimmt die Einzelkosten aus der Kostenstellenrechnung und die Gemeinkostenzuschlagssätze aus der Kostenartenrechnung.		
Die Hauptaufgabe der Kostenträgerzeitrechnung besteht in der Kalkulation von Herstell- und Selbstkosten für die erstellten Produkte.		
Die Kalkulation liefert Daten zur Bewertung von aktivierbaren Eigenleistungen (z. B. einer selbst erstellten Maschine).		
Die Kalkulation hat unter anderem die Aufgabe der Liquiditätssicherung zu erfüllen.		
Die Divisionskalkulation ist grundsätzlich bei einem mehrstufigen Produktionsprozess nicht anwendbar.		
Voraussetzung zur Anwendung der zweistufigen Divisionskalkulation ist das Vorliegen eines einstufigen Produktionsprozesses und die Aufteilung der Gesamtkosten in Herstellkosten sowie Verwaltungs- und Vertriebskosten.		
Als Kostenträger kommen nur zur Veräußerung bestimmte Leistungen eines Unternehmens in Frage.		

Beispiele zur Kostenträgerrechnung

Beispiel 4.1: Kurzfristige Erfolgsrechnung

In einem Einproduktbetrieb wurden im 1. Quartal 800 Stück und im 2. Quartal 1.200 Stück hergestellt und verkauft. Der Bruttoverkaufspreis (inkl. 20% USt) beträgt € 216 je Stück und an Stückherstellkosten sind € 120 angefallen. In jedem Quartal fallen € 25.000 Verwaltungskosen und € 15.000 Vertriebskosten an.

Aufgabenstellung:

Welches **Betriebsergebnis** ergibt sich für dieses Unternehmen nach dem **Umsatzkostenverfahren** für das **erste Halbjahr** (auf ganze Stellen rechnen)?

Beispiel 4.2: Summarische Zuschlagskalkulation

Die *Bike GmbH* handelt in einem Profit Center mit drei Jugendfahrrädern, und zwar „Kids", „Teen" und „Speed". Im vergangenen Monat fielen Gemeinkosten in Höhe von € 56.000 an. Die für diesen Abrechnungszeitraum angefallenen **Einzelkosten** betragen:

	Kids	**Teen**	**Speed**
Einzelkosten	€ 45.000	€ 52.000	€ 63.000
Produktionsmenge	900 Stück	650 Stück	420 Stück

Aufgabenstellung:

a) Ermitteln Sie den **Gemeinkostenzuschlagssatz** (auf Basis Σ Einzelkosten).
b) Berechnen Sie die **Selbstkosten je Stück** für die drei Fahrradtypen (auf eine Dezimalstelle).

Beispiel 4.3: Kostenstellen- und Kostenträgerrechnung

Die zur Erstellung des BAB erforderlichen Daten, wie primäre Gemeinkosten, Informationen zur Umlage der Vorkostenstellen „Energie" und „Reparatur" sowie die entsprechenden Bezugsgrößen der jeweiligen Kostenstellen entnehmen Sie bitte nachfolgender Übersicht:

Kostenstellen	**Energie**	**Reparatur**	**Material**	**Fertigung I**	**Fertigung II**	**Verwaltung**	**Vertrieb**
Primäre Gemeinkosten (in €)	5.720	1.800	6.200	18.200	25.600	9.100	5.180
Energieverbrauch (in kWh)	0	2.000	4.000	8.000	6.000	4.100	4.500
Reparaturzeiten (in h)	0	0	40	240	0	36	124
Bezugsgrößen			€ 9.000 Einzelkosten	420 Maschinenstunden	335 Akkordstunden	GK-Zuschlagssatz wurde in Summe mit 10% ermittelt.	

Aufgabenstellung:

Für ein Produkt, das beide Fertigungsstellen durchläuft, liegen folgende Stück bezogene Daten vor:

Fertigungsmaterial:	€ 15	Maschinenlaufzeit in Fertigung I:	30 Minuten
Fertigungslöhne:	€ 10	Akkordzeit in Fertigung II:	15 Minuten

Ermitteln Sie den **Bruttoverkaufspreis** je Stück, wenn das Unternehmen mit einem Gewinnzuschlag von 15% kalkuliert, den Kunden 3% Skonto einräumt und die Umsatzsteuer 20% beträgt (auf eine Dezimalstelle rechnen).

Beispiel 4.4: Bezugsgrößenkalkulation

In einem Produktionsbetrieb werden die Gemeinkosten der Fertigungsstelle Lackiererei in **maschinenabhängige und nicht maschinenabhängige Gemeinkosten** aufgeteilt. Im vergangenen Jahr fielen in der Lackiererei insgesamt Gemeinkosten in Höhe von € 102.125 an.

Zur Berechnung der **maschinenabhängigen Gemeinkosten** stehen folgende Angaben zur Verfügung:

Abschreibung Maschinen:	Anschaffung vor zwei Jahren um € 350.000 netto; Nutzungsdauer: zehn Jahre; lineare Abschreibung.
Kalkulatorische Zinsen:	10% p. a. vom durchschnittlich gebundenen Kapital.
Instandhaltungskosten:	€ 5.500 im Jahr
Energiekosten:	Der Energieverbrauch der Maschinen liegt bei 25 kWh pro Stunde. Die Energiekosten betragen € 0,15 je kWh.
Platzkosten:	Die Stand- und Arbeitsfläche der Maschinen liegt bei 50 m^2. Die diesbezüglich verrechneten Kosten betragen monatlich € 30 je m^2.

Die Abrechnung der maschinenabhängigen Gemeinkosten erfolgt nach Laufstunden. In der vergangenen Abrechnungsperiode wurde in der Lackiererei an 250 Tagen (8 Stunden pro Tag) gearbeitet. Bei der Berechnung der Maschinenlaufstunden ist zu berücksichtigen, dass es in dieser Zeit bei den Maschinen auch 100 Stunden Stillstandszeiten für Wartungs- und Instandhaltungsarbeiten gab.

Für die **nicht maschinenabhängigen Gemeinkosten** sind die Fertigungslöhne in Höhe von € 70.000 als Bezugsgröße heranzuziehen.

Aufgabenstellung:

Ermitteln Sie für die Fertigungsstelle Lackiererei sowohl den **Maschinenstundenverrechnungssatz** als auch den **Zuschlagssatz für die nicht maschinenabhängigen Gemeinkosten** (jeweils auf eine Dezimalstelle rechnen).

Beispiel 4.5: Differenzierende Zuschlagskalkulation mit Absatzkalkulation

In einem Erzeugungsbetrieb sind in einer Abrechnungsperiode folgende Kosten angefallen:

Fertigungsmaterial	€ 145.000	Material-Gemeinkosten	€ 17.400
Fertigungslöhne	€ 96.000	Fertigungs-Gemeinkosten	€ 207.060
		Verwaltungs- und Vertriebsgemeinkosten	€ 116.365

60% der Fertigungsgemeinkosten sind maschinenabhängig. Die Maschinenlaufzeit betrug in der Abrechnungsperiode 5.600 Stunden. Für die restlichen 40% der Gemeinkosten sind als Basis für die Berechnung des Gemeinkostenzuschlagssatzes die Fertigungslöhne heranzuziehen. Als Bezugsgröße für die Materialgemeinkosten gelten die Material-Einzelkosten, für die Verwaltungs- und Vertriebsgemeinkosten sind die Herstellkosten zugrunde zu legen.

Mit Hilfe der ermittelten Kalkulationssätze sowie eines Gewinnzuschlages von 15% und unter Berücksichtigung von 2% Skonto und 8% Rabatt soll folgender Auftrag kalkuliert und ein fixes Angebot erstellt werden:

Auftragsmenge 150 Stück:	Materialverbrauch je Stück:	€ 150
	Fertigungslöhne je Stück:	€ 180
	In der Fertigungsstelle benötigt man acht Maschinenstunden je Stück.	

Aufgabenstellung:

a) Ermittlung der entsprechenden **Kalkulationssätze** (auf eine Dezimalstelle runden).

b) Durchführung der **Angebotskalkulation** und **Berechnung des Gesamtpreises ohne Umsatzsteuer**!

Beispiel 4.6: Zweistufige Divisionskalkulation

Die Firma Durstlöscher stellte im vergangenen Jahr 200.000 Liter Apfelsaft her. In diesem Zusammenhang sind folgende Kosten angefallen (alle Beträge in €):

Rohstoffe (Äpfel)	72.000	Fertigungslöhne	32.000
Materialgemeinkosten	14.800	Fertigungsgemeinkosten	15.600
		Sondereinzelkosten der Fertigung	9.600
Verwaltungsgemeinkosten	12.000	Vertriebsgemeinkosten	3.000

Im abgelaufenen Jahr wurden nur 75% der Produktion verkauft. Der Nettoumsatzerlös lag bei € 0,95 je Liter.

Aufgabenstellung:

a) Berechnen Sie mittels der zweistufigen Divisionskalkulation die **Selbstkosten je Liter** verkauftem Apfelsaft (auf zwei Dezimalstellen rechnen).

b) Wie lautet der **Bilanzansatz** des Lagerbestandes zum 31.12. (auf ganze Stellen runden)?

c) Die Verkaufsabteilung soll mit Hilfe einer Angebotskalkulation überprüfen, wie hoch der **Brutto-Angebotspreis** (inkl. 20% USt) für einen Auftrag über 5.000 Liter Apfelsaft sein müsste, wenn folgende Absatzbedingungen gelten (auf zwei Dezimalstellen rechnen): Gewinnzuschlag: 20% und Mengenrabatt: 10%

Beispiel 4.7: Mehrstufige Divisionskalkulation (Durchwälzmethode)

Ein Produkt wird in einem mehrstufigen Produktionsprozess hergestellt. Einsatz- und Ausbringungsmengen sowie die dazugehörigen Fertigungskosten der jeweiligen Stufen sind folgender Tabelle zu entnehmen:

Fertigungsstufen	Einsatzmenge	Ausbringungsmenge	Fertigungskosten (€)
Fertigungsstufe 1	360 Tonnen	335 Tonnen	436.000
Fertigungsstufe 2	310 Tonnen	290 Tonnen	598.000
Fertigungsstufe 3	330 Tonnen	330 Tonnen	544.500

In die Fertigungsstufe 1 gehen 360 Tonnen an Rohstoffen ein. Der Preis je Tonne Rohstoff beträgt € 650. Diese Kosten sind in den Stufenkosten der Fertigungsstufe 1 noch nicht enthalten. Etwaige Lagerentnahmen sind mit denselben Kosten wie die laufende Produktion zu bewerten. In der Abrechnungsperiode wurden 180 Tonnen verkauft. In diesem Zusammenhang fielen Vertriebskosten in Höhe von € 252.000 an.

Aufgabenstellung:

a) Ermitteln Sie die **Selbstkosten** für eine **Tonne des verkauften Endproduktes** mit Hilfe der **Durchwälzmethode** im Rahmen der mehrstufigen Divisionskalkulation (auf ganze Stellen runden).

b) Mit welchem Wert sind die nicht verkauften Endprodukte, die auf Lager gehen, zu bewerten?

Beispiel 4.8: Mehrstufige Divisionskalkulation (Addierendes Verfahren)

In einer Ziegelei wird der zur Herstellung von Ziegeln erforderliche Rohstoff in der **1. Produktionsstufe** verarbeitet. In der Abrechnungsperiode wurde dazu Material im Gesamtwert von € 4.500.000 eingesetzt. Die in Zusammenhang mit der Verarbeitung des Rohstoffes (Formen und Trocknen) anfallenden Kosten belaufen sich auf € 500.000. In dieser Fertigungsstufe liegt die Ausbringungsmenge bei 1 Million Stück. Davon gehen 10% auf das Zwischenlager für getrocknete Ziegel, der Rest wird in der 2. Produktionsstufe weiter verarbeitet.

In der **2. Produktionsstufe** werden die getrockneten Ziegel für den Glasurvorgang vorbereitet. Die in dieser Produktionsstufe anfallenden Fertigungskosten betragen € 180.000. Es gibt hier keinen Mengenschwund.

In der **3. Produktionsstufe** werden die gesamten Ziegel aus der Vorstufe übernommen. Nachdem die Ziegel unterschiedlich stark glasiert werden, entstehen die Ziegelsorten „Standard" und „DeLuxe". Von beiden Sorten wird die gleiche Stückzahl hergestellt. Die Kosten für das Glasurmittel in Höhe von € 90.000 verteilen sich im Verhältnis 2 : 3 auf die beiden Sorten „Standard" und „DeLuxe".

Aufgabenstellung:

a) Berechnen Sie mittels der Divisionskalkulation **(Addierendes Verfahren)** die **Stückherstellkosten der Sorten „Standard" und „DeLuxe"**.

b) Wie lautet der **Bilanzansatz** für das Zwischenlager der getrockneten Ziegel?

Beispiel 4.9: Kuppelproduktkalkulation

In einem Stahlwerk entsteht durch die Zuführung von Sauerstoff aus Roheisen Stahl und zwangsläufig auch das Nebenprodukt Schlacke, welches zu Dünger weiter verarbeitet wird. Derzeit liegt der Nettoverkaufspreis für eine Tonne Dünger bei € 3.500. Die gesamten in Zusammenhang mit diesem Verbundprozess anfallenden Kosten betragen bei einer Ausbringungsmenge von 280 Tonnen Stahl € 360.000. Für die Weiterverarbeitung der dabei anfallenden 8 Tonnen Schlacke zu ebensoviel Dünger entstehen Zusatzkosten von € 0,50 je kg. In der Abrechnungsperiode wurden nur 240 Tonnen Stahl verkauft. Diesbezüglich fielen Verwaltungs- und Vertriebskosten in Höhe von € 19.200 an.

Aufgabenstellung:

Berechnen Sie mittels der Kuppelproduktkalkulation (**Restwertmethode**) die **Herstellkosten** und die **Selbstkosten** für eine Tonne Stahl (auf ganze Stellen rechnen)?

Beispiel 4.10: Äquivalenzziffernkalkulation

Die Junker GmbH stellt drei Weinsorten her. Die **Herstellkosten** der Abrechnungsperiode betragen **€ 200.000.** Die Herstellung von einem Liter der Sorte „Welsch" verursacht halb so hohe Kosten wie die Herstellung eines Liters der Sorte „Sämling". Die Herstellung eines Liters der Sorte „Muskatella" bedingt fünf mal so hohe Kosten wie die Herstellung eines Liters der Sorte „Welsch". In der Abrechnungsperiode wurden 400 hl „Welsch", 300 hl „Sämling" und 200 hl „Muskatella" hergestellt.

Die Junker GmbH konnte die gesamte Produktion verkaufen. Die dabei angefallenen Verwaltungs- und Vertriebskosten in Höhe von € 9.000 wurden je verkauftem hl abgerechnet (1 hl = 100 Liter).

Aufgabenstellung:

a) Berechnen Sie für die drei Sorten mittels der Äquivalenzziffernkalkulation die **Herstellkosten je Liter** (auf eine Dezimalstelle rechnen).

Produkt	**Menge**	**ÄZ**	**RE**		
Welsch	400 hl				
Sämling	300 hl				
Muskatella	200 hl				
Summe	**900 hl**				

b) Welche **Selbstkosten je Liter** ergeben sich für die drei Weinsorten (auf eine Dezimalstelle rechnen)?

Produkt	**Menge**				
Welsch	400 hl				
Sämling	300 hl				
Muskatella	200 hl				
Summe	**900 hl**				

c) Wie lautet der **Bruttoverkaufspreis** (inkl. 20% Umsatzsteuer) für einen Liter „**Muskatella**", wenn die Junker GmbH mit 25% Gewinn kalkuliert (auf zwei Dezimalstellen rechnen)?

Beispiel 4.11: Äquivalenzziffernkalkulation und differenzierende Zuschlagskalkulation

In einem Blechwalzwerk werden drei Sorten Blech hergestellt. Die gesamten **Fertigungskosten** betragen **€ 1.732.500** und sollen mittels einer Äquivalenzziffernkalkulation verteilt werden. Die Kostenhöhe wird vor allem durch die unterschiedliche Bearbeitungszeit beeinflusst und kann für die drei Produkte durch nachfolgende Äquivalenzzahlen (ÄZ) ausgedrückt werden. In der Abrechnungsperiode wurden folgende Mengen produziert:

Sorte	ÄZ	Produktionsmenge (in t)	RE	Fertigungskosten je t
A	1,0	8.000		
B	1,2	5.000		
C	1,25	2.000		
Summe		**15.000**		

Aufgabenstellung:

a) Berechnen Sie mittels der Äquivalenzziffernkalkulation die **Fertigungskosten für eine Tonne jeder Sorte** (auf zwei Dezimalstellen rechnen).

b) Wie hoch sind die **Selbstkosten** für eine Tonne der **Blechsorte B** (auf zwei Dezimalstellen rechnen)?

c) Berücksichtigen Sie in diesem Zusammenhang, dass für die gesamte Herstellung der Blechsorte B Material in Höhe von € 240.000 verbraucht wurde. Für die Materialstelle und die Verwaltungs- und Vertriebsstelle wurden folgende Gemeinkostenzuschlagssätze ermittelt:

Materialgemeinkosten-Zuschlagssatz:	15%
Verwaltungs- und Vertriebsgemeinkosten-Zuschlagssatz:	25%

Literaturhinweise

Abfalter. J./Berlinger, R./Luger, J./Scherner-Tromayer, E./Till, P.: Rechnungswesen heute III HAK, 2. Aufl., Linz 2006

Bauer, F./Kotler, H./Reisch, P.: Kostenrechnung, 5. Aufl., Linz 1994

Becker, W./Ferstl, O.: Kostenrechnung, Reihe BWL-Lernsoftware Interaktiv, Stuttgart 2000

Bernhart, G./Haberl, K.: Rechnungswesen III, 3. Aufl., Wien 2000

Coenenberg, A. G.: Kostenrechnung und Kostenanalyse, 6. Aufl., Stuttgart 2007

Fandel, G./Fey, A./Heuft, B./Pitz, T.: Kostenrechnung, 2. Aufl., Berlin Heidelberg 2004

Freidank, C.-C.: Kostenrechnung, 8. Aufl., München Wien 2008

Götze, U.: Kostenrechnung und Kostenmanagement, 4. Aufl., Berlin 2007

Haberstock, L./Breithecker, V.: Kostenrechnung I, 12. Aufl., Berlin 2005

Hummel, S./Männel, W.: Kostenrechnung 1 – Grundlagen, Aufbau und Anwendung, 4. Aufl., Wiesbaden 1990

Känel, S.: Kosten-und-Leistungs-Rechnung, Lernsoftware Betriebswirtschaft, 2008

Kemmetmüller, W.: Einführung in die Kostenrechnung, 3. Aufl., Wien 1995

Kemmetmüller, W./Bogensberger, S: Kostenrechnung 1, Übungsbeispiele für Einsteiger, 7. Aufl., Wien 2004

Kilger, W.: Einführung in die Kostenrechnung, 3. Aufl., Wiesbaden 1987

Kloock, J./Sieben, G./Schildbach, T./Homburg, C.: Kosten-und-Leistungs-Rechnung, 8. Aufl., Stuttgart 2005

Kropfberger, D./Winterheller, M.: Controlling, 3. Aufl., Wien 2003

Langenbeck, J.: Kosten-und-Leistungs-Rechnung, 1. Aufl., Herne 2008

Lechner, K./Egger, A./Schauer, R.: Einführung in die Allgemeine Betriebswirtschaftslehre, 24. Aufl., Wien 2008

Messner, S.: Sinn und Unsinn kalkulatorischer Kosten, in: Controller News 4/2006, S. 131–133
Möller, H./Zimmermann, J./Hüfner, B.: Erlös- und Kostenrechnung, 1. Aufl., München 2005
Moser, G./Schaur, E.: Kosten-und-Leistungs-Rechnung, 3. Aufl., Linz 2007
Mumm, M.: Kosten-und-Leistungs-Rechnung, 1. Aufl., Heidelberg 2008
Olfert, K.: Kostenrechnung, 12. Aufl., Ludwigshafen 2001
Ossadnik, W.: Kosten-und-Leistungs-Rechnung, 1. Aufl., Berlin 2008
Plinke, W./Rese. M.: Industrielle Kostenrechnung, 6. Aufl., Berlin Heidelberg 2002
Röhrenbacher, H.: Kosten-und-Leistungs-Rechnung für Fortgeschrittene, Wien 1987
Schweitzer, M./Küpper, H.-U.: Systeme der Kosten- und Erlösrechnung 9. Aufl., München 2008
Seicht, G.: Moderne Kosten-und-Leistungs-Rechnung, 11. Aufl., Wien 2001
Swoboda, P.: Kostenrechnung und Preispolitik, 22. Aufl., Wien 2004
Vormbaum, H.: Kalkulationsarten und Kalkulationsverfahren, 4. Aufl., Stuttgart 1977
Wöhe, G.: Einführung in die Allgemeine Betriebswirtschaftslehre, 22. Aufl., München 2005

Kapitel 3: Teilkostenrechnung in Erzeugungsbetrieben

Gegenstand des dritten Kapitels ist die Teilkostenrechnung, die vor allem als **Grundlage für kurzfristige** preispolitische und sortimentspolitische **Entscheidungen** dient. Hier werden schwerpunktmäßig ausgewählte Anwendungsfälle der Deckungsbeitragsrechnung, wie z. B. die Gewinnschwellenanalyse, die Optimierung von Produktionsprogrammen usw., behandelt.

Nach dem Durcharbeiten dieses Kapitels sollen Sie

- wissen, was Teilkostenrechnungssysteme kennzeichnet,
- die Verfahren der Kostenauflösung kennen,
- das Betriebsergebnis im Rahmen einer einstufigen Deckungsbeitragsrechnung ermitteln können,
- die Gewinnschwellenanalyse in Einproduktunternehmen durchführen können,
- wissen, was man unter Sicherheitsspanne versteht,
- Entscheidungen bezüglich der Annahme bzw. Ablehnung von Zusatzaufträgen treffen können,
- wissen, in welcher Höhe man bei Unterbeschäftigung kurzfristig die Preisuntergrenze festlegt,
- wissen, unter welchen kostenrechnerischen Gesichtpunkten der Fremdbezug günstiger ist als die Eigenfertigung,
- ein gewinnoptimales Produktionsprogramm mit maximal einem Engpass erstellen können.

Soll die Kosten- und Leistungsrechnung als Instrument zur Fundierung unternehmerischer Führungsentscheidungen eingesetzt werden, muss sie vor allem flexibel auf die verschiedenen Fragestellungen eingehen können. Dafür eigenen sich die verschiedenen Konzepte der Teilkostenrechnung. Diese kann, genauso wie die Vollkostenrechnung, als Istkosten-, Normalkosten- oder Plankostenrechnung ausgestaltet sein, je nachdem welche Kosten in die Rechnung einbezogen werden. Nachfolgende Ausführungen beziehen sich auf die **Teilkostenrechnung in Form einer Istkostenrechnung.**

1. Charakteristika der Teilkostenrechnung

Aufgrund der bereits angeführten Schwächen der Vollkostenrechnung und der Tatsache, dass sie für spezifische kurzfristige Entscheidungsaufgaben im Beschaffungs-, Produktions- und Absatzbereich kaum entscheidungsrelevante Daten zur Verfügung stellt, entstanden unterschiedliche Teilkostenrechnungssysteme. Die Teilkostenrechnung unterscheidet sich von der Vollkostenrechnung vor allem durch den Umfang der Kostenzurechnung. Sie ordnet den einzelnen Leistungen nur diejenigen Kosten zu, die sich verursachungsgerecht zuordnen lassen. Alle anderen Kosten werden nicht verteilt, sondern belasten das Ergebnis als Gesamtgröße. Für Teilkostenrechnungssysteme sind folgende Merkmale charakteristisch:

- Es kommt zu einer **Spaltung** der Gesamtkosten in
  - **Kostenträgereinzelkosten und Kostenträgergemeinkosten** sowie
  - beschäftigungsunabhängige **fixe und** beschäftigungsabhängige **variable Kosten** (Näheres dazu finden Sie im Kapitel II.2.3.4).

- Die fixen und variablen Kosten werden bezüglich ihrer Kalkulationsobjektzurechnung unterschiedlich behandelt. Ziel der Kostenspaltung ist es, einem **Kostenträger nur** die **Einzelkosten und** die **variablen Kosten direkt zuzurechnen,** die ausschließlich für diesen Kostenträger anfallen und sich proportional zu den für ihn eingesetzten Mengeneinheiten verhalten. Die **Gemeinkosten** bzw. die **fixen Kosten** hingegen werden einem Kostenträger **nicht zugerechnet**. Durch diese Vorgehensweise werden Fixkostenproportionalisierungen weitestgehend vermieden.
- **Berücksichtigung von Unter-, Über- und Vollbeschäftigungssituationen** im Rahmen der entscheidungsorientierten Kostenbestimmung. Durch die Erfassung der variablen Kosten je Leistungseinheit wird das kostenmäßige Auf und Ab aufgrund von Beschäftigungsschwankungen ausgeschaltet. Dies gilt allerdings nur unter der Prämisse eines linearen Kostenverlaufs, dass also die variablen Kosten bezüglich der Beschäftigung als proportional gelten.
- Nachdem die Teilkostenrechnung im Wesentlichen nur die variablen Kosten direkt zurechnet, entspricht sie damit dem **Verursachungsprinzip.**
- Vollständiger **Verzicht** auf die willkürliche **Schlüsselung fixer Gemeinkosten.** Nur variable Gemeinkosten werden über variable Zuschlagssätze auf die Kostenträger weiter verrechnet.
- **Deckungsbeiträge als Entscheidungsgrundlage:**
  Grundsätzlich ergibt sich der Deckungsbeitrag als Differenz zwischen Nettoerlösen und Einzelkosten bzw. variablen Kosten.

  Deckungsbeitrag (DB) = Nettoerlöse (E) – variable Kosten (Kv)

  Der Deckungsbeitrag stellt jenen Teil des Erlöses dar, der nach Abzug der variablen Kosten dem Unternehmen zur Deckung der in einer Periode angefallenen Fixkosten zur Verfügung steht. Deckungsbeiträge können für Kostenträger (Produkte, Aufträge), Kostenträgergruppen sowie für das Gesamtunternehmen ermittelt werden. Im Rahmen der Teilkostenrechnung werden für Kalkulationsobjekte **Vorteilhaftigkeitsentscheidungen anhand** des **Deckungsbeitrages** getroffen und nicht wie bei der Vollkostenrechnung anhand des Gewinnes bzw. Verlustes eines Kostenträgers. So ergibt sich beispielsweise die Förderungswürdigkeit einzelner Produkte aufgrund des Deckungsbeitrages je Mengeneinheit.
- **Retrogrades** (von hinten beginnendes) **Abrechnungsschema:**
  Hier werden ausgehend von den Nettoerlösen der Kostenträger die direkt zurechenbaren variablen Kosten abgezogen und so der Deckungsbeitrag errechnet. Dazu gegensätzlich ist das progressive System der Vollkostenrechnung, wo sich letztendlich der Preis als Ergebnis der eigenen Kalkulation ergibt.

2. Rechenzwecke der Teilkostenrechnung

Die Teilkostenrechnung liefert für Erzeugungsbetriebe die **zur Lösung kurzfristiger Entscheidungsaufgaben** relevanten Kostendaten. Sie ist ein Hilfsmittel zur Ermittlung verursachungsgerechter Kostenträgerergebnisse und erleichtert unternehmerische Entscheidungen vor allem bei:

- **Produktions- und Absatzplanung:** Dabei geht es insbesondere um
  - Produktionsprogrammentscheidungen im Rahmen gegebener Kapazitäten,
  - Durchführung von Gewinnschwellenanalysen,
  - Auswahl jener Fertigungsverfahren, die die niedrigsten Grenzkosten aufweisen,

Unter **Grenzkosten** versteht man jene Kosten, die zusätzlich entstehen bzw. wegfallen, wenn die Beschäftigung um eine Einheit steigt bzw. sinkt.

Solange lineare Kostenverläufe bei gleichzeitig konstanten Kapazitäten vorliegen, entsprechen die Grenzkosten den variablen Kosten einer Leistungseinheit.

- **Sortiments- und Preispolitik**: In diesem Zusammenhang liefert sie einen Beitrag zur
  - Strukturierung und Gestaltung des Sortiments eines Unternehmens (z. B. Aussondern nicht rentabler Produkte),
  - Entscheidungsgrundlage bei Annahme bzw. Ablehnung von Aufträgen,
  - Entscheidungserleichterung bezüglich Eigenfertigung oder Fremdbezug,
  - Präzise Bestimmbarkeit kurzfristiger Preisuntergrenzen und Ermittlung von Verrechnungspreisen.
- **Wettbewerbs- und Marktpolitik:** Durch die kurzfristige Betrachtungsweise schafft sie einen gewissen Entscheidungsspielraum im Wettbewerb sowie bei Preisverhandlungen mit Kunden.
- **Kurzfristige Preisuntergrenzen** können nur mit Hilfe der Teilkostenrechnung ermittelt werden, da hier ein Auftrag bereits dann als vorteilhaft betrachtet wird, wenn dessen Erlöse die variablen Kosten übersteigen.
- **Betriebsergebnisrechnung als Periodenrechnung:**
  Zur Berechnung des Betriebsergebnisses werden zunächst kostenträgerbezogen den Nettoerlösen die Einzelkosten bzw. die variablen Kosten je Leistungseinheit gegenüber gestellt. Multipliziert man den sich dabei ergebenden Stückdeckungsbeitrag (db) mit der abgesetzten Menge einer Periode, so erhält man den Gesamtdeckungsbeitrag (DB) eines Kostenträgers, der in Einproduktunternehmen auch dem Unternehmensdeckungsbeitrag einer Abrechnungsperiode entspricht. In Mehrproduktunternehmen hingegen werden zunächst die gesamten Deckungsbeiträge der einzelnen Produkte addiert. In der Folge zieht man von dieser Deckungsbeitragssumme die gesamten in einer Periode im Unternehmen angefallenen fixen Kosten ab und erhält so den Betriebserfolg einer Periode.

Betriebserfolg = Gesamtdeckungsbeitrag (DB) – fixe Kosten (Kf)

3. Vergleich Vollkosten- und Teilkostenrechnung (anhand eines Beispiels)

Das Wellness Center *„Health Spa"* steht pro Tag maximal 75 Personen zur Verfügung. Es hat an 365 Tagen in Jahr geöffnet. Der Preis für einen Tag Wellnessprogramm beträgt € 150 pro Person. Die Kalkulationsunterlagen zeigen, dass pro Tag und Gast Vollkosten in Höhe von € 135 anfallen. Bei einer Auslastung von 80% wurde im vergangenen Jahr einen Gewinn von € 328.500 erwirtschaftet.

Berechnung des Betriebserfolgs:

Die maximale Kapazitätsauslastung liegt bei 27.375 Personen im Jahr (365 Tage x 75 Personen).
Die tatsächliche Kapazitätsauslastung betrug allerdings nur 21.900 Personen (80% von 27.375).

Gewinn =	Gesamterlöse	€ 3.285.000	(€ 150 x 21.900 Personen)
	– Gesamtkosten	€ 2.956.500	(€ 135 x 21.900 Personen)
		€ 328.500	

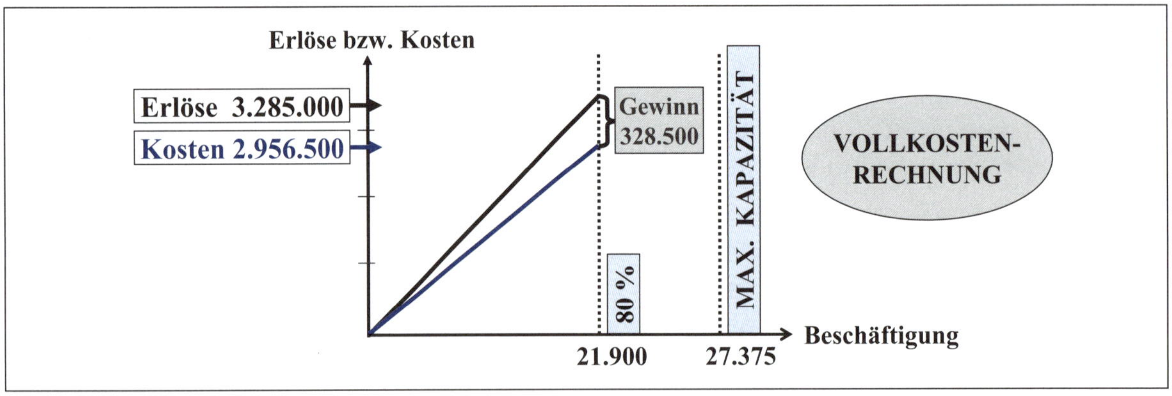

Abb. 60: Berechnung des Betriebserfolgs nach der Vollkostenrechnung

An einem Dienstag, an dem üblicherweise eine sehr geringe Auslastung gegeben ist, kommt nun ein Gast und möchte das gesamte Wellnessprogramm um einen Tagespreis von € 100 in Anspruch nehmen. Soll die Geschäftsleitung als **Vollkostenrechner** dieses Angebot annehmen?

Antwort des Vollkostenrechners:
Nach der Vollkostenrechnung sollte die Geschäftsleitung dieses Angebot nicht annehmen, weil sich bei einem Tagespreis von € 100 pro Person, ein Verlust in Höhe von € 35 ergibt (Nettoerlös € 100 – Vollkosten € 135).

Die Geschäftsleitung weiß, dass täglich durch die Inanspruchnahme des Wellnessprogramms tatsächlich nur zusätzlich € 35 Kosten für Reinigung, Kosmetika, Verpflegung usw. anfallen. Die variablen Kosten (kv) in Höhe von € 35 pro Gast sind also wesentlich geringer als die Vollkosten mit € 135. Den durch das Angebot des Gastes entstehenden Überschuss in Höhe von € 65 (Erlös 100 – variable Kosten 35) bezeichnet man als **Deckungsbeitrag (DB)**. Dieser kann zur Deckung von bisher noch nicht berücksichtigten fixen Kosten (wie z. B. Gehalt des Managers, Abschreibungen für Gebäude, Feuerversicherung, Zinsen für Fremdkapital usw.) verwendet werden. Die gesamten fixen Kosten, die unabhängig von der tatsächlichen Auslastung anfallen, betragen € 2.190.000. Welche Entscheidung trifft die Geschäftsleitung als **Teilkostenrechner?**

Berechnung des Betriebserfolges:
Beim regulären Preis von € 150 beträgt der Deckungsbeitrag je Person € 115 (€ 150 Erlös – € 35 variable Kosten). Bei einer Auslastung von 80% ergibt sich somit für das Wellness Center ein Gesamtdeckungsbeitrag von € 2.518.500 (€ 115 x 21.900 Personen). Davon werden € 2.190.000 zur Abdeckung der fixen Kosten verwendet. Der Rest in Höhe von € 328.500 ist Gewinn.

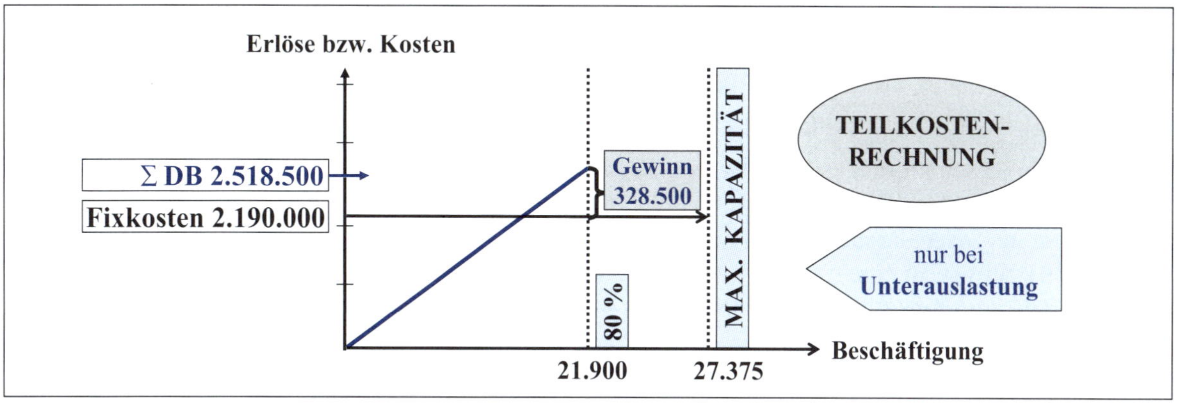

Abb. 61: Berechnung des Betriebserfolgs nach der Teilkostenrechnung

Antwort des Teilkostenrechners:
Jeder zusätzliche Wellnesstag, der einen positiven DB bringt (in unserem Fall € 65 wegen des reduzierten Preises) erhöht diesen Gewinn, da die Fixkosten bereits gedeckt sind. Folglich wird die Geschäftsleitung nach der Teilkostenrechnung das Angebot des Gastes annehmen und ihn um € 100 das Wellnessprogramm in Anspruch nehmen lassen.

Diese Entscheidung hat allerdings nur Gültigkeit, solange das Wellness Center über freie Kapazitäten verfügt, also bei Unterauslastung. Bei **Vollauslastung** (27.375 Personen) würde jede Auftragsannahme mit einem DB von € 65 bedeuten, dass man wegen der Kapazitätsbegrenzung auf einen *„Normal-Wellnesstag"* mit einem DB von € 115 verzichten würde und man sozusagen € 50 verschenkt.

Bei kurzfristigen Preiszugeständnissen ist Vorsicht geboten, weil sie langfristig gesehen das Preisniveau verderben können. So ist beispielsweise ein Kunde, dem einmal ein Preiszugeständnis gemacht wurde, künftig unter Umständen nicht mehr bereit einen höheren Peis zu bezahlen, oder es wollen auch andere Kunden diese Preiszugeständnisse für sich in Anspruch nehmen.

4. Einstufige Deckungsbeitragsrechnung (Direct Costing)

Nachdem die Vollkostenrechnung nicht in der Lage ist, die für Steuerungsaufgaben relevanten Daten zur Verfügung zu stellen, wurden im Laufe der Zeit unterschiedliche Systeme der Teilkostenrechnung entwickelt. Das in der Praxis am häufigsten anzutreffende Teilkostenrechnungssystem ist die Deckungsbeitragsrechnung.

4.1. Wesen der Deckungsbeitragsrechnung

Unter „Direct Costing" versteht man sinngemäß „Das Rechnen mit direkten Kosten", d. h. Kostenstellen und Kostenträgern werden nur die variablen Kostenbestandteile (Einzelkosten und variable Gemeinkosten) angelastet. Dies setzt, in Abhängigkeit von der Beschäftigung, eine **Trennung** der in einem Unternehmen angefallenen Kosten **in fixe und variable Kostenbestandteile** voraus. Die nicht direkt zurechenbaren fixen Kosten werden nicht verrechnet, weil sie sich bei Variation der Leistungsmenge nicht verändern. Daher haben sie kurzfristig keine Auswirkungen auf Produktions- und Absatzentscheidungen.

Die Deckungsbeitragsrechnung bezieht neben der Kostenseite auch die Erlösseite mit in die Berechnung ein. Stellt man den Nettoerlösen die entsprechenden variablen Kosten gegenüber, ergibt sich als Ergebnis der Deckungsbeitrag (= Kernstück der Deckungsbeitragsrechnung). Daher wird dieses System auch als **Deckungsbeitragsrechnung** (Direct Costing) bezeichnet.

In Zeiten wie diesen kommt es häufig vor, dass Unternehmen nicht in der Lage sind für ihre Produkte oder Aufträge am Markt Preise zu erzielen, die ihre vollen Selbstkosten (laut Vollkostenrechnung) abdecken. Um in Krisenzeiten nicht vollständig vom Markt verdrängt zu werden, nehmen Betriebe beispielsweise Aufträge zu einem Preis an, der neben den für die Herstellung anfallenden variablen Kosten nur einen Teil der fixen Kosten deckt. Nachdem die fixen Kosten durch die Aufrechterhaltung der Betriebsbereitschaft entstehen, fallen sie in einem Unternehmen auch dann an, wenn nichts produziert wird. Daher sollten in Krisenzeiten oder Zeiten der Unterbeschäftigung Erzeugnisse gefertigt bzw. Aufträge angenommen werden, solange diese einen positiven Deckungsbeitrag erwirtschaften. Ein positiver Deckungsbeitrag trägt zum Abbau der ohnehin anfallenden Fixkosten bei.

4.2. Durchführung der einstufigen Deckungsbeitragsrechnung

Durch den Wegfall der „Proportionalisierung" fixer Kosten und deren Schlüsselung auf die Gesamtmenge der Leistungen, ist die Deckungsbeitragsrechnung (DB-Rechnung) besonders gut geeignet, um Entscheidungskonsequenzen schnell modellhaft darzustellen. Die einstufige Deckungsbeitragsrechnung durchläuft genauso wie die Vollkostenrechnung die Kostenarten-, Kostenstellen- und Kostenträgerrechnung, allerdings mit dem Unterschied, dass bereits ab der Kostenartenrechnung in fixe und variable Kosten unterschieden wird. Abbildung 62 zeigt, die wesentlichen Schritte bei der Durchführung der einstufigen Deckungsbeitragsrechnung.

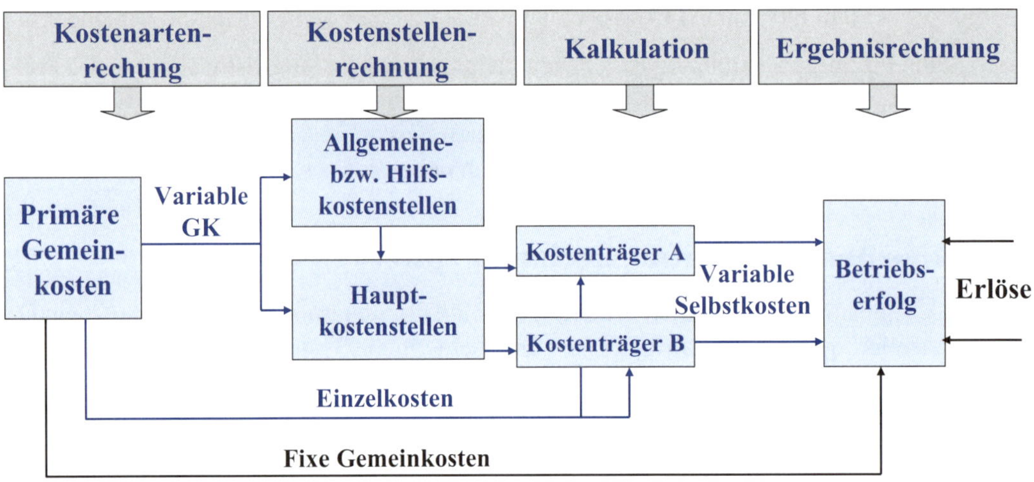

Abb. 62: Durchführung der einstufigen Deckungsbeitragsrechnung
(auf Grundlage von: Moser, G./Schaur E.: Kosten- und Leistungsrechnung, 3. Aufl., Linz 2007, S. 137)

4.2.1. Kostenartenrechnung

Rechentechnisch läuft die Kostenartenrechnung im Rahmen der einstufigen DB-Rechnung weitgehend gleich ab, wie bei der Vollkostenrechnung. Auch hier werden zunächst die Kosten kostenartenweise erfasst (Abgrenzung der Aufwendungen aus der FIBU und Ermittlung der Kosten). Der Unterschied zur

Vollkostenrechnung besteht darin, dass im Direct Costing die gesamten in einer Periode angefallenen Kosten sofort in beschäftigungsunabhängige fixe und beschäftigungsabhängige variable Kostenbestandteile aufgespalten werden (Kostenspaltung).

Kostenauflösung bzw. Kostenspaltung:

Eine Kostenspaltung wird vorgenommen, um fixe und variable Kosten voneinander zu trennen. Einzelkosten, wie Fertigungsmaterial und Fertigungslöhne brauchen nicht aufgelöst zu werden, weil sie stets zur Gänze variabel sind. Es gibt auch Gemeinkosten, die relativ einfach den fixen Kosten zugerechnet werden können, wie z. B. Zeitabschreibungen oder Versicherungen. Von der Kostenauflösung betroffen sind im Wesentlichen nur gemischte Gemeinkostenarten, weil diese meist einen fixen Sockelbetrag aufweisen und gleichzeitig mit der Beschäftigung variieren, wie z. B. Stromkosten (Anschlussgebühr = fixer Sockelbetrag; Stromverbrauch hängt von Beschäftigung ab). **Die Kostenauflösung erfolgt normalerweise je Kostenart und je Kostenstelle.**

In der Praxis stehen zur Aufspaltung von semivariabeln Kosten – also Kosten mit fixem und variablem Anteil – unterschiedliche Verfahren zur Verfügung.

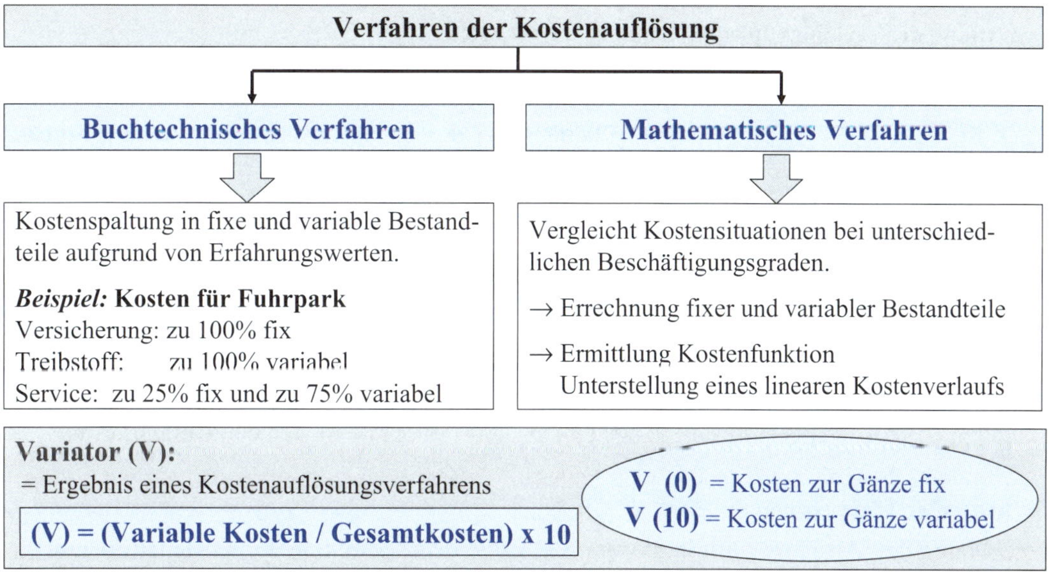

Abb. 63: Verfahren zur Kostenauflösung

- **Buchtechnisches Verfahren:**
  Die buchtechnische Methode liefert nur Näherungswerte. Es werden die einzelnen Kostenarten über einen längeren Zeitraum beobachtet, um ihre Abhängigkeit von der Beschäftigung festzustellen. Hier wird die effektive Kostenzusammensetzung an den Entstehungsstellen untersucht und die jeweiligen Kostenarten aufgrund von Erfahrungen der Vergangenheit in fixe und variable Bestandteile zerlegt.
- **Mathematisches Verfahren:**
  Nach dieser Methode wird die Kostenspaltung anhand der sich bei unterschiedlichen Beschäftigungsgraden ergebenden Gesamtkosten rechnerisch durchgeführt und daraus der Anteil der fixen und variablen Kosten ermittelt. Sind die bei zwei unterschiedlichen Beschäftigungspunkten entstandenen Gesamtkosten bekannt, können die variablen Kosten bestimmt werden, indem man die Kos-

tendifferenz durch die Beschäftigungsdifferenz dividiert. Voraussetzung für die Anwendung dieses Verfahrens ist ein linearer Kostenverlauf. Die Fixkosten ergeben sich, indem man die bei einer Beschäftigungssituation angefallenen variablen Kosten von den Gesamtkosten abzieht.

Beispiel zum mathematischen Verfahren:

Ein Erzeugungsbetrieb hat im ersten Quartal in der Fertigungsstelle Dreherei 2.000 Stück eines Erzeugnisses hergestellt. Die Gesamtkosten beliefen sich dabei auf € 124.000. Im zweiten Quartal lag die Produktion bei 2.500 Stück. Für diese Menge fielen Gesamtkosten in Höhe von € 140.000 an.

Aufgabenstellung:

Führen Sie mit Hilfe des mathematischen Verfahrens die Kostenauflösung durch und ermitteln Sie

a) die variablen Stückkosten,
b) die Fixkosten sowie
c) die gesamten sich bei einer Produktion von 3.000 Stück ergebenden Kosten.

Lösung:

a) **Ermittlung der variablen (proportionalen) Stückkosten:**
Die variablen Stückkosten ergeben sich mittels Division der Kostendifferenz durch die Beschäftigungsdifferenz.

Kostendifferenz	=	(140.000 – 124.000)	→	€ 16.000	→ **variable Stückkosten**
Beschäftigungsdifferenz		(2.500 – 2.000)	→	500 Stück	**€ 32**

b) **Berechnung der fixen Kosten:**
Zieht man von den Gesamtkosten (€ 124.000) einer Beschäftigungssituation die dabei entstandenen variablen Kosten i. H. v. € 64.000 (variable Stückkosten 32 x Menge 2.000 Stück) ab, erhält man die Fixkosten.
Gesamtkosten 124.000 – Variable Kosten 64.000 (€ 32 x 2.000 Stück) → **€ 60.000 Fixkosten**

c) **Ermittlung der Gesamtkosten für 3.000 Stück:**
Bei einer Produktion von 3.000 Stück ergeben sich Gesamtkosten (fixe und variable) in Höhe von € 156.000.
Fixkosten 60.000 + Variable Kosten 96.000 (€ 32 x 3.000 Stück) → **€ 156.000 Gesamtkosten**

Ermittlung des Variators

Die Berechnung des Variators stellt in diesem Fall keine dritte Methode der Kostenauflösung dar, sondern ist vielmehr das Ergebnis des Kostenauflösungsverfahrens. Die Abhängigkeit der Kosten von der Beschäftigung und damit der Anteil der variablen Kosten an den Gesamtkosten wird häufig durch den Variator angegeben. Diese Kennzahl zeigt auf, wie viel Zehntel der variable Kostenanteil einer bestimmten Kostenart bei einer bestimmten Beschäftigung beträgt und errechnet sich wie folgt:

Variator = (Variable Kosten / Gesamtkosten) x 10

Variator 0 bedeutet: Kosten sind beschäftigungsunabhängig und somit **zur Gänze fix.**
Variator 10 bedeutet: Kosten sind beschäftigungsabhängig und somit **zu 100% variabel.**
Variator 3 bedeutet: **30%** dieser Kostenart sind **variabel** und **70% fix.**

Gemischte Gemeinkostenarten die einen fixen Sockelbetrag aufweisen und gleichzeitig mit der Beschäftigung variieren, haben immer einen Variator zwischen 0 und 10.

Beispiel zum Variator:

In einem Produktionsbetrieb fallen bei einer Beschäftigung von 2.500 Maschinenstunden jährlich Stromkosten in Höhe von € 150.000 an. Darin enthalten ist eine monatliche fixe Grundgebühr von € 3.750. Der Rest betrifft den vom Maschineneinsatz bedingten Leistungsstrom.

Aufgabenstellung:

a) Ermitteln Sie den Variator (V).

b) Wie hoch sind die jährlichen Stromkosten bei einer Beschäftigungserhöhung auf 3.000 Maschinenstunden?

Lösung:

a) **Ermittlung des Variators (V):**

Gesamtkosten	€ 150.000
– Fixe Kosten (€ 3.750 x 12 Monate)	€ 45.000
= Variable Stromkosten	€ 105.000 / 150.000 Gesamtkosten x 10 → **Variator = 7**

b) Ermittlung der **Stromkosten bei** Beschäftigung von **3.000 Maschinenstunden (Mh):**

Fixe Kosten	€ 45.000
+ Variable Kosten (€ 105.000 + 20%)	€ 126.000
= Gesamte Stromkosten	**€ 171.000**

Beschäftigungserhöhung von 2.500 Stunden auf 3.000 Stunden → das entspricht Erhöhung um 20%. Nachdem sich nur die variablen Kosten proportional zur Beschäftigung ändern, sind auch nur diese um 20% zu erhöhen. Die Fixkosten bleiben gleich.

Auch im Falle der einstufigen Deckungsbeitragsrechnung schließt die Kostenerfassung mit dem BÜB ab. Nach der Kostenspaltung, bei der die fixen von den variablen Kostenbestandteilen getrennt werden, sind im Betriebsabrechnungsbogen die einzelnen Kostenarten nach fixen und variablen Bestandteilen gesondert ausgewiesen.

Beispiel: Kostenartenrechnung zu Teilkosten

Der Wintersportgerätehersteller *„Snow Fun" GmbH* hat die gesamte Betriebsabrechnung auf Teilkostenbasis umgestellt. Im Dezember wurden 1.000 Snowboards hergestellt und verkauft. Zur Kostenerfassung stehen folgende Daten zur Verfügung:

Fertigungsmaterial:	Materialverbrauch: 4 kg je Stück; Istkosten je kg: € 50.
Fertigungslöhne:	Bearbeitungszeit je Stück: 4 Stunden; der Stundenlohn liegt bei € 60.
Hilfslöhne:	Die Hilfslöhne betragen insgesamt € 100.000. Sie haben einen Variator von 8.
Sonstige Kosten:	Diese wurden für Dezember mit insgesamt € 520.000 ermittelt (Variator 9). Allerdings sind in diesem Betrag Neutrale Aufwände in Höhe von € 35.000 enthalten. Außerdem wurden Zusatzkosten von € 15.000 noch nicht berücksichtigt.
Kalkulatorische Zinsen:	Das betriebsnotwendige Gesamtkapital wurde mit € 7.500.000 ermittelt. Der kalkulatorische Zinssatz beträgt 8% p. a. Die Zinskosten sind zur Gänze fix.

Aufgabenstellung:

Ermitteln Sie die für Dezember angefallenen Gesamtkosten und führen Sie kostenartenweise die Kostenaufspaltung in fixe und variable Bestandteile durch.

Kostenart	Gesamtkosten (€)	Fixe Kosten (€)	Variable Kosten (€)
Fertigungsmaterial (V 10)	200.000		200.000
Fertigungslöhne (V 10)	240.000		240.000
Hilfslöhne (V 8)	100.000	20.000	80.000
Sonstige Kosten (V 9)	500.000	50.000	450.000
Kalkulatorische Zinsen (V 0)	50.000	50.000	0
Summe	**1.090.000**	**120.000**	**970.000**

Berechnung:

Fertigungsmaterial: 1.000 Stück x 4 kg Materialverbrauch x € 50 Preis → **€ 200.000**
Materialeinzelkosten sind zur Gänze variabel, daher Variator 10.

Fertigungslöhne: 1.000 Stück x 4 Stunden Arbeitszeit x € 60 Stundenlohn → **€ 240.000**
Fertigungslöhne sind zur Gänze variabel, daher Variator 10.

Hilfslöhne: Variator 8 bedeutet, dass 80% der Hilfslöhne variabel sind; der Rest ist fix.

Sonstige Kosten: € 520.000 – neutraler Aufwand € 35.000 + Zusatzkosten € 15.000 → **€ 500.000**
Variator 9 bedeutet € 450.000 sind variabel.

Kalkulatorische Zinsen: BNK 7.500.000 x 8% = € 600.000 pro Jahr : 12 Monate → **€ 50.000**
Sie sind zur Gänze fix und haben somit einen Variator von 0.

4.2.2. Kostenstellenrechnung

Die Kostenstellenrechnung der einstufigen DB-Rechnung erfüllt im Wesentlichen dieselben Funktionen wie die im Rahmen der Vollkostenrechnung und wird ebenfalls in einem Betriebsabrechnungsbogen (BAB) durchgeführt (vgl. Kapitel II: Vollkostenrechnung, Punkt 3.5). Der grundlegende Unterschied zur Vollkostenrechnung besteht darin, dass die in den einzelnen Kostenstellen angefallenen Kostenträger-Gemeinkosten getrennt nach fixen und variablen Gemeinkosten ausgewiesen werden.

Zunächst werden im Rahmen der **Primärkostenverrechnung** nur die variablen Kostenträger-Gemeinkosten des BÜB entweder als Kostenstellen-Einzelkosten oder als Kostenstellen-Gemeinkosten entsprechend verursachungsgerecht den Kostenstellen zugerechnet. Durch Kostenauflösung werden die auf die Kostenstellen zu verrechnenden Gemeinkosten in ihre fixen und variablen Bestandteile aufgeteilt.

Da die Teilkostenrechnung nur die variablen Kosten auf betriebliche Leistungen verrechnet, werden auch bei der **innerbetrieblichen Leistungsverrechnung** nur die variablen Kosten der Hilfskostenstellen umgelegt. Die fixen Anteile der primären und sekundären Gemeinkosten werden zwar abrechnungstechnisch auf den Kostenstellen mitgeführt, finden aber bei der Kalkulation keine Berücksichtigung. Die nach der Sekundärkostenverrechnung auf den Hilfskostenstellen verbleibenden fixen Kosten gehen, zusammen mit den Fixkosten der Hauptkostenstellen, letztendlich als Fixkostenblock in die Betriebsergebnisrechnung ein.

Nachdem im BAB nur die variablen Gemeinkosten auf die Kostenstellen weiter verrechnet werden, können auch nur **variable Gemeinkostenzuschlagssätze** bzw. Verrechnungssätze ermittelt werden. Bei der Berechnung der Kalkulationssätze finden die fixen Gemeinkosten keine Berücksichtigung.

Variabler Kalkulationssatz = Variable Gemeinkosten (GK) / Bezugsgröße

Dementsprechend ergeben sich zur Berechnung der Kalkulationssätze für die Hauptkostenstellen folgende Abhängigkeiten:

- ***Materialstelle:*** Variable GK Materialstelle x 100 / Materialeinzelkosten
- ***Fertigungsstelle:*** Variable GK Fertigungsstelle x 100 / Fertigungseinzelkosten
- ***Verwaltungsstelle:*** Variable GK Verwaltung x 100 / variable Herstellkosten der Produktion
- ***Vertriebsstelle:*** Variable GK Vertrieb x 100 / variable Herstellkosten des Umsatzes

Beispiel: Kostenstellenrechnung zu Teilkosten

Die in der Kostenartenrechnung der *„Snow Fun" GmbH* ermittelten Einzelkosten und variablen Gemeinkosten werden zunächst in den BAB übernommen. Im Unternehmen gibt es die Hilfskostenstelle EDV-Abteilung und die Hauptkostenstellen Material, Fertigung, Verwaltung und Vertrieb. Für Dezember zeigt der BAB folgende Kostenverteilung und Variatoren (V) je Kostenstelle:

Kostenarten	Σ Variable Kosten	EDV-Stelle	Material	Fertigung	Verw. & Vertrieb
Fertigungsmaterial	**200.000**		**200.000**		
Fertigungslöhne	**240.000**			**240.000**	
Hilfslöhne	80.000	5.000 (V 6)	25.000 (V 7)	40.000 (V 10)	10.000 (V 5)
Sonstige Kosten	450.000	30.000 (V 5)	100.000 (V 3)	200.000 (V 6)	120.000 (V 4)

Die Kosten der „EDV-Abteilung" sind bei den empfangenden Kostenstellen zur Gänze variabel. Sie verteilen sich auf die Stellen Material : Fertigung : Verwaltung & Vertrieb im Verhältnis 5 : 10 : 5.

Während die Kostenstellen Material und Fertigung von den jeweiligen Einzelkosten abhängig sind, werden die Verwaltungs- und Vertriebsgemeinkosten auf die Herstellkosten bezogen.

Aufgabenstellung:

a) Nehmen Sie die Kostenspaltung anhand der in den einzelnen Kostenstellen angegebenen Variatoren vor.
b) Führen Sie die Kostenstellenrechnung zu Teilkosten (inklusive der innerbetrieblichen Leistungsverrechnung) durch.
c) Ermitteln Sie die variablen Gemeinkostenzuschlagssätze der Hauptkostenstellen (auf eine Dezimalstelle).

Lösung:

Kostenstellen Kostenarten	Summe (in €)	EDV-Stelle fix	 variabel	Material fix	 variabel	Fertigung fix	 variabel	V & V fix	 variabel
Material	**200.000**				**200.000**				
Fertigungslöhne	**240.000**						**240.000**		
Hilfslöhne	80.000	2.000	3.000	7.500	17.500	0	40.000	5.000	5.000
Sonstige Kosten	450.000	15.000	15.000	70.000	30.000	80.000	120.000	72.000	48.000
Σ primäre GK	**530.000**	**17.000**	**18.000**	**77.500**	**47.500**	**80.000**	**160.000**	**77.000**	**53.000**
Umlage EDV				-18.000	4.500		9.000		4.500
Σ variable GK			**0**		**52.000**		**169.000**		**57.500**
Bezugsgrößen					200.000		240.000		661.000
Variable GK-Zuschlagssätze					**26%**		**70,4%**		**8,7%**

Verrechnungssatz EDV-Stelle: Variable Kosten 18.000 / 20 EH = **€ 900 je EH**
Variable Herstellkosten: FM 200.000 + var. MGK 52.000 + FL 240.000 + var. FGK 169.000 = **€ 661.000**

Zunächst werden anhand der Variatoren die Gemeinkosten der jeweiligen Kostenstellen in ihre fixen und variablen Bestandteile zerlegt. Im nächsten Schritt erfolgt die innerbetriebliche Leistungsverrechnung, bei der nur die variablen Kosten auf die empfangenden Kostenstellen weiter verrechnet werden. Zur Ermittlung der variablen Gemeinkostenzuschlagssätze dividiert man die variablen Gemeinkosten der jeweiligen Kostenstellen durch die entsprechenden Bezugsgrößen. Die im BAB ausgewiesenen fixen Kosten werden aufsummiert **(Σ Fixkosten = € 251.500)** und erst im Rahmen der Betriebsergebnisrechnung als Fixkostenblock berücksichtigt.

4.2.3. Kostenträgerstückrechnung (Kalkulation)

Im Rahmen der Kostenträgerstückrechnung werden nur die variablen Komponenten (Einzelkosten und variable Gemeinkosten) den entsprechenden Kostenträgern (Produkte, Aufträge) direkt zugerechnet, da bei der Teilkostenrechnung die Grenzkosten (= Mehrkosten je zusätzlich produzierter Leistungseinheit) die entscheidungsrelevanten Kosten darstellen. Zur Berechnung der variablen Herstell- und Selbstkosten können genauso wie in der Vollkostenrechnung die Zuschlagskalkulation, die Divisionskalkulation usw. herangezogen werden. Der formale Aufbau der unterschiedlichen Kalkulationsverfahren ändert sich bei Anwendung des Direct Costing, wo nur mit den variablen Kosten gerechnet wird, nicht.

Mit Hilfe der Kalkulation können neben den **variablen Selbstkosten** auch die **Deckungsbeiträge ermittelt** werden. Je nach Rechenzweck kann der Deckungsbeitrag für einzelne Leistungseinheiten, Aufträge, Produkte, Produktgruppen, Abteilungen, den Gesamtbetrieb usw. ermittelt werden. Der absolute Deckungsbeitrag je Stück ergibt sich als Differenz zwischen dem Nettoverkaufspreis und den variablen Selbstkosten je Stück.

Stückdeckungsbeitrag = Nettoverkaufspreis je Stück – variable Stückkosten

Durch die Ermittlung des **Deckungsbeitrages je Leistungseinheit** (Stück) bekommt das Management bei Unterbeschäftigung Informationen über die **Förderungswürdigkeit einzelner Produkte** (Produktgruppen). Grundsätzlich zeigen Deckungsbeiträge auf, inwieweit einzelne Produkte oder Aufträge in der Lage sind, die ihnen unmittelbar zurechenbaren variablen Kosten zu decken, ob sie lediglich einen Beitrag zur Deckung der fixen Kosten leisten oder auch noch zur Gewinnerzielung beitragen.

Beispiel: Kostenträgerstückrechnung zu Teilkosten

In der Kostenartenrechnung zu Teilkosten (vgl. Kap. III.4.2.1) wurde festgestellt, dass für ein Snowboard folgende Einzelkosten angefallen sind:

Fertigungsmaterial:	Materialverbrauch 4 kg je Stück; Preis € 50 je kg	→ € 200
Fertigungslöhne:	Bearbeitungszeit vier Stunden je Stück; Stundenlohn € 60	→ € 240

Aufgabenstellung:

a) Berechnen Sie – unter Berücksichtigung der im Teilkosten-BAB der *„Snow Fun" GmbH* (vgl. Kap. III.4.2.2) ermittelten variablen Gemeinkosten-Zuschlagssätze – die variablen Selbstkosten für ein Snowboard (auf zwei Dezimalstellen).
b) Ermitteln Sie den Deckungsbeitrag je Stück, wenn ein Snowboard am Markt zu einem Nettopreis von € 1.120 je Stück verkauft wird (auf zwei Dezimalstellen).

Lösung:

Fertigungsmaterial	200,00	
+ 26% variable Materialgemeinkosten	52,00	252,00
Fertigungslöhne	240,00	
+ 70,4% variable Fertigungsgemeinkosten	168,96	408,96
= variable Herstellkosten		660,96
+ 8,7% variable Verwaltungs- und Vertriebs-GK		57,50
a) **variable Selbstkosten je Stück**		**718,46**

Die variablen Selbstkosten wurden mit Hilfe der differenzierenden Zuschlagskalkulation berechnet. Dabei fanden nur die Einzelkosten und die variablen Gemeinkostenzuschlagssätze Berücksichtigung. Die auf diese Weise ermittelten variablen Selbstkosten entsprechen auch **der kurzfristigen Preisuntergrenze** für ein Snowboard. Das ist jener Preis, der auf keinen Fall unterschritten werden darf (vgl. Kap. III.5.2). Zieht man nun die variablen Selbstkosten vom Nettoerlös je Stück ab, erhält man den Stückdeckungsbeitrag.

b) **Stückdeckungsbeitrag** = Nettoverkaufspreis € 1.120 – variable Selbstkosten € 718,46 → **€ 401,54**

4.2.4. Kostenträgerzeitrechnung (Betriebsergebnis- bzw. Betriebserfolgsrechnung)

Im Rahmen der einstufigen Deckungsbeitragsrechnung werden die fixen Kosten als einheitlicher Fixkostenblock erfasst und der Deckungsbeitragssumme des Unternehmens gegenübergestellt.

Bei **Einproduktunternehmen** ergibt sich der Gesamtdeckungsbeitrag des Unternehmens, indem man den Stückdeckungsbeitrag mit der Absatzmenge multipliziert und davon die gesamten im Unternehmen in einer Periode angefallenen fixen Kosten als Fixkostenblock abzieht. Als Ergebnis erhält man den Periodenerfolg.

Beispiel: Betriebsergebnisrechnung in Einproduktunternehmen

Berechnen Sie – unter Berücksichtigung der Ergebnisse der Kostenstellenrechnung der *„Snow Fun" GmbH* (vgl. Kap. III.4.2.2) und dem Kalkulationsergebnis für ein Snowboard (vgl. Kap. III.4.2.3) – mittels der einstufigen Deckungsbeitragsrechnung das Betriebsergebnis des Einproduktunternehmens *„Snow Fun" GmbH* für Dezember.

Die wichtigsten diesbezüglichen Daten seien hier noch einmal zusammengefasst:

Im Dezember wurden 1.000 Snowboards produziert und zum Preis von € 1.120 netto verkauft.

Die variablen Selbstkosten je Stück wurden mit € 718,46 ermittelt.

Die gesamten im Unternehmen im Dezember angefallenen Fixkosten betragen € 371.500. Dieser Fixkostenblock setzt sich zusammen aus:

€ 120.000 (laut BÜB der Kostenartenrechnung) und

€ 251.500 (laut BAB der Kostenstellenrechnung (= Fixkosten sämtlicher Kostenstellen aufaddiert).

Lösung:

Σ Nettoumsatzerlöse	€	1.120.000	(€ 1.120 x Absatzmenge 1.000 Stück)
– Σ variable Selbstkosten der Absatzmenge	€	718.460	(€ 718,46 x 1.000 Stück)
= Gesamtdeckungsbeitrag	€	401.540	
– Fixkostenblock	€	371.500	
= Betriebsergebnis für Dezember	**€**	**30.040**	

Bei **Mehrproduktunternehmen** errechnet man zunächst für sämtliche Produkte die in einer Periode erwirtschafteten Deckungsbeiträge. Um den gesamten Unternehmensdeckungsbeitrag zu erhalten, addiert man diese Einzeldeckungsbeiträge der verschiedenen Erzeugnisse und zieht davon die Fixkosten ab. Die Differenz zeigt wiederum den Betriebserfolg der Periode.

Beispiel: Betriebsergebnisrechnung in Mehrproduktunternehmen

Die *„Snow Fun" GmbH* erzeugt im 4. Quartal vier verschiedene Produkte. Die diesbezüglich angefallenen Nettostückerlöse, die variablen Selbstkosten je Stück sowie die Absatzmengen entnehmen Sie folgender Tabelle:

Kostenträger (Produkte)	**Snowboard**	**Langlaufschi**	**Carvingschi**	**Schibob**
Stücknettoerlöse (in €)	1.120,00	130,00	280,00	1.500,00
Variable Selbstkosten (in €)	718,46	85,00	250,00	1.150,00
Absatzmenge	1.000 Stück	8.000 Stück	11.000 Stück	700 Stück

Aufgabenstellung:

Berechnen Sie mittels der einstufigen Deckungsbeitragsrechnung das Betriebsergebnis für das 4. Quartal. Der gesamte Fixkostenblock der *„Snow Fun" GmbH* wurde für das 4. Quartal mit € 1.350.000 ermittelt.

Lösung:

Kostenträger (Produkte)	**Snowboard**	**Langlaufschi**	**Carvingschi**	**Schibob**
Stücknettoerlöse (in €)	1.120,00	130,00	280,00	1.500,00
– Variable Selbstkosten (in €)	718,46	85,00	250,00	1.150,00
Stückdeckungsbeitrag (in €)	401,54	45,00	30,00	350,00
Absatzmenge	1.000 Stück	8.000 Stück	11.000 Stück	700 Stück
Gesamtdeckungsbeitrag	€ 401.540	€ 360.000	€ 330.000	€ 245.000
Unternehmensdeckungsbeitrag	€ 1.336.540			
– Fixkosten des Unternehmens	– € 1.350.000			
= Betriebserfolg (Verlust)	**– € 13.460**			

Wie dieses Beispiel zeigt, kann mit Hilfe der einstufigen Deckungsbeitragsrechnung festgestellt werden, welchen Beitrag die einzelnen Produktarten zur Deckung der fixen Kosten leisten. In der Folge können daraus Informationen zur Steuerung des Produktsortiments gewonnen werden.

Das Betriebsergebnis kann genauso wie bei der Vollkostenrechnung nach dem Gesamtkosten- oder dem Umsatzkostenverfahren ermittelt werden. Auch bei Anwendung des Direct Costing führen beide Verfahren zum selben Betriebsergebnis.

4.2.4.1. Umsatzkostenverfahren im System der Teilkostenrechnung

In der Praxis wird die kurzfristige Erfolgsrechnung auf Teilkostenbasis vor allem wegen des höheren Informationsgehalts üblicherweise nach dem Umsatzkostenverfahren dargestellt. Bei diesem Verfahren werden den Nettoerlösen der verkauften Produkte (also den Umsätzen) nur die variablen Selbstkosten der abgesetzten Leistungen gegenüber gestellt, die entstanden sind, um den angeführten Umsatz zu erzielen. Die variablen Selbstkosten der Absatzmenge setzen sich aus den variablen Herstellkosten der Absatzmenge und den variablen Verwaltungs- und Vertriebskosten der Abrechnungsperiode zusammen. Der Betriebserfolg auf Teilkostenbasis ergibt sich, indem man vom Periodendeckungsbeitrag die gesamten Fixkosten der Periode abzieht. Dieses Verfahren verzichtet auf die Einbeziehung von Bestandsveränderungen.

Umsatzkostenverfahren zu Teilkosten
Nettoumsatzerlöse (E) der Absatzmenge
- Variable Selbstkosten (Kv) der Absatzmenge
= Gesamt-Deckungsbeitrag (DB) der Periode
- **Fixkostenblock (Kf) der Periode**
= Betriebsergebnis der Periode

DB Σ> Kf → Positiver Betriebserfolg
DB Σ< Kf → Negativer Betriebserfolg

Abb. 64: Betriebsergebnisrechnung mit Umsatzkostenverfahren

Beispiel: Umsatzkostenverfahren zu Teilkosten

Der Firma *Smart AG* stehen zur Ermittlung des Betriebsergebnisses aus der vergangenen Abrechnungsperiode folgende Informationen zur Verfügung:

Produktionsmenge:	350 Stück		
Absatzmenge:	300 Stück	Nettoverkaufserlös je Stück:	€ 750
Variable Herstellkosten:	€ 80.500	Variable Verwaltungs- und Vertriebskosten:	€ 24.000
Fixe Herstellkosten:	€ 34.000	Fixe Verwaltungs- und Vertriebskosten:	€ 56.000

Aufgabenstellung: Berechnen Sie mittels des Umsatzkostenverfahrens den Periodenerfolg.

Lösung:

Nettoumsatzerlöse der Absatzmenge	€ 225.000	(€ 750 x Absatzmenge 300 Stück)
– variable Herstellkosten der Absatzmenge	€ 69.000	(€ 80.500 : 350 = 230 HK/Stück x 300 Stück)
– variable V&V-Kosten der Periode	€ 24.000	
= Gesamtdeckungsbeitrag der Periode	€ 132.000	
– Fixkostenblock	€ 90.000	(fixe HK 34.000 + fixe V&V 56.000)
= Periodenerfolg	**€ 42.000**	

4.2.4.2. Gesamtkostenverfahren im System der Teilkostenrechnung

Beim Gesamtkostenverfahren zu Teilkosten wird zunächst der Periodendeckungsbeitrag als Differenz zwischen Betriebsleistung und variablen Selbstkosten einer Abrechnungsperiode (= variable Selbstkosten der Produktionsmenge plus Verwaltungs- und Vertriebskosten der Periode) berechnet. Zieht man davon die gesamten Fixkosten der entsprechenden Abrechnungsperiode ab, erhält man den Periodenerfolg. Somit ergibt sich für die Ermittlung des Betriebsergebnisses nach dem Gesamtkostenverfahren folgendes Berechnungsschema:

Gesamtkostenverfahren zu Teilkosten
Nettoumsatzerlöse der Absatzmenge
+ aktivierte Eigenleistungen zu variablen Herstellkosten
+ Bestanderhöhungen zu variablen Herstellkosten
= Betriebsleistung
- Bestandsminderungen zu variablen Herstellkosten
- Variable Selbstkosten der Produktionsmenge
= Gesamt-Deckungsbeitrag (DB) der Periode
- **Fixkostenblock (Kf) der Periode**
= Betriebsergebnis der Periode

DB Σ > Kf → Positiver Betriebserfolg
DB Σ < Kf → Negativer Betriebserfolg

Abb. 65: Betriebsergebnisrechnung mit Gesamtkostenverfahren

Die **gesamte Betriebsleistung** entspricht dem Nettoumsatzerlös der insgesamt verkauften Leistungen, plus den zu variablen Herstellkosten bewerteten aktivierten Eigenleistungen und den Lagerbestandserhöhungen. Zu den **variablen Periodenkosten** zählen neben den in Zusammenhang mit der Produktion insgesamt angefallenen variablen Selbstkosten (= variable Herstellkosten plus variable Verwaltungs- und Vertriebskosten) auch die entstandenen Kosten durch Bestandsabnahmen (Lagerabbau). Beim Gesamtkostenverfahren auf Teilkostenbasis werden sowohl die Bestandsmehrungen als auch die Bestandsminderungen zu variablen Herstellkosten bewertet.

Beispiel: Gesamtkostenverfahren zu Teilkosten

Es gelten dieselben Angaben zur Berechnung des Periodenerfolges der Firma *Smart AG* wie beim Beispiel „Umsatzkostenverfahren zu Teilkosten“.

Aufgabenstellung: Berechnen Sie mittels des Gesamtkostenverfahrens den Periodenerfolg.

Lösung:

Σ Nettoumsatzerlöse der Absatzmenge	€ 225.000	(€ 750 x Absatzmenge 300 Stück)
+ Lageraufbau	€ 11.500	(€ 80.500 : 350 = 230 HK/Stück x 50 Stück)
= Betriebsleistung	€ 236.500	
– variable Herstellkosten der Produktionsmenge	€ 80.500	
– variable V&V-Kosten der Periode	€ 24.000	
= Gesamtdeckungsbeitrag der Periode	€ 132.000	
– Fixkostenblock	€ 90.000	(fixe HK 34.000 + fixe V&V 56.000)
= Periodenerfolg	**€ 42.000**	

4.2.4.3. Maßnahmen zur Erhöhung des Betriebsergebnisses

Grundsätzlich stehen einem Unternehmen folgende Möglichkeiten zur Verfügung, um auf die Höhe des Betriebsergebnisses Einfluss zu nehmen:

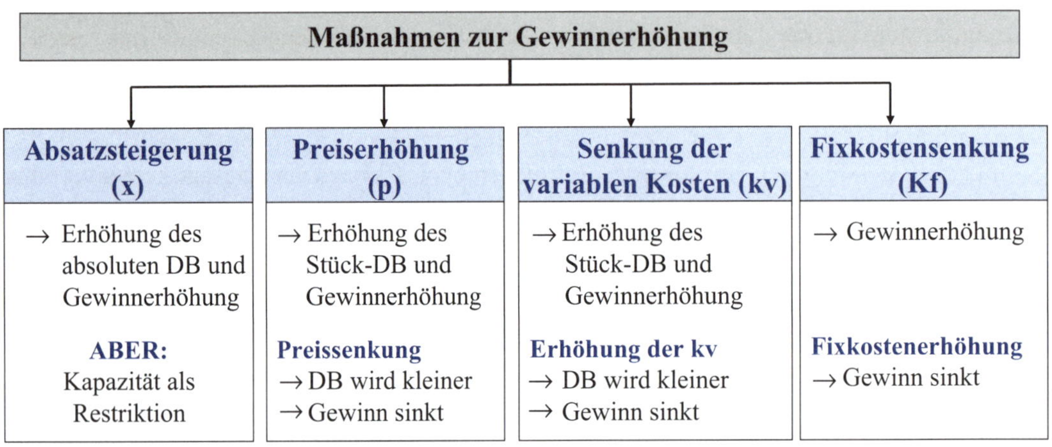

Abb. 66: Maßnahmen zur Gewinnerhöhung

Falls es keine Absatz- und Kapazitätsrestriktionen gibt, führen – solange der Nettostückerlös größer ist als die variablen Stückkosten – Absatzsteigerungen zu einer Erhöhung des absoluten Deckungsbeitrages und somit zu einer Gewinnsteigerung.

Eine Anhebung des Nettoverkaufspreises je Stück bzw. eine Senkung der variablen Kosten je Stück (z. B. wenn durch Rationalisierungsmaßnahmen der Material- und Energieverbrauch reduziert wird) führen zu einer Verbesserung des Stückdeckungsbeitrages und bei gleich bleibender Absatzmenge auch zu einer Erhöhung des Gesamtdeckungsbeitrages. Diese beiden Maßnahmen bewirken, genauso wie die Reduktion der fixen Kosten, eine Gewinnerhöhung.

In umgekehrter Richtung haben Preissenkungen und eine Erhöhung der variablen Kosten zur Folge, dass sowohl der Deckungsbeitrag als auch der Gewinn sich verschlechtern. Kommt es zu einem Ansteigen der fixen Kosten, trägt dies ebenfalls zur Gewinnverringerung bei.

4.3. Beurteilung der einstufigen Deckungsbeitragsrechnung

Beim einstufigen Direct Costing werden die fixen Kosten als einheitlicher Fixkostenblock erfasst und nicht nach der Kostenverursachung differenziert. Diese pauschale Berücksichtigung der gesamten in einem Unternehmen in einer Abrechnungsperiode angefallenen fixen Kosten erweist sich insbesondere bei Erzeugungsbetrieben mit einer hohen Anlagenintensität als problematisch. Gerade Betriebe mit einem hohen Automatisierungsgrad sind einerseits durch hohe Fixkosten gekennzeichnet und andererseits werden die variablen Stückkosten zu niedrig ausgewiesen. Darüber hinaus kam es in den letzten Jahrzehnten durch eine Verschiebung der Kostenstrukturen dazu, dass bestimmte Kostenarten, die man früher als variable in die Berechnung einbezogen hat, heute ebenfalls Fixkostencharakter haben, wie z. B. Löhne in Zusammenhang mit der Fertigung.

Die Schwachpunkte der einstufigen Deckungsbeitragsrechnung, insbesondere der undurchsichtige Charakter des Deckungsbeitrages bzw. seine mangelnde Aussagefähigkeit hinsichtlich des genauen Artikelgewinnes, sind vor allem auf die vorgenommene Gleichbehandlung sämtlicher Fixkosten zurückzuführen. Für kurzfristige Entscheidungen ist dies nicht weiters problematisch, für mittel- und langfristige Entscheidungen jedoch schon. Diesen Schwächen kann man entgegen wirken, indem man den gesamten Fixkostenblock aufspaltet und nach dem Kriterium der Zurechenbarkeit eine Unterteilung in Produktfixkosten, Produktgruppenfixkosten, Bereichsfixkosten und Unternehmensfixkosten vornimmt. Durch diese Vorgehensweise werden die gesamten Fixkosten in der Erfolgsrechnung in mehreren Stufen berücksichtigt (mehrstufige Deckungsbeitragsrechnung).

5. Anwendungsfälle der Deckungsbeitragsrechnung

Die Deckungsbeitragsrechnung (Direct Costing) trägt vor allem **im kurzfristigen Entscheidungsbereich** zur Lösung einer Vielzahl betrieblicher Probleme bei. Hier geht es nicht mehr, so wie bei der Vollkostenrechnung primär darum, die vollen Selbstkosten als Grundlage für die Preisbildung zu ermitteln, sondern vielmehr um die Beantwortung folgender Fragen:

- Wie viele Einheiten eines bestimmten Erzeugnisses muss ein Unternehmen mindestens verkaufen, damit alle Kosten gedeckt sind?
- Wo liegt bei einem Produkt oder Auftrag die kurzfristige Preisuntergrenze?
- Soll das Unternehmen einen Zusatzauftrag zu einem niedrigeren Preis annehmen, auch wenn dadurch nicht die gesamten Kosten gedeckt sind?
- Sollen bisher selbst gefertigte Produkte oder Teile selbst erzeugt oder fremd zugekauft werden?
- Welche Produkte soll das Unternehmen in sein Produktionsprogramm aufnehmen, vor allem dann, wenn die Kapazität begrenzt ist?

5.1. Gewinnschwellenanalyse (Break-Even-Analyse)

Die Gewinnschwelle bzw. der Break-Even-Point gibt darüber Auskunft, welche Menge mindestens abgesetzt werden muss, damit sämtliche Kosten des Betriebes (fixe und variable) gedeckt sind. Diese zur Vollkostendeckung erforderliche Absatzmenge bezeichnet man als Gewinnschwelle bzw. Break-Even-Menge. Gerade für Erzeugungsbetriebe ist es besonders wichtig zu wissen, bei welchem Beschäftigungsgrad (Absatzmenge) ihre Gesamtkosten durch die Umsatzerlöse gedeckt sind.

Gewinnschwelle = jene Absatzmenge bei deren Erreichen sämtliche Kosten gedeckt sind.

Gewinnschwellenanalysen geben einen Überblick über Umsätze, Kosten, Gewinne bzw. Verluste bei alternativen Beschäftigungsgraden und tragen unter anderem zur Beantwortung folgender Fragen bei:

- Bei welchen Kosten bzw. Erlösen werden gerade noch Gewinne erzielt?
- Bei welcher Kapazitätsauslastung geraten die einzelnen Produkte eines Unternehmens in die Verlustzone?
- Wie wirken sich Absatzänderungen auf den Gewinn des Unternehmens aus?
- Welcher Gewinn kann bei Vollauslastung realisiert werden?
- Welche Menge muss man mindestens verkaufen, damit alle Ausgaben gedeckt sind?

Break-Even-Analysen lassen sich für einzelne Produkte bzw. Produktgruppen, aber auch für betriebliche Teilbereiche oder den Gesamtbetrieb durchführen. Da nur die Teilkostenrechnung zwischen fixen und variablen Kosten unterscheidet, ist diese Voraussetzung zur Berechnung der Gewinnschwelle. In einem **Einproduktunternehmen** benötigt man folgende Ausgangsdaten zur Ermittlung:

- **Nettopreis (p) je verkaufter Einheit** (Erlösminderungen, wie Rabatte und Skonti sind darin nicht enthalten)
- **Variable Selbstkosten (kv) je produzierter Einheit** (entsprechen den Grenzkosten)
- **Gesamte Fixkosten (Kf) einer Abrechnungsperiode** (Monat, Quartal oder Jahr)
- **Absatzmenge (x)** der verkauften Einheiten in **einer Periode** (Monat, Quartal oder Jahr)

5.1.1. Grafische Darstellung der Gewinnschwelle

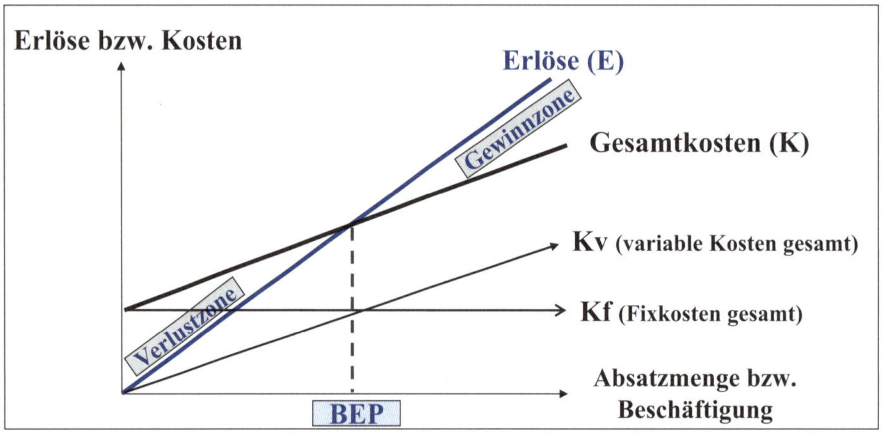

Abb. 67: Grafische Darstellung der Gewinnschwelle

In Einproduktunternehmen ergibt sich die Gewinnschwelle bzw. der **Break-Even-Point (BEP)** als **Schnittpunkt** zwischen der **Gesamterlös- und** der **Gesamtkostenkurve**. Zur grafischen Darstellung (vgl. Abbildung 67) trägt man auf der X-Achse die Beschäftigung bzw. Absatzmenge und auf der Y-Achse die Gesamterlöse und die Gesamtkosten ein. Wie überall in der Kostenrechnung geht man auch bei der Gewinnschwellenanalyse von linearen Kostenverläufen aus.

- Die **Erlöskurve** beginnt beim Nullpunkt des Koordinatensystems und stellt eine Gerade mit positiver Steigung dar.
- Die **variable Kostenkurve** ist ebenfalls eine Gerade mit positiver Steigung und hat ihren Ursprung im Nullpunkt des Koordinatensystems. Im Normalfall verläuft sie aber nicht so steil wie die Erlöskurve, da die variablen Kosten geringer sind als die Erlöse.
- Die **Fixkosten** stellen eine Gerade dar, weil unabhängig von der Absatzmenge die fixen Kosten gleich bleiben.
- Die **Gesamtkostenkurve** setzt sich aus der variablen und der Fixkostenkurve zusammen.
- Der **Break-Even-Punkt (BEP)** zeigt jene kritische Absatzmenge, bei der die Gesamtkosten und die Gesamterlöse gleich hoch sind. Jede über diesen Punkt hinausgehende produzierte und verkaufte Produkteinheit führt zu einem Gewinn. Ist hingegen die effektive Absatzmenge kleiner als die Break-Even-Menge, erwirtschaftet das Unternehmen einen Verlust.

Effektive Absatzmenge > Break-Even-Menge → Gewinnzone
Effektive Absatzmenge < Break-Even-Menge → Verlustzone

5.1.2. Rechnerische Ermittlung der Gewinnschwelle

Beim Break-Even-Punkt ergibt sich, nachdem die Kosten und Erlöse gleich groß sind, stets ein Gewinn von Null. Jede zusätzlich verkaufte Einheit erhöht den Gewinn um den Betrag, um den der Erlös die variablen Kosten übersteigt. Ist also die Gewinnschwelle erreicht, dann trägt jedes über die Break-Even-Menge hinausgehende zusätzlich verkaufte Stück mit seinem jeweiligen Deckungsbeitrag voll zum Gewinn bei. Jede weitere Absatzmenge führt somit zu einem Gewinn in Höhe des Deckungsbeitrages der zusätzlichen Absatzmenge.

Ausgangspunkt für die rechnerische Ermittlung der Gewinnschwelle ist die Gewinngleichung. Dabei wird der **Gewinn gleich null** gesetzt.

Ausgangspunkt = **Gewinngleichung** **G (0) = Erlöse (E) – Kosten (K)**

E = K

E = p * x | **K = Kv + Kf = (kv * x) + Kf**

p * x = (kv * x) + Kf

Break-Even-Menge (x) | **(x) = Kf / (p – kv) → Kf / db**

Abb. 68: Rechnerische Ermittlung der Gewinnschwelle

Den Gesamterlös erhält man durch Multiplikation des Nettostückerlöses (p) mit der gesuchten Break-Even-Menge (x). Die Gesamtkosten wiederum setzen sich zusammen aus den Fixkosten (Kf) der Periode und den variablen Stückkosten (kv) multipliziert mit der gesuchten Break-Even-Menge (x). Letztendlich ergibt sich durch Umformung der Gleichung die verkürzte **Formel** zur Ermittlung der Gewinnschwellenmenge:

Break-Even-Menge = Fixkosten der Periode (Kf) / Stückdeckungsbeitrag (db)

Die Break-Even-Menge wird stets auf ganze Einheiten (Stück, Tonnen, Liter usw.) aufgerundet. Die Gewinnschwellenanalyse zählt zu den leistungsstärksten Instrumenten der Kostenrechnung. Sie eignet sich für Ertragsanalysen und ist auch für Unternehmen in Zusammenhang mit Produkteinführungen interessant, damit man weiß, ob sich die Einführung überhaupt lohnt oder ob auf die Aufnahme des Produktes in das Produktionsprogramm verzichtet werden soll. Darüber hinaus können mit Hilfe der Gewinnschwellenanalyse folgende Fragen beantwortet werden:

(1) Die Frage nach dem Break-Even-Umsatz:

Der Break-Even-Umsatz gibt darüber Auskunft, welcher Umsatzerlös erforderlich ist, um die gesamten Kosten zu decken. Die Formel zur Berechnung lautet:

Break-Even-Umsatz = BEP-Menge x Nettoerlös je Stück

(2) Die Frage nach dem Sicherheitsabstand und dem Sicherheitskoeffizienten:

Diese Größen sind ein Maßstab für das erfolgwirtschaftliche Risiko des Unternehmens.

- Der **Sicherheitsabstand** ist eine absolute Größe die angibt, um wie viel Einheiten (Stück) der derzeitige Absatz sinken darf, bevor das Unternehmen in die Verlustzone gerät. Der Sicherheitsabstand ergibt sich als Differenz zwischen der tatsächlichen Absatzmenge und der Break-Even-Menge. Je weiter die tatsächliche Absatzmenge über dem BEP, desto größer ist der Spielraum bei Absatzschwankungen.

Sicherheitsabstand = effektive Absatzmenge (X_{IST}) – Break-Even-Menge (X_{BEP})

- Der **Sicherheitskoeffizient bzw. Sicherheitsgrad** (in %) gibt darüber Auskunft, um wie viel Prozent die derzeitige Beschäftigung sinken darf, bevor das Unternehmen Verluste schreibt. Für die Praxis bedeutet dies, dass Betriebe umso besser gegen Verluste gewappnet sind, je höher diese Kennzahl ausfällt. Um den Sicherheitsgrad zu berechnen, zieht man von der tatsächlichen Absatzmenge (X_{IST}) die Break-Even-Menge (X_{BEP}) ab und dividiert diesen Differenzbetrag durch die effektive Absatzmenge (Ergebnis = Prozentsatz, daher x 100).

Sicherheitskoeffizient (in %) = (X_{IST} – X_{BEP}) x 100 / X_{IST}

(3) Die Frage nach dem Liquiditätspunkt (Cashflow-Point):

Der Liquiditätspunkt zeigt, welche Menge mindestens verkauft werden muss, damit alle Ausgaben gedeckt sind. In diesem Fall kommen nur ausgabenwirksame Größen zum Ansatz. Dementsprechend werden im Zähler die nicht zahlungswirksamen Beträge, wie Abschreibungen, Rückstellungen usw. von den Fixkosten abgezogen und durch den Stückdeckungsbeitrag dividiert.

$$\textbf{Ausgabendeckung} = \frac{\text{Fixkosten} - \text{nicht ausgabenwirksame Kosten}}{\text{Stückdeckungsbeitrag}}$$

(4) Die Frage nach dem Periodengewinn:

Will ein Unternehmer wissen, welche Absatzmenge mindestens erforderlich ist, um nicht nur die fixen Kosten einer Periode zu decken, sondern auch einen bestimmten Periodengewinn zu erwirtschaften, dann errechnet man den sogenannten **BEP II**. Soll also neben den gesamten Fixkosten auch ein Plangewinn realisiert werden, dann wird dieser im Zähler zu den Fixkosten dazu gerechnet. Durch die Einbeziehung von gewünschten Gewinnen verschiebt sich die Gewinnschwelle nach rechts, d. h. es ist eine größere Absatzmenge erforderlich.

$$\textbf{BEP II} = \frac{\text{Fixkosten der Periode} + \text{Periodengewinn}}{\text{Stückdeckungsbeitrag}}$$

Beispiel zur Gewinnschwellenanalyse:

Die *„Snow Fun“ GmbH* plant die Erweiterung ihrer Produktpalette um Tourenschi. Der Vertrieb rechnet damit, 3.000 Paar Schi zu einem Nettopreis von € 250 je Paar verkaufen zu können. Die variablen Selbstkosten je Paar liegen bei € 150 und die Periodenfixkosten wurden mit € 250.000 ermittelt.

Aufgabenstellung:

Berechnen Sie:
a) die Gewinnschwelle (Break-Even-Menge),
b) den Break-Even-Umsatz,
c) den Sicherheitskoeffizient und
d) die erforderliche Absatzmenge, wenn das Unternehmen einen Periodengewinn in Höhe von € 20.000 erzielen möchte.
e) Wie sieht die grafische Lösung dieses Beispiels aus?

Lösung:

a) **Gewinnschwelle (BEP) = Kf / db → 250.000 / 100** (Erlös 250 – kv 150) **→ 2.500 Paar**
Es müssen mindestens 2.500 Paar Schi verkauft werden, damit das Unternehmen keinen Verlust erzielt und in die Gewinnzone kommt.

b) **Break-Even-Umsatz = BEP-Menge x Nettostückerlös → 2.500 x 250 → € 625.000**
Bei einem Umsatz von € 625.000 sind alle Kosten gedeckt.

c) **Sicherheitskoeffizient (in %):** $\frac{(X_{IST} - X_{BEP}) \times 100}{X_{IST}} \rightarrow \frac{(3.000 - 2.500) \times 100}{3.000}$ **→ 16,7%**
Bei gegebener Kapazität, Kostenstruktur und Absatzlage darf der Umsatz um maximal 16,7% zurück gehen, ohne einen Verlust hinnehmen zu müssen.

d) **BEP II = (Kf + Gewinn) / db → (250.000 + 20.000) / 100 → 2.700 Paar**
Bei einer Absatzmenge von 2.700 Paar Schi sind nicht nur die Fixkosten der Periode gedeckt, sondern es wird auch ein Periodengewinn in Höhe von € 20.000 erwirtschaftet.

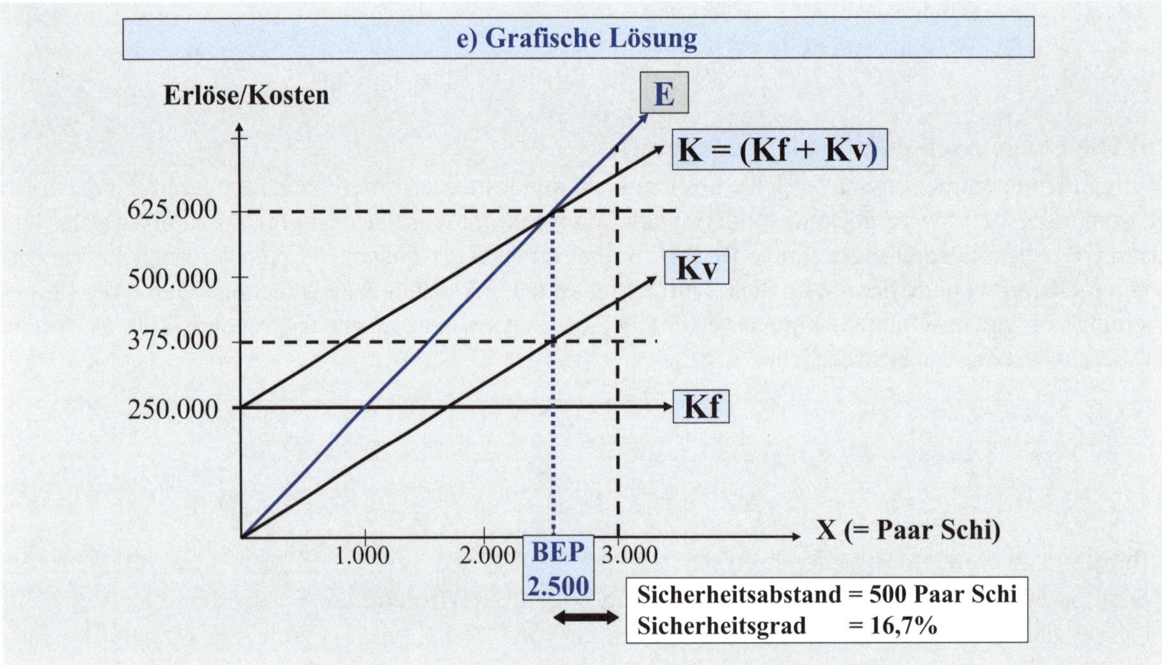

Abb. 69: Grafische Lösung zur Gewinnschwellenanalyse

5.2. Bestimmung von Preisuntergrenzen

Preisgrenzen sind stets kritische Werte. Wird beispielsweise im Beschaffungsbereich eine vorgegebene Preisobergrenze (POG) überschritten, dann werden Einsatzgüter zu diesem gegebenen Preis nicht zugekauft. Kommt es hingegen im Absatzbereich zu einem Unterschreiten der Preisuntergrenze (PUG), dann wird ein Unternehmen auf den Verkauf seiner Absatzgüter zu diesem erzielbaren Verkaufspreis verzichten.

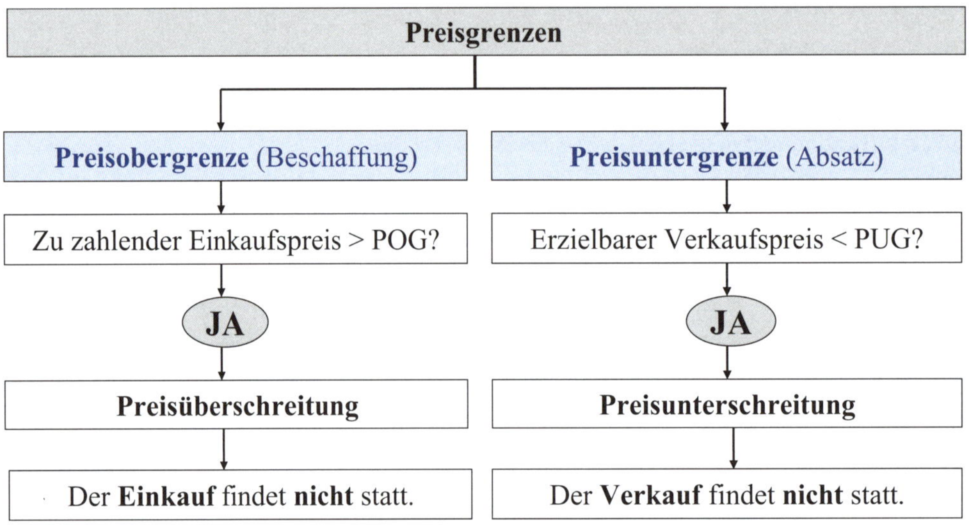

Abb. 70: Systematik der Preisgrenzen

In den folgenden Ausführungen geht es um die Festlegung von **Preisuntergrenzen,** die vor allem bei verkaufsbezogenen Entscheidungsaufgaben eine wichtige Rolle spielen. Ganz allgemein gesagt versteht man unter Preisuntergrenze denjenigen Preis je Leistungseinheit oder Auftrag, den ein Unternehmen mindestens verlangen muss, um nachhaltig seine Existenz zu sichern. Kommt es zu einer Unterschreitung von Preisuntergrenzen, dann führt dies zum Unterlassen einer Produktions- bzw. Absatzmaßnahme, d. h. die entsprechenden Produkte werden aus dem Produktions- bzw. Absatzprogramm eliminiert. Preisuntergrenzen spielen auch eine wichtige Rolle in Zusammenhang mit der Annahme bzw. Ablehnung von Zusatzaufträgen. In der Praxis unterscheidet man zwischen der kurzfristigen und der langfristigen Preisuntergrenze:

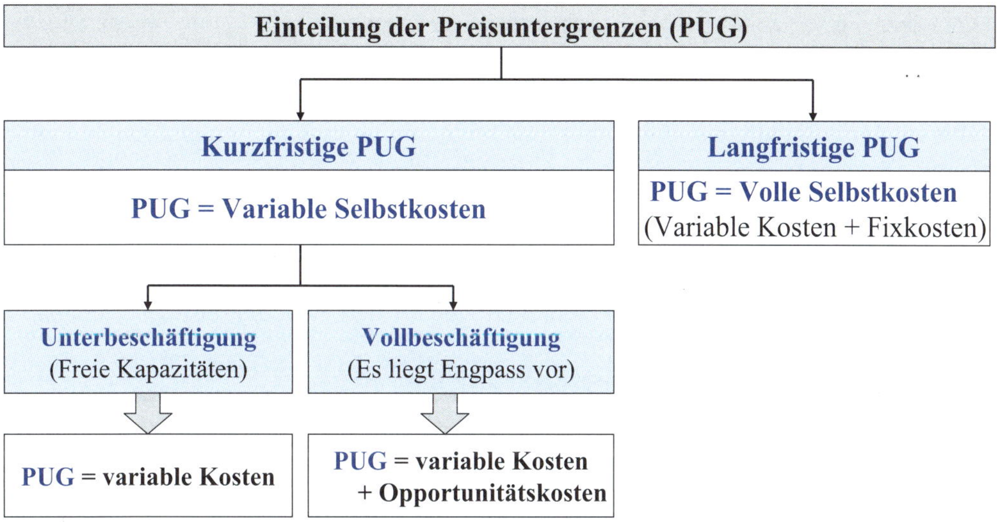

Abb. 71: Einteilung der Preisuntergrenzen

Langfristige Preisuntergrenze:

Die Frage nach der langfristigen Preisuntergrenze kann nur mit Hilfe der Vollkostenrechnung beantwortet werden. Sie entspricht den **vollen Selbstkosten** (= variable Kosten + anteilige fixe Kosten). Langfristig gesehen kann ein Unternehmen nur überleben, wenn neben den variablen Kosten auch sämtliche Fixkosten über die Verkaufspreise erwirtschaftet werden. Jedes Produkt bzw. jeder Auftrag, dessen Marktpreis über der langfristigen Preisuntergrenze liegt, erwirtschaftet einen zusätzlichen Gewinn.

Kurzfristige Preisuntergrenze:

Während der Vollkostenrechner in den gesamten Selbstkosten einer Leistung den nicht unterschreitbaren Mindestpreis sieht, setzt der Anwender der Teilkostenrechnung in Krisenzeiten den Mindestpreis kurzfristig auf der Höhe der **variablen Kosten** einer Leistung an. Bei der kurzfristigen Preisuntergrenze geht es um die Ermittlung des Nettoverkaufspreises von Produkten, der kurzfristig auf keinen Fall unterschritten werden darf; andernfalls müsste man auf den Verkauf dieser Erzeugnisse verzichten.

Diese preispolitische Haltung kann ein Unternehmen allerdings nur kurzfristig einnehmen, da das Ausbleiben der Fixkosten auf längere Sicht zum Verzehr der betrieblichen Substanz führt. Bei der Ermittlung von Preisuntergrenzen ist zu differenzieren, ob in einem Unternehmen Unterbeschäftigung (freie Kapazitäten) oder Vollbeschäftigung (keine freien Kapazitäten) vorliegt.

5.2.1. Kurzfristige Preisuntergrenze bei Unterbeschäftigung

Unterbeschäftigung ist dann gegeben, wenn in einem Betrieb die Kapazitäten nicht voll ausgelastet sind, d. h. sämtliche Produktionsfaktoren frei verfügbar sind. Bei einem vorübergehenden Beschäftigungsrückgang ist es sinnvoll, kurzfristig jede Produktart weiter zu produzieren und zu verkaufen, solange der erzielbare Verkaufserlös über den **variablen Selbstkosten (= kurzfristigen Preisuntergrenze)** liegt (sei es auch nur ein Euro).

Nachdem die fixen Kosten (wie Zeitabschreibungen, kalkulatorische Zinsen, Grundsteuer, Versicherungen, Gehälter usw.) ohnehin anfallen – auch dann, wenn alle Aufträge ausbleiben und keine Produkte gefertigt werden oder der Betrieb sogar vorübergehend schließt –, bedeutet dies, dass in einer solchen Situation jeder über die variablen Kosten hinaus erzielbare Deckungsbeitrag zur Fixkostendeckung und somit zur Ergebnisverbesserung beiträgt. Jedes Produkt allerdings, dessen Marktpreis unter die variablen Selbstkosten sinkt, die von ihm verursacht wurden, verschlechtert das Ergebnis und sollte aus kostenrechnerischer Sicht nicht weiter produziert werden.

Bei der Festlegung von Preisuntergrenzen müssen in der Praxis natürlich neben den kalkulatorischen Aspekten auch andere Faktoren berücksichtigt werden, wie z. B. die Auswirkungen auf die Marktstellung des Unternehmens sowie die Folgewirkungen auf das Preisniveau. Es besteht nämlich die Gefahr, dass spätere Preiserhöhungen oft nur schwer durchsetzbar sind, weil Kunden auch künftig die einmal eingeräumten Sonderkonditionen beibehalten wollen und nicht mehr gewillt sind, höhere Preise zu bezahlen.

Beispiel zur kurzfristigen PUG bei Unterbeschäftigung:

Die *„Snow Fun" GmbH* hat infolge schlechter Auftragslage noch freie Kapazitäten. Dem Unternehmen wird ein Auftrag über 200 Stück Rodeln angeboten. Der reguläre Marktpreis liegt bei € 100 netto; die Selbstkosten betragen € 80 (davon sind € 60 variabel). Der Auftraggeber ist jedoch nur gewillt € 70 pro Rodel zu bezahlen.

Aufgabenstellung:

a) Entscheiden Sie, ob es sich trotz des Verlustes nach Vollkostenrechnung lohnt, die Rodeln zum angebotenen Preis zu verkaufen?

b) Wie lautet die Entscheidung, wenn der Auftraggeber nur € 50 für eine Rodel bezahlt?

Lösung:

Die **kurzfristige Preisuntergrenze** entspricht den variablen Selbstkosten in Höhe von **€ 60**, das sind die Grenzkosten, die unmittelbar durch die Herstellung einer Rodel verursacht wurden.

a) Nettoverkaufspreis 70 – Variable Selbstkosten 60 → **Deckungsbeitrag +10 → Annahme**

b) Nettoverkaufspreis 50 – Variable Selbstkosten 60 → **Deckungsbeitrag – 10 → Ablehnung**

5.2.2. Kurzfristige Preisuntergrenze bei Vollbeschäftigung

Vollbeschäftigung liegt dann vor, wenn in einem Betrieb keine freien Kapazitäten vorhanden sind und es folglich einen Engpass bei den Produktionsfaktoren (z. B. Maschinen, Rohstoffe, Arbeitskräfte usw.) gibt. In diesem Fall kann die Frage nach der kurzfristigen Preisuntergrenze nur unter Berücksichtigung von Opportunitätskosten zutreffend beantwortet werden.

Opportunitätskosten geben an, wie groß bei Verdrängung einer Alternative zugunsten einer anderen Alternative der sich zwangsläufig daraus ergebende Nutzenentgang ist.

In einer Engpasssituation ergibt sich das Problem, dass eine neu aufzunehmende Leistung oder ein neu in das Produktionsprogramm aufzunehmendes Produkt, eine bereits im Programm befindliche Leistung und somit auch deren Deckungsbeitrag verdrängt. Daher setzt sich bei Vollbeschäftigung die kurzfristige Preisuntergrenze aus den variablen Selbstkosten der neu ins Programm aufzunehmenden Leistung und dem entgehenden Deckungsbeitrag der verdrängten Leistung zusammen.

Kurzfristige Preisuntergrenze = variable Selbstkosten der neu aufzunehmenden Leistung
+ Opportunitätskosten der verdrängten Leistung

Solange für ein Produkt oder eine Leistung ein Verkaufspreis erzielt wird, der über den variablen Stückselbstkosten und den auf eine Einheit entfallenden Gewinnentgang liegt, nimmt man dieses Produkt bzw. diese Leistung in das Produktionsprogramm auf.

Beispiel zur kurzfristigen PUG bei Vollbeschäftigung:

Bei der *„Snow Fun"GmbH* sind die Kapazitäten bereits voll ausgeschöpft. Das Unternehmen überlegt nun, ob es ein neues Produkt (Rodel), welches zu einem Bruttopreis von € 120 (inkl. 20% USt) verkauft werden könnte, in sein Produktionsprogramm aufnehmen soll oder nicht. In Zusammenhang mit dem neuen Produkt fallen variable Stückkosten in Höhe von € 50 an.

Die derzeit im Programm befindliche Rodel verursacht variable Stückkosten von € 60 und wird derzeit am Markt um € 150 brutto (inkl. 20% USt) verkauft.

Aufgabenstellung:

Wo liegt die kurzfristige Preisuntergrenze für die neu in das Programm aufzunehmende Rodel?

Lösung:

Variable Stückkosten der neuen Rodel	→	€ 50
+ Opportunitätskosten bzw. entgangener DB der verdrängten Rodel (Nettoerlös 125 – variable Kosten 60)	→	€ 65
– **Kurzfristige Preisuntergrenze** der neu aufzunehmenden Rodel		**€ 115**

Nachdem der Nettoverkaufspreis der neuen Rodel mit € 100 unter der kurzfristigen Preisuntergrenze von € 115 liegt, wird das neue Produkt nicht in das Produktionsprogramm aufgenommen.

5.3. Annahme bzw. Ablehnung von Zusatzaufträgen

Unter einem Zusatzauftrag versteht man einen Auftrag, den ein Betrieb zusätzlich zu den bereits angenommenen Aufträgen angeboten bekommt und über dessen Annahme bzw. Ablehnung entschieden werden soll. Auch diese Vorteilhaftigkeitsentscheidung hängt von der Beschäftigungssituation des Unternehmens ab.

5.3.1. Unterbeschäftigung

Liegt kein Engpass vor und sind alle Produktionsfaktoren frei verfügbar, dann verdrängt ein Zusatzauftrag keine andere Leistung. Sind also ausreichend Kapazitäten vorhanden, dann sollten aus kostenrechnerischer Sicht alle Aufträge durchgeführt werden, die einen positiven Deckungsbeitrag erwirtschaften.

Folglich wird ein Unternehmen einen zusätzlichen Auftrag annehmen, solange der Nettoerlös über den variablen Selbstkosten des Zusatzauftrages liegt.

Verkaufserlöse > variable Kosten → Auftrag annehmen
Verkaufserlös < variable Kosten → Auftrag ablehnen

Beispiel zum Zusatzauftrag bei Unterbeschäftigung:

Die Firma Strumpf GmbH erzeugt Strumpfhosen und erzielt dafür einen Nettoerlös je Stück in Höhe von € 1,80. Die monatliche maximale Kapazität liegt bei 1.200.000 Strumpfhosen. Derzeit ist die Kapazität der Fabrik nur zu 60 % ausgelastet. Bei dieser Kapazitätsauslastung ergibt sich folgende Kostensituation (alle Beträge in €):

Variable Kosten		**Fixe Kosten**	
Fertigungsmaterial	156.000	Versicherung	75.000
Materialgemeinkosten	26.000	Abschreibungen	157.000
Fertigungslöhne	255.000	Sonstige fixe Gemeinkosten	344.000
Fertigungsgemeinkosten	147.000		
Verwaltungsgemeinkosten	65.000		
Vertriebsgemeinkosten	35.000		
SUMME	**684.000**	**SUMME**	**576.000**

Aufgabenstellung:

Für einen großen Diskontmarkt sollen nun einmalig im Mai **400.000 Stück** Strumpfhosen produziert werden. Die Abnahme erfolgt zu einem Nettopreis von € 1,15 je Stück.

Würden Sie diesen Zusatzauftrag über 400.000 Stück Strumpfhosen annehmen?

Berechnen Sie in diesem Zusammenhang die kurzfristige Preisuntergrenze (PUG).

Wie würde sich bei Annahme dieses Zusatzauftrages die Erfolgssituation der Strumpf GmbH verändern?

Lösung:

Es liegt kein Engpass vor und der angebotene Zusatzauftrag verdrängt keine andere Leistung. Die derzeitige Kapazitätsauslastung beträgt 720.000 Strumpfhosen (60% von 1.200.000). Nachdem die monatliche Maximalkapazität bei 1.200.000 Strumpfhosen liegt, sind für die Produktion des Zusatzauftrages über 400.000 Strumpfhosen ausreichend Kapazitäten vorhanden. Daher entspricht die kurzfristige Preisuntergrenze den variablen Selbstkosten des Zusatzauftrages.

Kurzfristige PUG:	**kv 0,95** (Σ Kv 684.000 : 720.000 Stück)		**x 400.000 Stück**	**→ € 380.000**
Gewinnerhöhung:	Stückerlös	€ 1,15		
	– variable Stückkosten	€ 0,95	(Σ Kv 684.000 : 720.000 Stück)	
	= Stückdeckungsbeitrag	**€ 0,20**	**x 400.000 Stück**	**→ € 80.000**

Der Zusatzauftrag sollte angenommen werden, weil dadurch ein zusätzlicher Deckungsbeitrag von € 80.000 erzielt wird, was sich wiederum positiv auf das Betriebsergebnis auswirkt.

5.3.2. Vollbeschäftigung

Liegt allerdings im Unternehmen bei den Produktionsfaktoren ein Engpass vor und stehen nicht ausreichend Kapazitäten zur Ausführung des Zusatzauftrages zur Verfügung, dann entsteht im Betrieb eine Konkurrenzsituation zwischen Zusatzauftrag und den bereits vorhandenen Aufträgen. In einer Engpasssituation hätte die Annahme des Zusatzauftrages zur Folge, dass man auf einen bereits angenommenen Auftrag verzichten müsste.

Um die Kapazitäten eines Betriebes optimal auszulasten, werden Zusatzaufträge angenommen, solange die Opportunitätskosten (vgl. Kap. III.5.2.2) und die variablen Kosten des Zusatzauftrages den Gesamterlös des Zusatzauftrages nicht überschreiten. Auch bei Entscheidungen bezüglich der Annahme bzw. Ablehnung von Zusatzaufträgen müssen die Deckungsbeiträge bereits angenommener Aufträge die verdrängt werden, mit in die Berechung einbezogen werden.

Erlös Zusatzauftrag > variable Kosten + Opportunitätskosten → Auftrag annehmen
Erlös Zusatzauftrag < variable Kosten + Opportunitätskosten → Auftrag ablehnen

Welche Aufträge angenommen und welche aus dem Programm verdrängt werden, hängt von der Höhe des Deckungsbeitrages ab. Ist die Kapazität bereits voll ausgeschöpft, dann fällt die Wahl auf die Annahme jener Aufträge mit den höheren Deckungsbeiträgen (gegebenenfalls bezogen auf betriebliche Engpässe → vgl. Kap. III.5.5).

Beispiel zu Zusatzauftrag bei Vollbeschäftigung:

Es gelten dieselben Angaben wie unter Punkt III.5.3.1. Wie würden Sie bezüglich der Annahme bzw. Ablehnung des Zusatzauftrages entscheiden, wenn dieser Diskontmarkt **600.000 Stück** Strumpfhosen zu einem Nettopreis von € 1,10 je Stück abnehmen würde. Berechnen Sie in diesem Zusammenhang die kurzfristige Preisuntergrenze.

Lösung:

In diesem Fall sind nicht ausreichend Kapazitäten vorhanden um den gesamten Zusatzauftrag auszuführen. Der Auftrag über 600.000 Strumpfhosen verdrängt 120.000 Stück aus dem bestehenden Programm (derzeitige Produktion 720.000 + Zusatzauftrag 600.000 → Kapazitätsüberschreitung um 120.000 Stück) und somit auch deren Deckungsbeitrag in Höhe von € 0,85 je Stück (Nettostückerlös 1,80 – variable Stückkosten 0,95). Daher müssen hier zur Beantwortung der Frage nach der kurzfristigen PUG auch die Opportunitätskosten mit in die Berechnung einbezogen werden.

Variable Kosten für Zusatzauftrag	**(kv 0,95 x 600.000 Stück)**	**→ € 570.000**
+ Entgangener Deckungsbeitrag (Opportunitätskosten)	**(120.000 Stück x db 0,85)**	**→ € 102.000**
= **Kurzfristige Preisuntergrenze**		**€ 672.000**
Gesamterlös für Zusatzauftrag	**(€ 1,10 x 600.000 Stück)**	**→ € 660.000**

Da die Gesamtkosten des Zusatzauftrages (€ 672.000) den Gesamterlös (€ 660.000) überschreiten, wird der Zusatzauftrag abgelehnt.

5.4. Eigenfertigung oder Fremdbezug (Make-or-buy-Entscheidungen)

Erzeugungsbetriebe stehen oft vor der Frage, ob benötigte Sachgüter und Dienstleistungen im Betrieb selbst erzeugt bzw. erbracht oder fremd zugekauft werden sollen. Entscheidungen bezüglich Eigenfertigung oder Fremdbezug (auch als Make-or-buy-Entscheidungen bezeichnet) werden in der betrieblichen Praxis getroffen in Zusammenhang mit:

- Eigenfertigung bestimmter Einbauteile oder fremd zukaufen?
- Eigenherstellung oder Kauf bzw. Leasing von Anlagegegenständen, Werkzeugen usw.?
- Eigene Werbeabteilung im Betrieb oder Beauftragung einer Werbeagentur?
- Verpflegung der Mitarbeiter durch eine eigene Betriebsküche oder Catering?
- Eigene Forschungs- und Entwicklungsabteilung im Betrieb oder Zukauf von Patenten und Lizenzen?
- Eigener Fuhrpark zur Auslieferung der Produkte oder Beauftragung eines Spediteurs?
- Eigener Wartungs- bzw. Reparaturdienst oder Vergabe von Aufträgen an Fremdfirmen?
- Eigene EDV-Anlage oder Vergabe an ein externes Rechenzentrum?

Bei solchen Entscheidungen spielen nicht nur quantifizierbare Größen, sondern auch nicht quantifizierbare Faktoren eine wichtige Rolle, wie z. B. Laufzeit des Liefervertrages, Bezugsmengen, Qualitätsunterschiede, Zahlungsbedingungen, Einhaltung von Lieferterminen, Zuverlässigkeit der Zulieferer usw. Auch diese Entscheidungen sind vom Beschäftigungsgrad des jeweiligen Betriebes abhängig.

5.4.1. Unterbeschäftigung (kein Kapazitätsengpass)

In diesem Fall sind die Kapazitäten nicht voll ausgelastet und die im Unternehmen vorhandene Ausstattung und das Personal reichen für die Eigenfertigung aus. Bei freier Kapazität basiert die Entscheidung über Eigenfertigung oder Fremdbezug auf einem **Kostenvergleich** zwischen den Gesamtkosten bei Fremdbezug und den Grenzkosten der Selbstherstellung.

- **Kosten des Fremdbezugs = Lieferantenpreis je Stück**
  Dieser setzt sich zusammen aus: Nettoeinstandspreis (ohne USt)
  – Anschaffungspreisminderungen (z. B. Skonto, Rabatt)
  + Anschaffungsnebenkosten (z. B. Bezugskosten)
- **Kosten der Eigenfertigung = Variable Stückkosten (Grenzkosten)**
  Für die Eigenfertigung wird der Teilkostenansatz herangezogen, weil die Fixkosten ohnehin anfallen, egal ob die betreffende Leistung fremd zugekauft oder selbst im Betrieb hergestellt wird. Liegt kein Engpass vor, dann sind ausschließlich die variablen Kosten entscheidungsrelevant.

Sind die entscheidungsrelevanten Grenzkosten der Eigenfertigung niedriger als die Fremdbezugskosten, dann ist die Selbstherstellung günstiger. In diesem Fall wird die freie Kapazität genutzt, ohne dass zusätzliche Fixkosten entstehen. Ist hingegen der Lieferantenpreis geringer als die Grenzkosten der Eigenerstellung, dann sollte das Unternehmen fremd zukaufen. Die kurzfristige Preisobergrenze für den Fremdbezug entspricht somit den variablen Kosten.

Lieferantenpreis > variable Stückkosten → Eigenfertigung
Lieferantenpreis < variable Stückkosten → Fremdbezug

Sollte der Fall eintreten, dass der Lieferantenpreis und die variablen Stückkosten einander entsprechen, erfolgt die Entscheidungsfindung anhand nicht quantitativer Daten (z. B. des Qualitätsaspekts). Eine Eigenfertigung wird in der betrieblichen Praxis meist dann vorgezogen, wenn man große Stückzahlen eines Produktes benötigt und freie Kapazitäten vorhanden sind. Andernfalls ist aus kostenrechnerischer Sicht meist der Fremdbezug günstiger.

Beispiel zu Eigenfertigung bzw. Fremdbezug (kein Kapazitätsengpass):

Die *„Snow Fun" GmbH* stellt unter anderem Langlaufschi her, für welche die Bindungen derzeit zu einem Preis von € 16,50 (inkl. 20% USt) fremd bezogen werden. Aufgrund der langjährigen Geschäftsbeziehung gewährt der Lieferant der *„Snow Fun" GmbH* einen Treuerabatt von 5%. Da im Unternehmen noch freie Kapazitäten vorhanden sind, könnten die Bindungen für die Langlaufschi auch selbst produziert werden. Der Nettoverkaufspreis einer Bindung beträgt € 17,50.

Laut Produktionsunterlagen würde die Herstellung einer Bindung folgende Kosten verursachen:

Rohstoffkosten je Stück	€ 3,5	
Fertigungslöhne je Stück	€ 3,0	
Bearbeitungszeit je Stück:	12 Minuten	
Materialgemeinkosten:	zu Vollkosten: 12,5%	zu Teilkosten: 4,2%
Fertigungsgemeinkosten:	zu Vollkosten: 75,0%	zu Teilkosten: 25,0%
Maschinenstundensatz:	zu Vollkosten: € 40	zu Teilkosten: € 25

Aufgabenstellung:

Sollen die Bindungen für die Langlaufschier fremd bezogen oder selbst gefertigt werden (alle Beträge auf zwei Dezimalstellen auf- bzw. abrunden)?

Lösung:

Kosten der Eigenfertigung:	Materialkosten	3,50	
	+ 4,2% MGK	0,15	3,65
	Fertigungslöhne	3,00	
	+ 25% FGK	0,75	
	Maschinenkosten (€ 25 : 60 x 12)	5,00	8,75
	→ Variable Stückkosten		**€ 12,40**
Kosten bei Fremdbezug:	Nettopreis (Bruttopreis 16,50 : 1,2)		13,75
	– 5% Treuerabatt		0,69
	→ Lieferantenpreis		**€ 13,06**

Aufgrund der geringeren variablen Stückkosten ist **Eigenfertigung günstiger!**

5.4.2. Vollbeschäftigung (Kapazitätsengpass)

Liegt ein Kapazitätsengpass vor, dann kann eine Eigenfertigung nur unter Verdrängung anderer Leistungen aus dem Produktionsprogramm erfolgen. Können also aufgrund eines betrieblichen Engpasses kurzfristig nicht alle Erzeugnisse, deren Grenzkosten (bei Eigenfertigung) unter dem Fremdbezugspreis liegen, selbst gefertigt werden, dann ist zu entscheiden, welche Produkte man fremd vergibt. Entscheidungsrelevant sind dabei die **relativen Mehrkosten bei Fremdfertigung.** Diese erhält man, indem man die Differenz zwischen Fremdbezugspreis und Grenzkosten bei Eigenfertigung, auf die durch die Auslagerung vermiedene Engpassinanspruchnahme je Einheit bezieht.

$$\textbf{Relative Mehrkosten} = \frac{\text{Fremdbezugspreis – variable Stückkosten}}{\text{Engpassbelastung je Stück}}$$

Jene Produkte mit den höchsten relativen Mehrkosten sind in der Fremdfertigung am teuersten und erhalten somit höchste Priorität für die Eigenfertigung. In diesem Fall würde die Eigenfertigung zur Verbesserung des Betriebsergebnisses beitragen. Bei diesen Entscheidungen spielt der relative Deckungsbeitrag je Engpasseinheit eine wesentliche Rolle. Näheres dazu in Kap. 5.5 „Optimierung von Produktionsprogrammen".

Beispiel zu Eigenfertigung bzw. Fremdbezug (mit Kapazitätsengpass):

Der *„Snow Fun" GmbH* liegen Aufträge über 1.200 Langlaufschi, 1.000 Alpinschi und 500 Tourenschi vor. Der Liefertermin muss unbedingt eingehalten werden, weil sonst Pönalstrafen drohen. Bei keinem der Produkte ist ein Fertiglagerbestand vorrätig. Sämtliche Artikel könnten auch fremd bezogen werden. Die Angebotspreise der Lieferanten entnehmen Sie bitte nachfolgender Tabelle.

In der Engpasskostenstelle „Schäumen" stehen bis zum Auslieferungstermin insgesamt nur 2.500 Stunden zur Verfügung. Die Inanspruchnahme des Engpasses durch die jeweiligen Produkte, die Nettostückerlöse und Grenzherstellkosten bei Eigenerzeugung entnehmen Sie nachfolgender Tabelle:

	Langlaufschi	**Alpinschi**	**Tourenschi**
Nettostückerlös (in €)	130	280	250
Nettoangebotspreis des Lieferanten (in €)	95	290	140
Variable Stückkosten (in €)	85	250	150
Engpassbelastung (in Stunden)	1 Stunde	2 Stunden	½ Stunde

Aufgabenstellung: Welche Artikel sollen selbst erzeugt und welche fremd zugekauft werden?

Lösung:

Der gesamte Auftrag würde den Engpass mit 3.450 Stunden (1.200 + 2.000 + 250) binden. Nachdem insgesamt aber nur 2.500 Stunden zur Verfügung stehen, muss das Unternehmen einen Teil der Produkte fremd zukaufen:

	Langlaufschi	**Alpinschi**	**Tourenschi**
Nettoangebotspreis des Lieferanten (in €)	95	290	140
Variable Stückkosten (in €)	85	250	150
Engpassbelastung (in Stunden)	1 Stunde	2 Stunden	½ Stunde
Mehrkosten bei Fremdbezug (Fremdpreis – variable Stückkosten) / Engpass	**10** ((95 – 85) / 1)	**20** ((290 – 250) / 2)	**– 20** ((140 – 150) / ½)
Rangfolge für Eigenfertigung	Rang 2	Rang 1	Rang 3
Eigenfertigung	**500 Stück** (500 Stunden)	**1.000 Stück** (2.000 Stunden)	
Fremdbezug	**700 Stück** (700 Stunden)		**500 Stück** (250 Stunden)

Das Produkt mit den höchsten relativen Mehrkosten je Engpasseinheit (Stunde) ist in der Fremdfertigung am teuersten und erhält somit die Rangfolge 1 für Eigenfertigung. Folglich verwendet die *„Snow Fun" GmbH* ihre eigenen Kapazitäten zunächst für die Eigenfertigung der 1.000 Alpinschi (2.000 Stunden). Die verbleibende Restkapazität von 500 Stunden wird für die Erzeugung von 500 Langlaufschi aufgebraucht. Die zur Auftragserfüllung fehlenden 700 Langlaufschi und 500 Tourenschi kauft die *„Snow Fun" GmbH* fremd zu.

5.5. Optimierung von Produktionsprogrammen

Die Gestaltung des optimalen Produktions- bzw. Absatzprogramms ist ein klassisches Planungs- bzw. Entscheidungsproblem und spielt insbesondere bei Mehrproduktunternehmen eine wichtige Rolle. Das optimale Produktionsprogramm ist normalerweise auch das gewinnoptimale Erzeugungsprogramm. Bei der langfristigen Programmoptimierung werden als Entscheidungskriterium nicht nur die variablen, sondern auch die fixen Kosten berücksichtigt. Zur Lösung langfristiger Programmoptimierungen kommen unterschiedliche Methoden der Investitionsrechnung zur Anwendung.

Basis für die **kurzfristige Programmgestaltung** ist wiederum die Teilkostenrechnung. Sie stellt dem Unternehmen Informationen zur Beantwortung folgender Fragen zur Verfügung:

- Welche Produkte sind in das Sortiment aufzunehmen, welche sind zu streichen?
- Bei welchen Erzeugnissen soll die Produktion erhöht werden, falls der Absatz es zulässt, bei welchen Erzeugnissen ist die Produktion zu drosseln?
- Bei welchen Produkten sollte man Absatzbemühungen forcieren, bei welchen drosseln?
- Welche Aufträge sind anzunehmen und welche sind abzulehnen?

Grundsätzlich sind Betriebe bei der Zusammenstellung ihres Produktionsprogramms daran interessiert, mit den vorhandenen Kapazitäten zunächst jene Produkte herzustellen, die kurzfristig gesehen den höchsten Deckungsbeitrag und langfristig den höchsten Gewinnbeitrag erwirtschaften. In der Praxis spielen natürlich nicht nur die Kosten allein eine Rolle, sondern es müssen auch andere Faktoren, wie z. B. absatzpolitische Überlegungen in die Entscheidung miteinfließen. Bei der Gestaltung gewinnoptimaler Produktionsprogramme ist zu berücksichtigen, ob es in einem Betrieb Kapazitätsengpässe gibt oder nicht, d. h. ob das Unternehmen über ausreichend Maschinen verfügt (oder nicht) und ob genügend Mitarbeiter und Rohstoffe vorhanden sind (oder nicht).

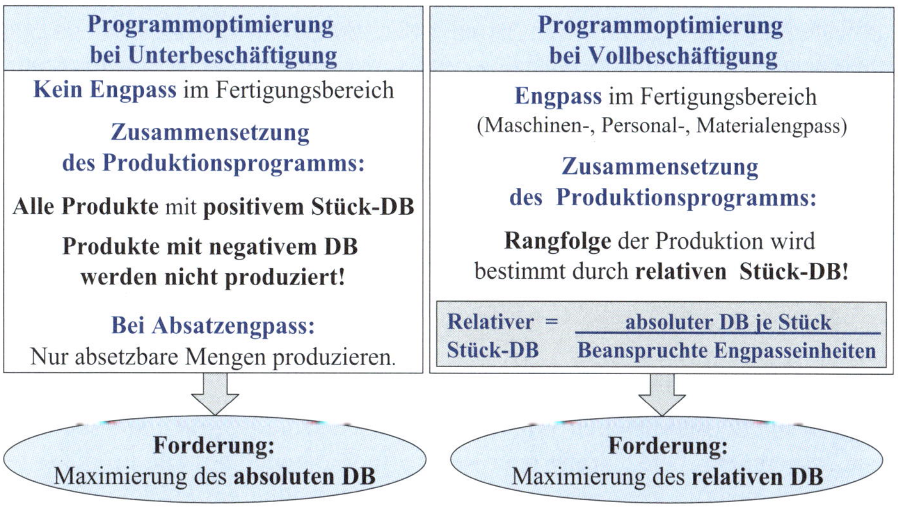

Abb. 72: Programmoptimierung bei Unterbeschäftigung und Vollbeschäftigung

5.5.1. Programmoptimierung bei freien Kapazitäten

Bestehen keine Engpässe in der Produktion und sind sämtliche Produktionsfaktoren frei verfügbar, dann sind alle Erzeugnisse mit einem positiven Stückdeckungsbeitrag förderungswürdig und ins Programm aufzunehmen. Eine Produktionsbegrenzung erfolgt lediglich durch den maximal möglichen Absatz, d. h. von jedem Produkt wird nur die maximale Absatzmenge produziert. Unter der Voraussetzung, dass keine Produktionsengpässe vorliegen, wird die **Produktionsrangfolge nach** der Höhe des absoluten **Stückdeckungsbeitrages** festgelegt. Unter der Bedingung **Nettostückerlös > variable Stückkosten** führt jeder erzielbare Deckungsbeitrag zu einer entsprechenden Verbesserung des Periodenerfolges. All jene Produkte, deren Erlöse nicht ausreichen um die variablen Kosten zu decken, werden aus kostenrechnerischer Sicht aufgrund ihres negativen Deckungsbeitrages nicht in das Erzeugungsprogramm aufgenommen.

Beispiel zur Programmoptimierung bei freien Kapazitäten:

Ein Gartengerätehersteller produziert Heckenscheren, Baumscheren und Motorsensen. Das Unternehmen verfügt über eine Kapazität von 750 Fertigungsstunden monatlich. Die monatlichen maximalen Absatzmengen, die Nettoverkaufspreise, die variablen Kosten sowie die Fertigungszeiten je Stück entnehmen Sie folgender Übersicht:

	Heckenscheren	Baumscheren	Motorsensen
Maximale monatliche Absatzmenge	110 Stück	90 Stück	60 Stück
Nettoverkaufspreis je Stück (in €)	85	60	150
Variable Kosten je Stück (in €)	60	40	165
Fertigungszeit je Stück (in Stunden)	3 Stunden	2,5 Stunden	2 Stunden

Aufgabenstellung:

Wie gestaltet der Gartengerätehersteller sein Produktionsprogramm und welcher Gesamtdeckungsbeitrag wird dabei erzielt (auf ganze Stellen runden)?

Lösung:

Es können sowohl die Heckenscheren als auch die Baumscheren mit ihren maximalen Absatzmengen produziert werden, da **beide Produkte** einen **positiven DB** aufweisen und es keinen Engpass gibt. Nachdem die Motorsensen einen negativen Stückdeckungsbeitrag aufweisen, werden sie aus dem Programm genommen.

	Heckenscheren	Baumscheren	Motorsensen
Nettoverkaufspreis je Stück (in €)	85	60	150
Variable Kosten je Stück (in €)	60	40	165
db je Stück (in €)	25	20	– 15
Produktionsprogramm	**110 Stück**	**90 Stück**	**0**
DB-Summe: € 4.550	**€ 2.750**	**€ 1.800**	0

5.5.2. Programmoptimierung bei einem Engpass

Herrscht allerdings in einem Unternehmen Vollbeschäftigung und sind im Fertigungsbereich kurzfristig nicht ausreichend Maschinen, Arbeitskräfte oder Rohstoffe vorhanden um alle Produkte herzustellen, dann wird ein Unternehmen die Erzeugung von Produkten mit höherem Deckungsbeitrag jenen mit einem niedrigeren Deckungsbeitrag vorziehen.

Solange bei Kapazitätsengpässen **unterschiedliche Erzeugnisse einen Engpass gleichermaßen beanspruchen** (z. B. erfordern unterschiedliche Produkte die gleiche Fertigungszeit oder denselben Materialeinsatz) kann der **absolute Deckungsbeitrag je Stück** für die Vorteilhaftigkeitsentscheidung herangezogen werden.

Nehmen allerdings die einzelnen **Produkte oder Leistungen einen betrieblichen Engpass in unterschiedlichem Ausmaß in Anspruch** (z. B. unterschiedliche Fertigungszeiten oder Materialeinsatz), dann stellt der absolute Produktdeckungsbeitrag keine ausreichende Entscheidungsgrundlage mehr dar. In diesem Fall sind für die Entscheidung über die Zusammensetzung des Produktsortiments die Produktionsbedingungen im Engpassbereich zu berücksichtigen. Unter Engpassbedingungen ist daher nicht der Deckungsbeitrag je Produkteinheit, sondern der auf eine Engpasseinheit (z. B. umgerechnet auf eine Fertigungsstunde) bezogene **relative Deckungsbeitrag** der einzelnen Produkte maßgeblich. Diese engpassbezogenen Deckungsbeiträge sind das Maß für die Ergiebigkeit, mit der ein Engpass durch das jeweilige Produkt genutzt werden kann.

$$\textbf{Relativer Deckungsbeitrag je Engpasseinheit (EE)} = \frac{\text{absoluter Deckungsbeitrag je Stück}}{\text{beanspruchte Engpasseinheiten}}$$

Entsprechend dieser relativen Stückdeckungsbeiträge legt man nun die Produktionsrangfolge fest und ermittelt, wie viele Einheiten jeweils von welchem Erzeugnis zu produzieren sind. Grundsätzlich gilt:

Je höher der relative DB je Stück, desto förderungswürdiger ist das betreffende Produkt.

Zunächst sollte von jenem Produkt mit dem höchsten relativen Deckungsbeitrag die maximale Absatzmenge gefertigt werden, danach von jenem Erzeugnis mit dem zweithöchsten relativen Deckungsbeitrag usw.

Hat sich ein Unternehmen vertraglich (unter Androhung von Strafzahlungen) bereits zur Lieferung von Mindestmengen in bestimmte Absatzgebiete verpflichtet, dann sind unabhängig von der ermittelten Rangfolge zuerst immer diese Mindestmengen zu fertigen. In diesem Fall können nur die verbleibenden Restkapazitäten entsprechend der ermittelten Prioritäten für die Produktion verwendet werden.

Beispiel zur Programmoptimierung bei einem Engpass:

Es gelten dieselben Angaben wie im Beispiel unter Punkt III.5.5.1. Darüber hinaus könnte nun das Unternehmen aufgrund von Zusatzaufträgen im April die Produkte Rasentrimmer und Kantenmäher herstellen. Der mögliche Absatz von Rasentrimmern liegt bei 150 Stück zu je € 90 und von Kantenmähern bei 200 Stück zu je € 100. An variablen Stückkosten und Fertigungszeiten werden veranschlagt:

	Rasentrimmer	**Kantenmäher**
Variable Kosten je Stück (in €)	80	82
Fertigungszeit je Stück (in Stunden)	2 Stunden	1,5 Stunden

Aufgabenstellung:

Wie sieht, unter Einbeziehung der Zusatzaufträge, das optimale Produktionsprogramm für April aus und welcher Gesamtdeckungsbeitrag wäre in diesem Zusammenhang maximal erzielbar? Bezüglich der Heckenscheren und Baumscheren bestehen keinerlei Lieferverpflichtungen.

Lösung:

Maximale Kapazität: 750 Stunden	**Heckenscheren**	**Baumscheren**	**Rasentrimmer**	**Kantenmäher**
Maximaler Absatz (in Stück)	110	90	150	200
Fertigungszeit je Stück (in Stunden)	3	2,5	2	1,5
Deckungsbeitrag je Stück (in €)	25	20	10	18
Relativer DB je EE (in €)	**8,33**	**8**	**5**	**12**
Produktionsrangfolge	2	3	4	1
Produktionsprogramm (in Stück)	**110**	**48**	**0**	**200**
Kapazitätsbeanspruchung (Stunden)	330	120	0	300
DB-Summe: € 7.310	**€ 2.750** (110 x db 25)	**€ 960** (48 x db 20)	0	**€ 3.600** (200 x db 18)

Die monatliche maximale Kapazität liegt bei 750 Stunden. Die Realisierung des gesamten Produktionsprogramms würde aber 1.155 Stunden erfordern → Engpass

Daher ist zunächst für jede Produktart der relative Deckungsbeitrag je Engpasseinheit (DB/EE) zu ermitteln, indem man den absoluten Stückdeckungsbeitrag durch die jeweils beanspruchte Fertigungszeit dividiert. Als Nächstes kann dann die Produktionsrangfolge festgelegt werden.

Nachdem die Kantenmäher mit € 12 den höchsten DB/EE erwirtschaften, wird von diesem Produkt die maximale Absatzmenge (200 Stück) hergestellt. Dadurch werden 300 Stunden (200 Stück x 1,5 Stunden) der Gesamtkapazität verbraucht. Anschließend produziert man 110 Heckenscheren, da diese den zweithöchsten DB/EE aufweisen (Kapazitätsverbrauch 330 Stunden). Die verbleibende Restkapazität von 120 Stunden wird für die Fertigung von 48 Baumscheren verwendet (Restkapazität 120 Stunden : 2,5 Stunden Fertigungszeit).

Zur Berechnung des Gesamtdeckungsbeitrages multipliziert man die jeweiligen Produktionsmengen mit den absoluten Deckungsbeiträgen je Stück.

Lehrzielkontrolle

1. Nennen Sie drei Vorteile der Teilkostenrechnung gegenüber der Vollkostenrechnung.
2. Welche Verfahren zur Kostenauflösung kennen Sie?
3. Was versteht man unter einem Variator und wie wird er berechnet?
4. Definieren Sie den Begriff Deckungsbeitrag!
5. Wodurch unterscheidet sich der BAB nach Vollkostenrechnung vom BAB nach Direct Costing?
6. Wie ermitteln Sie im Rahmen der einstufigen Deckungsbeitragsrechnung das Betriebsergebnis einer Periode?
7. Welche Anwendungsfälle der Deckungsbeitragsrechnung kennen Sie?
8. Definieren Sie den Begriff Gewinnschwelle und geben Sie die Formel zur rechnerischen Ermittlung der Break-Even-Menge an.
9. Welche Grunddaten braucht man zur Durchführung einer Gewinnschwellenanalyse?
10. Wie errechnet man den Break-Even-Umsatz?
11. Was bringt der Sicherheitskoeffizient zum Ausdruck und wie wird er berechnet?
12. Erklären Sie den Unterschied zwischen langfristiger und kurzfristiger Preisuntergrenze.
13. Aus welchen Größen setzt sich die kurzfristige Preisuntergrenze bei Vollbeschäftigung zusammen?
14. Was versteht man unter Opportunitätskosten?
15. Welche Voraussetzungen müssen erfüllt sein, damit man in einer Unterbeschäftigungssituation einen Zusatzauftrag annimmt?

16. In welchen Bereichen spielen in der betrieblichen Praxis Make-or-buy-Entscheidungen eine Rolle?
17. Wann ist aus kostenrechnerischer Sicht Eigenfertigung günstiger als Fremdbezug?
18. Was versteht man unter dem relativen Deckungsbeitrag und wann wird er zur Entscheidungsfindung herangezogen?
19. Aus welchen Produkten setzt sich das gewinnoptimale Produktionsprogramm zusammen, wenn kein Engpass vorliegt?
20. Erklären Sie die Vorgehensweise im Rahmen der Programmoptimierung bei einer Engpasssituation.

Multiple-Choice-Fragen

Kreuzen Sie bitte an, ob die folgenden Aussagen richtig oder falsch sind!

Aussage	richtig	falsch
Bei der einstufigen Teilkostenrechnung werden die Fixkosten als Block angesehen und nicht nach der Kostenverursachung differenziert.		
Die Frage nach der langfristigen Preisuntergrenze von Produkten kann nur mit Hilfe der Vollkostenrechnung richtig beantwortet werden.		
Unter Kostenauflösung versteht man die Zerlegung bestimmter Kostenarten in primäre und sekundäre Kosten.		
Der Deckungsbeitrag ist ein Begriff der Teilkostenrechnung und ergibt sich als Differenz zwischen dem Nettoerlös und den variablen Herstellkosten.		
Die Anwendung der einstufigen Deckungsbeitragsrechnung setzt keine Trennung der Gemeinkosten in fixe und variable Bestandteile voraus.		
Liegt ein Engpass vor, dann sind für die Ermittlung der kurzfristigen Preisuntergrenze neben den variablen Selbstkosten auch die Opportunitätskosten in die Berechnung einzubeziehen.		
Der Sicherheitskoeffizient gibt an, um wie viel Stück der derzeitige Absatz zurückgehen darf, bevor das Unternehmen in die Verlustzone gerät.		
Der Deckungsbeitrag zeigt den Geldbetrag, der einem Unternehmen zur Deckung der variablen Kosten zur Verfügung steht.		
Liegt ein Engpass im Fertigungsbereich vor und beanspruchen verschiedene Produkte den Engpass in unterschiedlichem Ausmaß, dann dient als Entscheidungskriterium der absolute Deckungsbeitrag je Stück.		
Ergibt sich bei den Betriebsstoffkosten ein Variator von 6, dann bedeutet dies, dass 40% der Betriebsstoffkosten fix sind.		
Rechnerisch ermittelt man die Gewinnschwelle, indem man die gesamten fixen Kosten durch die variablen Stückkosten dividiert.		
Im Rahmen der Teilkostenrechnung ergibt sich die Förderungswürdigkeit einzelner Produkte aufgrund des Gewinnes je Stück.		
Bei der Teilkostenrechnung werden dem Kostenträger nur die variablen Kosten zugerechnet. Die Fixkosten gehen in die Betriebsergebnisrechnung ein.		
Zur Findung des optimalen Produktions- bzw. Absatzprogramms kann nur die Teilkostenrechnung herangezogen werden, weil sie alle Kosten berücksichtigt.		

Beispiele zur Teilkostenrechnung

Beispiel 5.1: Einstufige Deckungsbeitragsrechnung

Der Elektrogerätehersteller „*Expert*" erzeugt Receiver, Fernseher sowie Stereoanlagen und führt die **Kostenstellenrechnung** mit **Direct Costing** durch. Der BAB des vergangenen Jahres zeigt für die Hilfskostenstelle Fuhrpark sowie die 4 Hauptkostenstellen folgende Einzelkosten und primäre Gemeinkosten sowie deren Aufteilung in fixe (Kf) und variable (Kv) Kostenbestandteile (Beträge sind auf TEUR gerundet).

Kosten-arten	Σ	Fuhrpark		Material		Fertigung I		Fertigung II		Verwaltung & Vertrieb	
		fix	var.	fix	var.	fix	var.	fix	var.	fix	var.
Rohstoffe	220,0				220,0						
Fert. Löhne	600,0						400,0		200,0		
Primäre GK	905,8	10,2	17,6	60,0	8,0	310,0	50,0	210,0	85,0	110,0	45,0

Die Hilfskostenstelle **Fuhrpark** wird nach den für die einzelnen Kostenstellen gefahrenen Kilometern umgelegt. Bei den empfangenden Kostenstellen sind diese umgelegten Kosten zur Gänze als variabel anzusehen. Auch die für die Ermittlung der Kalkulationssätze erforderlichen Bezugsgrößen sind folgender Tabelle zu entnehmen.

	Material	Fertigung I	Fertigung II	Verwaltung & Vertrieb
Gefahrene km	1.600 km	16.000 km	10.000 km	7.600 km
Bezugsgrößen	Fertigungsmaterial	Fertigungslöhne	2.000 Stunden	Herstellkosten

Aufgabenstellung:

a) Führen Sie die **innerbetriebliche Leistungsverrechnung** zu Teilkosten durch und ermitteln Sie die **Gemeinkostenzuschlags- bzw. Verrechnungssätze** (auf eine Dezimalstelle gerundet).

b) Ermitteln Sie für die drei Produkte des Elektrogeräteherstellers „*Expert*" die jeweiligen **Gesamtdeckungsbeiträge** und berechnen Sie mittels der **einstufigen Deckungsbeitragsrechnung** das **Betriebsergebnis** für das vergangene Jahr. Zur Berechnung stehen folgende Daten zur Verfügung:

	Receiver	Fernseher	Stereoanlage
Produktions- bzw. Absatzmenge	4.000 Stück	2.000 Stück	2.000 Stück
Nettostückerlöse (in €)	145	335	245
Rohstoffe (Einzelkosten) je Stück (in €)	20	45	25
Fertigung I: Fertigungslöhne je Stück (in €)	50	50	50
Fertigung II: Fertigungslöhne insgesamt (in €) Gesamtbearbeitungszeit	20.000 200 Stunden	110.000 1.300 Stunden	70.000 500 Stunden

Beispiel 5.2: Gewinnschwellenanalyse

Die *Mountainbike GmbH* kann bei voller Auslastung ihrer Kapazitäten monatlich 2.000 Fahrräder herstellen und zu einem Nettopreis von € 260 je Stück absetzen. In diesem Zusammenhang sind

- im Juni bei einer Produktion von 1.680 Stück € 339.600 an Gesamtkosten und
- im Juli bei einer Produktion von 1.800 Stück € 361.200 an Gesamtkosten angefallen.

Aufgabenstellung:

a) Führen Sie die **Kostenauflösung** durch und ermitteln Sie die variablen Stückkosten (proportionaler Kostenverlauf) sowie die monatlichen Fixkosten.

b) Wie hoch ist der **Gewinn** (in €) bei einer Kapazitätsauslastung von 60%?

c) Berechnen Sie die **Gewinnschwelle** (Break-Even-Menge) und den **Break-Even-Umsatz.**
d) Um wie viel Prozent darf die derzeitige Beschäftigung sinken, bevor das Unternehmen in die Verlustzone gerät?

Beispiel 5.3: Gewinnschwellenanalyse

In einem Unternehmen können in einer Periode 1.000 Tennisschläger erzeugt, aber höchstens 700 Stück abgesetzt werden. Die Tennisschläger werden zu einem Nettopreis von € 115 pro Stück verkauft. An variablen Stückkosten sind angefallen: Fertigungskosten: € 20 und Vertriebskosten: € 15

Die Periodenfixkosten der zur Erzeugung der Tennisschläger erforderlichen Produktionsanlage betragen € 50.000. Darüber hinaus entstanden Kosten für eine spezielle Werbekampagne in Höhe von € 20.000.

Aufgabenstellung:

a) Wie viele Tennisschläger muss das Unternehmen mindestens verkaufen, um keinen Verlust zu erzielen?
b) Welcher Gewinn ergibt sich, wenn das Unternehmen in der Abrechnungsperiode 900 Stück Tennisschläger verkauft?
c) Die Unternehmensleitung überlegt, den Verkauf über Vertreter abzuwickeln. Dadurch könnte die derzeitige Absatzmenge um 20% gesteigert werden. Welchen Gewinn bzw. Verlust würde das Unternehmen – unter Berücksichtigung obiger Angaben – erzielen, wenn jeder Vertreter mit 10% am Nettoumsatz beteiligt wird?

Beispiel 5.4: Kurzfristige Preisuntergrenze bei freien Kapazitäten

In einem Produktionsbetrieb soll die Kalkulation auf Basis folgender Angaben vorgenommen werden:

Einzelkosten der Periode:	Materialeinzelkosten	€ 20.000
	Fertigungseinzelkosten	€ 40.000

In der vergangenen Periode fielen in diesem Unternehmen für die vier Kostenstellen folgende **Gemeinkosten** an:

	Material		Fertigung		Verwaltung		Vertrieb	
Kostenstellen	**Variabel**	**Fix**	**Variabel**	**Fix**	**Variabel**	**Fix**	**Variabel**	**Fix**
Gemeinkosten	2.000	3.000	24.000	32.000	1.720	6.000	2.580	4.150
Bezugsbasis								
Kalkulationssatz								

Für die Material- und Fertigungsstelle sind die jeweiligen Einzelkosten, für die Verwaltungs- und Vertriebsstelle die Herstellkosten als Bezugsgröße heranzuziehen.

Aufgabenstellung:

Derzeit sind die Kapazitäten des Unternehmens nicht voll ausgelastet. Bestimmen Sie die **kurzfristige Preisuntergrenze** eines Produktes, für das je Stück Materialeinzelkosten von € 25, Fertigungslöhne von € 35 und Sondereinzelkosten der Fertigung von € 1,50 erfasst wurden (auf zwei Dezimalstellen rechnen).

Beispiel 5.5: Kurzfristige Preisuntergrenze und Betriebsergebnis

Der Zweiradhersteller *„Bike" GmbH* erzeugt zwei Produkte, und zwar Mountainbikes und Citybikes. Die in der vergangenen Abrechnungsperiode abgesetzten Mengen, Kosten und Erlöse sind nachfolgender Tabelle zu entnehmen:

	Mountainbike	**Citybike**
Erzeugte und abgesetzte Menge	1.000 Stück	2.000 Stück
Fertigungsmaterial je Stück (in €)	80	50
Fertigungslohn je Stück (in €)	60	30
Nettoverkaufspreis je Stück (in €)	400	300

Darüber hinaus wurden für die drei Kostenstellen des Betriebes folgende Gemeinkosten-Zuschlagssätze ermittelt:

	Materialstelle	**Fertigungsstelle**	**Verwaltungs- und Vertriebsstelle**
zu Vollkosten	9,5%	150%	7,5%
zu Teilkosten	6,5%	110%	3,8%

Aufgabenstellung:

a) Ermitteln Sie die **kurzfristige Preisuntergrenze** für diese beiden Fahrradtypen, unter der Annahme, dass freie Kapazitäten vorhanden sind. Welchen **Stückdeckungsbeitrag** erwirtschaften diese beiden Produkte (auf zwei Dezimalstellen rechnen)?

b) In der vergangenen Abrechnungsperiode sind fixe Kosten in Höhe von € 516.000 angefallen. Berechnen Sie – unter Berücksichtigung obiger Informationen – mittels der **einstufigen Deckungsbeitragsrechnung** das **Betriebsergebnis** der *„Bike" GmbH* für die vergangene Abrechnungsperiode (auf ganze Stellen rechnen)!

Beispiel 5.6: Annahme bzw. Ablehnung von Zusatzaufträgen (ohne Engpass)

Die **primären Gemeinkosten** der Kostenstellen Strom, Material, Fertigung, Verwaltung und Vertrieb des Sonnenbrillenerzeugers *„Sunny" GmbH* betragen in der Abrechnungsperiode, gegliedert nach fixen (Kf) und variablen (Kv) Kosten: (alle Beträge in €)

Kostenstellen / **Kostenarten**	**Strom**		**Material**		**Fertigung**		**Verwaltung**		**Vertrieb**	
	fix	**var.**	**fix**	**var.**	**fix**	**var.**	**fix**	**var.**	**fix**	**var.**
Primäre GK	2.910	2.750	2.240	13.419	32.120	73.010	58.420	12.000	14.902	25.135
Umlage Strom										
Summe GK										
Bezugsgrößen										
Kalkulationssätze										

Die Hilfskostenstelle **Strom** erzeugt 1.100 Einheiten und gibt diese an die Kostenstellen als **Kraftstrom (variabel)** ab: an die Materialstelle 150 EH, an die Fertigungsstelle 650 EH,
an die Verwaltung 200 EH und an den Vertrieb 100 EH.

Die Materialeinzelkosten betragen € 48.000, die Fertigungseinzelkosten € 75.000. Material- und Fertigungsstelle sind von den Einzelkosten, Verwaltungs- und Vertriebsstelle sind von den Herstellkosten abhängig.

Aufgabenstellung:

a) Führen Sie die **innerbetriebliche Leistungsverrechnung** zu **Teilkosten** durch.

b) Ermitteln Sie die **Kalkulationssätze der Hauptkostenstellen** zu **Teilkosten** (auf eine Dezimalstelle runden).

c) Für eine Sonnenbrille fallen Materialeinzelkosten von € 10 und Fertigungslöhne von € 7,50 an. Derzeit ist die Kapazität des Betriebes nicht voll ausgelastet und es könnten **kurzfristig** noch zusätzliche Aufträge angenommen werden.

   Ein inländischer Kunde zahlt derzeit pro Stück € 40 und würde 500 Brillen abnehmen. Ein ausländischer Auftraggeber hingegen würde 1.000 Stück kaufen, aber 25% weniger bezahlen.

   Würden Sie sowohl den inländischen als auch den ausländischen Auftraggeber mit Sonnenbrillen beliefern? **Begründen** Sie **rechnerisch und verbal** Ihre Entscheidung hinsichtlich der **Auftragsannahme bzw. -ablehnung** (auf zwei Dezimalstellen rechnen)

Beispiel 5.7: Produktionsprogrammplanung bei Engpass und Mindestliefermenge

Die Firma *„Fesch & Schick"* fertigt auf Bestellung Modellkleider. Die Auftragslage des Betriebes ist sehr gut und es müssen häufig Aufträge zurück gewiesen werden, weil die Kapazität mit 50 Näherinnen, die zu je 160 Stunden pro Monat arbeiten, begrenzt ist. Die Herbstkollektion umfasst drei Modelle mit folgenden monatlichen Produktions- und Absatzbedingungen:

	Modell A	**Modell B**	**Modell C**
Nettoverkaufspreis je Stück	€ 480	€ 600	€ 300
Proportionale Herstellkosten je Stück	€ 300	€ 400	€ 350
Belegung des Engpasses je Stück	5 Stunden	4 Stunden	2 Stunden

Vom Modell A können im Oktober maximal 1.200 Stück, vom Modell B maximal 800 Stück und vom Modell C maximal 500 Stück abgesetzt werden.

Aufgabenstellung:

a) Wie lautet das **optimale Produktionsprogramm für Oktober**, wenn das Unternehmen die Deckungsbeiträge zu maximieren wünscht?

b) Überprüfen Sie, ob eine **Erweiterung des Engpasses** um 800 Stunden monatlich sinnvoll wäre, wenn dadurch im Monat zusätzlich fixe Kosten von € 38.000 anfallen und die variablen Kosten jeweils unverändert bleiben.

Beispiel 5.8: Produktionsprogrammplanung bei Engpass und Mindestliefermenge

Der Möbelerzeuger *Holzwurm* erzeugt vier unterschiedliche Produkte. Den Engpass bildet in der Fertigungsstelle „Schleifen" eine Maschine, die für die Herstellung aller vier Produkte benötigt wird. Diese Maschine kann pro Periode maximal 1.200 Stunden eingesetzt werden. Für das Schleifen der Produkte wird nach Produktionsminuten abgerechnet.

Das Unternehmen hat sich bereits zur Lieferung einer Mindestmenge von 2.000 Schuhregalen und 1.500 Schreibtischen vertraglich verpflichtet. Die Fixkosten belaufen sich auf € 720.400.

Die maximalen Absatzmengen, die Nettostückerlöse, die variablen Stückkosten sowie die Bearbeitungszeiten der jeweiligen Produkte entnehmen Sie bitte folgender Übersicht:

Produkt	**Bearbeitungszeit (in Minuten)**	**Absatzmenge (in Stück)**	**Preis je Stück (in €)**	**Variable Kosten je Stück (in €)**
Schuhregal	4	5.833	100	60
Schreibtisch	6	4.504	150	88
Aktenschrank	8	3.000	250	150
Sitzbank	10	2.470	200	110

Aufgabenstellung:

Erstellen Sie das **optimale Produktionsprogramm** und errechnen Sie mittels der einstufigen DB-Rechnung den **Betriebserfolg.**

Literaturhinweise

Abfalter. J./Berlinger, R./Luger, J./Scherner-Tromayer, E./Till, P.: Rechnungswesen heute III HAK, 2. Aufl., Linz 2006
Bauer, F./Kofler, H./Reisch, P.: Kostenrechnung, 5. Aufl., Linz 1994
Becker, W./Ferstl, O.: Kostenrechnung, Reihe BWL-Lernsoftware Interaktiv, Stuttgart 2000
Bernhart, G./Haberl, K.: Rechnungswesen III, 3. Aufl., Wien 2000
Coenenberg, A. G.: Kostenrechnung und Kostenanalyse, 6. Aufl., Stuttgart 2007
Däumler, K.-D./Grabe, J.: Kostenrechnung 2, Deckungsbeitragsrechnung, 9. Aufl., Herne 2009
Ewert, R./Wagenhofer, A.: Interne Unternehmensrechnung, 7. Aufl., Berlin Heidelberg 2008
Fandel, G./Fey, A./Heuft, B./Pitz, T.: Kostenrechnung, 2. Aufl., Berlin Heidelberg 2004
Götze, U.: Kostenrechnung und Kostenmanagement, 3. Aufl., Berlin 2006
Hummel, S./Männel, W.: Kostenrechnung 2 – Moderne Verfahren und Systeme, 3. Aufl., Wiesbaden 1983
Kemmetmüller, W.: Einführung in die Kostenrechnung, 3. Aufl., Wien 1995
Kemmetmüller, W./Bogensberger, S: Kostenrechnung 1, Übungsbeispiele für Einsteiger, 7. Aufl., Wien 2004
Kilger, W.: Einführung in die Kostenrechnung, 3. Aufl., Wiesbaden 1987
Kropfberger, D./Winterheller, M.: Controlling, 3. Aufl., Wien 2003
Langenbeck, J.: Kosten- und Leistungsrechnung, 1. Aufl., Herne 2008
Lechner, K./Egger, A./Schauer, R.: Einführung in die Allgemeine Betriebswirtschaftslehre, 20. Aufl., Wien 2003
Moser, G./Schaur, E.: Kosten- und Leistungsrechnung, 3. Aufl., Linz 2007
Mumm, M.: Kosten- und Leistungsrechnung, 1. Aufl., Heidelberg 2008
Olfert, K.: Kostenrechnung, 12. Aufl., Ludwigshafen 2001
Plinke, W./Rese. M.: Industrielle Kostenrechnung, 6. Aufl., Berlin Heidelberg 2002
Swoboda, P.: Kostenrechnung und Preispolitik, 22. Aufl., Wien 2004

Kapitel 4: Lösungen zu Multiple-Choice-Fragen und Beispielen

Lösungen zu Kapitel 1: Grundlagen der Kostenrechnung

Multiple-Choice-Fragen zu Grundlagen der Kostenrechnung

Frage 1: Für welche der folgenden **Aufgaben** liefert die **Kostenrechnung** Informationen?

	Die Kostenrechnung bildet als Erfolgsrechnung die Änderung des Geldvermögens eines Betriebes ab.
X	Sie liefert Informationen zur Bewertung einer selbst erstellten Lagerhalle für die Bilanz.
X	Die Kostenrechnung dient zur Findung des gewinnoptimalen Produktions- bzw. Absatzprogramms.
	Mit ihrer Hilfe kann sowohl das Eigenkapital als auch das Fremdkapital eines Unternehmens ermittelt werden.
	Sie liefert Informationen zur Beurteilung der Zahlungsfähigkeit eines Unternehmens.
X	Sie wird vor allem zur Planung, Steuerung und Kontrolle der betrieblichen Wirtschaftlichkeit eingesetzt.

Frage 2: Kreuzen Sie an, ob es sich bei folgenden Aufwendungen eines Elektrogeräteherstellers um betriebliche, betriebsfremde, außerordentliche oder periodenfremde Aufwendungen handelt.

Aufwendungen	**betriebs-bezogen**	**betriebs-fremd**	**außer-ordentlich**	**perioden-fremd**
Reparaturaufwand für Mitarbeiterwohnung		X		
Steuernachzahlung für das vergangene Jahr				X
Abschreibung des Verwaltungsgebäudes	X			
Wasserschaden im nicht versicherten Lager			X	
Leasingkosten für Produktionsanlagen	X			
Reinigungskosten der Privatvilla des Chefs		X		
Gehälter, Sozialabgaben der Angestellten	X			
Gewährleistungsaufwand aus im Vorjahr verkauften Elektrogeräten				X

Frage 3: Welche der folgenden Aussagen bezüglich der **Neutralen Aufwände** trifft zu?

	Neutrale Aufwände stehen in Beziehung zur Leistungserstellung und Leistungsverwertung.
X	Zu den Neutralen Aufwendungen zählen auch solche Aufwände, die nicht die eigentliche betriebliche Leistungserstellung und Leistungsverwertung betreffen.
	Neutrale Aufwände setzen sich aus Zusatzkosten und Anderskosten zusammen.
X	Fällt in einem Unternehmen in einer Periode ein außergewöhnlich hoher betrieblicher Aufwand an, dann liegt ein Neutraler Aufwand vor.

Kreuzen Sie bitte an, ob die folgenden Aussagen richtig oder falsch sind!

Aussage	richtig	falsch
Zur Darstellung der innerbetrieblichen Wertbewegungen und dem unternehmensinternen Informationsbedarf dient in erster Linie die Finanzbuchhaltung.		X
Die Normalkostenrechnung geht von Durchschnittswerten erfasster Istkosten aus.	X	
Die interne Unternehmensrechnung ermittelt den Betriebserfolg mittels der Gewinn- und Verlustrechnung.		X
Ein neutraler Ertrag liegt beispielsweise dann vor, wenn ein gebrauchter Computer über dem Buchwert verkauft wird.	X	
Kalkulatorische Kosten sind Kosten, denen in der FIBU entweder kein Aufwand oder ein Aufwand in anderer Höhe gegenübersteht.	X	
Für das externe Rechnungswesen gibt es, im Gegensatz zum internen Rechnungswesen, kaum zwingende gesetzliche Vorschriften.		X
Einzahlungen und Auszahlungen bringen die Zahlungswirksamkeit bestimmter Unternehmensvorgänge zum Ausdruck.	X	
Unter Kosten versteht man alle Werteinsätze, die dem normalen Betriebsgeschehen entspringen und im Rahmen der Leistungserstellung eines Betriebes notwendig sind.	X	
Unter Einzahlung versteht man jeden Vorgang, bei dem der Zahlungsmittelbestand eines Unternehmens abnimmt.		X
In der Vollkostenrechnung, bei der sämtliche Kosten auf die Kostenträger verrechnet werden, finden in der Praxis häufig das Durchschnittsprinzip und das Tragfähigkeitsprinzip Anwendung.	X	
Die externe Unternehmensrechnung stellt Daten zur Berechnung ertragsabhängiger Steuern zu Verfügung.	X	
Nach dem Zeitbezug der verrechneten Kosten unterscheidet man zwischen Vollkosten- und Teilkostenrechnungssystemen.		X
Als Neutrale Aufwendungen bezeichnet man alle Aufwände, die betriebsbedingt, ordentlich und periodenbezogen sind.		X
Die Rechengrößen werden üblicherweise im internen Rechnungswesen genauso definiert wie im externen Rechnungswesen.		X
Die Kostenrechnung liefert Informationen zur Festlegung der Preisuntergrenze von Produkten und Dienstleistungen.	X	
Die Teilkostenrechnung entspricht eher dem Verursachungsprinzip als die Vollkostenrechnung.	X	
Das interne Rechnungswesen bildet die Verflechtung eines Unternehmens mit seiner wirtschaftlichen Umwelt ab.		X

Beispiele zu Grundlagen der Kostenrechnung

Beispiel 1.1: Stromgrößen beim Kauf eines LKW

Aufgabenstellung:

Tragen Sie in folgendes Schema für die Jahre 01–03 ein, in welcher Höhe in den einzelnen Jahren eine Auszahlung, ein Aufwand bzw. Kosten entstanden sind.

	Jahr 01	Jahr 02	Jahr 03
Auszahlung (€ / Jahr)	75.000	225.000	
Aufwand (€ / Jahr)	–	25.000	50.000
Kosten (€ / Jahr)	–	15.000	30.000

Berechnung der steuerlichen Abschreibung (Aufwand):
Listenpreis / steuerliche Nutzungsdauer (300.000 / 6) → 50.000 Jahresabschreibung
Wegen Inbetriebnahme im 2. Halbjahr (50.000 x ½) → 25.000 Halbjahresabschreibung

Berechnung der kalkulatorischen Abschreibung (Kosten):
Listenpreis / tatsächliche Nutzungsdauer (300.000 / 10) → 30.000 Jahresabschreibung
Wegen Inbetriebnahme im 2. Halbjahr (30.000 x ½) → 15.000 Halbjahresabschreibung

Beispiel 1.2: Charakterisierung von Stromgrößen

Aufgabenstellung:
Tragen Sie die Höhe der einzelnen Rechengrößen in nachfolgendes Klassifikationsschema ein.

Fall	Einzahlung	Einnahme	Ertrag	Leistung	Auszahlung	Ausgabe	Aufwand	Kosten
(1)					20.000	20.000	20.000	20.000
(2)	75.000	75.000	75.000					
(3)					3.500	3.500	3.500	3.500
(4)	20.000	25.000	25.000	25.000				
(5)					250.000	230.000	230.000	230.000
(6)	5.000	5.000	5.000					
(7)					10.000	10.000	2.000	1.000
(8)							45.000	
(9)					15.000			

Beispiel 1.3: Unternehmenserfolg – Betriebserfolg

Aufgabenstellung:
a) Ermitteln Sie die **betrieblichen Aufwendungen (Kosten) und Erträge (Leistungen)!**
b) Wie hoch ist der sich dabei ergebende **Betriebserfolg?**

Kosten	Betrag	Leistungen	Betrag
Materialaufwand	70.000	Umsatzerlöse	250.000
Löhne und Gehälter	130.000	Bestandsveränderungen	15.000
Abschreibungen	45.000		
Instandhaltungsaufwand	10.000		
Büromaterialaufwand	5.000		
Summe Kosten	**260.000**	**Summe Leistungen**	**265.000**
Betriebserfolg = + 5.000 (betriebliche Leistungen 265.000 – betriebliche Kosten 260.000)			

Lösungen zu Kapitel 2: Vollkostenrechnung – Kostenartenrechnung

Multiple-Choice-Fragen zur Kostenartenrechnung

Frage 1: Sie sind Controller eines Produktionsbetriebes, der Holzkisten herstellt, und sollen nachfolgende Kostenarten dahingehend differenzieren, ob sie in Bezug auf die Beschäftigung **fix bzw. variabel** sind und ob sie bezüglich ihrer Zurechenbarkeit auf Kostenträger als **Einzelkosten oder Gemeinkosten** anzusehen sind.

Kostenarten	**Variable Kosten**	**Fixe Kosten**	**Einzelkosten**	**Gemeinkosten**
Kalkulatorische Zinsen		X		X
Betriebsstoffe (z. B. Putzmittel)	X			X
Akkordlöhne der Fertigung	X		X	
Abschreibung Verwaltungsgebäude		X		X
Gehalt des Personalchefs		X		X
Fertigungsmaterial (Holz)	X		X	

Frage 2: Wie wird der Materialverbrauch bei der **Inventurmethode** ermittelt?

	Verbrauch = Hergestellte Stückzahl x Sollverbrauchsmenge
	Verbrauch = Anfangsbestand – Endbestand
	Verbrauch = Summe Materialentnahmescheine
X	Verbrauch = Anfangsbestand + Zugänge – Endbestand

Frage 3: Welchen **Teilgebieten der Kostenrechnung** sind folgende Aufgaben zuzuordnen?

Aufgaben	**Kostenarten-rechnung**	**Kostenstellen-rechnung**	**Kostenträger-rechnung**
Ausscheiden von Neutralen Aufwänden und Ansetzen von Zusatz- und Anderskosten.	X		
Verteilung der Gemeinkosten auf die Leistungsbereiche in denen sie entstanden sind.		X	
Ermittlung der Herstellkosten zur Bewertung von Beständen an fertigen und unfertigen Erzeugnissen.			X
Bereitstellung von Informationen für preispolitische Entscheidungen, wie Festlegung von Preisuntergrenzen.			X
Zweckmäßige Erfassung und systematische Gliederung der Kosten einer Abrechnungsperiode.	X		
Überwachung der Wirtschaftlichkeit einzelner Betriebsbereiche.		X	

Frage 4: Inwieweit ist für folgende Sachverhalte im Rahmen des Betriebsüberleitungsbogens im **Dezember** eine **zeitliche oder betriebliche Abgrenzung** vorzunehmen? Kreuzen Sie jeweils an, ob eine Vorauszahlung (A) bzw. ein Rückstand (B) oder ein Neutraler Aufwand (C) bzw. kalkulatorische Kosten (D) vorliegt.

Geschäftsfälle	**Zeitliche Abgrenzung**		**Betriebliche Abgrenzung**	
	A	**B**	**C**	**D**
Die im Dezember in der Finanzbuchhaltung verbuchten Gehälter in Höhe von € 57.600 enthalten einen Gehaltsvorschuss für Jänner i. H. v. € 5.000.	X			
Der in der Buchhaltung ausgewiesene außerordentliche Aufwand von € 25.000 betrifft den Buchwerteinsatz einer veralteten Maschine, die in der Produktion nicht mehr eingesetzt werden kann.			X	
Die Feuerversicherung für die Produktionshalle in Höhe von € 3.000 wird Anfang Jänner im Nachhinein bezahlt.		X		
Das im Unternehmen eingesetzte Eigenkapital beträgt € 150.000. Die Eigentümer könnten für das von ihnen investierte Kapital anderweitig eine Verzinsung von 8% p. a. erzielen.				X

Kreuzen Sie bitte an, ob die folgenden Aussagen richtig oder falsch sind!

Aussage	**richtig**	**falsch**
Anschaffungspreisminderungen, wie Rabatte und Skonti, erhöhen die Bemessungsgrundlage zur Berechnung der kalkulatorischen Abschreibung.		X
Kalkulatorische Eigenkapitalzinsen werden vom betriebsnotwendigen Eigenkapital berechnet und im Rahmen des BÜB als Anderskosten angesetzt.		X
Hilfsstoffe sind unwesentliche Bestandteile eines Hauptproduktes. Sie werden als Gemeinkosten über die Kostenstellen abgerechnet.	X	
Zu den Sondereinzelkosten des Vertriebs gehören beispielsweise die Kosten für Spezialverpackung und Transportversicherung.	X	
Unter Kosten versteht man alle Werteinsätze, die dem ordentlichen und dem außerordentlichen Betriebsgeschehen entspringen und im Rahmen der Leistungserstellung eines Betriebes erforderlich sind.		X
Fixe Kosten sind stets Gemeinkosten, aber Gemeinkosten sind nicht immer Fixkosten.	X	
Ausgangspunkt der Kostenerfassung ist für den überwiegenden Teil der Kosten das Zahlenmaterial aus der Bilanz.		X
In der Kostenartenrechnung wird untersucht, an welchen Stellen bzw. in welchen Bereichen eines Betriebes die Kosten entstehen.		X
Unechte Gemeinkosten sind Einzelkosten, die einem Kostenträger unmittelbar zugerechnet werden könnten, aus Wirtschaftlichkeitsgründen aber wie Gemeinkosten behandelt werden.	X	
Um dem Grundsatz der Wirtschaftlichkeit bei der Kostenerfassung zu entsprechen, soll der Nutzen stets kleiner sein als die dadurch verursachten Kosten.		X
Nach ihrem Verhalten bei Beschäftigungsänderungen unterscheidet man zwischen fixen Kosten und variablen Kosten.	X	

Für das allgemeine Unternehmerwagnis (wie z. B. mögliche Nachfrageverschiebungen) werden im Rahmen der Betriebsüberleitung kalkulatorische Wagnisse angesetzt.		X
Sondereinzelkosten der Fertigung und des Vertriebs können direkt einzelnen Aufträgen zugerechnet werden.	X	
Gemeinkosten sind kalkulatorische Kosten und können daher nicht direkt auf die Kostenträger verrechnet werden.		X
Die Durchführung der betrieblichen Abgrenzung erfolgt, um die Kosten periodenrein zu machen.		X
Kalkulatorische Abschreibungen haben den Charakter von Zusatzkosten.		X

Beispiele zur Kostenartenrechnung

Beispiel 2.1: Neutraler Aufwand, Zweckaufwand, Anderskosten, Zusatzkosten

Aufgabenstellung:

Stellen Sie für die folgenden Geschäftsfälle fest, ob und in welcher Höhe Neutrale Aufwendungen, Grundkosten bzw. Zweckaufwand, Anderskosten und/oder Zusatzkosten angefallen sind:

Fall	Begründung	Neutraler Aufwand	Grund-kosten	Anders-kosten	Zusatz-kosten
(1)	Maschine wird nicht mehr zur Leistungserstellung verwendet → Aufwand nicht sachzielbezogen (Buchwert > Ertrag)	300			
(2)	ESt ist betriebsfremder Aufwand (privat). Restliche Steuern sind betriebsbedingt.	1.800	1.200		
(3)	Kalkulatorische Miete wird bei betrieblicher Nutzung privater Räumlichkeiten angesetzt. Dem entspricht kein Betrag in der FIBU.				8.000
(4)	Abschreibung ist auch Aufwand in der FIBU, wird aber in KLR anders berechnet.			5.000	
(5)	Kalkulatorischer Unternehmerlohn. Dem entspricht kein Aufwand in der FIBU.				50.000
(6)	Spenden stehen nicht in Beziehung zur betrieblichen Leistungserstellung.	500			
(7)	Dieser Betrag wird unverändert in die Kostenrechnung übernommen.		25.000		
(8)	Dieser Aufwand ist zwar betriebsbedingt, aber außerordentlich.	7.500			

Beispiel 2.2: Personalkosten

Aufgabenstellung:

a) Errechnen Sie den **Zuschlagssatz für Nichtleistungslöhne** auf **Basis der betrieblichen Anwesenheitszeit**.

Anwesenheitszeit:	Maximal mögliche Anwesenheitszeit (52 Wochen x 5 Tage)		→	260 Tage
	– bezahlte Nichtanwesenheitszeiten:	Urlaub (25)		
		Feiertage (10)		
		Krankenstand (13)		
		Sonstige (5)	→	– 53 Tage
	Betriebliche Anwesenheitszeit bzw. Leistungszeit		→	**207 Tage**
Bezahlte Nichtleistungszeiten (NLZ):	Bezahlte Nichtanwesenheitszeiten (53)			
	+ Urlaubszuschuss (22,5)			
	+ Weihnachtsremuneration (22,5)			
	+ Freiwillige Sozialleistungen (4)		→	**102 Tage**
Zuschlagssatz LNK:	(NLZ 102 Tage / Anwesenheitszeit 207 Tage) x 100		→	**49,3%**

b) Der Installationsbetrieb beschäftigt zehn Mitarbeiter. Der Bruttostundenlohn inklusive der gesetzlichen Lohnabgaben beträgt € 25,–. Wie hoch sind, unter Berücksichtigung des in Punkt a) ermittelten Zuschlagssatzes, die jährlichen **Lohnkosten** des Betriebes?

10 Mitarbeiter x 40 Wochenstunden x 52 Wochen → 20.800 Stunden Jahresarbeitszeit				
20.800 Stunden x € 25 Stundenlohn →	Bruttolöhne	€ 520.000		
	+ 49,3% Lohnnebenkosten	€ 256.360	→	€ 776.360
	+ 31% Gesetzliche Lohnabgaben			€ 240.672
	= Jährliche Lohnkosten			**€ 1.017.032**

Beispiel 2.3: Kalkulatorische Abschreibungen

Aufgabenstellung:

Berechnen Sie die **kalkulatorische Abschreibung** nachfolgender Vermögensgegenstände für das letzte **Quartal** (jeweils auf ganze Stellen auf- bzw. abrunden).

- ***Maschine:***
  WBW 150.000 – Restwert 30.000 →Abschreibungsbasis € 120.000 / 30.000 Stunden = € 4 je Stunde
  € 4 x 2.100 Stunden → € 8.400 Jahresabschreibung / 4 → **€ 2.100 Leistungsabschreibung je Quartal**
- ***Geschäftsausstattung:***
  AW 200.000 + 15% Erhöhung = WBW 230.000 / 10 Jahre ND → € 23.000 p. a. / 4 → **€ 5.750 je Quartal**
- ***Geringwertige Wirtschaftsgüter:***
  AW 8.000 / Index 150 x Index 165 → WBW 8.800 / 3 Jahre → € 2.933 jährlich / 4 → **€ 733 je Quartal**

Beispiel 2.4: Kalkulatorische Zinsen

Aufgabenstellung:

Ermittlung der kalkulatorischen Zinsen für das **betriebsnotwendige Gesamtkapital.**

AKTIVA		**Bilanz per 31. 12.**	**PASSIVA**
I. Anlagevermögen		**I. Eigenkapital**	
Grundstücke	150.000	Nennkapital	150.000
Gebäude	250.000	Rücklagen	42.200
Maschinen	60.000		
Betriebsausstattung	0		
II. Umlaufvermögen		**II. Fremdkapital**	
Vorräte	46.600	Pensionsrückstellung	40.000
Forderungen	50.000	Bankdarlehen	200.000
Zahlungsmittel	23.400	Kundenanzahlungen	25.000
		Lieferverbindlichkeiten	70.000
		Sonstige Verbindlichkeiten	52.800
Summe AKTIVA	**580.000**	**Summe PASSIVA**	**580.000**

Betriebsnotwendiges Gesamtkapital (BNK)

Buchmäßiges Vermögen	580.000	(Aktivseite der Bilanz)
– privat genutztes Gebäude	- 25.000	(10% von 250.000)
+ Betriebsausstattung	+ 30.000	(da weiterhin betrieblich genutzt)
= BNV zu AW	585.000	
+/– Umwertungen	+ 50.000	(Zuschreibung Grundstück)
= BNV zu Tageswerten	635.000	
– Abzugskapital	- 135.000	(Pensions-Rst 40 + LV 70 + Anzahlung 25)
= BNK	**500.000**	x 9%

→ **Kalkulatorische Zinsen für das Gesamtkapital = € 45.000**

Beispiel 2.5: Betriebsüberleitungsbogen

Aufgabenstellung:

Nehmen Sie die Überleitung der Aufwendungen in Kosten vor und ermitteln Sie die Kosten für das letzte **Quartal.**

Aufwendungen bzw. Kosten	**Betrag lt. BH p.a.**	**Zeitliche Abgrenzung**		**Betriebliche Abgrenzung**		**KOSTEN**
		–	+	–	+	
Löhne	375.000	281.250				93.750
Gesetzliche Lohnabgaben	116.250	116.250	86.250			86.250
Instandhaltung	13.000	6.000		5.000		2.000
Zinsaufwand	32.800			32.800	15.000	15.000
Abschreibung	120.000	90.000				30.000

Erklärungen zum BÜB:

- **Löhne:** (jährlich 375.000 : 4) → € 93.750 Lohnkosten je Quartal → € 281.250 Abgrenzung für drei Quartale

- **Gesetzliche Lohnabgaben:** Sie sind zur Gänze als zeitliche Abgrenzung auszuscheiden. Dafür setzt man für die gesamten LNK € 86.250 (Löhne € 93.750 x 92%) an.
- **Instandhaltung:**
  Die gesamten Kosten (€ 5.000) für das privat genutzte Fahrzeug sind als betriebsfremder Aufwand auszuscheiden. Die verbleibenden € 8.000 betreffen den betrieblichen Instandhaltungsaufwand und werden zeitlich für drei Monate (€ 6.000) abgegrenzt.
- **Kalkulatorische Zinsen** für gesamtes betriebsnotwendiges Kapital (BNK):
  BNK 750.000 x 8% = € 60.000 kalkulatorische Zinsen p. a. / 4 → **€ 15.000 je Quartal**
  Die kalkulatorischen Zinsen für das Gesamtkapital beinhalten auch die Fremdkapitalzinsen. Folglich muss der in der FIBU ausgewiesene Zinsaufwand in Höhe von € 32.800 als neutraler Aufwand ausgeschieden werden (da sonst doppelt erfasst).

Beispiel 2.6: Betriebsüberleitungsbogen

Aufgabenstellung:

Führen Sie unter Berücksichtigung nachfolgender Informationen für **August** die Überleitung der Aufwendungen in Kosten durch. Das Unternehmen hat für August folgende Aufwendungen in der Buchhaltung ausgewiesen:

Aufwand	Betrag (in €)	Zeitliche Abgrenzung –	Zeitliche Abgrenzung +	Betriebliche Abgrenzung –	Betriebliche Abgrenzung +	Kosten
Rohstoffe	20.000				5.000	25.000
Fertigungslöhne	77.000	7.000				70.000
Instandhaltung	3.000			3.000		0
Mietaufwand	12.000	11.000				1.000
Steuern	7.500			7.500		0
Abschreibungen	6.650			6.650	8.000	8.000
Zinsaufwand	4.000				6.000	10.000
Kalk. Wagnisse					5.350	5.350
Unternehmerlohn					4.200	4.200
Summen	**130.150**	**18.000**	**0**	**17.150**	**28.550**	**123.550**

Nebenrechnungen:

Kalkulatorische Abschreibung: jährlich € 96.000 / 12 Monate → **€ 8.000**

Kalkulatorische Zinsen: Fremdkapitalzinsen werden übernommen mit → **€ 4.000**
Eigenkapitalzinsen (€ 900.000 x 8%) → 72.000 jährlich / 12 Monate → **€ 6.000**

Kalkulatorische Wagnisse setzen sich zusammen aus:

- ***Vertriebswagnis:*** (75% von 300.000) → 225.000 x 1,6% Wagnissatz = ***€ 3.600***

$$\textbf{Wagnissatz} = \frac{\text{Forderungsverluste 144.000 x 100}}{\text{Zielverkäufe 9.000.000 (75\% von 12 Mio.)}} = \textbf{1,6\%}$$

- ***Anlagenwagnis:*** (WBW 1.750.000 x 1,2% Wagnissatz) = 21.000 jährlich / 12 = ***<u>€ 1.750</u>*** → **€ 5.350**

Lösungen zu Kapitel 2: Vollkostenrechnung – Kostenstellenrechnung

Multiple-Choice-Fragen zur Kostenstellenrechnung

Frage 1: Welche Aussage(n) bezüglich **Hauptkostenstellen** ist (sind) zutreffend?

X	Sind Stellen, die Leistungen erbringen, die auf die Kostenträger weiter verrechnet werden.
X	Sind Stellen, deren Kosten im Kalkulationsschema der Kostenträgerrechnung wiederzufinden sind.
	Sind Stellen, die von der innerbetrieblichen Leistungsverrechnung nicht beeinflusst werden.
X	Sind Stellen, denen primäre und sekundäre Gemeinkosten angelastet werden.

Frage 2: Kreuzen Sie an, inwieweit es sich bei nachfolgend angeführten Kosten der Schuhfabrik „Flippers" um **Kostenstellengemeinkosten** oder um **Kostenstelleneinzelkosten** der Kostenstelle Fertigung, Verwaltung oder Vertrieb handelt.

Aufgaben	Kostenstellen-**gemein**-kosten	Kostenstellen-**einzel**-kosten **Fertigung**	Kostenstellen-**einzel**-kosten **Verwaltung**	Kostenstellen-**einzel**-kosten **Vertrieb**
Das Gehalt der Chefsekretärin beträgt laut Gehaltsliste monatlich € 2.500.			X	
Laut Eingangsrechnung betragen die Kosten für eine Werbekampagne € 12.000.				X
Die Rechnung für eine bei der Produktionsanlage durchgeführte Fremdreparatur lautet auf € 7.500.		X		
Die Stromkosten des Unternehmens in Höhe von € 24.000 werden nach verbrauchten kWh abgerechnet.	X			
Die Abschreibung der Betriebs- und Geschäftsausstattung des Personalbüros beträgt laut Anlagenkartei € 5.000.			X	

Frage 3: Die **Hilfskostenstelle „Reparatur"** erbringt von insgesamt 400 Stunden Reparaturdienstleistungen 160 Stunden an die Endkostenstelle „Fertigung" und 240 Stunden an die „Materialstelle". Die erforderliche Energie bezieht die Reparaturstelle von der **Hilfskostenstelle „Energieversorgung"**, welche 160 MWh an die Hilfskostenstelle „Reparatur" und 250 MWh an die Endkostenstelle „Fertigung" leistet. Welche Aussage ist zutreffend?

	Es liegt eine einseitige Leistungsverflechtung vor, daher sollte das Anbauverfahren eingesetzt werden.
X	Es liegt eine einseitige Leistungsverflechtung vor, daher sollte das Stufenumlageverfahren eingesetzt werden.
	Es liegt eine einseitige Leistungsverflechtung vor, daher sollte das Simultanverfahren eingesetzt werden.
	Es liegt eine wechselseitige Leistungsverflechtung vor, daher sollte das Stufenumlageverfahren eingesetzt werden.
	Es liegt eine wechselseitige Leistungsverflechtung vor, daher sollte das Simultanverfahren eingesetzt werden.

Kreuzen Sie bitte an, ob die folgenden Aussagen richtig oder falsch sind!

Aussage	richtig	falsch
Die Hauptaufgabe der Kostenstellenrechnung besteht in der Kalkulation von Selbstkosten für die erstellten Produkte.		X
Der Gemeinkostenzuschlagssatz der Verwaltungsstelle ergibt sich aus der Division der Verwaltungsgemeinkosten durch die Herstellkosten.	X	
Kostenstellen-Einzelkosten können aufgrund von Belegen und Sonderaufzeichnungen den einzelnen Kostenstellen direkt zugerechnet werden.	X	
Um der Forderung einer zweckmäßigen Gliederung der Kostenstellen gerecht zu werden, ist es sinnvoll, einen Kostenartenplan zu erstellen.		X
Um eine wirksame Kostenkontrolle zu ermöglichen, soll bei der Kostenstellenbildung darauf geachtet werden, dass eine Identität zwischen Kostenstelle und Verantwortungsbereich gegeben ist.	X	
Die in Hauptkostenstellen entstandenen Kosten werden nicht direkt auf die Kostenträger verteilt, sondern im Rahmen der innerbetrieblichen Leistungsverrechnung weiter verrechnet.		X
Aktivierbare innerbetriebliche Leistungen werden als eigene Kostenträger kalkuliert und im Rahmen der innerbetrieblichen Leistungsverrechung abgerechnet.		X
Durch die Gliederung des Unternehmens in mehrere Kostenstellen werden die Ergebnisse der Kostenstellenrechnung zwar genauer, die Ergebnisse der Kostenträgerrechnung jedoch ungenauer.		X
Als allgemeine Hilfskostenstelle bezeichnet man Kostenstellen, die nur Leistungen für bestimmte andere Kostenstellen erbringen.		X
Das Anbauverfahren wird zur Durchführung der innerbetrieblichen Leistungsverrechnung dann angewendet, wenn zwischen den Hilfskostenstellen ein einseitiger Leistungsaustausch stattfindet.		X
Kalkulationssätze stellen das Bindeglied zwischen Kostenstellen und Kostenträger rechnung dar.	X	
Die Verrechnung der Endkostenstellen auf die Vorkostenstellen im Rahmen der innerbetrieblichen Leistungsverrechnung ist Aufgabe der Kostenstellenrechnung.		X
Verwendet man zur Berechnung des Kalkulationssatzes als Bezugsgröße eine Mengen- oder Zeitgröße, dann erhält man zur Weiterverrechnung der Gemeinkosten einen Verrechnungssatz.	X	
Unter innerbetrieblichen Leistungen versteht man Leistungen, die von Hilfskostenstellen erbracht werden und zur Aufrechterhaltung der Leistungsbereitschaft des Unternehmens selbst dienen.	X	
Die innerbetriebliche Leistungsverrechnung wird formal im Betriebsüberleitungsbogen durchgeführt.		X

Beispiele zur Kostenstellenrechnung

Beispiel 3.1: Zurechnung der Kostenarten zu Kostenstellen

Aufgabenstellung: Kreuzen Sie an, um welche **Kostenarten** es sich handelt.

	Material-**einzel**-kosten	Material-gemein-kosten	Fertigungs-**einzel**-kosten	Fertigungs-**gemein**-kosten	Verwaltungs-**gemein**-kosten	Vertriebs-**gemein**-kosten
(1)				X		
(2)						X
(3)					X	
(4)	X					
(5)		X				
(6)			X			

Beispiel 3.2: Primärkostenverteilung und Ermittlung von Kalkulationssätzen

Der Betriebsabrechnungsbogen eines Gewerbebetriebes hat folgendes Aussehen (Beträge in €):

Kostenstellen / **Kostenarten**	**Betrag**	**Hilfskostenstelle Gebäudeverwaltung**	**Hauptkostenstellen**		
			Material	**Fertigung**	**Verwalt. & Vertrieb**
Fertigungsmaterial	100.000		100.000		
Fertigungslöhne	250.000			250.000	
Fertigungshilfslöhne	30.000			30.000	
Hilfsmaterial	15.000		6.000	9.000	
Gehälter	40.000				40.000
Stromkosten	20.000	2.500	1.500	12.000	4.000
Σ primäre GK *)	**105.000**	**2.500**	**7.500**	**51.000**	**44.000**
Umlage Geb. Verw. Sekundäre GK		**– 2.500**	**1.000**	**1.250**	**250**
Summe GK		**0**	**8.500**	**52.250**	**44.250**
Bezugsgrößen			100.000	1.000 h	410.750
Kalkulationssätze			**8,5%**	**€ 52,25 je h**	**10,8%**

*) Kostenträger-Einzelkosten (FM und FL) dürfen nicht zu den Gemeinkosten gerechnet werden!

Aufgabenstellung:

a) Führen Sie die **Primärkostenverrechnung** durch:

Hilfsmaterial:	Material : Fertigung im Verhältnis 2 : 3 → (€ 15.000 / 5)	→ **€ 3.000 je EH**
Stromkosten:	nach verbrauchten kWh (€ 20.000 / 4.000 kWh) (Gebäudeverwaltung 500 kWh, Material 300 kWh, Fertigung 2.400 kWh, Verwaltung & Vertrieb 800 kWh)	→ **€ 5 je kWh**

b) Legen Sie die **Hilfskostenstelle Gebäudeverwaltung** um und ermitteln Sie die **sekundären Gemeinkosten.**

Umlage im Verhältnis 8 : 10 : 2 → (€ 2.500 / 20 Einheiten) →**Verrechnungssatz € 125 je EH** x jeweiliger EH

c) Ermitteln Sie die **Kalkulationssätze für die Hauptkostenstellen** (auf 1 Dezimalstelle rechnen).

- **Materialgemeinkosten-Zuschlagssatz:** MGK 8.500 x 100 / MEK 100.000 → **8,5%**
- **Maschinenstundensatz für Fertigung:** FGK 52.250 / 1.000 h → **€ 52,25 je Stunde**
- **V&V-Gemeinkosten-Zuschlagssatz:** V&V-GK 44.250 x 100 / HK 410.750 → **10,8%**

Herstellkosten: FM 100.000 + MGK 8.500 + FL 250.000 + FGK 52.250 = **HK 410.750**

Beispiel 3.3: Innerbetriebliche Leistungsverrechnung (Simultanverfahren)

Aufgabenstellung:

Ermitteln Sie die **Verrechnungssätze** für die beiden **Hilfskostenstellen** (auf eine Dezimalstelle rechnen) Nachdem zwischen den beiden Hilfskostenstellen eine wechselseitige Leistungsverflechtung besteht, wird das Gleichungsverfahren zur Lösung herangezogen. Die innerbetrieblichen Verrechnungssätze werden durch Auflösung eines Systems simultaner Gleichungen ermittelt. Für jede Kostenstelle lassen sich die Leistungsbeziehungen wie folgt ausdrücken: **Primäre Gemeinkosten + Sekundäre Gemeinkosten = abgegebene Leistungseinheiten.**

	Primäre GK	+	Sekundäre GK	=	abgegebene Einheiten		
Heizung:	23.500	+	40 h	=	800 kWh		
Reparaturstelle:	24.400	+	20 kWh	=	2.000 h		
	23.500			=	– 40 h	+ 800 kWh	
	24.400			=	2.000 h	– 20 kWh	(x 40)
	23.500			=	– 40 h	+ 800 kWh	
	976.000			=	80.000 h	– 800 kWh	
	999.500			=	79.960 h		

→ **Verrechnungssatz für Reparaturstelle: € 12,50 je Stunde**
Primäre GK 23.500 + Sekundäre GK (40 x € 12,5) = 800 kWh → 24.000 / 800 kWh .

→ **Verrechnungssatz für Heizleistung: € 30 je kWh**

Beispiel 3.4: Ermittlung von Kalkulationssätzen

Aufgabenstellung:

a) Berechnen Sie die **Gesamtkosten** der *Makro OG* der vergangenen Abrechnungsperiode.

Aufwände laut G&V	2.420.000
– Neutrale Aufwände	– 170.000
+ Zusatzkosten	+ 300.000
→ **Gesamtkosten**	**2.550.000**

davon sind: **€ 1.250.000 Einzelkosten** (FM 250.000 + FL 1.000.000)
€ 1.300.000 Gemeinkosten (Σ Kosten 2.550.000 – Einzelkosten 1.250.000)

b) Berechnen Sie den **Material- und Fertigungsgemeinkosten-Zuschlagssatz.**

MGK: (1.300.000 x 5%)	→ MGK 65.000 x 100 / FM 250.000	→	**26,0%**
FGK: (1.300.000 x 95%)	→ **FGK** 1.235.000 x 100 / FL 1.000.000	→	**123,5%**

Beispiel 3.5: BAB mit innerbetrieblicher Leistungsverrechnung

Aufgabenstellung:

Führen Sie mit Hilfe eines geeigneten Verfahrens die **innerbetriebliche Leistungsverrechung** durch und ermitteln Sie die **Gemeinkostenzuschlagssätze** der Hauptkostenstellen (auf ganze Stelle rechnen).

Kostenarten	Strom	Reparatur	Material	Fertigung	Verwaltung & Vertrieb
Fertigungsmaterial			130.000		
Fertigungslöhne				208.000	
Primäre Gemeinkosten	36.400	22.100	104.000	204.750	66.950
Umlage Strom	**(–36.400)**	**10.400**	**0**	**26.000**	**0**
Umlage Reparatur	**0**	**(–32.500)**	**0**	**29.250**	**3.250**
Summe Gemeinkosten	**0**	**0**	**104.000**	**260.000**	**70.200**
Zuschlagsbasen			130.000	208.000	702.000
GK-Zuschlagssätze			**80%**	**125%**	**10%**

Erklärung und Nebenrechnungen:

Bei diesem Beispiel liegt eine einseitige, mehrstufige Leistungsverflechtung vor, daher kommt das Stufenleiterverfahren zur Anwendung. Nachdem die Stromstelle ihre Leistungen nur an nachgelagerte Kostenstellen abgibt, ohne selbst von einer nachgelagerten Kostenstelle Leistungen zu empfangen, wird die Stromstelle als erstes abgerechnet. Zu beachten ist in diesem Zusammenhang auch, dass die Leistungsabgabe der Stromstelle an die anderen Kostenstellen nur 280 MWh beträgt, weil sie 20 MWh selbst verbraucht. Nachdem die Stromstelle abgerechnet wurde, kann die Umlage der Reparaturstelle erfolgen.

Stromstelle: primäre GK 36.400 / 280 MWh (Σ MWh 300 – 20 EV) → **€ 130 je MWh**
Reparatur: Σ GK 32.500 (primäre 22.100 + sekundäre 10.400) / 500 h → **€ 65 je h**

Herstellkosten: MEK 130.000 + MGK 104.000 + FL 208.000 + FGK 260.000 = **€ 702.000**

Beispiel 3.6: BAB mit innerbetrieblicher Leistungsverrechnung (Stufenleiterverfahren)

Aufgabenstellung:

a) Nehmen Sie anhand eines geeigneten Verfahrens die **innerbetriebliche Leistungsverrechnung** vor.
b) Ermitteln Sie die **Kalkulationssätze** für die Hauptkostenstellen (auf eine Dezimalstelle rechnen).

Kostenarten	Kantine	EDV	Material	Fertigung	Montage	Verwaltung	Vertrieb
FM			800.000				
FL				150.000	275.000		
Primäre GK	40.500	62.000	45.500	175.000	86.500	72.300	64.200
Uml. Kantine	**- 40.500**	**900**	**3.600**	**15.300**	**14.400**	**3.600**	**2.700**
Umlage EDV	**0**	**– 62.900**	**18.870**	**6.290**	**9.435**	**12.580**	**15.725**
GK-Summe	**0**	**0**	**67.970**	**196.590**	**110.335**	**88.480**	**82.625**
Bezugsgröße			800.000	2.000 h	275.000	1.599.895	1.279.916
Kalkulationssatz			**8,5%**	**€ 98,3/h**	**40,1%**	**5,5%**	**6,5%**

Ermittlung der Verrechnungssätze für die innerbetriebliche Leistungsverrechnung:
Die innerbetriebliche Leistungsverrechnung ist anhand des Stufenleiterverfahrens durchzuführen. Da die Kantine an alle anderen Kostenstellen ihre Leistungen abgibt, selbst aber keine Leistung bezieht, wird sie als erstes abgerechnet. Im Anschluss daran erfolgt die Umlage der EDV-Stelle.

- **Kantine:** primäre GK 40.500 : 9.000 Menüs (Σ Menüs 9.500 – 500 EV) → **€ 4,50 je Menü**
- **EDV-Stelle:** Σ GK (primäre 62.000 + sekundäre 900) 62.900 : 1.000 Stunden → **€ 62,90 je Stunde**

Ermittlung der Herstellkosten:
Zur Weiterverrechnung der Verwaltungs- und Vertriebsgemeinkosten werden die Herstellkosten herangezogen:

- **Herstellkosten der Produktion:** 800.000 + 150.000 + 275.000 + 67.970 + 196.590 + 110.335 →**€ 1.599.895**
  Diese werden als Bezugsgröße für die Verwaltungsstelle verwendet. Es handelt sich dabei um die gesamten Herstellkosten des Betriebes (Herstellkosten der Produktion).
- **Herstellkosten des Umsatzes** = HK der Produktion (1.599.895 x 80%) → **€ 1.279.916**
  Bei diesem Beispiel zeigt sich ein Auseinanderklaffen zwischen Produktionsmenge und Absatzmenge. Nachdem 20% der Produktion auf Lager gehen (Lageraufbau), konnten folglich auch nur 80% der Produktion verkauft werden. Demzufolge werden zur Weiterverrechnung der Vertriebsgemeinkosten auch nur 80% der Herstellkosten (= Herstellkosten des Umsatzes) als Bezugsgröße herangezogen.

Lösungen zu Kapitel 2: Vollkostenrechnung – Kostenträgerrechnung

Multiple-Choice-Fragen zur Kostenträgerrechnung

Frage 1: Welches Verfahren wird zur Kalkulation von **Kuppelprodukten** verwendet?

	Durchwälzmethode
	Stufendivisionskalkulation
X	Restwertmethode
	Einstufige Äquivalenzziffernkalkulation

Frage 2: Welche Art der Kalkulation kommt nach dem **Zeitpunkt der Durchführung** zur Anwendung?

Anwendungsfälle	**VOR-** kalkulation	**ZWISCHEN-** kalkulation	**NACH-** kalkulation
Ermittlung des Bilanzansatzes für eine halbfertige Brücke.		X	
Berechnung der voraussichtlichen Selbstkosten für eine Produktionsanlage.	X		
Erfolgskontrolle einzelner Aufträge durch Feststellung von Abweichungen zwischen Sollkosten und tatsächlich angefallenen Kosten.			X
Überwachung der Kostenentwicklung bei Kostenträgern mit einer langen Herstellungszeit.		X	

Frage 3: Welche der folgenden Daten benötigt man für die **einstufige Divisionskalkulation**?

	Mengen aller Produktarten
X	Gesamtkosten und Menge der einzigen Produktart
	Verwaltungs- und Vertriebskosten
	Lagerbestandsveränderungen an Halb- und Fertigerzeugnissen
	Produktionsmengen verschiedener Produktionsstufen

Frage 4: Welche der folgenden Aussagen zur **Zuschlagskalkulation** ist (sind) zutreffend?

X	Kennzeichnend für die Zuschlagskalkulation ist die Trennung in Kostenträgereinzel- und Kostenträgergemeinkosten.
	Die summarische Zuschlagskalkulation erfordert eine Kostenstellenbildung im Unternehmen.
	Die Anwendung der differenzierenden Zuschlagskalkulation führt auch bei einem hohen Gemeinkostenanteil in der Fertigung zu einer verursachungsgerechten Gemeinkostenverteilung.
X	Die summarische Zuschlagskalkulation findet vor allem in kleineren Handelsbetrieben und Handwerksbetrieben Anwendung.

***Frage 5*:** Was sind die Charakteristika der **einstufigen Äquivalenzziffernkalkulation?**

X	Es dürfen weder bei den fertigen noch bei den unfertigen Erzeugnissen Lagerbestandsveränderungen auftreten.
X	Es ist keine Unterteilung in Einzelkosten und Gemeinkosten erforderlich.
	Sie kann nur in Einproduktunternehmen mit Sortenfertigung angewendet werden.
	Eine Kostenstellenrechnung ist unerlässlich.

Kreuzen Sie bitte an, ob die folgenden Aussagen richtig oder falsch sind!

Aussage	**richtig**	**falsch**
Bei der Maschinenstundenkalkulation werden die Gemeinkosten der Fertigungsstelle in maschinenabhängige und nicht maschinenabhängige Gemeinkosten unterteilt.	X	
Für Unternehmen mit Auftragsfertigung, wie etwa eine Möbeltischlerei, stellt die differenzierende Zuschlagskalkulation das geeignete Verfahren zur Berechnung der Selbstkosten dar.	X	
Die Bewertung des Lageraufbaus von Fertigerzeugnissen erfolgt zu Selbstkosten.		X
Die Anwendung der einstufigen Divisionskalkulation führt nur bei Massenfertigung eines homogenen Produktes ohne Lagerhaltung zu befriedigenden Ergebnissen.	X	
Das Verursachungsprinzip besagt, dass einem Kostenträger nur jene Kosten zugerechnet werden dürfen, die dieser auch verursacht hat.	X	
Kalkulatorische Ergebnisrechnungen sind kurzfristig erstellbar und können sowohl für das Gesamtunternehmen, als auch für einzelne Sparten oder Produkte durchgeführt werden.	X	
Mit Hilfe der Kostenträgerrechnung soll die Frage beantwortet werden, wo im Unternehmen, welche Kosten in welcher Höhe angefallen sind.		X
Kostenträger können neben Absatzleistungen auch innerbetriebliche Leistungen sein.	X	
Die Kostenträgerrechnung übernimmt die Einzelkosten aus der Kostenstellenrechnung und die Gemeinkostenzuschlagssätze aus der Kostenartenrechnung.		X
Die Hauptaufgabe der Kostenträgerzeitrechnung besteht in der Kalkulation von Herstell- und Selbstkosten für die erstellten Produkte.		X
Die Kalkulation liefert Daten zur Bewertung von aktivierbaren Eigenleistungen (z. B. einer selbst erstellten Maschine).	X	
Die Kalkulation hat unter anderem die Aufgabe der Liquiditätssicherung zu erfüllen.		X

Die Divisionskalkulation ist grundsätzlich bei einem mehrstufigen Produktionsprozess nicht anwendbar.		X
Voraussetzung zur Anwendung der zweistufigen Divisionskalkulation ist das Vorliegen eines einstufigen Produktionsprozesses und die Aufteilung der Gesamtkosten in Herstellkosten sowie Verwaltungs- und Vertriebskosten.	X	
Als Kostenträger kommen nur zur Veräußerung bestimmte Leistungen eines Unternehmens in Frage.		X

Beispiele zur Kostenträgerrechnung

Beispiel 4.1: Kurzfristige Erfolgsrechnung

Aufgabenstellung:

Welches **Betriebsergebnis** ergibt sich für dieses Unternehmen nach dem **Umsatzkostenverfahren** für das **erste Halbjahr?** (auf ganze Stellen rechnen)

Umsatzkostenverfahren:

Nettoumsatzerlöse € 180 (€ 216 : 1,2) x Absatzmenge 2.000 Stück (800 + 1.200)	360.000
– Herstellkosten der abgesetzten Menge (€ 120 x 2.000 Stück)	– 240.000
= Bruttoergebnis	120.000
– Verwaltungskosten (€ 25.000 jeweils für 1. und 2. Quartal)	– 50.000
– Vertriebskosten (€ 15.000 jeweils für 1. und 2. Quartal)	– 30.000
= Betriebserfolg	**€ 40.000**

Beispiel 4.2: Summarische Zuschlagskalkulation

Aufgabenstellung:

a) Ermitteln Sie den **Gemeinkostenzuschlagssatz**. (auf Basis Σ Einzelkosten)

= GK x 100 / Σ Einzelkosten → 56.000 x 100 / 160.000 →

b) Berechnen Sie die **Stückselbstkosten** für die drei Fahrradtypen (auf eine Dezimalstelle rechnen).

	Kids	**Teen**	**Speed**
Einzelkosten je Stück (in €) (= Einzelkosten / Produktionsmenge)	50,0	80,0	150,0
+ 35% Gemeinkostenzuschlag	17,5	28,0	52,5
Selbstkosten (in €)	**67,5**	**108,0**	**202,5**

Beispiel 4.3: Kostenstellen- und Kostenträgerrechnung

Aufgabenstellung:

Ermitteln Sie den **Bruttoverkaufspreis je Stück**, wenn das Unternehmen mit einem Gewinnzuschlag von 15% kalkuliert, den Kunden 3% Skonto einräumt und die Umsatzsteuer 20% beträgt (auf eine Dezimalstelle rechnen).

Kostenstellen	Energie	Reparatur	Material	Fertigung I	Fertigung II	Verwaltung	Vertrieb
Primäre Gemeinkosten (€)	5.720	1.800	6.200	18.200	25.600	9.100	5.180
Umlage Energie	**– 5.720**	**400**	**800**	**1.600**	**1.200**	**820**	**900**
Umlage Reparatur	**0**	**– 2.200**	**200**	**1.200**	**0**	**180**	**620**
Summe Gemeinkosten	**0**	**0**	**7.200**	**21.000**	**26.800**	**10.100**	**6.700**
Bezugsgrößen			€ 9.000	420 Mh	335 Ah	Lt. Angabe	
Kalkulationssätze			**80%**	**€ 50 / Mh**	**€ 80 / Ah**	**10%**	

Innerbetriebliche Leistungsverrechnung: Es wird das Stufenumlageverfahren angewendet.
Umlage Energie: € 5.720 : 28.600 kWh → Verrechnungssatz je kWh **€ 0,20**
Umlage Reparatur: € 2.200 : 440 h → Verrechnungssatz je h **€ 5**

Differenzierende Zuschlagskalkulation in Verbindung mit Angebotskalkulation:

Einzelmaterial	15,0	
+ 80% Material-GK	12,0	27,0
Fertigungslöhne	10,0	
+ Fertigungs-GK I: (50 x 0,5)	25,0	
+ Fertigungs-GK II (80 x 0,25)	20,0	55,0
= Herstellkosten		**82,0**
+ 10% Verw. & Vertriebs GK		8,2
= Selbstkosten		**90,2**
+ 15% Gewinnzuschlag		13,5
= Barverkaufspreis (Kassapreis)		103,7
+ 3% Kundenskonto (i. H.)		3,2
= Verkaufspreis (ohne USt)		106,9
+ 20% USt		21,4
= Bruttoverkaufspreis		**€ 128,3**

Beispiel 4.4: Bezugsgrößenkalkulation

Aufgabenstellung:

Ermitteln Sie für die Fertigungsstelle Lackiererei sowohl den **Maschinenstundenverrechnungssatz** als auch den **Zuschlagssatz für die nicht maschinenabhängigen Gemeinkosten** (jeweils auf eine Dezimalstelle rechnen).

Berechnung:

Abschreibung	35.000	(AW 350.000 : 10 Jahre)
Kalkulatorische Zinsen	17.500	(AK 350.000 + EK 0) / 2 → 175.000 x 10%
Instandhaltung	5.500	
Energiekosten *)	7.125	(1.900 h x 25 kWh Verbrauch x € 0,15)
Platzkosten	18.000	(50 m^2 x € 30 x 12 Monate)
Maschinenabhängige GK	**€ 83.125**	**: 1.900 Laufstunden*) →Verrechnungssatz € 43,75 je h**

*) Effektive Laufstunden: (250 Tage x 8 h= 2.000 h – 100 h Stillstandszeit) = 1.900 Laufstunden

Zieht man nun diese maschinenabhängigen GK von der Gemeinkostensumme (€ 102.125) ab, verbleiben als Restgröße die nicht maschinenabhängigen GK in Höhe von € 19.000.
Nicht maschinenabhängige GK 19.000 x 100 / FL 70.000 → **Zuschlagssatz 27,1%**

Beispiel 4.5: Differenzierende Zuschlagskalkulation mit Absatzkalkulation

Aufgabenstellung:

a) Ermittlung der entsprechenden **Kalkulationssätze** (auf eine Dezimalstelle runden).

• **Material**gemeinkosten-Zuschlagssatz:	GK 17.400 x 100 / FM 145.000	→	**12,0%**
• **Fertigung:** Zuschlagssatz:	GK (207.060 x 40%) → 82.824 x 100 / FL 96.000	→	**86,3%**
Maschinensatz:	GK (207.060 x 60%) → 124.236 / 5.600 Stunden	→	**€ 22,2/Std.**
• **V&V**-Gemeinkosten-Zuschlagssatz:	(GK 116.365 x 100) / HK 465.460	→	**25,0%**
Herstellkosten =	FM 145.000 + MGK 17.400 + FL 96.000 + FGK 207.060	→	**€ 465.460**

b) Durchführung der **Angebotskalkulation** und Berechnung des **Gesamtpreises ohne Umsatzsteuer**!

Angebotskalkulation:

Fertigungsmaterial	150,–		
+ 12% Material-GK	18,–	168,	
Fertigungslöhne	180,–		
+ 86,3% Fertigungs-GK	155,3		
+ 8 Maschinen-h x € 22,2/h	177,6	512,90	
= Herstellkosten		**680,90**	
+ 25% Verwalt.- und Vertriebs-GK		170,20	
= Selbstkosten		**851,10**	
+ 15% Gewinnzuschlag		127,70	
= Barverkaufspreis bzw. Kassapreis		978,80	
+ 2% Skonto (i. H.)		20,00	
= Zielverkaufspreis		998,80	
+ 8% Rabatt (i. H.)		86,90	
= Verkaufspreis je Stück (ohne USt)		**1.085,70**	**x 150 Stück → Angebotspreis € 162.855**

Beispiel 4.6: Zweistufige Divisionskalkulation

Aufgabenstellung:

a) Berechnen Sie mittels der zweistufigen Divisionskalkulation die **Selbstkosten je Liter** verkauftem Apfelsaft.

Herstellkosten je Liter =	Herstellkosten 144.000 (72.000 + 14.800 + 32.000 + 15.600 + 9.600) / Produktionsmenge 200.000 Liter	**→ € 0,72**
V&V-Kosten je Liter =	Verwaltungs- und Vertriebskosten 15.000 (12.000 + 3.000) / Absatzmenge 150.000 Liter (75% von 200.000 Liter)	**→ € 0,10**
Selbstkosten je Liter verkauftem Apfelsaft		**→ € 0,82**

b) Wie lautet der **Bilanzansatz** des Lagerbestandes zum 31.12. (auf ganze Stellen runden)?

Bilanzansatz: Lageraufbau 50.000 Liter x HK € 0,72 je Liter → **€ 36.000**

c) Die Verkaufsabteilung soll mit Hilfe einer Angebotskalkulation überprüfen, wie hoch der **Brutto-Angebotspreis** (inkl. 20% USt) für einen Auftrag über 5.000 Liter Apfelsaft sein müsste, wenn folgende Absatzbedingungen gelten (auf 2 Dezimalstellen rechnen): Gewinnzuschlag: 20 % und Mengenrabatt: 10 %

Angebotskalkulation:	
Selbstkosten für 5.000 Liter: (€ 0,82 x 5.000 Liter)	4.100,00
+ 20% Gewinn	820,00
Zielverkaufspreis	4.920,00
+ 10% Rabatt (i. H.)	546,67
Verkaufspreis (ohne USt)	5.466,67
+ 20% USt	1.093,33
Brutto-Angebotspreis (inkl. 20% USt)	**6.560,00**

Beispiel 4.7: Mehrstufige Divisionskalkulation (Durchwälzmethode)

Aufgabenstellung:

a) Ermitteln Sie die **Selbstkosten** für eine **Tonne des verkauften Endproduktes** mit der **Durchwälzmethode**.

Stufe 1:	Materialkosten (360 t x € 650)	→	234.000	
	+ Fertigungskosten Stufe 1		436.000→ 670.000 : 335 t →	€ 2.000
Stufe 2:	Kosten Stufe 1 (310 t x € 2.000)	→	620.000	
	+ Fertigungskosten Stufe 2		598.000→ 1.218.000 : 290 t→	€ 4.200
Stufe 3:	Kosten Stufe 2 (330 t x € 4.200)	→	1.386.000	
	+ Fertigungskosten Stufe 3		544.500 → 1.930.500 : 330 t→	**€ 5.850**
Vertrieb:	252.000 : Absatzmenge 180 Tonnen			€ 1.400
	Selbstkosten je verkaufter Tonne			**€ 7.250**

b) Mit welchem Wert sind die nicht verkauften Endprodukte, die auf Lager gehen, zu bewerten?

Bilanzansatz: € 877.500 Lageraufbau von 150 Tonnen (Produktionsmenge 330 t – Absatzmenge 180 t) wird bewertet mit den Herstellkosten i. H. v. € 5.850 je Tonne.
→ Ausweis auf der Aktivseite der Bilanz im Umlaufvermögen unter „Fertigerzeugnisse" mit € 877.500.

Beispiel 4.8: Mehrstufige Divisionskalkulation (Addierendes Verfahren)

<u>**Aufgabenstellung:**</u>

a) Berechnen Sie mittels der Divisionskalkulation **(Addierendes Verfahren)** die **Stückherstellkosten der Sorten „Standard" und „DeLuxe"** (auf zwei Dezimalstellen rechnen).

Berechnung:				
Stufe 1:	Materialkosten →	4.500.000		
	+ Fertigungskosten	500.000	→ 5 Mio. : 1 Mio.	→ **€ 5,00 je Stk.**
Stufe 2:	Fertigungskosten € 180.000 : 900.000 Stück			→ **€ 0,20 je Stk.**
Stufe 3:	Glasurkosten € 90.000 : 5 = 18.000			
	Standard: (18.000 x 2) : 450.000 Stück = **€ 0,08** + € 5,20			→ **HK je Stück 5,28**
	DeLuxe: (18.000 x 3) : 450.000 Stück = **€ 0,12** + € 5,20			→ **HK je Stück 5,32**

b) Wie lautet der **Bilanzansatz** für das Zwischenlager der getrockneten Ziegel?

Bilanzansatz: € 500.000	Zwischenlager der Produktionsstufe 1: 100.000 Stück (1 Mio. x 10%) wird mit Stückherstellkosten von € 5 bewertet.

Beispiel 4.9: Kuppelproduktkalkulation

<u>**Aufgabenstellung:**</u>

Berechnen Sie mittels der **Restwertmethode** die **Herstellkosten und die Selbstkosten für eine Tonne** Stahl?

Berechnung:			
Gesamtkosten für 280 t Stahl			360.000
– Nebenprodukt Schlacke:	Erlös (8 t x € 3.500)	28.000	
	– Verarbeitung (8 t x € 500)	– 4.000	– 24.000
Herstellkosten für 280 t Stahl			**336.000**
Herstellkosten je t Stahl (€ 336.000 / Produktionsmenge 280 t)		→	**€ 1.200**
+ Verwaltungs- und Vertriebskosten (€ 19.200 / Absatzmenge 240 t)			+ 80
Selbstkosten je t Stahl			**€ 1.280**

Beispiel 4.10: Äquivalenzziffernkalkulation

<u>**Aufgabenstellung:**</u>

a) Berechnen Sie mittels der Äquivalenzziffernkalkulation die **Herstellkosten je Liter** (auf eine Dezimalstelle).

Produkt	**Menge**	**ÄZ**	**RE**	**HK je hl** (€ 200.000 : 1.000 RE) = **200 je RE**	**HK je Liter**
Welsch	400 hl	**0,5**	200	100	**€ 1,0**
Sämling	300 hl	**1**	300	200	**€ 2,0**
Muskatella	200 hl	**2,5**	500	500	**€ 5,0**
Summe	**900 hl**		**1.000**		

b) Welche **Selbstkosten je Liter** ergeben sich für die drei Weinsorten? (auf 1 Dezimalstelle rechnen)

Produkt	**Menge**	**HK je hl**	**Verw. & Vertrieb** (€ 9.000 : 900 hl) = **10 je hl**	**Selbstkosten je hl**	**Selbstkosten je Liter**
Welsch	400 hl	100	10	110	**€ 1,10**
Sämling	300 hl	200	10	210	**€ 2,10**
Muskatella	200 hl	500	10	510	**€ 5,10**
Summe	**900 hl**				

c) Wie lautet der **Bruttoverkaufspreis** (inkl. 20% Umsatzsteuer) für einen Liter „**Muskatella**"?

Kalkulation:

Selbstkosten	5,10
+ 25% Gewinn	1,28
= Verkaufspreis (ohne USt)	6,38
+ 20% Umsatzsteuer	1,28
= Bruttoverkaufspreis (inkl. USt)	**7,66**

Beispiel 4.11: Äquivalenzziffernkalkulation und differenzierende Zuschlagskalkulation

Aufgabenstellung:

a) Berechnen Sie mittels der **Äquivalenzziffernkalkulation** die **Fertigungskosten** für eine Tonne jeder Sorte!

Sorte	**ÄZ**	**Produktions-menge (in t)**	**RE**	**Fertigungskosten je t** (1.732.500 : 16.500 t = **105 je t** Einheitssorte)
A	1,00	8.000	8.000	**€ 105,00**
B	1,20	5.000	6.000	**€ 126,00** (105 x 1,2)
C	1,25	2.000	2.500	**€ 131,25** (105 x 1,25)
Summe			**16.500**	

b) Wie hoch sind die **Selbstkosten** für eine Tonne der **Blechsorte B**?

Differenzierende Zuschlagskalkulation:

Fertigungsmaterial (240.000 : 5.000 t)	48,0	
+ 15 % MGK	7,2	55,20
+ Fertigungskosten		126,00
= Herstellkosten		181,20
+ 25% V&V-Kosten		45,30
= Selbstkosten		**226,50**

Lösungen zu Kapitel 3: Teilkostenrechnung in Erzeugungsbetrieben

Multiple-Choice-Fragen zur Teilkostenrechnung

Kreuzen Sie bitte an, ob die folgenden Aussagen richtig oder falsch sind!

Aussage	richtig	falsch
Bei der einstufigen Teilkostenrechnung werden die Fixkosten als Block angesehen und nicht nach der Kostenverursachung differenziert.	X	
Die Frage nach der langfristigen Preisuntergrenze von Produkten kann nur mit Hilfe der Vollkostenrechnung richtig beantwortet werden.	X	
Unter Kostenauflösung versteht man die Zerlegung bestimmter Kostenarten in primäre und sekundäre Kosten.		X
Der Deckungsbeitrag ist ein Begriff der Teilkostenrechnung und ergibt sich als Differenz zwischen dem Nettoerlös und den variablen Herstellkosten.		X
Die Anwendung der einstufigen Deckungsbeitragsrechnung setzt keine Trennung der Gemeinkosten in fixe und variable Bestandteile voraus.		X
Liegt ein Engpass vor, dann sind für die Ermittlung der kurzfristigen Preisuntergrenze neben den variablen Selbstkosten auch die Opportunitätskosten in die Berechnung einzubeziehen.	X	
Der Sicherheitskoeffizient gibt an, um wie viel Stück der derzeitige Absatz zurückgehen darf, bevor das Unternehmen in die Verlustzone gerät.		X
Der Deckungsbeitrag zeigt den Geldbetrag, der einem Unternehmen zur Deckung der variablen Kosten zur Verfügung steht.		X
Liegt ein Engpass im Fertigungsbereich vor und beanspruchen verschiedene Produkte den Engpass in unterschiedlichem Ausmaß, dann dient als Entscheidungskriterium der absolute Deckungsbeitrag je Stück.		X
Ergibt sich bei den Betriebsstoffkosten ein Variator von 6, dann bedeutet dies, dass 40% der Betriebsstoffkosten fix sind.	X	
Rechnerisch ermittelt man die Gewinnschwelle, indem man die gesamten fixen Kosten durch die variablen Stückkosten dividiert.		X
Im Rahmen der Teilkostenrechnung ergibt sich die Förderungswürdigkeit einzelner Produkte aufgrund des Gewinnes je Stück.		X
Bei der Teilkostenrechnung werden dem Kostenträger nur die variablen Kosten zugerechnet. Die Fixkosten gehen dann in die Betriebsergebnisrechnung ein.	X	
Zur Findung des optimalen Produktions- bzw. Absatzprogramms kann nur die Teilkostenrechnung herangezogen werden, weil sie alle Kosten berücksichtigt.		X

Beispiele zur Teilkostenrechnung

Beispiel 5.1: Einstufige Deckungsbeitragsrechnung

Aufgabenstellung:

a) Führen Sie die **innerbetriebliche Leistungsverrechnung** zu Teilkosten durch und ermitteln Sie die **Gemeinkostenzuschlags- bzw. Verrechnungssätze** zu Teilkosten:

Kosten-arten	Σ	Fuhrpark		Material		Fertigung I		Fertigung II		Verwaltung & Vertrieb	
		fix	var.	fix	var.	fix	var.	fix	var.	fix	var.
Rohstoffe	220,0				220,0						
Fert. Löhne	600,0						400,0		200,0		
Primäre GK	905,8	10,2	17,6	60,0	8,0	310,0	50,0	210,0	85,0	110,0	45,0
Umlage*)			**– 17,6**		**0,8**		**8,0**		**5,0**		**3,8**
Σ GK		**10,2**	**0**	**60,0**	**8,8**	**310,0**	**58,0**	**210,0**	**90,0**	**110,0**	**48,8**
Bezugs-basen					FM 220		FL 400		2.000 Std.		Var. HK
Kalk. Sätze					**4%**		**14,5%**		**€ 45 je h**		**5%**

*) **Fuhrpark**: Σ variable Kosten 17.600 / Σ gefahrene km 35.200 → **€ 0,5 Verrechnungssatz je km**

Variable Herstellkosten:

FM 220.000 + MGK 8.800 + FL_1 400.000 + FGK_1 58.000 + 200.000 FL_2 + FGK_2 90.000 = **€ 976.800**

Die fixen Kosten in Höhe von € 700.200 bleiben zunächst auf den Kostenstellen stehen und werden erst später im Rahmen der einstufigen Deckungsbeitragsrechnung in einem Block in das Betriebsergebnis übernommen.

b) Ermitteln Sie für die drei Produkte des Elektrogeräteherstellers „*Expert*" die jeweiligen **Gesamtdeckungsbeiträge** und berechnen Sie mittels der **einstufigen Deckungsbeitragsrechnung** das **Betriebsergebnis**.

Kostenart	Σ Kosten	Receiver	Fernseher	Stereoanlage
Rohstoffe (Einzelkosten)	220.000	80.000	90.000	50.000
+ 4% Variable MGK	8.800	3.200	3.600	2.000
Fertigung I: Fertigungslöhne	400.000	200.000	100.000	100.000
+ 14,5% Variable FGK	58.000	29.000	14.500	14.500
Fertigung II: Fertigungslöhne	200.000	20.000	110.000	70.000
+ Variable FGK für Maschinenstunden	90.000	9.000 (200 h x 45)	58.500 (1.300 h x 45)	22.500 (500 h x 45)
= Variable Herstellkosten	**976.800**	**341.200**	**376.600**	**259.000**
+ 5% Variable V&V GK	48.840	17.060	18.830	12.950
= Variable Selbstkosten	**1.025.640**	**358.260**	**395.430**	**271.950**
– Nettoerlöse	1.740.000	580.000	670.000	490.000
= Deckungsbeitrag	**714.360**	**221.740**	**274.570**	**218.050**
– Fixkostenblock	**700.200**	Summe der fixen Kosten aus BAB		
= Betriebsergebnis	**+ 14.160**	Σ DB > Fixkosten → positives Betriebsergebnis		

Beispiel 5.2: Gewinnschwellenanalyse

Aufgabenstellung:

a) Führen Sie die **Kostenauflösung** durch!

Mathematisches Verfahren:

Kostendifferenz	→	361.200 – 339.600	→ 21.600	
Beschäftigungsdifferenz	→	1.800 Stk. – 1.680 Stk.	→ 120 Stk.	→ **kv je Stück € 180**

Monatliche Fixkosten: Gesamtkosten 339.600
– Variable Kosten 302.400 (1.680 Stück x 180 kv) → **Fixkosten € 37.200**

b) Wie hoch ist der **Gewinn** (in €) bei einer Kapazitätsauslastung von 60%?

Gewinnermittlung:

Gesamterlöse:	(€ 260 x 1.200 Stück)	→ **€ 312.000**
– Gesamtkosten:	**Kf 37.200 + Kv 216.000** (kv 180 x 1.200 Stück)	→ **€ 253.200**
= Gewinn bei Auslastung von 60% (1.200 Fahrräder):		**€ 58.800**

c) Berechnen Sie die **Gewinnschwelle** (Break-Even-Menge) und den **Break-Even-Umsatz.**

Gewinnschwelle:	**Kf 37.200 / db 80** (Erlös 260 – kv 180)	→	**465 Räder**
Break-Even-Umsatz:	**Break-Even-Menge 465 x Nettoerlös 260**	→	**€ 120.900**

d) Um wie viel Prozent darf die derzeitige Beschäftigung sinken, bevor das Unternehmen in die Verlustzone gerät (auf zwei Dezimalstellen rechnen)?

Sicherheitskoeffizient (in %): $\frac{(X_{IST} - X_{BEP}) \times 100}{X_{IST}}$ → $\frac{(1.200 - 465) \times 100}{1.200 \text{ Räder}}$ → **61,25%**

Beispiel 5.3: Gewinnschwellenanalyse

Aufgabenstellung:

a) Wie viele Tennisschläger muss das Unternehmen mindestens verkaufen, um keinen Verlust zu erzielen?

Gewinnschwelle (BEP) = Kf / db → $\frac{50.000 + 20.000}{115 - 35}$ → $\frac{\text{Kf } 70.000}{\text{db } 80}$ → **875 Stück**

Das Unternehmen muss mindestens 875 Tennisschläger verkaufen, um keinen Verlust zu erwirtschaften.

b) Welcher **Gewinn** ergibt sich, wenn das Unternehmen 900 Stück Tennisschläger verkauft?

Gewinn = € 80 db je Stück x 25 Stück (900 Stück – BEP 875 Stück) → **€ 2.000 Gewinn**

Für jeden über der BEP-Menge zusätzlich verkauften Tennisschläger entspricht der zusätzliche Stück-DB dem zusätzlichen Gewinn je Stück. Die fixen Kosten wurden bereits mit der Break-Even-Menge von 875 Tennisschlägern abgedeckt.

c) Die Unternehmensleitung überlegt, den Verkauf über Vertreter abzuwickeln. Dadurch könnte die derzeitige Absatzmenge um 20% gesteigert werden. Welchen Gewinn bzw. Verlust würde das Unternehmen – unter Berücksichtigung obiger Angaben – erzielen, wenn jeder Vertreter mit 10% am Nettoumsatz beteiligt wird?

Berechnung:

(Erlös 115 – 10% Provision) → Stückerlös 103,50 – variable Stückkosten 35 → **db 68,50**

→ db je Stück € 68,5 x 840 Stück (700 Stück + 20%) →

DB	€ 57.540
– Kf	€ 70.000
Verlust	**€ 12.460**

Beispiel 5.4: Kurzfristige Preisuntergrenze bei freien Kapazitäten

Aufgabenstellung:

Bestimmen Sie die **kurzfristige Preisuntergrenze** eines Produktes, für das je Stück Materialeinzelkosten von € 25, Fertigungslöhne von € 35 und Sondereinzelkosten der Fertigung von € 1,50 erfasst wurden.

	Material		Fertigung		Verwaltung		Vertrieb	
	Variabel	**Fix**	**Variabel**	**Fix**	**Variabel**	**Fix**	**Variabel**	**Fix**
Gemeinkosten	2.000	3.000	24.000	32.000	1.720	6.000	2.580	4.150
Bezugsbasis	20.000		40.000		86.000		86.000	
Kalkulationssatz	**10%**		**60%**		**2%**		**3%**	

Differenzierende Zuschlagskalkulation zu Teilkosten:

MEK	25,00	
+ 10% MGK	2,50	27,50
FL	35,00	
+ 60% FGK	21,00	
+ SEK	1,50	57,50
= Variable HK		85,00
+ 2% Verw.-GK		1,70
+ 3% Vertr.-GK		2,55
= Variable Selbstkosten		**89,25**

→ **Kurzfristige Preisuntergrenze**

Die kurzfristige Preisuntergrenze bei freien Kapazitäten entspricht den **variablen Selbstkosten!** Um diese zu ermitteln, müssen zuerst die variablen Gemeinkostenzuschlagssätze errechnet werden (siehe Teilkosten-BAB).

Beispiel 5.5: Kurzfristige Preisuntergrenze und Betriebsergebnis

Aufgabenstellung:

a) Ermitteln Sie die **kurzfristige Preisuntergrenze** für diese beiden Fahrradtypen, unter der Annahme dass freie Kapazitäten vorhanden sind. Welchen **Stückdeckungsbeitrag** erwirtschaften diese beiden Produkte?

Differenzierende Zuschlagskalkulation	**Mountainbike**		**Citybike**	
Fertigungsmaterial je Stück (in €) + 6,5% MGK	80,0 +5,2	**85,20**	50,00 + 3,25	**53,25**
Fertigungslohn je Stück (in €) + 110% FGK	60,0 + 66,0	**126,00**	30,0 + 33,0	**63,00**
Variable Herstellkosten		**211,20**		**116,25**
+ 3,8% Verwaltung & Vertrieb		+ 8,03		+ 4,42
Variable Selbstkosten = Kurzfristige PUG		**219,23**		**120,67**
– Nettoerlös je Stück		400,00		300,00
Deckungsbeitrag je Stück		**€ 180,77**		**€ 179,33**

b) Berechnung des **Betriebsergebnisses** mittels der **einstufigen DB-Rechnung:**

	Mountainbike	**Citybike**
Deckungsbeitrag je Stück	€ 180,77	€ 179,33
Abgesetzte Menge	1.000 Stück	2.000 Stück
Gesamt-DB	€ 180.770	€ 358.660
DB-Summe – Fixe Kosten	€ 539.430 – 516.000	
= Betriebsergebnis	**€ 23.430**	

Beispiel 5.6: Annahme bzw. Ablehnung von Zusatzaufträgen (ohne Engpass)

Aufgabenstellung:

a) Führen Sie die **innerbetriebliche Leistungsverrechnung** zu **Teilkosten** durch.

b) Ermitteln Sie die **Kalkulationssätze der Hauptkostenstellen** zu **Teilkosten.**

Kostenstellen / Kostenarten	Strom		Material		Fertigung		Verwaltung		Vertrieb	
	fix	var.	fix	var.	fix	var.	fix	var.	fix	var.
Primäre GK	2.910	2.750	2.240	13.419	32.120	73.010	58.420	12.000	14.902	25.135
Umlage Strom*)		**-2.750**		**375**		**1.625**		**500**		**250**
Summe GK	**2.910**	**0**	**2.240**	**13.794**	**32.120**	**74.635**	**58.420**	**12.500**	**14.902**	**25.385**
Bezugsgrößen				48.000		75.000		211.429		211.429
Var. Zuschlagssätze				**28,7%**		**99,5%**		**5,9%**		**12,0%**

*) **Umlage Strom:** Kv 2.750 / 1.100 EH→ Verrechnungssatz **€ 2,50 je EH**
Variable Herstellkosten = FM 48.000 + MGK 13.794 + FL 75.000 + FGK 74.635 = **211.429**

c) **Rechnerische und verbale** Begründung bezüglich **Auftragsannahme bzw. -ablehnung.**

Kalkulation:

Fert. Material	10,00	
+ 28,7 % MGK	2,87	12,87
Fertigung: Fert. Löhne	7,50	
+ 99,5 % FGK	7,46	14,96
Herstellkosten		27,83
+ 5,9 % Verwaltung		1,64
+ 12 % Vertrieb		3,34
Variable Selbstkosten = Kurzfristige PUG		**32,81**

Inländer:	Erlöse	40,00	**Ausländer:**	Erlöse	30,00
	– kv	32,81		– kv	32,81
	db	**+ 7,19**		**db**	**– 2,81**

Nachdem sich nur beim inländischen Auftraggeber ein positiver Stückdeckungsbeitrag ergibt, wird auch nur dieser Auftrag angenommen. Der **Gesamt-DB,** der durch die Annahme dieses Auftrages erzielt wird, beträgt **€ 3.595** (db 7,19 x 500 Stück). Produkte bzw. Aufträge mit einem negativen Deckungsbeitrag werden nicht gefertigt bzw. angenommen. Daher wird das Angebot des ausländischen Auftraggebers abgelehnt.

Beispiel 5.7: Produktionsprogrammplanung bei Engpass und Mindestliefermenge

Aufgabenstellung:

a) Wie lautet das **optimale Produktionsprogramm für Oktober**?

Maximale Kapazität: 8.000 Std.	**Modell A**	**Modell B**	**Modell C**
Nettoverkaufspreis je Stück	€ 480	€ 600	€ 300
Proportionale Herstellkosten je Stück	€ 300	€ 400	€ 350
Belegung des Engpasses je Stück	5 Stunden	4 Stunden	2 Stunden
DB je Stück (in €)	180	200	– 50
DB je Stunde (in €)	**36**	**50**	**Negativ!!**
Rang	2	1	–
Beanspruchte Kapazität	4.800 Std.	3.200 Std.	0
Optimales Produktionsprogramm	**960 Stück**	**800 Stück**	**0 Stück**

b) Überprüfen Sie, ob eine Erweiterung des Engpasses um 800 Stunden monatlich sinnvoll wäre, wenn dadurch im Monat zusätzlich fixe Kosten von € 38.000 anfallen und die variablen Kosten jeweils unverändert bleiben.

Berechnung:

Es könnten zusätzlich 160 Stück A (800 Stunden : 5 Stunden) erzeugt werden.

Dadurch entsteht zusätzlicher DB (160 A x db 180) in Höhe von:

DB	28.800
– Zusätzliche Kf	– 38.000
= Verlust	**€ 9.200**

Die Kapazitätserweiterung sollte nicht durchgeführt werden, da sich ein Verlust von € 9.200 ergibt.

Beispiel 5.8: Produktionsprogrammplanung bei Engpass und Mindestliefermenge

Aufgabenstellung:

Erstellen Sie das **optimale Produktionsprogramm** und errechnen Sie mittels der einstufigen DB-Rechnung den **Betriebserfolg.**

Insgesamt stehen dem Unternehmen in der Fertigungsstelle „Schleifen" **maximal 1.200 Stunden** zur Verfügung. Das entspricht **72.000 Fertigungsminuten.** Die Realisierung des gesamten Produktionsprogramms würde allerdings **99.056 Minuten** erfordern → **Engpass**

Produkt	**Mindest-absatz**	**Höchst-absatz**	**DB je Stück (in €)**	**DB je Minute (in €)**	**Rang**	**Produktion (in Stück)**	**Kapazität (in Min.)**
Schuhregal	2.000	5.833	40	10,0	3	**5.244** (Mind. 2.000 + 3.244)	20.976
Schreibtisch	1.500	4.504	62	10,3	2	**4.504** (Mind. 1.500 + 3.004)	27.024
Aktenschrank		3.000	100	12,5	1	**3.000**	24.000
Sitzbank		2.470	90	9,0	4	0	0
Summe							**72.000**

1. Schritt: Ermittlung des Kapazitätsverbrauchs für erforderliche Mindestliefermengen

Nachdem sich das Unternehmen bereits vertraglich zur Lieferung von Mindestmengen verpflichtet hat, sind zunächst, unabhängig von jeder Produktionsrangfolge, 2.000 Schuhregale (beanspruchen Kapazität mit 8.000 Minuten) und 1.500 Schreibtische (beanspruchen Kapazität mit 9.000 Minuten) zu fertigen. Die verbleibende **Restkapazität** von **55.000 Minuten** (Maximalkapazität 72.000 – Kapazität für Mindestmengen 17.000) kann entsprechend der vom Unternehmen ermittelten Produktionsrangfolge verbraucht werden.

2. Schritt:Ermittlung der relativen DBs (DB je Maschinenminute) und Rangordnung

Nachdem die Maschine in der Fertigungsstelle „Schleifen" einen Engpass darstellt, müssen für alle vier Produkte die relativen Deckungsbeträge je Stück ermittelt werden. Das Ergebnis zeigt, dass die Aktenschränke den höchsten, die Schreibtische den zweithöchsten und die Schuhregale den dritthöchsten relativen Deckungsbeitrag erwirtschaften. Dementsprechend ist die Rangfolge der Produktion für die verbleibende Restkapazität festzulegen. Nachdem die Aktenschränke den höchsten relativen DB aufweisen, erhalten sie die Produktionsrangfolge 1, die Schreibtische Rang 2 und die Schuhregale Rang 3.

3. Schritt: Bestimmung der zusätzlichen Produktionsmenge unter Beachtung der Absatzmengen

Aufgrund des Kapazitätsengpasses können von den Schuhregalen nur mehr 3.244 Stück und von den Sitzbänken überhaupt keine Einheiten mehr erzeugt werden.

4. Schritt: Ermittlung des Betriebsergebnisses mittels der einstufigen DB-Rechnung:

Produkt	Schuhregal	Schreibtisch	Aktenschrank	Sitzbank
Absatzmenge	5.244	4.504	3.000	0
DB je Stück	40	62	100	0
Gesamt-DB je Produktart	**€ 209.760**	**€ 279.248**	**€ 300.000**	**0**
DB-Summe	**€ 789.008**			
– Fixkosten	**– € 720.400**			
Betriebsergebnis	**€ 68.608**			

Stichwortverzeichnis